材料导论

主　编　张　会
副主编　字海娃

U0302949

科学出版社

北　京

内 容 简 介

本书从材料对人类文明发展的重要性出发，阐述了材料的结构、性能、制备、应用及其相互关系，并介绍了近年来国内外材料领域的新理论、新成果和新发展。

本书共 16 章，内容包括：绪论、金属材料、无机非金属材料、高分子材料、复合材料、高性能结构材料、功能陶瓷、先进复合材料、纳米材料、新型功能材料、电子信息材料、生物医用材料、智能材料、新型建筑材料、新能源材料和生态环境材料。

本书是高等院校材料类专业学生的入门教材，也可作为其他工科类专业学生的素质教育教材，同时可供相关的工程技术人员参考。

图书在版编目(CIP)数据

材料导论/张会主编. —北京：科学出版社，2019.11
ISBN 978-7-03-063167-1

Ⅰ. ①材…　Ⅱ. ①张…　Ⅲ. ①材料科学　Ⅳ. ①TB3

中国版本图书馆 CIP 数据核字(2019)第 249162 号

责任编辑：朱晓颖 / 责任校对：王萌萌
责任印制：赵　博 / 封面设计：迷底书装

科 学 出 版 社 出版
北京东黄城根北街 16 号
邮政编码：100717
http://www.sciencep.com

天津市新科印刷有限公司印刷
科学出版社发行　各地新华书店经销
*

2019 年 11 月第 一 版　　开本：787×1092　1/16
2025 年 2 月第十次印刷　　印张：19 1/2
字数：500 000

定价：59.00 元
（如有印装质量问题，我社负责调换）

前　言

长期以来，材料业与制造业休戚与共、密不可分。材料是制造业发展的重要基础，任何一种高新技术的突破都必须以该领域的新材料技术突破为前提，制造业的技术进步和产业结构调整离不开新材料技术的推动与革新。实施"中国制造 2025"是推动我国从制造大国向制造强国转变的第一步，材料作为保障产品质量的最基本条件，是我国实现制造强国的关键支撑。

"中国制造 2025"的发布对材料产业发展提出了更高的要求，同时也对高等学校人才的培养有了新的要求。高等教育应着力于培养高素质、复合型、具有创新精神的工程技术人才，既具有坚实的基础知识，也具有宽广的专业面向。为此我们提出向工科类专业学生开设材料类素质教育课程的构想，这一构想得到陕西理工大学教学指导委员会的认可，并获得资助。《材料导论》的编写工作由此启动。

本书力求从材料的四大要素（结构、性能、制备和应用）出发阐述各类材料，使学生认识和理解材料科学与工程中的问题，为材料的研发、选择和使用打下坚实的基础。为体现素质教育课程的科普性、精炼性和前沿性，作者在本书编写中对其结构和编写重点进行了优化。

本书内容分为绪论、传统材料和新材料三个部分：绪论部分（第 1 章）重点介绍材料与人类文明和社会发展的关系，以及材料的结构和性能基础知识；传统材料部分（第 2～5 章）介绍传统材料的制备、结构、性能和应用，偏重基础理论；新材料部分（第 6～16 章）大量引用最新的研究成果，偏重于介绍新材料的应用。

全书共分 16 章。第 1 章、第 2 章、第 6 章和第 13 章由孛海娃编写，第 3 章、第 7 章、第 10 章和第 16 章由罗清威编写，第 4 章、第 12 章和第 14 章由陈立贵编写，第 5 章、第 8 章、第 11 章和第 15 章由王玉梅编写，第 9 章由张会编写。全书由张会主编，孛海娃为副主编。在编写过程中，还得到许多同志的热情帮助和大力支持，在此一并表示衷心感谢。

限于作者水平，书中的疏漏和不足仍在所难免，敬希广大读者批评指正。

作　者

2019 年 7 月

目　　录

第1章 绪 论

1.1 材料与人类文明

材料是人类赖以生存和得以发展的重要物质基础,是人类生活和生产中不可分割的组成部分。人们的周围到处都是材料,材料不仅存在于人类的现实生活中,而且扎根于人类的文化和思想领域。材料、能源和信息是客观世界的三大要素,也是构成现代文明的三大支柱。

然而人类对材料的认识是逐步深化的。历史上,人类对材料认识的深入促使人类文明从石器时代、陶器时代、青铜时代走向铁器时代(图1.1)。

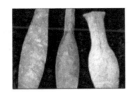

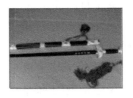

（a）石质工具——石器时代　（b）马家窑彩陶——陶器时代　（c）后母戊鼎——青铜时代　（d）干将莫邪剑——铁器时代

图1.1　材料与人类文明

距今约300万年~约1万年,人类开始以打制石器作为工具,此阶段称为旧石器时代。约1万年以前,人类知道对石头进行加工,使之成为更精致的器皿和工具,从而进入新石器时代。在新石器时代,人类还发明了用黏土成型、再火烧固化而制成陶器。同时,人类开始用皮毛遮身,中国大约在8000年前就开始用蚕丝制作衣服,印度在4500多年前开始培植棉花。人类使用的这些材料都是促进人类文明的重要物质基础。

在新石器时代,人类已经知道使用天然金和铜,但因其尺寸较小,数量也少,不能成为大量使用的材料。后来,人类在寻找石料的过程中认识了矿石,在烧制陶器的过程中又还原出金属铜和锡,创造了炼铜技术,生产出各种青铜器物,从而进入青铜时代。这是人类大量利用金属的开始,是人类文明发展的重要里程碑。

世界各地区开始青铜时代的时期前后不一,希腊约在公元前3000年,埃及约在公元前2500年,中国在夏朝(公元前21世纪~前17世纪),欧洲约在公元前1800年。中国在商周时期(公元前17世纪初~前256年)即进入青铜器的鼎盛时期,在技术上达到了当时世界的顶峰。例如,河南安阳殷墟出土的商朝晚期的后母戊鼎(重832.84kg),就反映出当时中国青铜铸造的高超技术和宏大规模。又如,在湖北随县(今随州市)曾侯乙墓出土的战国(公元前475~前221年)初期制造的编钟,亦充分反映出当时中国在冶金方面已达到相当高的工艺和技术水平。冶金术的迅速发展提高了社会生产力,推动了社会进步,并促使城市诞生。城市最早出现于公元前3000年的美索不达米亚,随后出现在埃及、印度河流域及中国华北地区。这标志着人类文明又向前跨进了一大步。

4500年前,人类已开始用铁。公元前12世纪,在地中海东岸已有很多铁器。由于铁比铜更容易得到、更好利用,故在公元前10世纪铁工具已比青铜工具更为普遍,人类从此由青铜时代进入铁器时代。公元前 8 世纪，已出现用铁制造的犁、锄等农具，生产力提高到一个新的水平。中国在春秋(公元前 770~前 476 年)末期冶铁技术有了很大突破，遥遥领先于世界其他地区。例如，利用生铁经退火制造韧性铸铁及以生铁制钢技术的发明，标志着中国生产力的重大进步。这些发明对战国和秦汉时期农业、水利与军事的发展起了重大作用，成为促进中华民族统一和发展的重要因素之一。这些技术从战国时期至汉朝相继传到朝鲜、日本和西亚、欧洲等国家和地区，推动了整个世界文明的发展。

18 世纪蒸汽机的发明和 19 世纪电动机的发明，使材料在新品种开发和规模生产等方面发生了飞跃。例如，1856 年和 1864 年先后发明的转炉和平炉炼钢，使世界钢的产量从 1850 年的 6 万 t 突增到 1900 年的 2800 万 t，大大促进了机械制造、铁路交通的发展。随后不同类型的特殊钢种也相继出现，如 1887 年的高锰钢、1890 年的 18-4-1 高速钢、1903 年的硅钢及 1910 年的铬镍不锈钢等。这些都是现代文明的标志，人类进入了钢铁时代。在此前后，银、铅、锌也得到大量应用，而后铝、镁、钛和稀有金属相继问世，从而使金属材料在 20 世纪中占据了材料的主导地位。

20 世纪初，人工合成高分子材料问世，如 1909 年的酚醛树脂(胶木)、1925 年的聚苯乙烯、1931 年的聚氯乙烯及 1941 年的尼龙等，发展十分迅速，如今世界人工合成高分子材料年产量在 1 亿 t 以上，论体积已超过了钢。有些工业发达国家(如美国)高分子材料年产量的体积已是钢的两倍。所以有人说现在是高分子材料时代。

20 世纪 50 年代，人们通过合成化工原料或特殊制备方法，制造出一系列先进陶瓷，由于它们具有资源丰富、密度小、耐高温、耐磨等特点，很有发展前途，从而成为近三四十年研究工作的重点，且用途在不断扩大，有人甚至认为"新陶瓷时代"即将到来。

高分子材料、现代陶瓷与金属材料各有互相不可替代的性能和功能，从资源情况来看，陶瓷原料几乎取之不尽、用之不竭，高分子原料有再生的优势，金属矿产资源虽只有几百年的探明储量，但如果考虑海洋及地壳深处的资源，也可以说是"无穷无尽"的。目前及将来将是多种材料并存的时代。更有发展前途的是复合材料，因为这类材料具备每种单一材料所不具备的性能，而且可以节约资源，是今后材料发展的主要方向。

事实上，人类很早就利用复合材料了。例如，泥巴中混入碎麻或麦秆用以建造房屋，钢筋水泥是脆性材料与韧性材料、抗拉材料与抗压材料的结合，玻璃钢是玻璃纤维与树脂的复合，还有碳纤维增强的树脂基复合材料，都是为了提高材料的强度和模量而采取的措施。此外，人们还在发展更高级的复合材料，如金属基、陶瓷基复合材料等。仔细分析发现，几乎所有生物体，如内脏、牙齿、皮肤以及木材、竹子等都是以复合材料的形式构成的，说明这种结构是一种较合理的结构，大有发展前途。

随着科学技术的发展，功能材料越来越重要，特别是半导体材料的出现，促进了现代文明的加速发展。1948 年发明了第一支具有放大作用的晶体管，10 年后又研制成功集成电路，使计算机的功能不断提高，体积不断缩小，价格不断下降；加上高性能的磁性材料不断涌现，激光材料与光导纤维的问世，使人类社会进入了"信息时代"。功能材料品种非常多，包括金属、陶瓷、高分子和复合材料所构成的各种功能材料，且应用范围广，发展非常迅速，成为研究与开发的重点。

总之，人类社会的进步无不与材料密切相关。正是材料的使用、发现、发明和发展，使得人类在与自然界的斗争中，走出混沌蒙昧的时代，发展到科学技术高度发达的今天。因此，人类的文明史也是材料的发展史，材料也是人类文明的里程碑。

1.2　材料的定义与分类

材料一般是指人类用以制造生活与生产所需的物品、器件、构件、机器和其他产品的物质。材料是物质，但不是所有的物质都可以称为材料。例如，燃料和化学原料、工业化学品、食物和药物，一般都不算是材料。只有那些可为人类社会接受而又能经济地制造有用器件的物质才称为材料（图 1.2）。但是这个定义也并不那么严格，如炸药、固体火箭推进剂，有人便称为含能材料。

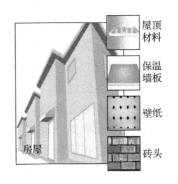

图 1.2　房屋所用到的材料

由于材料的种类繁多，用途广泛，因此它有许多分类方法。

依据材料的来源可将材料分为天然材料和人造材料两类。目前正在大量使用的天然材料只有石料、木材、橡胶等，并且用量在逐渐减少，许多原先使用天然材料的领域正在日益被人造材料取代。例如，铁道上的钢筋水泥轨枕在代替枕木，人造橡胶在代替天然橡胶，化学纤维在代替植物纤维等。

从研究材料的角度来看，常按物理化学属性将材料分为金属材料、无机非金属材料、高分子材料和复合材料四大类。金属材料、无机非金属材料、高分子材料因原子间的相互作用不同，在各种性能上表现出极大的差异。它们相互配合、取长补短，构成现代工业的三大材料体系。复合材料则由上述三类材料复合而成，它结合了不同材料的优良性能，在强度、刚度、耐腐蚀性等使用性能方面比单一材料优越，具有广阔的发展前景。

按材料的用途可将材料分为电子材料、航空航天材料、建筑材料、核材料、生物材料等。

按材料的使用性能可将材料分为结构材料和功能材料两类。结构材料以力学性能为基础，用于制造以受力为主的构件。当然，结构材料对物理性能和化学性能也有要求，如光泽、热导率、抗辐照能力、抗腐蚀能力、抗氧化能力等。对性能的要求因材料用途而异。功能材料则主要是利用物质独特的物理性质、化学性质或生物功能等而形成的一类材料。

也可按发现的先后顺序将材料分为传统材料和新型材料（又称新材料、先进材料）。前者是指在工业中已批量生产并已得到广泛应用的材料，后者则是指刚投产或正在发展而且有优异性能和应用前景的一类材料。

随着现代科学技术的发展，材料的分类方法也在发展。例如，人们常将能源的开发、转换、运输、储存所需的材料统称为能源材料，也常将信息的接收、处理、储存和传播所需的材料统称为信息材料，又将通过光、电、磁、力、热、化学、生物化学等作用后具有特定功能的新材料称为功能材料，等等。

1.3　材料与生态环境

材料与环境的关系问题涉及两个方面：一是材料的环境劣化，如金属材料的腐蚀、高分子材料的老化、无机材料的侵蚀等；二是材料制造、施工、应用过程中的废气、废液、废渣等对环境的破坏作用。

1.3.1 金属材料的腐蚀与防护

腐蚀是指金属和非金属在周围介质(水、空气、酸、碱、盐、溶剂等)作用下产生损耗与破坏的过程。腐蚀的过程可以是物理过程、化学过程、电化学过程、机械过程或生物学过程等。但无论过程如何,其结果都使产品的使用性能下降甚至丧失,即失效。

大多数金属产品都易受到腐蚀的影响。在自然界,大多数金属都以化合物(氧化物、氮化物等)形式存在,只有极少数以单质形式存在,而腐蚀是使金属化合物回归金属单质的过程,也是回归自然的过程。

对绝大多数金属材料,腐蚀现象发生的实质是电化学反应的过程,即金属在电解质中发生氧化还原反应的过程。发生电化学腐蚀的基本条件是:①金属在电解池的阳极发生氧化;②某种离子会在阴极还原;③阴极与阳极之间存在电位差;④存在电解质;⑤电回路必须闭合(即阴极与阳极必须连通)。上述条件只要一个不满足,电化学腐蚀就不会发生,这也为金属的腐蚀防护指明了途径。

腐蚀防护的三大要素是材料、环境与设计,这三者几乎同等重要。

1)材料处理

若要设备与结构不腐蚀,积极的办法是选择耐腐蚀的材料,如铝合金、钛合金、不锈钢等。如果不能经济地优选材料,就必须考虑表面处理。最优先考虑的应是氧化膜。但氧化膜只能抗大气腐蚀,不能抗化学试剂腐蚀。

正确选择涂料可以保护金属不受化学侵蚀。涂料包括高分子涂料和陶瓷涂料,一定要保证无气孔、不渗漏。镀层具有耐腐蚀性,但没有一种镀层是无孔或无裂缝的。扩散处理能够提供耐腐蚀性。渗氮和渗铬都可防止钢的大气腐蚀。但不锈钢的渗氮却会降低耐腐蚀性。

最后应注意材料的表面粗糙度,一个光洁的表面可以降低间隙腐蚀,还可以减少积垢,排除腐蚀的隐患。

2)环境控制

影响腐蚀的环境因素有温度、湿度、流体速率、溶液浓度等,这些因素对材料保护的影响都是显而易见的。缓蚀剂是改变环境的重要手段,可以降低阳极的氧化与阴极的还原。缓蚀剂可以被材料物理吸收,也可以被材料化学吸收。缓蚀剂可以分为钝化型、有机型和沉淀型三种。钝化型缓蚀剂是最有效的一种,由铬酸盐或硝酸盐组成,可以在溶解氧存在的情况下被金属表面吸收。铬酸盐价格低廉,广泛用于散热器、发动机体等。

3)结构设计

周到的结构设计能够避免许多情况下腐蚀的发生,例如,碳钢与不锈钢焊接时在衬套上焊接,用螺钉固定时加一个衬垫,容器不留积垢死角,设计时留出检修的短路线,焊接时不留间隙,管道下边防止积水,保护易受冲刷部位……以上都可以避免电化学腐蚀的产生。反过来,可以利用化学电池作用,采取积极措施对金属结构进行保护,例如,牺牲活泼阳极保护较惰性阴极的方法就属于此类应用。

1.3.2 其他材料与环境的相互作用

1. 高分子材料的环境恶化

在热、光、辐射、气候等环境和化学环境作用下,高分子材料会发生各种变化,但变化的实质大都是化学键的断开,因而导致高分子材料的老化。

影响高分子材料性能的环境大致可以分为四类：化学环境、热、光照（主要是紫外线）和高能辐射。一种高分子材料中除高分子化合物以外，还含有许多助剂，以上四种因素对助剂的影响就使问题更为复杂化了。多年来，预测一种材料的使用寿命始终是一个难题。人们设计了各种加速老化实验，却收效甚微。模仿自然条件的加速是否准确，关键在于是否真正模仿了自然。影响老化的因素不止一个，而"加速"往往只能加速一个或几个因素，不能对所有因素进行全面加速。用加热的办法或光、射线辐射的办法，都只能加速某些因素，而忽略了其他因素。因此，高分子材料的环境劣化问题仍有待于深入研究。

2. 环境与废弃高分子材料

人类在使用金属、陶瓷等传统材料时，同样会遇到废弃物对环境的污染问题，但金属材料的再加工很容易，废弃的陶瓷材料除难以降解外，几乎不会对环境造成有害影响，而高分子材料则不同，废弃的高分子材料，无论是橡胶还是塑料都已经成为严重的社会公害。

因此，应采用相对应的手段以减少废弃高分子材料对环境的影响，如减少使用来源、回收再利用、焚烧发电、堆肥与填埋等。但其中最根本和最有效的方法是减少使用来源，尽可能地不产生或少产生高分子垃圾。

3. 陶瓷的环境恶化

陶瓷是环境稳定性最高的材料，但还是会受到来自某些方面的侵蚀。例如，氢氟酸常用来刻蚀玻璃和陶瓷，许多陶瓷会在高温下分解。

在陶瓷中会发生一种解离腐蚀，原理类似金属中的晶界腐蚀、应力腐蚀或电偶电池腐蚀。陶瓷成分复杂，许多成分可以提供电子运动的路径，腐蚀常由此类少量组分引起。热压、反应烧结、化学气相沉积等加工工艺都不要求原料的纯度，发生腐蚀的可能性就更大些。耐火材料中含有玻璃相，且耐火材料相对于玻璃相为阴极。如果二者的电压低于 0.5V，则该耐火材料具有一定的耐腐蚀性；如果电压超过 1.0V，这种耐火材料就不能用了。

玻璃在大气中会发生一种应力腐蚀，其根源是与水蒸气之间的反应。由子氢原子置换了玻璃中的碱金属原子，引起了玻璃中的张力。钠硅玻璃在水蒸气中强度下降得很快。含铅的玻璃在液体中会释放出 PbO。这一方面造成玻璃的劣化，另一方面造成环境污染。

玻璃纤维由于比表面积极大，受侵害的程度远远大于玻璃器件。空气中的水分很容易降低玻璃纤维的强度，所以玻璃纤维往往用高分子材料涂覆。

如果把混凝土也算作一类陶瓷，那么其对环境最有害的因素是盐。在工业国家，每逢天降大雪，就会出动车辆在重要道路撒盐化冰以防止打滑。盐水会对混凝土造成侵蚀，逐渐使道路发生开裂和酥化。人们多年来一直在寻找盐的代用品，据报道，已找到有效的化冰防滑物质，但要完全取代盐尚需时日。在冬季用盐化冰防滑还会持续较长的时期，盐对混凝土的腐蚀还是一个不容忽视的问题。

1.4　材料的结构和性能

按照材料科学对材料要素的定义，材料所表现出来的性能依赖于材料的结构，了解材料的结构是了解材料性能的基础。

1.4.1 材料的结构

1. 聚集态

组成材料的物质都是由大量的粒子(原子、分子、离子等)在空间聚集而成的,这种由粒子在空间聚集起来的物质状态称为聚集态。

不同材料具有不同的聚集态,不同的聚集态下粒子相互结合的方式不同,将粒子由某种力而结合起来的方式称为化学键。不同物质的粒子具有不同的化学键。例如,金属原子间通过金属正离子和自由电子云相结合而形成的金属键、无机非金属材料由共用最外层电子互相结合而形成的共价键、离子化合物中由原子释放最外层电子成为带电阳离子并接收带电负离子而形成的离子键、分子与分子间由于相互吸引而形成的范德瓦耳斯键等。不同的化学键决定了不同物质具有不同的物理化学性质和应用(图1.3~图1.5)。

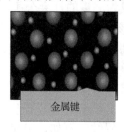 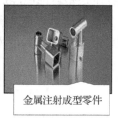 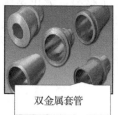 

| 金属键 | 金属注射成型零件 | 双金属套管 | 金属雕刻 |

图1.3 金属键及金属制品

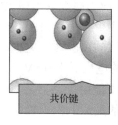 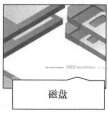  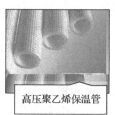

| 共价键 | 磁盘 | 塑料瓶 | 高压聚乙烯保温管 |

图1.4 共价键及高分子制品

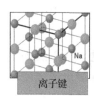

| 离子键 | 陶瓷工艺品 | 陶瓷刀具 | 电容器 | 陶瓷牙套 |

图1.5 离子键及陶瓷制品

此外,当原子或分子结合成固体时,它们可能形成两类结构:粒子在空间做有规律排布而形成的晶体和无规律排布而形成的非晶体。大多数金属属于晶体,陶瓷属于单晶体或多晶体,玻璃、某些高分子化合物则属于非晶。非晶态固体可称为玻璃态,是一种具有无定形结构的物质。不具有明显晶体结构的状态统称为无定形结构或非晶体。通常认为是非晶体的固体有柏油(沥青)、煤焦油沥青、玻璃和某些塑料等,有一部分为晶体或接近于晶体的结构。液体、气体等均属于无定形结构,但也有例外,如液晶。图1.6是常见的晶体与非晶体。

（a）雪花
（晶体）

（b）石英
（晶体）

石蜡　橡胶
（c）石蜡与橡胶
（非晶体）

玻璃　松香
（d）玻璃与松香
（非晶体）

图 1.6　常见的晶体和非晶体

2. 材料的结构层次

材料的结构是指材料的组成单元(原子或分子)之间相互吸引和排斥作用达到平衡时的空间排布，从宏观到微观可分成不同的层次，即宏观组织结构、显微组织结构及微观结构。

(1)宏观组织结构是用肉眼或放大镜能观察到的晶粒、相的集合状态。

(2)显微组织结构(或称亚微观结构)是借助光学显微镜、电子显微镜可观察到的晶粒、相的集合状态或材料内部的微区结构，其尺寸为 $10^{-7} \sim 10^{-4}$m。

(3)比显微组织结构更细的一层结构是微观结构，包括原子及分子的结构以及原子和分子的排列结构。因一般分子的尺寸很小，故把分子结构排列列为微观结构，但对高分子化合物，大分子本身的尺寸可达到亚微观的范围。

3. 晶体结构基础

1)晶体结构的基本特征

晶体是指粒子按一定规律呈周期性地排列构成的固态物质，即从内部结构——原子(原子团)或分子排列的特征来看，晶体结构的基本特征是原子或分子在三维空间呈周期性规则而有序地排列，即存在长程的几何有序。

固体也可能只由一块结构均匀的大晶体构成，称为单晶体。单晶体是各向异性的均匀物体，具有一定的熔点，生长良好时呈现规则的外形。晶体的宏观形貌可以是一维的、二维的或三维的。

从结构上看，晶体的排列状态由构成原子或分子的几何形状和键型所决定。构成原子为无方向性的球状时(单独的原子)是比较简单的；若为有机物分子等具有方向性，在形成晶体时，其晶体的构成原子或分子的排列状态则相当复杂。构成原子的吸引力与排斥力在达到均衡时相互保持稳定构成晶格，一般晶体的外形有变化，晶格也不会改变。有的晶体的晶形由晶格的三维重复状态而定。生长良好的晶体外形常呈现某种对称性。对称性是自然界许多事物的基本属性之一，晶体外形的宏观对称性是其内部晶体结构微观对称性的表现，它与晶体的性能有深刻的内在联系。

如果将每一个可重复的单位用一个点来表示，就能形成一个有规则的三维点阵，称为空间点阵。空间点阵中的任何一点总是和点阵的其他点有相同的周围环境。前面提到的粒子，在实际晶体中可能是一个原子，也可能由很多原子构成，如某些有机分子晶体。按晶格的边长和晶轴相交的角度等可将晶体分为七大晶系，即立方晶系(又称等轴晶系)、六方晶系、四方晶系、三方晶系、正交晶系(又称斜方晶系)、单斜晶系、三斜晶系等。七大晶系模型如图 1.7 所示，其晶格常数如表 1.1 所示。

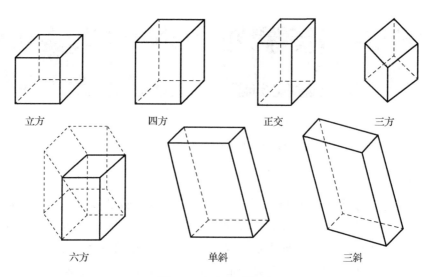

立方   四方   正交   三方

六方   单斜   三斜

图 1.7 七大晶系模型

表 1.1 七大晶系的晶格常数

晶系	棱边长度及夹角关系	举例
三斜	$a \neq b \neq c,\ \alpha \neq \beta \neq \gamma$	$K_2Cr_2O_7$
单斜	$a \neq b \neq c,\ \alpha = \gamma = 90° \neq \beta$	$\beta\text{-S},\ CaSO_4 \cdot 2H_2O$
正交	$a \neq b \neq c,\ \alpha = \beta = \gamma = 90°$	$\alpha\text{-S},\ Fe_3C$
六方	$a_1 = a_2 = a_3 \neq c,\ \alpha = \beta = 90°,\ \gamma = 120°$	$Zn,\ Cd,\ Mg,\ NiAs$
三方	$a = b = c,\ \alpha = \beta = \gamma \neq 90°$	$As,\ Sb,\ Bi$
四方	$a = b \neq c,\ \alpha = \beta = \gamma = 90°$	$\beta\text{-Sn},\ TiO_2$
立方	$a = b = c,\ \alpha = \beta = \gamma = 90°$	$Fe,\ Cr,\ Cu,\ Ag,\ Au$

晶体的结构确定之后，得知原子半径 r 即可求出表示晶格大小的常数(晶格常数 a)。晶体中的原子具有规则而有序的排列，因此可以借助 X 射线衍射法确定结构，求出晶格常数，由此来求出原子半径 r。根据原子半径 r 和晶格常数 a 也可计算出晶体的致密度。

许多固体会以多晶形式存在，如常见的金属及其合金、大多数陶瓷和矿物等均属于多晶体。多晶体是许多单晶组成的聚集体，即由许多取向不同的晶粒组成。在多晶体中，两个晶粒相遇时所产生的界面称为晶界，晶粒和晶界是多晶材料中十分重要的结构因素。多晶材料的晶粒大小悬殊。就其粒径而言可小至微米(如黏土的粒子)甚至纳米(如超细 TiO_2 粒子)，大到厘米(如黄铜的粒子)。

2)晶体结构的不完整性

对晶体结构描述时认为整个晶体都具有规则排列。而实际上，绝大多数晶体都存在大量的与理想原子排列的轻度偏离，这类不完整性依据其几何形状而分为点缺陷、线缺陷和面缺陷。结构的不完整性会对晶体的性能造成重大影响。

(1)点缺陷。理想晶体中的一些原子被外界原子所代替，或者在晶格间隙中掺入原子，或者留有原子空位，破坏了有规则的周期性排列，引起质点间势场的畸变，这样造成晶体结构的不完整仅仅局限在原子位置，称为点缺陷。一般分为三类：结构位置缺陷(如空位和间隙原子)、组成缺陷(即杂质原子)和电荷缺陷。空位是晶体中没有被占据的原子位置，而间隙原子是晶体本身的原子占据了间隙位置。间隙原子通常比空位少得多，因为在金属中它所引起的结构畸变太大。空位的一个非常重要的特点是它们能够与相邻原子交换位置而运动。这为晶体材料的固态相变提供了一种手段，使得原子在高温时可以在固态中进行迁移(即扩散)。

(2)线缺陷。实际晶体在结晶时受到杂质、温度变化或振动产生的应力作用，或晶体受到打击、切削、研磨等机械应力的作用，使晶体内部质点排列变形，原子行列间相互滑移，而不再符合理想晶格的有序排列，形成线状的缺陷，习惯上称为位错。位错对材料的加工性能和使用性能有很大影响，如塑性变形总是借助位错的滑移来完成，固态相变中原子可借助位错线进行扩散，大量位错的塞积可造成材料的强化，等等。

(3)面缺陷。多晶体是由许多结合得并不十分严密的微小晶粒构成的聚集体，每个单独的晶粒都是单晶体，在一个晶粒内，给定的一组原子面在空间具有相同的位向，但其相邻的晶粒具有不同的结晶学位向。这些晶粒之间不是公共面，而是公共棱。原子面从一个晶粒到相邻的晶粒是不连续的，很明显，这样的构造就是一种面缺陷。晶粒之间的边界(称为晶界)是能量较高的结晶不完善的区域，其厚度等于1~2个原子直径。由于晶界的原子堆积不完善，所以杂质原子倾向于偏聚在晶界上，这将改变晶界的能量状态和性能，进而影响材料的加工性能和使用性能。

1.4.2 材料的性能

材料的性能是一种参量，用于表征材料在给定外界条件下的行为，它是材料微观结构特征的宏观反映。由于组成和制备工艺上的差异，各类材料在性能上会存在很大的差异。一般地，三大材料的化学键和性能如表 1.2 所示。

表 1.2 材料的化学键与性能

材料类别	化学键	性质和性能
无机非金属材料	离子键和共价键	坚硬、耐热、绝缘至导电、光性好、高脆性、低韧性
金属材料	金属键	延展性好、不透明、导热、导电
高分子材料	共价键和范德瓦耳斯键	重量轻、低强度、中韧性、易加工、热/电绝缘

按照材料与不同外界条件的表现行为不同，将材料的性能分为化学性能、物理性能和力学性能三个方面。

1. 化学性能

材料在使用过程中一定会或多或少同周围的环境发生一定程度上的气相/固相、液相/固相或固相/固相之间的反应，随着反应的进行，表面逐渐被侵蚀。因此，材料的化学性能是指材料抵抗各种介质作用的能力，包括溶蚀性、耐腐蚀性、抗渗入性、抗氧化性等，可归结为材料的化学稳定性。

材料的化学稳定性依材料的组成、结构等而不同。金属材料主要易被氧化腐蚀；硅酸盐类的材料由于氧化、溶蚀、冻结溶化、热应力、干湿等作用而被损坏；高分子材料则会因氧化、生物作用、虫蛀、溶蚀和受紫外线的照射老化降解而损害其耐久性。

2. 物理性能

材料的物理性能是当材料处在声、光、电、磁、热等能量场作用下时所表现出来的能力，如密度、熔点、导电性、导磁性、热膨胀性等，是材料本身固有的特性。

1）光学性能

（1）反射、吸收与透过。光波是一种电磁波，根据其波长的不同可分成红外线、可见光和紫外线三波段。当光波投射到物体上时，有一部分在它的表面上被反射，其余部分经折射进入该物体中，其中有一部分被吸收变为热能，剩下的部分透过。光波在真空中的速度 v_0 与在物体中的传输速度 v 的比值即物体的折射率 $n(=v_0/v)$。光学透明材料的反射率 R 可表达为 $R=[(n-1)/(n+1)]^2$。由于外加电场、磁场、应力的作用而使折射率变化的现象称为电光效应、磁光效应和光弹性。表 1.3 列出了几种材料的光学特性。

表 1.3 常见材料的光学特性

材料类型	反射能力	吸收能力	透过能力
金属材料	对可见光、红外线、微波等低频率光有强烈反射	对可见光、红外线、微波等低频率光有吸收	可透过紫外线以上的高频光；若膜厚为 50nm 以下，可显著透过可见光
陶瓷材料	除金刚石、立方氧化锆、氮化硼外，大部分陶瓷对可见光的反射率均较小	含有过渡族金属、稀土金属离子的物质，由于配位电子的激发，在可见光波段有吸收；由于晶格振动，在红外波段均有吸收	一般光带能级差较大，可透可见光和近红外线；但杂质、气孔、多晶异向性等会导致透过率下降
高分子材料	折射率为 1.34～1.71，反射率非常小	含有π电子结合的发色基团，在可见光波段产生吸收；在红外光波段有显著吸收，可用于检测分子基团	一般无色透明，透光性高

（2）光电效应。某些金属材料在电磁波的辐射下会带正电，由于电磁波并没有携带电荷进入材料，所以必然是电磁波与金属中电子相互作用并使这些电子受激逸出材料表面。这种现象称为光电效应，逸出的电子称为光电子。并不是所有的电磁波辐射都能产生这种效应，只有达到一定频率(临界频率)的光才能产生。不同的金属材料有不同的临界频率。例如，钠的临界频率为 5.6×10^{14}Hz，相应的电磁波波长为 5.4×10^{-7}m(可见光范围内)；锌的临界频率为 8.0×10^{14}Hz，相应的电磁波波长位于紫外线范围内，辐射强度在产生光电效应方面并没有作用。

（3）X 射线。X 射线是伦琴于 1895 年发现的，它有两种产生方法。一种是使用高能电子将原子内层的电子完全碰撞出原子。假定一个电子由 K 层突然逸出，使得 L 层的电子降到由于 K 层电子逸出而留下的空位。当 L 层电子落回低能的 K 层时，放出的能量就变成 X 射线辐射出来。在 L 层产生的空位使得原子外层电子降到 L 层，从而又能产生 X 射线。电子落到低能级的空位或空洞，直到最终原子由外界获得一个电子，由离子变为中性原子。在这一过程中，不断有 X 射线被激发出来。X 射线的波长依赖于所涉及的能级，就像可见光的颜色一样。X 射线的波长为 1×10^{-12}～1×10^{-8}m。另一种产生 X 射线的方法(也称阳极射线)是通过高能电子打击到金属靶后突然减速(图 1.8)。它是将电子动能的一部分转变为电磁辐射光子或 X 射线光子。

（4）冷光。X 射线发自原子内层电子跃迁，而冷光则是辐射或其他形式的能量转化为可见光。入射光可激发电子从价带进入传导带，但被激发的电子在高能带上只能进行短暂停留，当它回到价带时，就会释放可见光的光子，这就是冷光(图 1.9)。金属不产生冷光。金属中的电子只能被激发到未被填充的价带，当电子回到低能带时，所释放的光能非常低，远低于可见光。而在陶瓷或半导体材料中能带间隙较大，正处于可见光的范围。冷光材料会发生两种效应，荧光与磷光。

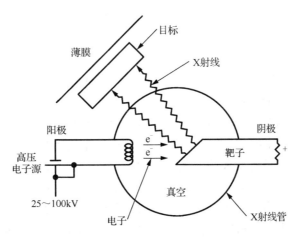

图 1.8 阳极射线产生 X 射线的方法

① 荧光。荧光是指物质在吸收电能或光能后，通过电子跃迁，再释放出光的现象（图 1.9(b)）。许多稀土化合物本身就是荧光体，一般材料需要激活剂引发荧光性。

② 磷光。磷光材料由于含有杂质，可在能带间隙中产生一个供体阱。被激发的电子先跃入供体阱。欲回到低能级必须先摆脱供体阱的束缚，因此在光子的发射上就有一个时间的滞后。因此在光源消除之后，电子会在一段时间内逐渐摆脱供体阱，持续发光（图 1.9(c)）。磷光材料对电视屏非常重要，松弛时间不能太长，否则图像会重叠。在彩色电视中要使用三种磷光材料，使其发出红、绿、蓝三种颜色。雷达也利用同样的原理。

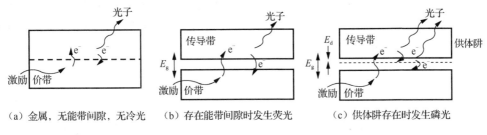

（a）金属，无能带间隙，无冷光 （b）存在能带间隙时发生荧光 （c）供体阱存在时发生磷光

图 1.9 冷光发生原理

2) 磁性

物质在磁场的作用下都会表现出一定的磁性。有些物质使原磁场增加，有些物质使原磁场减弱。按照物质对磁场的影响，可将其分为三类：抗磁性物质、顺磁性物质和铁磁性及亚铁磁性物质，分别对磁场起到减弱、稍有增加和强烈增加的作用。

（1）磁导率。为了比较磁介质的磁化性能，采用磁导率与磁化率物理量。若将无磁力线泄漏的线圈放入真空中测出磁场 H_0，另在此线圈中插入磁介质测出其磁场 H，由此可求得完全由磁介质产生的磁场为 $H_m=H-H_0$，H_m 也称为磁化强度。则磁化率 $\chi_m=H_m/H_0$；磁导率 $\mu_m=1+\chi_m$。设真空中的磁导率为 μ_0，磁通密度 B（单位为 T 或 Wb/m^2）应为 $B=\mu_0(H_0+H_m)$。

（2）抗磁性。抗磁性是将材料放入磁场内沿磁场的相反方向被微弱磁化，当撤去外磁场时，磁化呈可逆消失的现象。此类物质相对磁导率略小于 1。抗磁质有 NaCl、Cu、Bi、MgO、金刚石及绝大多数高分子材料等。它们的磁化率小于 -10^{-5} 量级。

（3）顺磁性。顺磁性是将材料放入磁场内沿磁场方向被微弱磁化，而当撤去外磁场时，磁化又能可逆地消失的性质。这是因为热运动电子的自旋取向强烈混乱，自旋处于非自发的排列状态。顺磁质不能为磁铁吸引，顺磁质有 Af、Pt、La、MnAl、$FeCl_3$ 等。它们的磁化率为 $10^{-6} \sim 10^{-2}$。

（4）铁磁性。铁磁性是一种材料的磁导率非常大、能沿磁场方向被强烈磁化的性质。这是因为铁磁质放入磁场时，磁矩平行于磁场方向排列，形成了自发磁化。它们的磁化率为 $10^{-1} \sim 10^5$。铁磁质在升高温度时，由于热运动磁矩的排列变得混乱，磁化变小，如果再升高温度就变为顺磁性，这个温度称为居里温度。铁的居里温度为 770℃，镍为 358℃。铁磁质按材料的磁学性质又分为硬铁磁质和软铁磁质。硬铁磁质一旦被磁化后磁力线难于消失，可作为永磁铁，有 Fe-W 合金、Fe-Co-W 合金、Fe-Ni-Al 合金、Fe-Co-Ni 合金等多种。能沿磁场方向被强烈磁化，但磁场撤去后磁性立即消失的物质称为软铁磁质，常作为暂时磁铁，这种材料的磁导率较大，属于这类材料的有 Fe、Fe-Al、Fe-Si-Al、Fe-Ni 等合金。

（5）铁磁材料的磁滞回线。磁滞回线是铁磁性材料磁通密度（B）和磁场强度（H）的变化曲线。图 1.10 为软磁材料的磁滞回线。H 值很小，而 B 值却很大，而且相对很小的剩磁可以被忽略，磁滞环面积也相对较小。软磁材料可通过反复改变外磁场方向不断被磁化与消磁，同时振幅减小。由于磁性易于消除以及磁性损耗能量很小，这种材料通常用作变压器的铁心、电磁铁等，录音机的录音磁头也是根据这个原理制成的。图 1.11 是典型的硬磁材料（或者说是永磁铁）的磁滞回线，通过与软磁材料磁滞回线（图 1.10）的比较和假定两条磁滞回线刻度相同，便会发现两条磁滞回线之间明显的区别。硬磁材料在生产过程中便获得了磁性，本质上的特点是它们不能被消磁。换句话说，它们在外磁场作用去掉后，仍能保留一定的磁性。这个性质表现为具有很大的矫顽场，即有很大的磁滞环。这个差别表现在两条磁滞回线上 c 点与 d 点数值的不同。在图 1.11 的第二象限可以画出一个大的矩形，它称为磁能积（BH），是永磁铁能量大小的度量。

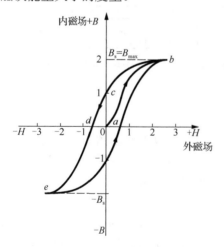

图 1.10　软磁材料的磁滞回线

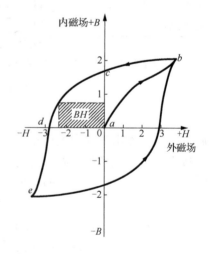

图 1.11　硬磁材料的磁滞回线

（6）亚铁磁性。亚铁磁性是一种材料中部分阳离子的原子磁矩与磁场反向平行，而另一些则平行取向所致的磁性行为。亚铁磁性常出现在一些氧化物材料，特别是铁氧体 $MO \cdot Fe_2O_3$（M 指金属元素）中。

3) 电性质

材料的电性质是材料在静电场或交变电场中(即处在电源两极间)时表现出来的行为。

(1)导电性。材料导电性的量度是电阻率或电导率。根据电阻率,可将材料分成超导体、导体、半导体和绝缘体四类。一般金属材料都是导体,部分陶瓷材料和少数高分子材料是导体,普通陶瓷材料与大部分高分子材料是绝缘体,许多材料都有超导性但都需要极低温度,有些金属或半金属元素(砷、锑、铋、硒、碲等)都具有半导体的特性。

① 电阻率。电阻率(ρ)是与材料的电阻(R)、导体长度(l)、截面积(A)有关的常数,表达为 $\rho = RA/l$(单位是 $\Omega \cdot m$)。电阻率(或体积电阻率)是微观水平上阻碍电流流动的度量。

电阻是材料形状、尺寸的函数,而电阻率同密度一样,是材料的固有性质,只与材料的结构有关,与材料的尺寸无关。在金属中依赖于自由电子的运动,在半导体中取决于载流子的行为,而在离子材料中依赖于离子的运动。微观结构对电阻率有很大影响。以金属为例,无论是空穴、位错,还是晶粒的界面,都会阻碍电子的运动而使电阻率升高。图 1.12(a)和(b)分别为温度升高对金属和半导体电阻率的影响。金属原子振动能随温度升高而增加,给电子的通过增加了困难,即使电了平均自由路径变短。电子平均自由路径是指电子在晶体结构中运动不与正离子碰撞或不互相发生碰撞的平均距离。显然,平均自由路径越短,电子运动越困难,电阻率越高。而在半导体材料中,温度升高使材料内载流体的数目增加,所以电阻率会随之降低。碳的电阻率也随温度的升高而降低。

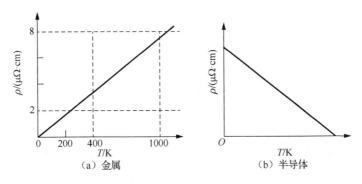

图 1.12　电阻率与温度的关系

② 电导率。电导率(σ)是电阻率的倒数,是电流通过材料难易程度的度量,其定义是单位时间内通过单位体积的电量,表达式为 $\sigma = nq\mu$(单位是 $\Omega^{-1} \cdot m^{-1}$)。其中,n 表示单位体积材料中的载流子数目,q 表示每个载流子上的电荷量,μ 表示每个载流子的运动能力。

(2)介电性。凡是不传导电流的物质均可称为介电质。原子由原子核和围绕它的电子组成。原子核带正电,电子带负电。如果没有电场作用,正电与负电的中心是重合的。一个分子中含有许多个原子核与许多个电子。无电场作用下,一个纯粹共价键分子的正、负电荷中心也是重合的。如果将原子或分子置于电场下,就会发生电子云中心的位移,即电荷的重新分布,这一现象称为极化。非极性分子的极化仅由电子云的偏移引起,故称为电子极化;极性分子在电场中发生转动,带负电的一端指向阳极,带正电的一端指向阴极,这一效应称为偶极极化;离子在电场中发生位移的现象称为离子极化(图 1.13)。

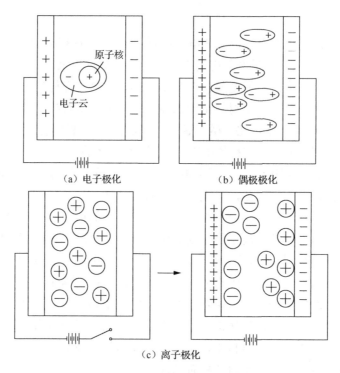

（a）电子极化　　　　　　　　　　（b）偶极极化

（c）离子极化

图 1.13　极化

如果将某一均匀的介电质作为电容器的介质而置于其两极之间，则由于介电质的极化，将使电容器的电容量比真空为介质时的电容量增加若干倍，物体的这一性质称为介电性。电场中的介电质有两种功能：一种是作为绝缘体，另一种是作为电容。材料的介电性主要包括介电常数、介电强度、介电损耗因子等指标。

① 介电常数。介电常数(ε)定义为介电质存在下的电容(C)与真空电容(C_0)之比：$\varepsilon = C/C_0$，表征介电质贮存电能能力。真空的介电常数为 1，介电质的介电常数大于 1 是由于材料的极化，所以介电常数也是极化的度量。当介电质处于交变电场中时，由于电场方向在不断变化，由极化产生的临时偶极的方向也应随之变化。交变电场的频率越高，偶极变化的速率也应越快。但如果分子结构较复杂，偶极运动就较困难，就会发生偶极摩擦，伴随着能量的损耗。这一结果在介电常数上能够反映出来。温度对介电常数也有影响。一般情况下介电常数随温度的升高而升高。对称分子(如四氯化碳、苯、聚乙烯、聚异丁烯等)只发生电子极化，介电常数很低。正负电荷中心不重合的分子会发生偶极极化，偶极极化大大增加了极化电荷，故极性分子的介电常数比对称分子大得多。根据分子链中偶极的分布情况，高分子也可分为极性高分子和非极性高分子。表 1.4 是一些常见高分子的介电常数。

表 1.4　一些常见高分子的介电常数

类别	介电常数	示例
非极性高分子	$\varepsilon = 1.8 \sim 2.0$	PTFE(2.0)
弱极性高分子	$\varepsilon = 2.0 \sim 3.0$	PP(2.2)、聚三氟氯乙烯(2.24)、PE(2.3)、PS(2.45~3.1)
中极性高分子	$\varepsilon = 3.0 \sim 4.0$	PVC(3.4)、PMMA(3.6)、POM(3.7)、尼龙 6(3.8)
强极性高分子	$\varepsilon = 4.0 \sim 7.0$	尼龙 66(4.0)、聚偏氯乙烯(4.5~6.0)、聚偏氟乙烯(8.4)

②　介电强度。介电强度是材料可以经受的最大电压梯度(单位厚度的电压)。超过这一电压梯度材料就会被击穿。介电强度不仅依赖于键的类型和晶体结构，对温度与电流形式(直流、交流或二者都有)也很敏感。在交变电压下，原子与电子反复重新取向，再加上电子运动路线的变形，就会因滞后损耗在材料内部产生热量。而温度越高，材料越容易被击穿。因此，频率越高，击穿电压越低。一些典型非金属材料的介电性质见表1.5。

表 1.5　一些非金属材料的介电性质与电阻率

材料	电阻率 /($\Omega \cdot m$, 20℃)	介电常数ε /10^6Hz	介电强度 /(10^6V/m)	介电损耗因子 $\varepsilon \tan\delta$/10^6Hz
云母	10^{11}	7	79	
尼龙 66	10^{13}	3.5	17	0.04
BaTiO$_3$	10^9	1600		
Al$_2$O$_3$	10^{12}	9	98	0.001
滑石	10^{12}	6	8	
酚醛	10^{10}	8	6	0.05
石蜡	10^{15}	2.3	10	
水	10^{12}	78		
聚乙烯	10^{15}	2.3	20	0.0001
钠硅玻璃	10^{13}	7	10	0.01
石墨	10^{-5}			
碳化硅	0.1			

③　介电损耗因子。电子极化是瞬时的，频率与温度对其几乎没有影响。电荷与电压保持同相，没有功率损失。极性材料除有较高的介电常数外，还会发生介电损耗。如果介电质为真空，电流(I)导前电压(U)90°，电功率 $P = I \cdot U \cos 90° = 0$，没有电能损耗。而任何非真空介电质对偶极极化或离子极化都会有或大或小的阻力，导致电流滞后一个角度δ(称为介电损耗角)。此时电流不是导前电压 90°，而是 90°-δ。为克服极化的阻力就会损耗一部分电能，耗散为热量的形式。损耗角 δ 的正切 $\tan\delta$ 称为耗散因子。$\tan\delta$ 与介电常数ε 的乘积称为介电损耗因子。这两个因子都可表示交变电场下介电质中的电能损耗。介电损耗因子对频率和温度都有较强的依赖性。频率很低时，偶极运动与电场变化同相，功率损耗很低。当频率增大时，偶极取向不能在有限时间完成，损耗就会增加，在某一频率损耗达到最大值。很高频率下由于偶极根本没有时间运动，损耗也很低。由于偶极运动依赖于内黏度，所以介电损耗像介电常数一样，对温度有强烈的依赖性。同时，介电质的介电损耗造成材料内部生热。这一性质可用于材料的黏结或材料的干燥。

以极性高分子材料为例。偶极可以直接连在主链上(如聚氯乙烯、聚酯、聚碳酸酯等)，也可以不直接连在主链上而独立运动(如聚甲基丙烯酸甲酯)。在前一种情况下，偶极与主链是一个整体，无电场存在时，偶极无规则排布；电场存在时，受链段运动能力的限制，不可能有完全的偶极取向。玻璃化转变温度 T_g 以下的偶极极化很低，所以聚氯乙烯、聚酯、聚碳酸酯等在室温下都是高频绝缘体。如果偶极不是直接连在主链上，链段运动对偶极极化就不重要，在 T_g 以下也能发生极化。此类材料就不适合作为电绝缘体。

(3)铁电性。研究介电常数大的物质(如 BaTiO$_3$)时发现，当电场增加时，极化程度开始时按比例增大，接着突然增大，在电场强度很大时增大又减慢而趋向于极限值。除去电场后剩余一部分极化状态，必须加上相反的电场才能完全消除极化状态，也就是出现滞后现象，与铁磁体类似，因而称这种现象为铁电性。此种效应首先是在酒石酸钾钠上发现的。这种保持极化的能力可使铁电材料保存信息，因而成为可供计算机线路使用的材料。

(4)压电性。某些晶体结构受外界应力作用而变形时，好像电场施加在铁电体，有偶极矩形成，在相应晶体表面产生与应力成比例的极化电荷，它像电容器，可用电位计在相反表面上测出电压；如果施加相反应力，则改变电位符号。这些材料还有相反的效应，若将它放在电场中，则晶体将产生与电场强度成比例的应变(弹性变形)。这种使机械能和电能相互转换的现象称压电效应。材料的压电性取决于晶体结构是否对称，晶体必须有极轴(不对称或无对称中心)，才有压电性。同时，材料必须是绝缘体。所有铁电材料都有压电性，然而具有压电性的材料不一定是铁电体，例如，$BaTiO_3$、$Pb(Zr,Ti)O_3$ 等是铁电材料，也是压电材料，而 β-石英、纤锌矿(ZnS)是压电材料，但没有铁电性。压电效应可用于传感器，可将声波转换为电场，将电场转换为声波。特定频率的声音产生一定的应变，尺寸变化使晶体极化，产生电场。电场被传递到第二个压电晶体，产生第二个晶体的尺寸变化，这些变化可使声波放大，可用于电话、立体声音响等。

① 电致伸缩。电致伸缩是压电效应的逆现象，是指材料在电场中因为原子由球状变为椭球状、离子之间键长的改变或永久偶极取向的偏移导致极化而改变尺寸的现象。某些材料的晶格可因温度变化而产生畸变，引起极化并产生电场。这种材料称为热电材料。热电材料可用作热敏元件。

② 压电常数和电致伸缩常数。压电常数(d)是表达压电效应的物理量，压电材料发生正向反应(压电效应)和逆向反应(电致伸缩)的表达式分别为 $\xi=g\sigma$ 和 $\varepsilon=d\xi$。其中 ξ 表示由应力产生的电场(V/m)，σ 为所施加的应力(MPa)，ε 为由电场产生的应变，g 为电致伸缩常数，g 和 d 与材料的弹性模量(E)有关：$E=1/(gd)$。部分材料的压电常数如表 1.6 所示。

表 1.6　部分材料的压电常数

材料	压电常数 $d/(10^{-12}\text{m/V})$
石英	2.3
$BaTiO_3$	100
$Pb(Zr,Ti)O_3$	250
$PbNb_2O_6$	80

4) 热学性能

材料及其制品在一定的温度环境中所表现出的行为称为材料的热学性能。固体材料在加热时伴随三个重要的热效应，吸收、传热和膨胀，分别用不同的性能指标来表征。

(1)热容表示 1mol 物质温度升高 1K 时所吸收的热量，是材料热吸收能力的表征参量。结构中的缺陷对材料的热容会有较大影响。在常温下固体材料的定压热容和定容热容几乎没有差别，而所测定的都是定压热容。

(2)线膨胀系数指温度变化 1K 时材料单位长度的变化量，是材料热膨胀能力的表征参量。从原子尺度看，热膨胀与原子(分子或链段)振动有关。因此，组成固体的原子(分子或链段)相互之间的化学键合作用和物理键合作用必然对热膨胀有重要作用。结合能越大，则原子从其平均位置发生位移以后的势能(或复位的吸引力、排斥力)增加得越为急剧,相应地,线膨胀系数越小。共价键的陶瓷材料与金属材料相比,倾向于具有低线膨胀系数;而离子键的陶瓷材料与金属材料相比,倾向于具有稍高的线膨胀系数;有机化合物中,共价键合的三维网络状高分子化合物的线膨胀系数一般较低;长链高分子化合物由于其分子之间是弱键合,线膨胀系数较高。

(3)热导率指单位时间内在 1K 温度差的 $1m^3$(或 $1cm^3$)正方体的一个面向其面对的另一个面流过的热量,是材料热传导能力的表征参量。金属是电和热的良导体,这是由于在金属中存在能自由运动的自由电子,随着温度升高,自由电子互相冲突的频度增多,变得难于活动,因而金属的热导率随温度升高而下降;无机非金属材料的晶体是原子呈有序排列牢固结合在一起的,能量不在原子之间孤立传递,而是以热弹性波形式传递,所以在各种波之间会产生干涉,由于散射而缓慢减弱,温度越高热弹性波的散射越大,故热导率随温度升高而略变小;热量在高分子材料中的转移是当链段或分子被激励时,由它的振动波及邻近分子激励的形式进行的,这种由链段或分子向链段或分子转移热量的方式传递的速度较慢,所以有机材料的热导率也小。

(4)熔点是材料耐热性的表征参量。一般材料结构中的分子间作用力越大,则熔融热焓越大,熔点越高,反之亦然。

3. 力学性能

材料在使用过程中都或多或少要经受力的作用。在选择材料和应用材料时,要使材料的性能与部件所需的工作条件相匹配。材料的力学性能是指材料受外力作用时的变形行为及其抵抗破坏的能力。力学性能是一系列物理性能的基础,又称机械性能。材料的力学性能通常包括强度、塑性、硬度、弹性、刚度、韧性、疲劳特性、耐磨性、蠕变性能等。

1)强度与塑性

(1)强度。强度是材料在载荷作用下抵抗明显的塑性变形或断裂的能力。按载荷的作用方式不同,材料的强度可分为抗拉强度、抗弯强度、抗压强度、冲击强度等。

① 抗拉强度是将试样在拉伸试验机上施加静态拉伸载荷时,使其断裂的最大载荷。

② 抗弯强度是用简支梁法将试样放置在两个支点上,在支点间施加集中载荷,使试样变形直至断裂时的载荷。

③ 抗压强度是指在试样上施加压缩载荷直至断裂(对脆性材料)或产生屈服现象(对韧性材料)时,原单位横截面上所能承受的载荷。

④ 冲击强度是材料在高速冲击状态下发生断裂时单位面积上所能吸收的能量。

(2)塑性。塑性是指材料在载荷作用下,应力超过屈服点后能产生显著的残余变形而不断裂的性质。屈服强度指材料在外力作用下发生塑性变形的最小应力。材料拉伸时伸长率较大,代表材料的塑性越好。陶瓷材料的塑性最差。表征塑性的指标有断后伸长率和截面收缩率。

(3)应力-应变曲线。在材料上作用以拉伸、压缩等外力时,会相应地发生内应力,按此应力的大小产生应变。应力与应变的关系可用应力-应变曲线加以表示。材料的组成、组织不同时,应力-应变曲线也有所不同(图 1.14)。大多数金属材料在所加载荷(外力)的作用下引起的变形可历经三个阶段(图 1.15):弹性变形阶段、塑性变形阶段和断裂阶段。脆性材料在断裂前往往没有明显的塑性变形现象,这种断裂称为脆性断裂。如果在载荷作用下经过大量的塑性变形后断裂,则称为韧性断裂。

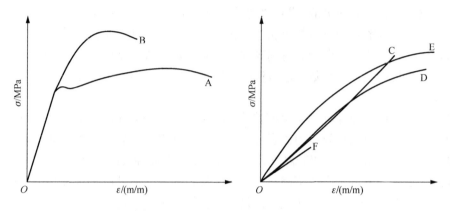

图 1.14 一些材料的应力-应变曲线

A-低碳钢；B-中碳钢；C-熟石膏；D-碳化钨；E-灰铸铁(压缩)；F-灰铸铁(拉伸)

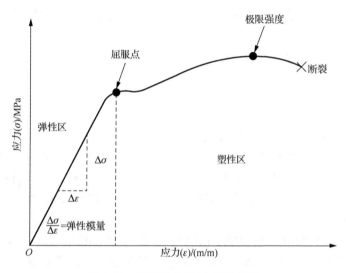

图 1.15 低碳钢的应力-应变曲线

2) 弹性与刚度

材料在载荷作用下产生变形，当载荷除去后能恢复原状的能力称为弹性；而刚度则是指材料在载荷作用下抵抗弹性变形的能力，反映材料刚度的指标是弹性模量。

弹性模量是指材料在弹性变形范围内应力与应变的比值，用 E（单位为 Pa）表示，E 表征物体变形的难易程度。纵向弹性模量一般也称为杨氏模量，高分子材料的杨氏模量变化范围较宽，这是高分子材料应用多样性的原因之一。

3) 硬度

硬度是材料能抵抗其他较硬物体压入表面的能力。测量硬度最常用的方法是压痕法，即用一定形状和尺寸的压头以一定的压力压入材料表面，然后测量材料表面留下的压痕尺寸。显然，压痕面积越大、越深，材料的硬度就越低。压痕法常又分为布氏法、维氏法、洛氏法等。

不同的硬度体系方法各异，所得数据也有很大出入。这是因为上述所有硬度都是相对硬度。用微硬度计可以测定绝对硬度，其单位不是相对数值，而是 kg/mm^2。其数值是通过压力除以压痕投影面积得到的，故称绝对硬度。但这种绝对硬度只限在科学界使用，尚未得到工业界的认可。

　　硬度与抗拉强度有一定关联。如钢的抗拉强度大约为布氏硬度的 3.4 倍。当然这种对应关系仅是近似的，误差在 10%左右。

　　材料的硬度与结构之间存在如下一些规律。

　　(1)化学键越强其硬度一般越高，对于一价的键，硬度按如下顺序依次下降：共价键≥离子键>金属键>氢键>范德瓦耳斯键。

　　(2)对于离子键，键强是由静电引力决定的，一般离子的电价越大，离子半径越小，硬度越高。

　　(3)对于金属键，纯金属 Mg、Ag、Au、Pb 等较软，熔点也低；而 Cr、Fe、Mo、W 等较硬，熔点也高。这是由于这些金属的原子结构不同而造成的。

　　4)断裂与韧性

　　材料的力学断裂是由于原子间或分子间的键断开而引起的，按断裂时的应变大小分为脆性断裂和韧性断裂。脆性断裂是指材料断裂之前无塑性变形发生，或发生很小塑性变形导致破坏的现象。岩石、混凝土、玻璃、铸铁等在本质上都具有这种性质，这些材料相应称为脆性材料。韧性断裂是指在断裂前产生大的塑性变形的断裂。软钢及其他软质金属、橡胶、塑料等均呈现韧性断裂。

　　韧性是指材料抵抗裂纹萌生与扩展的能力。韧性与脆性是两个意义完全相反的概念，材料的韧性高，意味着其脆性低；反之亦然。度量韧性的指标有两类：冲击韧性和断裂韧性，冲击韧性用材料受冲击而断裂的过程所吸收的冲击功来表征材料的韧性。此指标可用于评价高分子材料的韧性，但对韧性很低的材料(如陶瓷)一般不适用。韧性可以用应力-应变曲线下的面积来度量(图 1.16)，这一面积是单位体积材料被破坏所需的能量。

　　材料的断裂力学认为当材料中存在各种缺陷构成微裂纹时，这些微裂纹会在外力作用下扩展并导致断裂。用断裂韧性来表示含裂纹体材料抵抗断裂的能力，常用材料裂纹尖端的应力强度因子的临界值 K_{IC} 来表征。

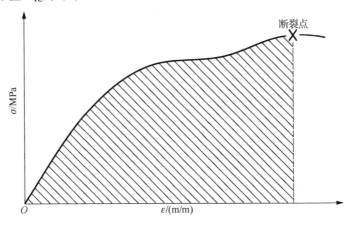

图 1.16　用应力-应变曲线评价韧性

韧性单位为 J/m^2

　　5)疲劳特性和耐磨性

　　材料在受到拉伸、压缩、弯曲、扭曲或这些外力的组合反复作用时，应力的振幅超过某一限度即会导致材料的断裂，这一限度称为疲劳极限。疲劳寿命指在某一特定应力下，材料发生疲劳断裂前的循环数，它反映了材料抵抗产生裂缝的能力。

疲劳现象主要出现在具有较高塑性的材料中，例如，金属材料的主要失效形式之一就是疲劳。疲劳断裂往往是没有任何先兆的突然断裂，由此造成的后果有时是灾难性的。高分子材料的塑性一般很好，但是在长期使用过程中首先发生的是材料的老化失效，因而疲劳破坏不占主导地位。陶瓷材料的塑性很低，其疲劳现象不如金属材料明显，而且疲劳机理不同于金属。在设计振动零件时，首先应考虑疲劳特性。

材料对磨损的抵抗能力称为材料的耐磨性，可用磨损量表示。在一定条件下的磨损量越小，则耐磨性越高。一般用在一定条件下试样表面的磨损厚度或体积(或质量)的减少来表示磨损量。磨损包括氧化磨损、咬合磨损、热磨损、磨粒磨损、表面疲劳磨损等。一般降低材料的摩擦系数、提高材料的硬度均有助于增加材料的耐磨性。

6) 蠕变性能

蠕变是材料在恒定应力下随时间缓慢塑性变形的过程。任何温度下都会发生蠕变。当然，温度越高蠕变过程就越快。尽管蠕变过程很慢，长时间后也会有较大的变形，有些材料甚至会断裂。蠕变在多数情况下是有害的。长年受力运转的部件必须有很高的抗蠕变性。例如，汽轮发电机的桨叶就是在高温下长年运转的，如果因蠕变而发生较大变形，后果将不堪设想。

材料的蠕变性能一般用拉伸方法测试，得到如图 1.17 所示的蠕变曲线。曲线上任一点的斜率代表蠕变速率。据此可以将蠕变曲线分为三段：减速段(起始段)、匀速段(中间段)和加速段(破坏段)。进入加速段后不久，材料就会断裂。材料的蠕变速率以每小时的应变百分比计。典型速率为 10^{-4}%/h。对多晶材料的研究表明，较高温度下，粗晶粒材料的抗蠕变性优于细晶粒材料；而低温下，细晶粒材料的抗蠕变性较佳。蠕变的时间超过一定限度，材料就会断裂。影响蠕变断裂的因素包括应力、温度和时间等。

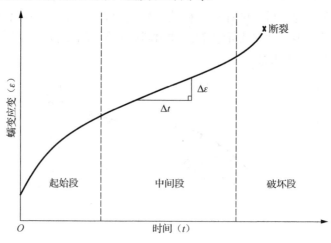

图 1.17　蠕变曲线

第2章 金属材料

2.1 概 述

金属是指具有良好的导电性和导热性、有一定的强度和塑性并具有金属光泽的物质。金属材料是以金属元素为主要材料并具有金属特性的工程材料,包括金属和合金。

2.1.1 应用与特性

1. 悠久的历史

翻开元素周期表,可以发现有近百种金属元素。金属和人类的相互关系历史悠久,人类利用金属已达 6000 年之久。举例如下。

1) 图坦卡蒙黄金面具

面具是世界上最精美的艺品珍品之一。公元前 14 世纪的埃及法老图坦卡蒙死后所戴面具发现于他的陵墓中。他的木乃伊被发掘出来的时候,头部罩着一个黄金面具,这使他成为当代所知最著名的埃及法老。面具与真人的面庞大小相称,恰好罩在他的脸上。面具由金箔制成,嵌有宝石和彩色玻璃。前额部分饰有鹰神和眼镜蛇神,象征上、下埃及(上埃及以鹰神为保护神,下埃及以蛇神为保护神);下面垂着胡须,象征冥神奥西里斯(图 2.1)。

2) 后母戊鼎

后母戊鼎是中国商朝后期王室祭祀用的青铜方鼎,是商朝青铜器的代表作。后母戊鼎器型高大厚重,形制雄伟,气势宏大,纹饰华丽,工艺高超,又称后母戊大方鼎。后母戊鼎是现存的先秦时期最重的青铜铸件,铸造年代约在商朝后期,反映了殷商青铜冶铸业的技术水平,是殷商青铜器的代表作(图 2.2)。

图 2.1　图坦卡蒙黄金面具

图 2.2　后母戊鼎

2. 广泛的应用

金属材料最初主要制作成日用品、武器、装饰品及手工艺品，工业革命后广泛用于各种工业产品及工具。今天，在日常生活和工业生产中能接触到的，小到锅、勺、刀、剪刀等，大到机器设备、交通工具、大型建筑物等，哪一样都离不开金属。金属材料已成为工农业生产、人民生活和国防建设的重要物质基础。因此，现在有人将金属的生产和使用作为衡量一个国家工业水平的标志。

3. 优良的特性

金属的特征主要如下：
(1) 具有金属光泽、良好的反射能力和不透明性；
(2) 具有很高的强度和良好的延展性（塑性变形能力）；
(3) 具有比一般非金属材料大得多的导电能力；
(4) 具有磁、热、光等许多物理特性，作为电、磁、热、光等方面的功能材料，金属可以在很多领域里发挥作用；
(5) 表面工艺性能优良，在金属表面可进行各种装饰工艺以获得理想的质感。

其他材料也可能有金属材料上述特征中的一项或者几项，但不会同时具有上述的全部特征，也达不到金属所具有的那么多的高性能。究其根本，是因为金属所特有的原子结构形式——金属键。

2.1.2　资源的枯竭与新材料的崛起

1. 资源的枯竭

进入 20 世纪，随着金属材料消耗量的急剧上升，科学技术特别是现代高技术的飞速发展，以及人工合成的高分子材料和无机非金属材料的发展，世界形成了金属材料、无机非金属材料及高分子材料三大材料的鼎足之势。金属材料的"统治性地位"受到了严峻的挑战。由于大规模生产工艺的出现和广泛应用，地球表壳的资源日趋贫化。根据权威人士估计，即使世界资源的储量再增加 10 倍，且有 50%的金属再生循环，其资源的开采利用也只能维持 100～300 年。如果按已探明的储量和每年消耗的实际增加率，形势将更加严峻。铁只够开采 109 年，钛只够开采 51 年，铜为 24 年，银为 14 年……科学家想到了向地壳深部、向海洋、向废金属回收等要金属的办法。但这些办法不是成本太高，就是数量有限，短期内很难从根本上解决问题。

2. 金属材料仍具有强大的生命力

大多数科学家认为，虽然部分金属材料会被高分子材料、无机非金属材料及复合材料所替代，但总的来说，在相当长的时期内改变不了它在材料中的主导地位，即使在高技术产业中也不例外。其主要理由如下。

(1) 金属材料已有成熟的生产工艺、相当多的生产设施及相当大的生产规模，它已成为日常消费的基础材料，具有价格低廉、性能可靠、供应稳定、使用方便等特点。

（2）金属材料具有优越的综合性能。金属有比高分子材料高得多的弹性模量，有比陶瓷高得多的韧性。金属材料的某些物性，如磁性和导电性，也非其他两类材料所能比拟。

（3）相当长时期内，金属资源不至于枯竭。据目前的地质资料，大多数金属矿物能满足一百年到几百年的需要。有些金属矿物虽然较少，但随着科学技术的发展，低品位矿石也有开采价值。此外，在海水中、地壳深处都有大量金属矿物，这也可能成为金属材料的重要原料。

（4）从性能价格比来说，许多金属材料也很有优势，如钢铁；有些虽然处于劣势，但因它们具有优异的综合性能而不断发展，钛便是其中一例。例如，以价格/比强度为单位进行比较，钢为 1 时，钛为 16.7。钛耐腐蚀、可焊、高比强度、无磁性，是良好的航空航天材料和潜艇材料（比强度=强度/密度）。

2.1.3　金属材料的分类

金属（或金属材料）通常分为黑色金属、有色金属和特种金属材料三类。

（1）黑色金属：指以铁、铬、锰为基的金属材料，如生铁、钢和铸铁，通常黑色金属指钢铁材料，包括杂质总含量<0.2%及含碳量不超过 0.0218%的工业纯铁、含碳量为 0.0218%～2.11%的钢和含碳量大于 2.11%的铸铁。

（2）有色金属：指除黑色金属以外的其他金属，如铜、铝及其合金等。通常又分为轻金属、重金属、贵金属、半金属、稀有金属和稀土金属等。合金的强度和硬度一般比纯金属高，并且电阻大、电阻温度系数小。

（3）特种金属材料：包括不同用途的结构金属材料和功能金属材料。其中有通过快速冷凝工艺获得的非晶态金属材料，以及准晶、微晶、纳米晶金属材料等，还有隐身、抗氢、超导、形状记忆、耐磨、减振阻尼等特殊功能合金及金属基复合材料等。

2.2　金属的晶体结构与性能

前已述及，绝大多数金属都是晶体，即由金属原子在空间进行有规律的排布聚集而成。虽然金属种类众多，对应的晶体结构有七大晶系，但常见的金属晶体结构只有 3 种，即体心立方、面心立方和密排六方。

2.2.1　金属晶体结构

1. 晶胞模型

体心立方晶胞的 8 个顶角和中心各有 1 个原子；面心立方晶胞由 8 个原子构成 1 个立方体，并在立方体的 6 个面的中心各有 1 个原子；密排六方晶胞是 1 个六方柱体，在六方柱体的 12 个顶角和上下底面各有 1 个原子，另外在上下面之间（柱体中心）有 3 个原子。这 3 种金属晶体结构的晶胞模型和代表金属见表 2.1。

体心立方晶胞顶角处原子为相邻 8 个晶胞共有，体内 1 个原子为独有，故有 2 个胞内原子数（N）。根据体心方向密排的基本规则可知，单个原子的半径为 $r = \dfrac{\sqrt{3}}{4}a$，晶胞内原子体积与晶胞体积之比（致密度，Z）为 0.68。

表 2.1　典型的金属晶体结构

晶体结构	晶胞模型			代表金属
体心立方(body-centered cubic，BCC)	刚球模型	点阵模型	单位晶胞模型	铬(Cr)、钒(V)、钨(W)、钼(Mo)、α-Fe 等
面心立方(face-centered cubic，FCC)	刚球模型	点阵模型	单位晶胞模型	铝(Al)、铜(Cu)、铅(Pb)、镍(Ni)、金(Au)、γ-Fe 等
密排六方(hexagonal-close pack，HCP)	刚球模型	点阵模型	单位晶胞模型	铍(Be)、镁(Mg)、锌(Zn)、镉(Cd)等

2. 晶体学参数

(1)胞内原子数。指晶胞体积内所实际拥有的原子个数，顶角处原子为相邻几个晶胞共有，晶面上原子为相邻两个晶胞共有，晶胞体内原子单独为该晶胞所有。三种晶体结构的胞内原子数如图 2.3 所示。

  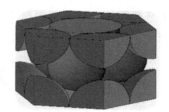

体心立方 $N =$
$8(结点)\times\dfrac{1}{8}+1(体心)=2$

面心立方 $N =$
$8(结点)\times\dfrac{1}{8}+6(面心)\times\dfrac{1}{2}=4$

密排六方 $N =$
$12(结点)\times\dfrac{1}{6}+2(面心)\times\dfrac{1}{2}+3(体内)=6$

图 2.3　典型晶体结构的胞内原子数

(2)晶格常数(a)与原子半径(r)。根据不同晶体结构的原子密排情况，可计算晶格常数和原子半径之间的关系。三种晶体结构的原子半径如图 2.4 所示。

体心立方 $r =\dfrac{\sqrt{3}}{4}a$　　　　面心立方 $r =\dfrac{\sqrt{2}}{4}a$　　　　密排六方 $r =\dfrac{1}{2}a$

图 2.4　典型晶体结构的晶格常数和原子半径

(3) 致密度 (Z)。致密度是表征原子排列的紧密程度的指标，是晶胞中原子体积 (Nv) 与晶胞体积之比 (V) $(Z=Nv/V)$。三种晶体结构的致密度计算方法如下。

$$Z(\text{BCC}) = \frac{Nv}{V} = \frac{2 \times \frac{4}{3}\pi\left(\frac{\sqrt{3}}{4}a\right)^3}{a^3} = 0.68$$

$$Z(\text{FCC}) = \frac{Nv}{V} = \frac{4 \times \frac{4}{3}\pi\left(\frac{\sqrt{2}}{4}a\right)^3}{a^3} = 0.74$$

$$Z(\text{HCP}) = \frac{Nv}{V} = \frac{6 \times \frac{4}{3}\pi\left(\frac{1}{2}a\right)^3}{a^3} = 0.74$$

(4) 配位数 (NZ)。配位数也表征原子排列的紧密程度，是晶体结构中任一原子周围最近邻且等距离的原子数。三种晶体结构的配位数分别为 $NZ(\text{BCC})=8$、$NZ(\text{FCC})=12$ 和 $NZ(\text{HCP})=12$。原子选取办法是，对体心立方结构，选体心原子；对面心立方结构，选 8 个相邻晶胞的共用结点原子；对密排六方结构，选两个相邻晶胞的共用面心原子。

3. 金属晶体的原子堆垛与间隙

1) 堆垛与层错

晶体中均有一组原子密排面和原子密排方向。晶体可认为是密排面在空间层层堆垛起来构成的。不同的晶体结构具有不同的密排面，因而具有不同的堆垛方式和堆垛顺序，如面心立方结构具有 ABCABC 的堆垛顺序，而体心立方结构和密排六方结构具有 ABAB 的堆垛顺序，如图 2.5 所示。

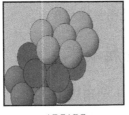 

ABCABC　　　　　　　　　ABAB
（面心立方结构）　　　　　　（密排六方结构）

图 2.5　面心立方结构和密排六方结构的堆垛模型

当然，上述堆垛方式只是理想晶体的原子堆垛方式。对实际晶体，由于存在大量缺陷，原子的堆垛不可能完全遵循以上模型。例如，面心立方结构的 ABCABC 堆垛顺序中，若其中一层 (C 层) 由于某种原因发生了移动，使得堆垛顺序改变为 ABABC，从而在晶体留下另外一类缺陷——堆垛层错。层错会影响晶体的物理性质，进而影响晶体的宏观性能。

2) 间隙

前已述及，特定的金属晶体具有一定的致密度且都小于 1，这说明在一个单位晶胞中，并非所有空间都被原子填满，晶胞中总有一定的空隙，这种空隙称为间隙。不同晶格的间隙形状和间隙尺寸均不相同，间隙尺寸取决于晶胞类型和晶格常数。

例如，体心立方结构在每个晶胞的面心都有一个八面体间隙位置，在每个棱边的中心都有一个四面体间隙位置；面心立方结构在体心处有一个八面体间隙位置，在每条体对角线上都有两个四面体间隙位置且在对角线上离最近原子的距离为对角线长度的 1/4。面心立方结构的间隙位置如图 2.6 所示。

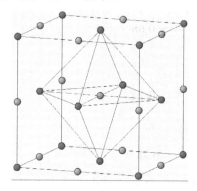
（a）面心立方结构的八面体间隙

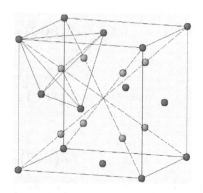
（b）面心立方结构的四面体间隙

图 2.6　典型晶体结构的间隙

在晶体结构中，间隙对材料有重要的意义。由于间隙的尺寸往往很小，故只能容纳有限的小原子(如氮、碳等)。但即使少量的小原子溶入间隙位置，也会使晶格产生畸变，进而使金属的性能产生变化。

2.2.2　晶体结构与金属性能的关系

金属中原子结构及原子间的键合类型决定了晶胞类型和晶格常数，因而使各种金属表现不同的物理、化学及力学性能。例如，面心立方结构的金属塑性最好，可以加工成极薄的金属箔；体心立方结构的金属塑性次之，故很少对钢铁进行冷加工强化；密排六方结构的金属塑性差，但具有较高的硬度和耐磨性，典型应用是锡基轴承合金。

2.3　黑色金属材料

黑色金属材料(主要指钢铁材料)是目前工业上使用较广泛的金属材料，包括纯铁、钢和铸铁。

纯铁也称工业纯铁，是指含碳量小于 0.0218% 的铁碳合金，它延展性好、强度和硬度低，产量极少，除供研究外，还用于制造电磁材料如电动机铁心等。

钢是以铁为主要元素，含碳量一般为 0.0128%～2.11%，并含有其他元素的材料。根据对钢的工艺性能和使用性能的要求，用不同的化学元素对钢进行合金化，按钢中化学元素规定含量的界限值，分别把钢分为低合金钢和合金钢。未经过合金化的钢称为非合金钢(碳素钢)。

铸铁是指含碳量大于 2.11% 的铁碳合金，大部分用于炼铁，少部分用于生产铸铁件。

2.3.1　碳素钢

1. 概述

1)化学成分

碳素钢是指含碳量一般在 0.02%～1.35%，并有少量的硅、锰、硫、磷以及残余元素的铁碳合金，简称碳钢。一般来说，碳钢中含硅量小于 0.50%，含锰量小于 1.00%，含硫量小于 0.055%，含磷量小于 0.045%，有时会残留少量的镍、镉、铜等元素。

2）应用

碳钢广泛应用于建筑、桥梁、铁道车辆、汽车、船舶、机械制造、石油化工等工业部门，还可制造工具、模具、量具及民用品。

3）生产

（1）炼铁。炼铁方法主要有高炉法、直接还原法、熔融还原法等，其原理是矿石在特定的气氛中（CO、H_2、C）通过物化反应获取还原后的生铁。

经典的炼铁方法是高炉法，炉冶炼用的焦炭、矿石、烧结矿、球团在原料场加工处理合格后，用皮带机运至高炉料仓贮存使用；各种原料在槽下经筛分、计量后，按程序用皮带机输送到高炉料车中，再由料车拉到炉顶加入炉内；从高炉下部风口鼓入热风（1150～1200℃），高炉物料中的碳素在热风中发生燃烧反应，产生具有高温的还原性气体（CO、H_2）。炽热的气流在上升过程中将下降的炉料加热，并与矿石发生还原反应。高温气流中的 CO、H_2 和部分炽热的固定碳夺取矿石中的氧，将铁还原出来。还原出来的还原铁进一步熔化和渗碳，最后形成铁水，铁水定期从铁口放出。矿石中的脉石变成炉渣浮在液态的铁面上，定期从渣口排出。反应的气态物质为煤气，从炉顶排出。

（2）炼钢。转炉炼钢（converter steelmaking）是以铁水、废钢、铁合金为主要原料，不借助外加能源，靠铁液本身的物理热和铁液组分间化学反应产生热量而在转炉中完成炼钢过程。转炉按耐火材料分为酸性和碱性，按气体吹入炉内的部位有顶吹、底吹和侧吹；按气体种类分为空气转炉和氧气转炉。碱性氧气顶吹和顶底复吹转炉由于生产速度快、产量大，单炉产量高、成本低、投资少，为目前使用最普遍的炼钢设备。转炉主要用于生产碳钢、合金钢及铜和镍的冶炼。

传统的转炉炼钢过程是将高炉来的铁水经混铁炉混匀后兑入转炉，并按一定比例装入废钢，然后降下水冷氧枪，以一定的供氧、枪位和造渣制度吹氧冶炼。当达到吹炼终点时，提枪倒炉，测温和取样化验成分，如果钢水温度和成分达到目标值就出钢。否则，降下水冷氧枪进行再吹。在出钢过程中，向钢包中加入脱氧剂和铁合金进行脱氧、合金化。然后，钢水送模铸场或连铸车间铸锭。

随着用户对钢材性能和质量的要求越来越高，钢材的应用范围越来越广，同时钢铁生产企业也对提高产品产量和质量、扩大品种、节约能源和降低成本越来越重视。在这种情况下，转炉炼钢工艺流程发生了很大变化。铁水预处理、复吹转炉、炉外精炼、连铸技术的发展，打破了传统的转炉炼钢模式。已由单纯用转炉冶炼发展为"铁水预处理—复吹转炉吹炼—炉外精炼—连铸"这一新的工艺流程。这一工艺流程以设备大型化、现代化和连续化为特点。氧气转炉已由原来的主导地位变为新流程的一个环节，主要承担钢水脱碳和升温的任务。

除转炉炼钢外，还有其他炼钢方法，如电炉冶炼。

钢铁冶炼时，少数碳钢浇注成铸件使用，绝大多数碳钢浇注成铸锭或连轧坯，经轧制形成钢板、钢带、钢条和各种断面形状的型钢。碳钢一般在热轧状态下直接使用。当用于制造工具和各种机器零件时，需根据使用要求进行热处理；至于铸钢件，绝大多数都要进行热处理。

2. 分类

1)按质量等级分类(主要是杂质硫、磷的含量)(图2.7)

(1)普通碳素钢。普通碳素钢是指不规定生产过程中需要特别控制质量要求,并满足规定条件的钢种。规定条件包括:非合金化的钢,规定钢的性能,不规定化学成分、热处理等。普通碳素钢主要包括一般用途碳素结构钢、碳素钢筋钢、铁道用一般碳素钢和一般钢板桩型钢。

(2)优质碳素钢。优质碳素钢是指普通碳素钢和高级优质碳素钢以外的非合金钢,在生产过程中需要特别控制质量(如控制晶粒度及含碳量,降低硫、磷含量,改善表面质量或增加工艺控制等),以达到比普通碳素钢更高的质量要求(如良好的抗脆断性能、良好的冷成型性等),但这种钢的生产控制不如高级优质碳素钢严格(如不控制淬透性)。优质碳素钢主要包括机械结构用钢、工程结构用钢、锅炉和压力容器用钢、造船用钢。

(3)高级优质碳素钢。高级优质碳素钢是指在生产过程中需要特别严格控制质量和性能(如控制淬透性及严格控制硫、磷含量),并同时满足规定条件的非合金钢。高级优质碳素钢主要包括铁道用钢,航空、兵器等专用钢,核能用钢,弹簧用钢等。

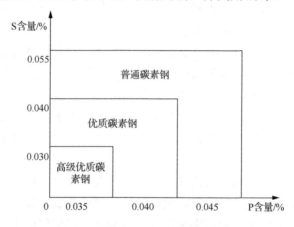

图2.7 碳素钢的分类(按质量等级)

2)按主要特性分类

碳素钢按其主要特性可分为七类:

(1)以规定最高强度为主要特性的碳素钢,如冷成型用钢;

(2)以规定最低强度为主要特性的碳素钢,如压力容器用钢;

(3)以限制含碳量为主要特性的碳素钢,如弹簧钢、调质钢;

(4)碳素易切削钢;

(5)碳素工具钢;

(6)具有专门规定磁性或电性能的碳素钢;

(7)其他碳素钢。

3)按含碳量分类

(1)低碳钢。指含碳量低于0.25%的碳钢。因为其强度和硬度都低,所以较软,又称软钢。它包括大部分普通碳素结构钢和一部分优质碳素结构钢。低碳钢大多不经热处理直接用于工程结构件,有的经过渗碳和其他热处理后用于要求耐磨的机械零件。

(2) 中碳钢。指含碳量为 0.25%～0.6% 的碳钢。它包括大部分优质碳素结构钢和一部分普通碳素结构钢。中碳钢大多用于制作各种机械零件，有的用于制作工程结构件。正火和不经热处理的中碳钢用于制作强度不大的拉杆、套筒、紧固件、垫圈和手柄等；中碳钢经调质处理后，主要用于各种传动轴、连杆、离合器、轴销、螺栓等；中碳钢经高频淬火和低温回火后，用于承受冲击载荷且要求耐磨的齿轮、车床主轴、花键槽、凸轮轴和半轴等。

(3) 高碳钢。指含碳量为 0.6%～1.35% 的碳钢。它包括碳素工具钢和一部分碳素结构钢。高碳钢强度高、弹性好、硬度高、耐磨性好，但是其塑性和韧性低、热加工性和切削加工性差。高碳钢主要用于制作各种木工工具、锉刀、锯条、丝锥、刨刀、小进刀量车刀、钻头等金属切削工具以及卡规、卡尺等量具和简单模具，还可用于制作各种类型的弹簧、钢丝和负荷不大的轧辊。

4) 按脱氧方式(或程度)分类

(1) 沸腾钢。指脱氧不完全的钢。钢液含氧量高，钢水注入钢锭模后，碳氧反应产生大量气体，造成钢液呈沸腾状态，故命名为沸腾钢。沸腾钢含碳量低，且由于不用硅铁脱氧，故钢中含硅量常低于 0.07%。沸腾钢的外层是在沸腾状态下洁净的，所以其表层纯净、致密，表面质量好，加工性能好。沸腾钢没有大的集中缩孔，所用的脱氧剂少，钢材成本低。沸腾钢心部杂质多，偏析较严重，力学性能不均匀，钢中气体含量较多，韧性低，冷脆和失效敏感性大，焊接性能较差，故不适用于制造承受冲击载荷、在低温下工作的焊接结构件和其他重要结构件。

普通沸腾钢板是由普通碳素结构沸腾钢坯热轧制成的钢板，大量用于制造各种冲压件、建筑及工程结构和一些不太重要的结构和零件，其牌号、化学成分和力学性能符合 GB/T 700—2006《碳素结构钢》中对沸腾钢的规定，厚钢板厚度为 4.5～200mm。我国的普通沸腾钢板主要由鞍钢、武钢、太钢、重庆钢厂、邯郸钢铁总厂、新余钢厂、柳州钢厂、安阳钢铁公司、营口中板厂和天津钢厂等生产。

(2) 镇静钢。指脱氧完全的钢。钢液在铸锭里用锰铁、硅铁和铝等进行充分脱氧，钢液在钢锭模中较平静，不产生沸腾状态，故命名为镇静钢。镇静钢的优点是化学成分均匀，所以各部分的力学性能也均匀，焊接性能和塑性良好，抗腐蚀性较强，但表面质量较差，有集中缩孔，成本也较高。

镇静钢板是由普通碳素结构镇静钢坯热轧制成的钢板，主要用于生产在低温下承受冲击的构件、焊接结构及其他要求较高强度的结构件，其牌号、化学成分和力学性能符合 GB/T 700—2006《碳素结构钢》中镇静钢的规定，厚钢板厚度为 4.5～200mm。我国的镇静钢板主要由鞍钢、武钢、舞阳钢铁公司、马钢、太钢、重庆钢厂、邯郸钢铁总厂、新余钢厂、柳州钢厂、安阳钢铁公司、天津钢厂、营口中板厂、上钢一厂、上钢三厂、韶关钢铁厂和济南钢铁厂等生产。

3. 牌号

1) 普通碳素结构钢

示例：Q195。

说明：Q——"屈"的拼音首字母，195——最低屈服强度为 195MPa。

常见牌号：Q195、Q215、Q235、Q255、Q275 等。

用途：这类钢塑性好，其中 Q195、Q215 和 Q235 可轧制成钢板、钢筋、钢管等；Q255 和 Q275 可轧制成型钢、钢板等。

2）优质碳素结构钢

示例：20。

说明：20——含碳量为 0.20%（万分之二十）。

常见牌号：20、45 等。

用途：这类钢主要用于各种机器零件。

3）碳素工具钢

示例：T8。

说明：T——"碳"的拼音首字母，8——含碳量为 0.8%（千分之八）。

常见牌号：T8、T9、T10、T12 等。

用途：这类钢主要用于制造各种工具、量具、模具等。

2.3.2 低合金钢和合金钢

1. 概述

合金化是指在钢液中特意添加不同化学元素的过程。

合金元素是指合金化所用的化学元素。常用的合金元素有十多种，如铝、硅、铬、钛、镍、钒、钼、铌、钨、钴、锆、氮、硼等，以及铱、镧等稀土元素。

合金化的主要目的是研制出工艺性能（如铸造性、焊接性、热处理性、切削性、压力加工性等）和使用性能（如强度、硬度、韧性、耐热性、耐蚀性、耐磨性或其他性能）稳定、优良的合金钢。

合金钢元素在钢中的作用原理是钢的合金化原理，它属于物理冶金学（金属学）的范畴。钢的物理冶金学研究钢的成分、组织和性能之间的关系。钢的合金化原理侧重研究合金元素对构成钢中不同组织的合金相的形成规律的影响。其理论涉及钢中相转变、钢的淬透性、钢的脆性、钢的物理和化学性能，以及钢的强硬化等。

2. 分类

1）按质量等级分类

根据 GB/T 13304.2—2008，低合金钢按质量等级可分成三类，即普通质量低合金钢、优质低合金钢、特殊质量低合金钢；合金钢按质量等级可分成两类，即优质合金钢、特殊质量合金钢。具体如下。

（1）普通质量低合金钢：指不规定需要特别控制质量要求的供一般用途的低合金钢。主要包括一般用途低合金结构钢等。其抗拉强度不大于 690MPa，屈服强度不大于 360MPa，伸长率不大于 26%。普通质量低合金钢的优点是强度较高、性能较好、能节省大量钢材、减轻结构重量等，主要用于机械制造、建筑、桥梁、车辆等结构金属结构件。

（2）优质低合金钢：指除普通质量低合金钢和特殊质量低合金钢以外的合金钢。主要包括可焊接的高强度结构钢、锅炉和压力容器用低合金钢、造船用低合金钢、汽车用低合金钢等。规定的屈服点为 360～420MPa。这类钢具有较高的强度、韧性及冲击强度，且具有良好的抗疲劳性、一定的低温韧性、耐大气腐蚀性及良好的焊接性能和低的缺口敏感性。

(3) 特殊质量低合金钢：指在生产过程中需要特别严格控制质量(特别是硫、磷等杂质含量和纯度)和性能的低合金钢，主要包括核能用低合金钢、航船与兵器用低合金钢等，其屈服点不低于 420MPa，且钢材需要进行无损检测并满足特殊质量控制要求。

(4) 优质合金钢：指在生产过程中需要特别控制质量和性能，但其生产控制和质量要求不如特殊质量低合金钢严格的合金钢，主要包括一般工程结构用合金钢、铁道用合金钢、地质和石油钻探用合金钢、硅锰弹簧钢等。

(5) 特殊质量合金钢：指在生产过程中需要特别严格控制质量和性能的合金钢，主要包括压力容器用合金钢、合金结构钢、合金弹簧钢、不锈耐酸钢、耐热钢、合金工具钢、高速工具钢、轴承钢、无磁钢、永磁钢等。

2) 按主要特性和专门用途分类

(1) 低合金钢。

① 可焊接低合金高强度结构钢。这类钢的优点是强度较高、性能较好、能节省大量钢材、减轻结构重量等，广泛用于机械制造和建筑、桥梁、车辆等结构。

② 焊接结构用耐候钢(耐大气腐蚀钢)。这类钢是在钢中加入少量的合金元素，如铜、铬、镍、钼、铌、钛、锆、钒等，使其金属基体表面形成保护层，以提高钢材的耐候性，同时这类钢具有良好的焊接性能，主要用于桥梁、车辆、建筑、塔架及其他结构。

③ 桥梁用钢。这类钢是指专用于架造铁路、公路或桥梁的钢，要求有较高的强度、韧性，能承受机车车辆的载荷和冲击，且要有良好的抗疲劳性、一定的低温韧性和耐大气腐蚀性。栓焊桥梁用钢还应具有良好的焊接性能和低的缺口敏感性，主要用于铁路桥和公路桥及其跨度在 46～160mm 的结构件。

④ 船体结构用钢(船用钢)。由于船舶工作环境恶劣，船外壳要受海水的化学腐蚀、电化学腐蚀和海生物/微生物的腐蚀，船体承受较大的风浪冲击和交变负荷，船舶形状使其加工方法复杂等，因此船体结构用钢的要求较严格。钢材具有良好的韧性是最关键的要求；此外，要求有较高的强度，良好的耐腐蚀性能、焊接性能、加工成型性能和表面质量。为此，要求钢中 Mn 和 C 含量的比值在 2.5 以上，且对碳当量也有严格的要求，并由船检部门认可的钢厂生产。船体结构用钢主要用于制造远洋、沿海和内河航运船舶的船体、甲板等。

⑤ 锅炉用钢。这类钢可分为工业锅炉用钢和电站锅炉用钢两大类。工业锅炉用钢通常用于小型锅炉，为工业企业供热，其所用钢材为普通碳素结构钢和低合金结构钢；电站锅炉用钢用于大、中型锅炉，对钢材质量有特殊要求，一般要求用具有优良综合性能的合金钢来制造。锅炉用钢主要用于制作固定锅炉、船体锅炉及其他锅炉的重要部件。

⑥ 容器用钢。这类钢所制造的容器要能够承受不同的压力与强度，一般压力为 31.4MPa 或更高，工作温度通常在-20～450℃，有时也会低于-20℃。根据容器的工作条件与加工工艺，要求容器用钢必须具有良好的冷弯和焊接性能，有良好的塑性和韧性，有高温短时强度或长期强度性能。为了使容器承受更高的压力，减轻结构自身重量，容器用钢材质除用优质碳钢外，目前大多采用低合金结构钢。容器用钢分为压力容器用碳钢和低合金钢、多层压力容器用低合金钢等。容器用钢主要用于制造石油、化工、气体分离和储运等容器或其他类似设备，如各种塔式容器、热交换器、储罐和罐车等。

⑦ 焊接气瓶用钢。这类钢的材质采用优质碳素结构钢和低合金结构钢。由于焊接气在承受一定压力下使用，因此对化学成分含量和力学性能控制也较严格。焊接气瓶用钢的牌号在

其后加上"HP"(焊瓶的汉语拼音首字母)以示区别。焊接气瓶用钢主要用于生产气压较低的气瓶,如石油气瓶等。

⑧ 复合钢钢板。为了节省不锈耐酸耐热钢用量,有些容器及结构件采用复合钢钢板制造。复合钢钢板即在普通碳素结构钢、优质碳素结构钢和低合金结构钢作基体(基层)的表面以不锈耐酸耐热钢作表层(复层)形成的双金属,主要用于制造耐酸碱、大气腐蚀介质等的结构件和容器。

⑨ 汽车用钢。这类钢大都采用含碳量较低的低合金结构钢作材质,主要用于制造汽车大梁(纵、横梁)、车架等结构件。汽车大梁不但要承受较大的静载荷,而且要承受一定的冲击、振动等,因此要求钢板有一定的强度和耐疲劳性能,且要求有较好的冲压性能和冷弯性能,以适应冷冲成型加工要求。

⑩ 其他用钢。包括矿用合金钢、铁道用合金钢、特殊物理性能钢等。

(2)合金钢。主要包括工程结构用合金钢、机械结构用合金钢、不锈钢、耐热钢、耐酸碱钢、工具钢、轴承钢等。其中,不锈钢和耐热钢属于特殊性能钢;耐热钢在高温下具有耐高温、抗氧化性和温度强度。

3. 牌号

各国钢产品牌号表示方法不同,大致有四种。我国钢产品牌号表示方法(GB/T 221—2008)的原则是钢的元素用国际化学元素符号或汉字表示,产品用途、冶炼和浇注方法等用汉语拼音首字母或汉字表示。

(1)低合金高强度钢(普通低合金高强度钢),一般分为通用低合金高强度钢和专用低合金高强度钢两种。通用低合金高强度钢一般采用代表屈服点的拼音首字母"Q"、屈服点数值(单位 MPa)和规定的质量等级表示,如屈服点为 345MPa 的 C 级通用低合金高强度钢牌号为Q345C;专用低合金高强度钢一般采用代表屈服点的拼音首字母"Q"、屈服点数值(单位MPa)和规定的代表产品用途的符号表示,如耐候钢是耐大气腐蚀用的低合金高强度钢,其牌号为 Q340NH。根据需要,通用低合金高强度钢的牌号也可以表示为钢的平均含碳量万分数的两位阿拉伯数字和合金元素符号,按顺序表示;专用低合金高强度钢的牌号也可以表示为钢中平均含碳量万分数的两位阿拉伯数字、合金元素符号和规定的代表产品用途的符号,按顺序表示。

(2)合金结构钢和合金弹簧钢,其编号原则是依据国家标准的规定,采用"数字+合金元素+数字"的方法表示。前面的数字表示钢的平均含碳量,以百分数表示,例如,平均含碳量为 0.25%,则以 25 表示;合金元素直接用化学符号(或汉字)表示,后面的数字表示合金元素的含量,以平均含量百分数表示。合金元素平均含量小于 1.5%时,编号中只标明元素,一般不标明含量;如果平均含量大于或等于 1.5%、2.5%、3.5%、…,则相应地以 2、3、4、…表示,例如,16Mn、20CrMnTi、16MnCu、35CrMo、40Cr、40CrNiMo、65Mn、60Si2Mn 等。钢中起特殊作用的元素虽然含量通常很少(如铌、硼、稀土元素等),但同样需标出元素的化学符号,一般标在主要元素之后,例如,15MnB、15MnVN、40MnB 等。此外,所有高级优质合金钢都在钢号的末尾加注符号"A",例如,18Cr2Ni4WA、40CrNiMoA、30CrMnSiA、20Cr2Ni4A 等。所有特级优质合金钢都在钢号的末尾加注符号"E",例如,30CrMnSiE。

(3)滚动轴承钢。牌号的最前面标"G"("滚"字的汉语拼音首字母),高碳铬轴承钢中平均铬含量用千分数表示，含碳量不标，其他合金元素按合金结构钢的合金含量表示，例如，平均含铬量为 1.5%的轴承钢，其牌号为 GCr15。渗碳轴承钢合金元素含量表示方法与合金结构钢相同，例如，平均含碳量为 0.20%、含铬量为 0.35%～0.65%、含镍量为 0.40%～0.70%、含钼量为 0.10%～0.35%的渗碳轴承钢，其牌号为 G20CrNiMo。高级优质渗碳轴承钢在牌号尾部加符号"A"，如 G20CrNiMoA。高碳铬不锈轴承钢和高温轴承钢采用不锈钢和耐热钢的牌号表示方法，牌号头部不加"G"，例如，平均含碳量为 0.90%、含铬量为 18%的高碳铬不锈轴承钢牌号为 9Cr18，平均含碳量为 1.02%、含铬量为 14%、含钼量为 4%的高温轴承钢牌号为 10Cr14Mo4。

（4）合金工具钢和高速工具钢。牌号的表示方法与合金结构钢相同，但一般不标明含碳量，例如，平均含碳量为 1.60%、含铬量为 11.75%、含钼量为 0.50%、含钒量为 0.22%的合金工具钢牌号为 Cr12MoV；平均含碳量为 0.85%、含钨量为 6.00%、含钼量为 5.00%、含铬量为 4.00%、含钒量为 2.00%的高速工具钢牌号为 W6Mo5Cr4V2。

（5）不锈钢和耐热钢。对于含碳量小于 0.01%的铁素体不锈钢和含碳量小于 0.03%的奥氏体不锈钢，合金含量表示方法与合金结构钢相同。例如，含碳量上限为 0.01%、含铬量为 19%、含镍量为 11%的极低碳铁素体不锈钢牌号为 01Cr19Ni11；含碳量上限为 0.03%、含铬量为 19%、含镍量为 10%的极低碳奥氏体不锈钢牌号为 03Cr19Ni10。当含碳量上限小于 0.1%时，以"0"表示含碳量，合金含量表示方法与合金结构钢相同。例如，平均含碳量上限为 0.08%、含铬量为 18%、含镍量为 9%的铬镍不锈钢牌号为 0Cr18Ni9。当含碳量大于 0.1%而小于 1.00%时，用一位阿拉伯数字表示平均含碳量的千分数，合金含量表示方法与合金结构钢相同，例如，平均含碳量为 0.2%、含铬量为 13%的不锈钢牌号为 2Cr13。当含碳量大于或等于 1.00%时，用两位阿拉伯数字表示平均含碳量的千分数。主要合金元素平均含量表示方法与合金结构钢相同，例如，含碳量为 1.1%、平均含铬量为 17%的高碳铬不锈钢牌号为 11Cr17。

2.3.3　铸铁

铸铁是指含碳量在 2%以上的铁碳合金。工业用铸铁含碳量一般为 2%～4%。碳在铸铁中多以石墨形态存在，有时也以渗碳体形态存在。除碳外，铸铁中还含有 1%～3%的硅，以及锰、磷、硫等元素。合金铸铁还含有镍、铬、钼、铜、硼、钒等元素。碳、硅是影响铸铁显微组织和性能的主要元素。铸件是工业中应用最广泛的一种金属材料，它比其他金属材料便宜且加工工艺简单。此外，铸铁还具有良好的消振性、耐磨性、耐腐蚀性以及优良的铸铁工艺和切削加工性等。

1. 铸铁的分类与特点

1）按断口颜色分类

（1）灰（口）铸铁。这种铸铁中含碳量较高（为 2.7%～4.0%），碳大部分或全部以自由状态的片状石墨形式存在，其断口呈暗灰色，有一定的力学性能和良好的切削加工性，普遍应用于工业中。

（2）白（口）铸铁。这种铸铁中碳、硅含量较低。白铸铁是组织中完全没有或几乎完全没有石墨的一种铁碳合金，即碳主要以渗碳体形态存在，其断口呈白亮色，硬而脆，不能承受冲击载荷，不能进行切削加工，很少在工业上直接用来制作机械零件，多用作可锻铸铁件的零件。由于其具有很高的表面硬度和耐磨性，又称激冷铸铁或冷硬铸铁。

(3)麻(口)铸铁。麻铸铁是介于白铸铁和灰铸铁之间的一种铸铁,其断口呈灰白相间的麻点状,性能不好,极少应用。

2)按化学成分分类

(1)普通铸铁。这种铸铁不含任何合金元素,如灰铸铁、可锻铸铁、球墨铸铁等。

(2)合金铸铁。这种铸铁是在普通铸铁内加入一些合金元素,用以提高某些特殊性能而配置的一种高级铸铁,如各种耐蚀、耐热、耐磨的特殊性能铸铁。

3)按生产方法和组织性能分类

(1)普通灰铸铁。这种铸铁中的碳主要以片状石墨形态存在,断口呈灰色。其熔点低(为1145~1250℃),凝固时收缩量小,抗拉强度和硬度接近碳钢,减振性好,用于制造机床床身、气缸、箱体等结构件。普通灰铸铁的典型型号有 HT200、HT350 等。

(2)孕育铸铁。这种铸铁在灰铸铁的基础上采用变质处理而制成,又称变质铸铁。其强度、塑性和韧性均比普通灰铸铁好得多,组织也较均匀,主要用于制造力学性能要求较高,而截面尺寸变化较大的大型铸件。

(3)可锻铸铁。这种铸铁是用一定成分的白铸铁经石墨化退火而制成的,碳主要以团絮状石墨形态存在,与灰铸铁相比具有较高的韧性,又称韧性铸铁。它并不可以锻造,常用来制造承受冲击载荷的铸件,如车轮差速器壳等。可锻铸铁的典型牌号有 KTH370-12、KTH450-06。

(4)球墨铸铁(球铁)。这种铸铁通过在浇铸前往铁液中加入一定量的球化剂和墨化剂,以促进呈球状石墨结晶而获得,碳主要以球状石墨形态存在。它和钢相比,除塑性、韧性稍低外,其他性能均接近,是兼有钢和铸铁优点的优良材料,在机械工程上应用广泛。球墨铸铁的典型牌号有 QT600-02。

(5)特殊性能铸铁。这种铸铁是一种具有某些特殊性能的铸铁。根据用途的不同,可分为耐磨铸铁、耐热铸铁、耐蚀铸铁等,大都属于合金铸铁,在机械制造上应用较广泛。

2. 铸铁的石墨化过程及其影响因素

1)石墨化过程

渗碳体(Fe_3C)与石墨(G)相比较,前者属亚稳态,后者属稳态。因此,渗碳体在一定条件下发生以下分解:$Fe_3C \longrightarrow 3Fe+C$。可将石墨的形成过程分为三个阶段:第一阶段石墨化,包括从(过共晶成分的)铸铁液相中直接析出一次石墨(G_I)以及在共晶温度析出共晶石墨($G_{共晶}$);第二阶段石墨化,在 1154~738℃的冷却过程中,从奥氏体中析出二次石墨(G_{II});第三阶段石墨化,奥氏体在共析温度(738℃)下析出共析石墨($G_{共析}$)。

2)影响石墨化的因素

影响石墨化的因素主要有合金元素、温度、保温时间、冷却速度等内外因素。温度越高,保温时间越长,石墨化越易进行。合金元素对石墨化过程有比较强烈的影响。按元素对石墨化的影响可分为两类:一类是促进石墨化的元素,有碳、硅、铝、铜、镍;另一类是阻碍石墨化的元素,有铬、钨、钼、钒、硫。冷却速度越大,越不利于石墨化的进行;相反,降低冷却速度则有利于石墨的析出。

3. 铸铁的热处理

铸铁的性能主要取决于石墨的形态,由于热处理不能改变石墨的形态,因此对灰铸铁采用强化型热处理的效果不大,灰铸铁的热处理仅限于消除应力退火、软化退火,以及为了提高某些铸件的表面硬度、耐磨性及疲劳强度而采用的表面淬火等。对于球墨铸铁,由于石墨对基体组织的分割作用小,因此钢的一些热处理方法可用在球墨铸铁上。

对于要求表面耐磨或抗氧化、耐腐蚀的铸件,可以采用类似金属铝钢的化学热处理工艺,如气体氮化、氯化、渗硼、渗硫等处理。

2.4 有色金属及其合金

非铁金属材料习惯上称为有色金属,一般包括轻金属材料、重金属材料、贵金属材料和难熔金属材料。轻金属材料(轻合金)通常是指密度小于 $3.5g/cm^3$ 的金属材料,如铝、镁、铍、锂及其合金等。轻合金的比强度高,综合性能好,是航空航天飞行器的主要结构材料。我国通常把铝和镁算作轻金属,把钛看作稀有金属,而国外把密度为 $4.5g/cm^3$ 的钛也称为轻金属。重金属材料是指铜、镍、铅、锌、锡、铬、镉等重有色金属及其合金,以及以这些金属和合金经熔铸件、压力加工和粉末冶金方法制成的材料。贵金属材料在空气中加热时不易氧化并保持金属光泽。熔点超过1650℃的难熔金属(如钨、钼、钽、铌、钛、锆、铪、钒、铬、铼)及其合金制成的材料称为难熔金属材料,它们通常可加工成板、带、条、箔、管、棒、线、型材、粉末冶金材料及制品。下面重点介绍铝、铜、钛等在航空航天、船舶、兵器和核能等领域广泛应用的金属材料。

2.4.1 铝及铝合金

1. 铝及铝合金的性能特点

铝具有面心立方结构,无同素异构转变,熔点为 660℃。铝的主要特性是轻,密度为 $2.7g/cm^3$,相对密度只有钢的 1/3,强度不高,但比强度高;延展性很好,易于加工,可压制成薄管和铝箔、拉拔成铝线、挤压成各种型材,即使温度降到-198℃,铝也不变脆;具有优良的导电、导热性能及良好的光热反射能力;具有银白色金属光泽;抗大气腐蚀能力好。铝可用一般的方法进行切割、钻孔、铸造和焊接。

铝合金是指以铝为基加入铜、镁、锌、锰和硅等元素组成的合金。它保持纯铝的主要优点,又具有合金的具体特性。铝合金的密度为 $2.63\sim2.85g/cm^3$,具有良好的导电、导热性能,强度范围较宽(σ_b 为 $100\sim700MPa$),比强度(抗拉强度比密度)接近合金钢,比刚度超过钢,易冷成型,易切削加工,铸造性能好,可焊接,耐腐蚀,价格低。长期以来,铝合金就是航空航天工业的重要结构材料,至今仍大量用于飞机机体和运载火箭箭体结构。

2. 铝合金的分类、用途与牌号

按照化学成分、特性、用途和热处理特点,铝合金一般分为变形铝合金和铸造铝合金两大类。变形铝合金又称为可压力加工铝合金。变形铝合金是先将合金配料熔炼成坯锭,再通过轧制、挤压、拉伸、锻造等塑性加工方法制成各种形状和尺寸的半成品制品的铝合金,可分为防锈铝合金(LF)、硬铝合金(LY)、超硬铝合金(LC)、锻铝合金(LD)。铸造铝合金是将合金配料熔炼后用砂模、铁模和压模等铸造工艺直接获得所需零件的毛坯的铝合金。此外,变形铝合金还按能否热处理进行沉淀强化分为不能热处理强化的铝合金和可以热处理强化的铝合金。铝合金的分类和用途如表 2.2 所示。

表 2.2　铝合金分类和用途

铝合金大类	铝合金小类	代表合金	用途
变形铝合金	防锈铝合金	5A05(LF5)、3A21(LF21)	容器、管道、铆钉
	硬铝合金	2A12(LY12)、2A16(LY16)	铆钉、压气机叶片、机盘
	超硬铝合金	7A03(LC3)、7A09(LC9)	航空构件、飞机大梁、起落架
	锻铝合金	6B02(LD2)、2A50(LD5)	重载锻件
铸造铝合金	铝-硅系	ZAlSi12(ZL102)、ZAlSi5Cu1Mg(ZL105)	水泵、电机壳体、气缸体
	铝-铜系	ZAlCu5Mn(ZL201)、ZAlCu4(ZL203)	内燃机气缸头、活塞
	铝-镁系	ZAlMg10(ZL301)、ZAlMg5Si1(ZL303)	舰船配件、氨用泵体
	铝-锌系	ZAlZn11Si7(ZL401)、ZAlZn6Mg(ZL402)	汽车发动机

防锈铝合金在大气、水和油等介质中具有较好的耐腐蚀性能，不能热处理强化，只能冷作硬化，适合于制造承受轻载荷的拉伸零件、焊接零件和腐蚀介质中工作的零件。硬铝合金属于热处理强化类铝合金，具有较高的力学性能，如铝-铜-镁系的 LY12 普通硬铝和铝-铜-锰系的 LY16 耐热硬铝。超硬铝合金也称高强度铝合金，目前在铝合金中具有最高的力学性能，一般抗拉强度为 500～700MPa，如铝-铜-镁-锌系的 7A04(LC4)、7A09(LC9) 等。锻铝合金在铸造温度范围内具有优良的塑性，可制造形状复杂的锻件，如铝-镁-硅系的 6B02(LD2)、铝-镁-硅-铜系的 2A50(LD5) 和铝-铜-镁-铁-镍系的 2A70(LD7) 等。

我国变形铝合金的牌号表示方法自 2012 年起开始执行新标准(GB/T 16474—2011)，变形铝及铝合金状态的表示方法自 2008 年起开始执行新标准(GB/T 16475—2008)。新国家标准接近国际通用的状态代号命名方法，合金的基础状态分为 5 级，其中，热处理状态细分为 5 级。

铸造铝合金要求具有理想的铸造性能，具体包括良好的流动性，较小的收缩、热裂及冷裂倾向性，较小的偏析和吸气性。铸造铝合金的元素含量一般高于相应变形铝合金的元素含量，多数合金成分接近共晶成分。

我国铸造铝合金的牌号由 ZAl、主要合金元素符号以及表明合金化元素名义百分含量的数字组成。当合金元素多于两个时，合金牌号中应列出足以说明合金主要特性的元素符号及名义百分含量的数字。合金元素符号按其名义百分含量递减的次序排列。除基本元素的名义百分含量不标外，其他合金元素的名义百分含量均标注于该元素符号之后。对杂质含量要求严格、性能高的优质合金，在牌号后标注大写字母"A"，以表示优质，如 ZAlSi7MgA。

按主要加入的元素，铸造铝合金可分为四个系列：铝-硅系、铝-铜系、铝-镁系和铝-锌系。采用 ZL+3 位数字标记法：第一位数字表示合金系，其中 1 表示铝-硅系(ZL1 系)，2 表示铝-铜系(ZL2 系)、3 表示铝-镁系(ZL3 系)、4 表示铝-锌系(ZL4 系)；第二、三位数字表示合金序号；对于优质合金，在其代号后面标注大写字母"A"，如 ZAlSi7MgA 的代号是 ZL101A。

根据合金的使用特性，铸造铝合金可分为耐热铸造铝合金、气密铸造铝合金、耐蚀铸造铝合金和可焊铸造铝合金。

耐热铸造铝合金具有较高的高温持久强度、抗蠕变性能和良好的组织稳定性，如 ZL201。气密铸造铝合金能承受高压气体或液体作用而不渗漏，用于制造高压阀门、泵壳体等零件和在高压介质中工作的部件，如 ZL102、ZL104、ZL105 等。耐蚀铸造铝合金兼有良好的耐蚀性和足够高的力学性能，用于制造在腐蚀条件下工作的焊接结构零部件，如 ZL301 等。可焊铸造铝合金具有良好的焊接性能，同时具有良好的气密性和强度，如 ZL102、ZL103、ZL106、ZL111 等。

我国铸造铝合金的铸造方法、变质处理代号及铝合金状态代号如表 2.3 所示。

表 2.3　铸造铝合金铸造方法、变质处理代号及状态代号

铸造方法	变质处理代号	状态代号	状态
砂型铸造	S	F	铸态
金属型铸造	J	T	热处理状态
熔模铸造	R	T1	人工时效
变质处理	B	T2	退火
		T4	固溶时效+自然时效
		T5	固溶处理+不完全人工时效
		T6	固溶处理+完全人工时效
		T7	固溶时效+稳定化处理
		T8	固溶时效+软化处理

2.4.2　铜及铜合金

1. 铜

铜是人类最早发现的古老金属之一。早在 3000 多年前人类就开始利用铜。自然界中的铜分为自然铜、氧化铜和硫化铜。自然铜及氧化铜的储量少，现在世界上 80%以上的铜是由硫化铜矿精炼出来的。

纯铜呈紫红色，又称紫铜，其密度为 8.96g/cm³，熔点为 1083℃。纯铜具有许多可贵的物理化学特性，如优良的导电性、导热性、塑性、耐蚀性，主要用于制作电导体及配制合金。工业纯铜分为 4 种：T1、T2、T3、T4。编号越大，纯度越低。纯铜的强度低，不宜作结构材料。

工业上使用的纯铜有电解铜(含铜量为 99.9%～99.95%)和精铜(含铜量为 99.0%～99.7%)两种。前者用于制作电气工业上的特种合金、金属丝及电线；后者用于制造其他合金、铜管、铜板、轴等。铜的冶炼仍以火法冶炼为主，其产量约占世界铜总产量的 85%，现代湿法冶炼的技术正在逐步推广，湿法冶炼的推出使铜的冶炼成本大大降低。

2. 铜合金

在纯铜中加入合金元素(如锌、锡、铝、铍、硅、镍、磷等)，就形成了铜合金。铜合金具有较好的导电性、导热性和耐腐蚀性，同时具有较高的强度和耐磨性。

根据成分不同，铜合金可分为黄铜、青铜和白铜。

1)黄铜

以锌作主要合金元素的铜合金具有美观的黄色，统称黄铜。黄铜具有良好的加工性能、优良的铸造性能和耐腐蚀性能。黄铜包括普通黄铜和特殊黄铜。

普通黄铜是铜锌二元合金，适于制造板材、棒材、线材、管材及深冲零件，如冷凝管、散热管及机械、电气零件等。普通黄铜具有良好的性能，易加工成型，对大气、海水有较好的抗蚀能力。例如，含锌量30%的黄铜常用来制作弹壳，俗称弹壳黄铜或七三黄铜。

普通黄铜的编号方法是：H（"黄"的汉语拼音首字母）+含铜量。普通黄铜可分为压力加工黄铜（以黄铜加工产品供应）和铸造黄铜两类，其中铸造黄铜在编号前加"Z"。例如，H80表示平均成分为含铜量80%、含锌量20%的黄铜；ZH62表示平均成分为含铜量62%、含锌量38%的铸造黄铜。

为了获得更高的强度、抗腐蚀性和良好的铸造性能，在铜锌合金中加入铝、硅、锰、铅、锡等元素，就形成了特殊黄铜，如黄铜、硅黄铜、锰黄铜、铅黄铜、锡黄铜等。铅能改善切削加工性能，并能提高耐磨性，铅黄铜主要用于要求有良好切削加工性能及耐磨的（如钟表）零件或制作轴瓦和衬套。硅能显著提高黄铜的力学性能、耐磨性和耐蚀性，硅黄铜具有良好的铸造性能，并能进行焊接和切削加工，主要用于制造船舶及化工机械零件。锰能提高黄铜的强度、在海水中及过热蒸汽中的抗腐蚀性，且不降低塑性，锰黄铜常用于制造海船零件及轴承等耐磨部件。铝能提高黄铜的强度、硬度和耐蚀性，但使塑性降低，铝黄铜适合制作海轮冷凝管及其他耐蚀零件。锡能提高黄铜的强度和对海水的耐蚀性，故称海军黄铜，主要用于制造船舶热工设备和螺旋桨等。

特殊黄铜的编号方法是：H+主加元素符号+含铜量+主加元素含量。特殊黄铜可分为压力加工黄铜（以黄铜加工产品供应）和铸造黄铜两类。其中铸造黄铜在编号前加"Z"。例如，HPb60-1表示平均成分为60%铜、1%Pb、剩余为Zn的铅黄铜；ZCuZn31Al2表示平均成分为31%Zn、2%Al、剩余为铜的铝黄铜。

2）青铜

青铜原指铜锡合金，但工业上都习惯称含铝、硅、铅、铍、锰等的铜合金为青铜，主要有锡青铜、铝青铜和铍青铜。青铜的编号方法是：Q（"青"的汉语拼音首字母）+主加元素符号+主加元素含量。

锡青铜是以锡为主要合金元素的铜基合金，工业中使用的锡青铜含锡量大多在3%～14%。锡青铜的铸造性能、减摩性能、力学性能好，抗腐蚀性比黄铜好，适合于制造轴承、蜗轮、齿轮等。锡青铜的编号方法是：Q+Sn+Sn含量+其他元素含量。

铝青铜是以铝为主要合金元素的铜基合金。铝青铜的力学性能比黄铜和锡青铜都高。实际应用的铝青铜的含铝量在5%～12%，含铝量为5%～7%的铝青铜塑性最好。铝青铜强度高，耐磨性和耐蚀性好，适用于制造高载荷的齿轮、轴套、船用螺旋桨等。铝青铜的编号方法是：Q+Al+Al含量+其他元素含量。

铍青铜是以铍为基本元素的铜合金。铍青铜的含铍量为1.7%～2.5%。铍青铜的弹性极限高，导电性好，适于制造精密弹簧和电接触元件，铍青铜还用来制造煤矿、油库等使用的无火花工具。铍青铜的编号方法是：Q+Be+Be含量+其他元素含量。

按材料成型方法划分，青铜有压力加工青铜和铸造青铜两类。压力加工青铜常见牌号有锡青铜QSn6.5-0.1、铝青铜QAl9-4、铍青铜QBe2等；铸造青铜常见牌号有ZCuSn10Pb1、ZCuAl9Mn2、ZCuPb30等。

3）白铜

以镍为主要合金元素的铜合金称为白铜。白铜具有较好的强度和塑性，能进行冷加工变形，抗腐蚀性能也好。铜镍二元合金称为普通白铜，加有锰、铁、锌、铝等元素的白铜合金称为复杂白铜。

工业用白铜按功能可划分为结构白铜和电工白铜两大类。结构白铜具有较好的强度和优良的塑性，能进行冷、热成型，抗腐蚀性很好，色泽美观。这种白铜广泛应用于制造精密机械、化工机械、船舶构件及医疗器械等。电工白铜一般有良好的热电性能。锰白铜是制造精密电工仪器、变阻器、精密电阻、应变片、热电偶等用的材料。

白铜的编号方法是：B（"白"的汉语拼音首字母）+主加元素符号+主加元素含量+其他元素含量。常用牌号有 19 白铜（代号为 B19）、15-20 锌白铜（代号为 BZn15-20）、3-12 锰白铜（代号为 BMn3-12）。

3. 铜及其合金的应用

电力、电气和电子器件是铜的主要应用市场，其用量约占铜总用量的 28%。例如，电力输送中动力电缆、汇流排、变压器、开关、接插元件和连接器等需要大量消耗高导电性的铜，电机制造中广泛使用高导电和高强度的铜合金，通信技术中高频和超高频发射管、波导管、磁控管等需要高纯度无氧铜和弥散强化无氧铜，铜印刷电路、集成电路和在微电子器件中需用各种铜材料以及价格低廉、熔点低、流动性好的铜基钎焊材料。

交通设备是铜的第二大应用市场，其用量约占铜总用量的 13%。由于铜具有良好的耐海水腐蚀性能，许多铜合金，如铝青铜、锰青铜、铝黄铜、炮铜（锡锌青铜）、白铜以及镍铜合金（蒙乃尔合金）已成为造船的标准材料。一般军舰与商船的发动机、电动机、通信系统等几乎完全依靠铜和铜合金来工作，铜和铜合金占其自重的 2%～3%。汽车的散热器、制动系统管路、液压装置、齿轮、轴承、刹车摩擦片、配电和电力系统、垫圈，以及各种接头、配件和饰件等都用铜合金制造，每辆汽车需铜量为 10～21kg，占小轿车自重的 6%～9%。铁路电气化对铜和铜合金的需要量很大，每千米架空导线需用 2t 以上的异型铜线。此外，列车上的电机、整流器，以及控制、制动、电气和信号系统等都要依靠铜和铜合金来工作。飞机中的配线、液压、冷却和气动系统需使用铜材，轴承保持器和起落架轴承采用铝青铜管材，导航仪表应用抗磁铜合金，众多仪表中使用铍青铜，等等。

工业机器和设备是铜的另外一个主要的应用市场。例如，用于制造火箭发动机的燃烧室和推力室的内衬，可以利用铜的优良导热性来进行冷却，以保持温度在允许的范围内；用于制造空调器、冷冻机、化工及余热回收等装置中的热交换器；用于计时器和有钟表机构的装置，以及造纸、印刷、医疗器械、计算机设备等。

2.4.3 钛及钛合金

1. 钛

钛在地壳中含量较丰富，远高于铜、锌、锡、铅等常见金属。我国的钛资源极为丰富，仅四川攀枝花地区发现的特大型钒钛磁铁矿中，钛金属的储量约达 4.2 亿 t，接近国外探明钛储量的总和。

钛是 20 世纪 50 年代发展起来的一种重要的结构金属。纯钛的密度低，熔点高，线膨胀系数小，导电和导热性差，但塑性好，强度高，可以加工成细丝和薄片。钛在大气、海水及酸碱环境中的抗腐蚀性能好。纯钛的性能与所含碳、氮、氢等杂质含量有关，99.5%工业纯钛的性能为：密度为 4.51g/cm^3，熔点为 1668℃，热膨胀系数为 $7.35 \times 10^{-6} K^{-1}$，热导率 λ 为 15.24W/(m·K)，抗拉强度 σ_b 为 539MPa，断后伸长率 δ 为 25%，断面收缩率为 25%，弹性模

量 E 为 $1.078×10^5$MPa,硬度为 HB195。

钛有两种同素异形结构:882.5℃以下为密排六方晶体结构,称为 α-Ti;882.5℃以上至熔点为体心立方晶体结构,称为 β-Ti。

工业纯钛可制成板、棒、管材和锻件、铸件和焊接件。工业纯钛的牌号有 TA1、TA2、TA3 等三种,其中 TA2 应用最多。它主要用于工作温度在 350℃以下、受力不大但要求高塑性的冲压件和耐蚀结构零件,如飞机的骨架、蒙皮,船舶用耐蚀管道,化工用热交换器等。

2. 钛合金

钛合金是指以钛为基加入其他合金元素组成的合金,钛合金与铝合金、镁合金称为轻合金。钛合金具有以下性能特点:密度低、比强度高;耐高温、耐腐蚀性能、低温韧性好;热导率小、弹性模量小;加工条件复杂,成本较高。

1)α 钛合金

钛中加入铝、硼等 α 稳定元素即可获得 α 钛合金。这种合金不能进行热处理强化,故室温抗拉强度并不高(大多在 100MPa 以下),但它在高温(500~600℃)仍能保持其强度,抗氧化、抗蠕变性及焊接性良好。α 钛合金的典型代表是 Ti-5Al-2.5Sn。

2)β 钛合金

钛中加入钼、铬、钒等元素后即可获得 β 钛合金。这种合金的强度高,抗压性能好,并可通过淬火和时效获得强化。热处理后的强度比退火状态下的高 50%~100%;高温强度高,可在 400~500℃下长期工作,其热稳定性优于 α 钛合金。

3)$\alpha+\beta$ 钛合金

$\alpha+\beta$ 钛合金的耐热性一般不及 α 钛合金,最高耐热温度为 450~500℃,但其热加工性能优良,变形抗力小,容易锻造、压延和冲压,并可通过固溶和时效进行强化,热处理后的强度可提高 50%~100%。$\alpha+\beta$ 钛合金是目前应用最广泛的钛合金,可作为发动机零件盒等航空结构用的锻件,各种容器、泵、低温部件。$\alpha+\beta$ 钛合金的典型代表是 Ti-6Al-4V。

2.4.4　轴承合金

轴承合金是用于制造滑动轴承(轴瓦)的材料,通常附着于轴承座壳内,起减摩作用,又称轴瓦合金。常用的有巴比特合金、青铜、铸铁等。

轴承合金应具有如下性能:①良好的减摩性能,要求由轴承合金制成的轴瓦与轴之间的摩擦系数要小,并有良好的可润滑性能;②一定的抗压强度和硬度,要求能承受转动着的轴施加的压力,但硬度不宜过高,以免磨损轴颈;③良好的塑性和冲击韧性,以便能承受振动和冲击载荷,使轴和轴承配合良好;④良好的表面性能,即良好的抗咬合性、顺应性和嵌藏性;⑤良好的导热性、耐腐蚀性和小的热膨胀系数。

最早的轴承合金是 1839 年美国巴比特(L. Babbitt)发明的锡基轴承合金(Sn-7.4Sb-3.7Cu),以及随后研制成的铅基轴承合金,因此称锡基和铅基轴承合金为巴比特合金(或巴氏合金)。巴比特合金呈白色,又常称白合金。巴比特合金已发展到几十个牌号,是各国广为使用的轴承材料,相应合金牌号的成分十分相近。中国的锡基轴承合金牌号用 "Ch" 符号表示。牌号前冠以 "Z",表示铸造合金。例如,含有 Sb11% 和 Cu6% 的锡基轴承合金牌号为 ZChSnSb11Cu6。

轴承合金的组织是在软相基体上均匀分布着硬相质点,或硬相基体上均匀分布着软相质点。锡基轴承合金是以锡为主，加入锑、铜、铅等元素的合金。锡基轴承合金中，软相为固溶体，硬相质点是锡锑金属间化合物（SnSb）。合金元素铜和锡形成星状与条状的金属间化合物（CuSn），可以防止在凝固过程中因最先结晶的硬相上浮而造成的比重偏析。巴比特合金具有较好的减摩性能。这是因为在机器最初的运转阶段，旋转着的轴磨去轴承内极薄的一层软相薄膜以后，未被磨损的硬相质点仍起着支承轴的作用。继续运转时轴与轴承之间形成连通的缝隙。典型牌号是 ZSnSb11Cu6 锡基轴承合金，属软相基体硬质点类型轴承合金，用于制作汽轮机、发动机的高速轴瓦。铅基轴承合金是在以 Pb-Sb 为基的合金中加入锡和铜组成的合金，也具有软相基体硬质点类型的组织。典型牌号是 ZPbSb16Sn16Cu2 铅基轴承合金，可制作汽车、拖拉机曲轴的轴承。

可制作轴承材料的合金还有铜基合金、铝基合金、银基合金、镍基合金、镁基合金和铁基合金等。在这些轴承材料中，铜基合金、铝基合金使用得最多。铜基合金的铅青铜（ZCuPb30）属硬相基体软质点类型轴承合金，用来制作航空发动机、高速柴油机轴承。使用铝基合金时，通常将铝锡合金和钢背轧在一起，制成双金属应用，即通常所说的钢背轻金属三层轴承。其他合金只在特殊情况下使用，若为减轻重量，有些航空发动机用镁基合金作轴承；若要求耐高温，则用镍基合金作轴承；若要求高度可靠性，则用银基合金作轴承。用粉末冶金方法制成的烧结减摩材料也越来越多地用来制作轴承。

第 3 章　无机非金属材料

3.1　概　　述

无机非金属材料是以某些元素的氧化物、碳化物、氮化物、硼化物、硫系化合物(包括硫化物、硒化物及碲化物)和硅酸盐、钛酸盐、铝酸盐、磷酸盐等含氧酸盐为主要组成的材料。它是与金属材料和高分子材料并列的三大材料之一，主要包括陶器、瓷器、炻器、砖瓦、水泥、混凝土、玻璃、搪瓷、耐火材料和天然矿物材料等传统材料，以及氧化物陶瓷、非氧化物陶瓷、复合陶瓷、微晶玻璃、光纤玻璃、无宏观缺陷水泥(MDF)和纤维混凝土等新型材料。它是 20 世纪 40 年代后，随着现代科学技术的发展从传统的硅酸盐材料演变而来的。新型无机非金属材料是 20 世纪中期以后发展起来的一大类具有特殊性能和用途的材料，它是现代新技术、新产业、传统工业技术改造、现代国防和生物医学所不可缺少的物质基础，主要有先进陶瓷、特种玻璃、特种混凝土、特种耐火材料、非晶态材料、人工晶体、无机涂层和无机纤维等。

无机非金属材料在工业、农业、人们日常生活、国防及现代科技中都有着非常重要的作用，用途极为广泛，为人类文明作出了重要的贡献。无机非金属材料具有高硬度、低密度、耐高温、耐腐蚀、耐磨和优异的环保性能以及特殊的光、声、电等性能，在航天航空、兵器、舰船等国防领域得到越来越多的应用，如陶瓷基复合材料、结构陶瓷、特种功能陶瓷、人工晶体、石英玻璃等已成为武器装备中不可或缺的关键材料。无机非金属材料对国防建设发挥着越来越重要的作用。无机非金属材料在学术上涉及多门学科，在组成上涵盖多类材料，在应用上遍布国民经济、国防建设和社会需求等各个领域。因此，无机非金属材料对国民经济的发展、国防力量的增强和人民生活质量的提高等方面都有着重大作用。由于无机非金属材料具有学科交叉性，其发展非常活跃，新材料层出不穷，新的学科不断涌现，成为当今最活跃的学科领域之一。

无机非金属材料的名目繁多、用途各异，目前尚没有统一而完善的分类方法，主要包括传统无机非金属材料和新型无机非金属材料两类。

传统无机非金属材料是以硅酸盐为主要成分的材料，并包括一些生产工艺相近的非硅酸盐材料，如碳化硅、氧化铝陶瓷，硼酸盐、硫化物玻璃，镁质或铬质耐火材料和碳素材料等。这类材料通常生产历史较长、产量较高、用途也很广。表 3.1 是一些传统无机非金属材料的典型代表。以硅酸盐为基础的陶瓷、玻璃和水泥已经形成相当规模的产业，广泛应用于工业、农业、国防和人们的生产生活中，成为国民经济的支柱产业之一。传统无机非金属材料是国家基本建设所必需的基础材料，量大面广，其质量提升与性能改进都将产生重大的经济效益和社会效益。

新型无机非金属材料是从 20 世纪开始发展起来的、具有特殊性质和用途的材料，如压电、导体、半导体、磁性、超硬、高强度、超高温、生物工程材料及无机复合材料等。表 3.2 是一些新型无机非金属材料的典型代表。新型无机非金属材料因具有耐高温、耐腐蚀、高强度、多功能等多种优越性能，其中一些已在各工业部门及空间技术、电子技术、激光技术、光电子技术、红外技术发展方面发挥了重要作用。例如，片式电子陶瓷元器件材料、光纤放大器材料、白光发光二极管、激光透明陶瓷、生物医用材料等，在形成高技术产业、改造传统产业、节能和建立新能源、环保和节约资源等方面都对国民经济和社会进步发挥着重要作用。

表 3.1　传统无机非金属材料的典型代表

材料分类	代表性材料
水泥及其他胶凝材料	硅酸盐水泥、铝酸盐水泥、石灰、石膏等
陶瓷	黏土质、长石质、滑石质、骨灰质陶瓷等
耐火材料	硅质、硅酸盐质、高铝质、镁质、铬镁质等
搪瓷	铸铁、钢片、铝和铜胎等
玻璃	硅酸盐、氧化物、硼酸盐、硫化物和卤素化合物玻璃等
研磨材料	二氧化硅、碳化硅、氧化铝等
铸石	辉绿石、玄武岩等
多孔材料	硅藻土、多孔硅酸盐、硅酸铝和沸石等
非金属矿	黏土、石膏、大理石、云母、石棉、金刚石和水晶等
碳素材料	焦炭、石墨和各种碳素制品等

表 3.2　新型无机非金属材料的典型代表

材料分类	代表性材料
导电陶瓷	钠、锂、氧离子的快离子导体和碳化硅等
半导体陶瓷	钛酸钡、氧化锌、氧化锡、氧化钒、氧化钴等过渡金属元素氧化物系材料等
光学材料	钇铝石榴石激光材料、氧化铝、氧化钇透明材料和石英系或多组分玻璃的光导纤维等
超硬材料	碳化钛、人造金刚石和立方氮化硼等
高温结构陶瓷	高温氧化物、碳化物、氮化物及硼化物等难熔化合物等
人工晶体	铌酸锂、钽酸锂、砷化镓、氟金云母等
生物陶瓷	长石质齿材、氧化铝、磷酸盐骨材和酶的载体等
铁电和压电材料	钛酸钡系、锆钛酸铅系材料等
磁性材料	锰-锌、锰-镁、镍-锌、锂-锰等铁氧体、磁记录和磁泡材料
高频绝缘材料	氧化铝、滑石、氧化铍、镁橄榄石质陶瓷、微晶玻璃和石英玻璃
无机复合材料	陶瓷基、金属基、碳素基复合材料

3.1.1　陶瓷的概念及分类

传统陶瓷是指由硅酸盐矿物原料经细碎、混合、成型、烧成、彩绘等工序而获得的具有坚硬结构的硅酸盐制品。陶瓷是陶器和瓷器的总称，现在已经成为用陶瓷生产方法制造的无机非金属材料和制品的通称。随着生产的发展和科学技术的进步，许多新型陶瓷不断问世，使得陶瓷从古老的工艺与艺术领域进入现代科学技术的行列，这些陶瓷新品种，如氧化物陶瓷、压电陶瓷、金属陶瓷、功能陶瓷等，常称为新型陶瓷，或特种陶瓷、精细陶瓷、先进陶瓷等，它们的生产过程基本上遵循着"原料制备—成型—烧结"这种传统陶瓷的生产方式，但所采用的原料却主要是纯度很高的化工原料，同时它们在原料制备、成型和烧结工艺方面均比传统陶瓷提出了更高的要求，从而诞生了许多新工艺和新技术。新型陶瓷主要以高纯、超细人工合成的无机化合物为原料，采用精密控制工艺烧结而制成，其成分主要为氧化物、氮化物、硼化物和碳化物等。

　　陶瓷产品种类繁多，按组成可分为硅酸盐陶瓷、氧化物陶瓷和非氧化物陶瓷；按基本物理性能特征可分为陶器和瓷器；按装饰特征可分为有釉瓷、无釉瓷、黑陶、彩陶、青花、釉下彩、釉中彩、釉上彩、釉下五彩、青花玲珑、唐三彩等；按材质可分为陶器(烧成温度为900～1200℃，吸水率＞2%)、炻器(烧成温度为1150～1280℃，吸水率为0.5%～2%)和瓷器(烧成温度为1250～1400℃，吸水率＜0.5%)；按用途可分为传统陶瓷和新型陶瓷，传统陶瓷又分为日用陶瓷、卫生陶瓷、建筑陶瓷、化学陶瓷、化工陶瓷等，新型陶瓷又分为结构陶瓷(力学和热性能为主)和功能陶瓷(电、磁、光、生化、核能等)。

3.1.2　玻璃的概念及分类

　　玻璃是一类透明的硅酸盐类固体物质，熔融时能形成连续网络结构，在冷却过程中黏度逐渐增大并硬化。玻璃的狭义定义为熔融物在冷却过程中不发生结晶的一类无机非金属材料。当熔体冷却到某温度点时，熔融物开始固化成玻璃，这时的温度称为玻璃化转变温度 T_g(或脆性温度)。T_g 是区分玻璃与其他非晶态固体(如硅胶、树脂等)的重要特征温度。

　　玻璃最初由火山喷出的酸性岩凝固而得。约公元前3700年，古埃及已制出玻璃装饰品和简单玻璃器皿，当时只有有色玻璃。约公元前1000年，中国制造出无色玻璃。12世纪，出现了商品玻璃，并开始成为工业材料。18世纪，为满足研制望远镜的需要，制出了光学玻璃。1873年，比利时首先制出平板玻璃。此后，随着玻璃生产的工业化和规模化，各种用途和各种性能的玻璃相继问世。现代，玻璃已成为日常生活、生产和科学技术领域的重要材料。3000多年前，一艘腓尼基人的商船满载着晶体矿物天然苏打，航行在地中海沿岸的贝鲁斯河上，由于海水落潮，商船搁浅了。于是船员纷纷登上沙滩，有的船员还抬来大锅，搬来木柴，并用几块"天然苏打"作为大锅的支架，在沙滩上做起饭来。船员吃完饭，潮水开始上涨了。他们正准备收拾一下登船继续航行时，突然有人高喊："大家快来看啊，锅下面的沙地上有一些晶莹明亮、闪闪发光的东西！"船员把这些闪烁光芒的东西带到船上仔细研究。他们发现，这些亮晶晶的东西上粘有一些石英砂和熔化的天然苏打。原来，这些闪光的东西是他们做饭时用来作为锅的支架的天然苏打，在火焰的作用下，与沙滩上的石英砂发生化学反应而产生的物质，这就是早期的玻璃。后来腓尼基人把石英砂和天然苏打和在一起，然后用一种特制的炉子熔化，制成玻璃球，发了一笔大财。

　　我国近代的玻璃生产工业开始于19世纪末期，起初是生产玻璃瓶罐和玻璃器皿；之后，就开始生产玻璃灯泡、玻璃仪器、窗玻璃和玻璃保温瓶等。中华人民共和国成立以后，玻璃工业的产值逐年递增，技术不断更新，玻璃加工的核心技术逐步完善。目前已发展到对原料精加工，利用微机辅助设计玻璃成分和控制配合料，选用优质耐火材料，采用搅拌、电助熔、窑体保温和微机控制新技术。

　　玻璃有很多种，简单可分为平板玻璃和特种玻璃两类，平板玻璃按生产工艺又分为浮法玻璃、垂直引上玻璃(提拉玻璃)、压延玻璃等。按组成可分为元素玻璃、氧化物玻璃和非氧化物玻璃三类。按玻璃的用途可分为建筑玻璃、日用轻工玻璃(包括瓶罐玻璃、器皿玻璃和工艺美术玻璃等)、仪器玻璃、光学玻璃(包括无色光学玻璃、有色光学玻璃、眼镜玻璃和变色玻璃等)和电真空玻璃(包括石英玻璃、钨光学玻璃、钼光学玻璃以及中间玻璃、焊接玻璃等)等。另外，根据玻璃的功能可分为光敏玻璃、热敏玻璃、高绝缘玻璃、高强玻璃和耐碱玻璃等。根据玻璃形态可分为泡沫玻璃、玻璃纤维和薄膜玻璃三种。根据颜色可将玻璃分为无色玻璃、颜色玻璃、乳白色玻璃、半透明玻璃等。

3.1.3 水泥的概念及分类

水泥的历史最早可追溯到古罗马在建筑中使用的石灰与火山灰的混合物，用它胶结碎石制成混凝土，硬化后不但强度较高，而且能抵抗淡水或含盐水的侵蚀。中国早在仰韶文化时期，人类就懂得用"白灰面"涂抹山洞；公元前 3000～前 2000 年，古埃及开始采用煅烧石膏作建筑胶凝材料；公元前 2 世纪，古罗马发明了"罗马砂浆"；5 世纪中国南北朝时期，出现了名叫"三合土"的建筑材料。1756 年，英国工程师 J.斯米顿在研究某些石灰在水中硬化的特性时发现要获得水硬性石灰，必须采用含有黏土的石灰石来烧制；用于水下建筑的砌筑砂浆，最理想的成分由水硬性石灰和火山灰配成。这一发现为近代水泥的研制和发展奠定了理论基础。1796 年，英国用泥灰岩烧制出了一种水泥，外观呈棕色，命名为"罗马水泥"。因为它是采用天然泥灰岩作为原料，不经配料直接烧制而成的，故又名天然水泥。它具有良好的水硬性和快凝特性，特别适用于与水接触的工程。1813 年，法国土木技师毕加发现了石灰和黏土按 3∶1 混合制成的水泥性能最好。1824 年，英国建筑工人 J.阿斯普丁取得了波特兰水泥的专利权。他用石灰石和黏土为原料，按一定比例配合后，在类似于烧石灰的立窑内煅烧成熟料，再经磨细制成水泥。

1871 年，日本开始建造水泥厂。1877 年，英国克兰普顿发明了回转炉，并于 1885 年经兰萨姆改革成更好的回转炉。1889 年，中国河北唐山开平煤矿附近设立了用立窑生产的唐山细绵土厂；1906 年在该厂的基础上建立了启新洋灰公司，年产水泥 4 万 t。1893 年，日本远藤秀行和内海三贞二人发明了不怕海水的硅酸盐水泥。20 世纪，人们在不断改进波特兰水泥性能的同时，研制成功了一批适用于特殊建筑工程的水泥，如高铝水泥、特种水泥等。2007 年世界水泥产量约 20 亿 t。

凡细磨成粉末状，加入适量水后，可成为塑性浆体，既能在空气中硬化，又能在水中硬化，并能将砂、石、钢筋等材料牢固地胶结在一起的水硬性胶凝材料，通称为水泥。凡以适当成分的生料烧至部分熔融得到的以硅酸钙为主要成分的硅酸盐水泥熟料，加入适量的石膏，磨细制成的水硬性胶凝材料，称为硅酸盐水泥，又名波特兰水泥。由硅酸盐水泥熟料，加入不大于 15%的活性混合材料或不大于 10%的非活性混合材料以及适量石膏经磨细制成的水硬性胶凝材料，称为普通硅酸盐水泥(普通水泥)。目前，水泥种类已达 200 多种，主要分为通用水泥、专用水泥和特性水泥三类。通用水泥是指各种硅酸盐水泥；专用水泥包括油井水泥、砌筑水泥、大坝水泥等；特性水泥包括快硬高强水泥、膨胀水泥、抗硫酸水泥、水工水泥、装饰水泥、耐高温水泥和自应力水泥等。

3.2 无机非金属材料的制备

3.2.1 陶瓷的生产工艺

制备陶瓷基本的工艺包括四大步骤：原料制备、坯料成型、坯料干燥与烧结、制品冷却，有的也包括表面加工工序。

原料在一定程度上决定着陶瓷的质量和工艺条件的选择。陶瓷工业中使用的原料品种很多，从它们的来源来分，一种是天然原料，另一种是化工原料。传统陶瓷以黏土、石英和长石等天然矿物为主要原料，通过筛选、破碎、淘洗、配料、混合、研磨和磁选等加工过程，制定坯料。特种陶瓷则以人工合成的化合物为原料，要求高纯度和超细微粒。

陶土是陶器的原料，主要由高岭石、水云母、蒙脱石、石英和长石组成；颗粒大小不一致，常含砂粒、粉砂和黏土等；具有吸水性和吸附性，加水后有可塑性；颜色不纯，往往带有黄、灰等色，因而仅用于陶器制造。陶土主要用作烧制外墙、地砖、陶器具等。瓷土又称高岭土、白陶土、阳土，主要成分是硅酸铝水合物。高岭土是一种重要的非金属矿产，与云母、石英、碳酸钙并称为四大非金属矿。石英是由 SiO_2 组成的矿物，纯净的石英无色透明。

按构成，黏土的主要矿物包括：①高岭石类，如高岭石、珍珠陶土、地开石。②蒙脱石类，如蒙脱石、拜来石等。③伊利石类，如水云母、绢云母等。④叶蜡石类，它并不属于黏土矿物，因其某些性质近于黏土，而划归黏土之列。⑤水铝英石类，它不是常见的黏土矿物，而是包含在其他黏土中，呈无定形状态存在。

钾长石通常也称正长石。它具有熔点低、熔融间隔时间长、熔融黏度高等特点，广泛应用于陶瓷坯料、陶瓷釉料、玻璃、电瓷、研磨材料等工业部门及制钾肥用。钠长石主要用于制造陶瓷、瓷砖、地板砖、玻璃、磨料磨具等，在陶瓷上主要用于釉料。与钾长石相比，钠长石具有较多特点，如在高温时对石英、黏土、莫来石的熔解快，熔解度大；熔融温度低，透明度好。

大多数特种陶瓷所用的原料在自然界中很少或完全没有，只能用人工合成的方法来制备所需的原料，主要有气相法和液相法两类。气相法包括气相合成法、气相热分解法；液相法包括直接沉淀法、均匀沉淀法、共沉淀法、溶胶-凝胶法等。

成型是将陶瓷坯料加工成一定形状和尺寸的半成品，使坯料具有必要的强度和一定的致密度。主要方法有可塑成型、注浆成型和压制成型三种。

可塑成型是在坯料中加入水或塑化剂，制成可塑泥料，然后通过手工、挤压或机械加工成型，在传统陶瓷中应用最多。注浆成型是将浆料浇注到石膏模中成型，常用于制造形状复杂、精度要求不高的日用陶瓷和建筑陶瓷。压制成型是在粉料中加入少量水分或塑化剂，然后在金属模中加较高压力成型。这种方法应用范围较广，主要用于特种陶瓷和金属陶瓷的成型。除上述几种成型方法外，还有注射成型、爆炸成型、反应成型和薄膜成型等方法。

成型后的坯体通常含有较高的水分，强度不高，为了方便运输和满足后续修坯、上釉等工序的需要，坯体必须进行干燥处理。干燥后的坯体在高温下进行烧成，目的是通过一系列物理、化学变化，使物料颗粒间相互结合以获得较高的强度和致密度。传统陶瓷的烧成温度通常为1250～1450℃，在高温下使坯体获得高致密度的过程称为烧结。烧结是陶瓷材料制备中的重要环节，伴随烧结发生的主要变化是颗粒间接触界面扩大，并逐渐形成晶界，坯体中的气孔逐渐从连通变成孤立状态，最后大部分甚至全部气体从坯体中排除掉，使制品的致密度和强度增加，成为具有一定几何外形和性能的整体。在烧结过程中可能包含某些化学反应的作用，但烧结并不依赖于化学反应的发生。在烧成过程中往往包含多种物理、化学变化和物理化学变化，如脱水、热分解和相变、熔融和溶解、固相反应和烧结，以及析晶、晶体长大和剩余玻璃相的凝固等过程。

烧结方法很多，除传统方法外，还有热等静压烧结、水热烧结、热挤压烧结、电火花烧结、微波烧结、爆炸烧结、等离子烧结、自蔓延高温合成等新方法。

陶瓷表面化处理技术最常用的是陶瓷表面金属化。对陶瓷表面金属化处理后可作为电容器、半导体敏感陶瓷元件等的电极。可将陶瓷用于集成电路和其他电路的陶瓷管壳引出线。另外，陶瓷表面化处理技术对于装置陶瓷的焊接与密封极为方便。

3.2.2　玻璃的生产工艺

玻璃的生产过程主要包括：成分设计→原料加工→配合料制备→池窑、坩埚窑熔化→成型→退火→缺陷检验→一次制品或深加工→检验→二次制品。

玻璃的组成是指其化学成分组成，反映了构成玻璃的各种氧化物的含量，通常用质量分数表示。常见玻璃的组成为硅砂、Al_2O_3、CaO、MgO、Na_2O 等。

玻璃的熔制过程分为硅酸盐的形成、玻璃液的形成、玻璃液的澄清、玻璃液的均化和玻璃液的冷却五个阶段，表 3.3 是玻璃熔制过程中发生的物理化学变化。熔制就是将配好的原料经过高温加热，形成均匀、无气泡的玻璃液。图 3.1 是浮法玻璃的制备过程示意图。这是一个很复杂的物理、化学反应过程。玻璃的熔制在熔窑内进行。熔窑主要有两种类型：一种是坩埚窑，玻璃料盛在坩埚内，在坩埚外面加热。小的坩埚窑只放一个坩埚，大的可多到 20个坩埚。坩埚窑是间隙式生产的，现在只有光学玻璃和颜色玻璃仍采用坩埚窑生产。另一种是池窑，玻璃料在池窑内熔制，明火在玻璃液面上部加热。玻璃的熔制温度大多在 1300～1600℃。现在，池窑都是连续生产的，小的池窑可以只有几米长，大的池窑可长达 400 多米。

表 3.3　玻璃熔制过程中发生的物理化学变化

物理过程	化学过程	物理化学过程
配合料加热、脱水、熔化、相变、挥发	固相反应、盐类分解、水化物分解、脱水结晶、硅酸盐形成与相互作用	共熔体形成、固态熔解、液态互熔、玻璃液与炉气和气泡间的相互作用、玻璃液与耐火材料作用

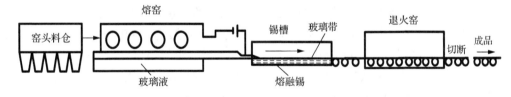

图 3.1　浮法玻璃的制备过程示意图

玻璃的形成方法主要包括熔体冷却法(包括常规的熔体冷却和极端骤冷两种方法)、气相冷却法(将一种或几种组分在气相中沉积到基体上也能得到非晶态固体)、固态法(如辐照、冲击波、机械及扩散方法等)和溶胶-凝胶法(通过溶液化学途径合成无机玻璃)。成型必须在一定温度范围内才能进行，这是一个冷却过程，玻璃首先由黏性液态转变为可塑态，再转变成脆性固态。成型方法可分为人工成型和机械成型两大类。人工成型主要包括吹制、拉制、压制和自由成型。机械成型包括吹制、拉制和压制、压延法、浇铸法、离心浇铸法、烧结法等。此外，平板玻璃的成型有垂直引上法、平拉法和浮法。浮法就是让玻璃液流漂浮在熔融金属(锡)表面上形成平板玻璃的方法，其主要优点是玻璃质量高(平整、光洁)，生产效率高，产量大。

玻璃在成型过程中经受了激烈的温度变化和形状变化，这种变化会在玻璃中留下热应力，从而降低玻璃制品的强度和热稳定性。如果直接冷却，很可能在冷却过程中或以后的存放、运输和使用过程中自行破裂(俗称玻璃的冷爆)。为了消除冷爆现象，玻璃制品在成型后必须进行退火。退火是在某一温度范围内保温或缓慢降温一段时间，以消除或减少玻璃中的热应力。此外，为了提高某些玻璃制品的强度，可进行钢化处理。

3.2.3　水泥的生产工艺

1. 硅酸盐水泥的生产

干法水泥生产工艺是当今水泥工业的主要生产工艺，其核心生产工艺是"两磨一烧"，即生料粉磨、熟料煅烧和冷却、水泥粉磨。

硅酸盐水泥熟料的化学成分主要有氧化钙、二氧化硅、氧化铝和氧化铁。生产硅酸盐水泥熟料所用的工业原料，按其组成和主要作用可分为石灰质原料、黏土质原料和校正性原料三类。石灰质原料以 $CaCO_3$ 为主，在熟料的烧成过程中，$CaCO_3$ 受热分解，生成 CaO 并放出 CO_2 气体。黏土质原料主要提供 SiO_2、Al_2O_3 和 Fe_2O_3，此外，黏土质原料往往还含有少量 CaO、MgO、K_2O、Na_2O、TiO_2、SO_3 等成分。将石灰质原料和黏土质原料适当配合后，如果生料的化学成分仍不符合生产硅酸盐水泥的成分要求，必须根据所缺少的组分掺入相应的原料，这些原料称为校正性原料。另外在生产硅酸盐水泥时，要加入适量的石膏作为缓凝剂和激发剂。

在生料粉磨的过程中，首先从矿山开采出石灰石、砂岩，通过堆场均化，调整适当配比后粉磨成生料入库。矿山开采及运输是根据不同的矿山现场条件，采用不同的爆破方式，实现零排废生产。原料破碎过程是采用适应不同粒度和物料性能的破碎机，将原材料破碎至粒度满足生料粉磨要求。原料的均化是采用长形或圆形预均化堆场堆存。配料过程采用皮带秤精确计量，对石灰石、砂岩、粉砂岩等进行配料。生料粉磨过程采用球磨机或立式辊磨机将不同配比的石灰石、砂岩、粉砂岩、铁质原料粉磨成生料粉。将粉磨后的生料粉储存在生料均化库内，向库内吹入高压空气进行搅拌，使生料粉在库内进行搅拌混合，出库时采取多点下料等方式使生料粉的化学成分更均匀稳定。

熟料煅烧是水泥生产的关键，它直接关系到水泥的产量、质量、燃料与材料的消耗以及煅烧设备的安全运转。生料粉进入预分解干法回转窑进行煅烧，900℃时，石灰石中的 $CaCO_3$ 分解成 CaO，1350℃时，CaO 与硅铝质材料及铁质材料中的 Al_2O_3 和 Fe_2O_3 发生化学反应生成熟料；出窑熟料经过篦式冷却机的冷却，具有一定的活性和强度。熟料的主要矿物组成可分为 $3CaO·SiO_2$、$2CaO·SiO_2$、$3CaO·Al_2O_3$、$4CaO·Al_2O_3·Fe_2O_3$。

水泥熟料加入缓凝材料、混合材料后，通过水泥磨，变成粉状物料水泥（80μm 以下）的过程称为水泥粉磨。水泥粉磨的主要任务是将熟料、石膏和某些混合材料在磨机中磨成细粉，其在水泥生产过程中的重要性仅次于熟料煅烧。经高精度计量秤配料，熟料、缓凝材料、混合材料进入水泥粉磨设备粉磨，并采用先进的质量监测仪器及时地对质量情况进行跟踪监测与调整。

2. 其他水泥的生产

高性能水泥基材料将水泥材料的强度要求放在首位。通过降低气孔率、改善孔结构及孔径分布可开发出高致密度、高强度的水泥基材料，为此，一般可采用以下几种方法：改变成型方法；掺加超细活性硅质材料，如硅灰、稻壳灰、粉煤灰、矿渣等；掺加高分子材料；掺加纤维材料，如抗碱玻纤、钢、碳、莫来石、尼龙和丙烯等纤维。

相关资料表明，制造水泥基纤维复合材料已取得了很好的增强和增韧效果。从理论上讲，理想的纤维材料是硅酸钙纤维，它与水泥材料的化学兼容性好，还可起晶种作用促进水化。

20 世纪 50 年代出现的碱矿渣水泥具有强度高、水泥石致密、抗渗、抗冻、抗化等特性。对于水泥基材料，采用高分子对水泥浆体浸渍，材料非常密实，抗压强度可达 240MPa。MDF水泥是在仿生学基础上对传统水泥进行深加工而获得的。通过在水泥中掺加高分子及改变颗粒组成，采用强烈搅拌、压轧成型，材料的抗弯强度可达 150～200MPa，显著改善了材料的韧性，甚至可用此材料制造弹簧，还可用作高性能声学材料、装甲材料、低温材料、电磁辐射屏蔽材料等。但这种材料耐水性差、水化程度低、热力学不稳定，需进一步研究改进。

节能型水泥的生产可通过改变熟料矿物组成等途径达到。改变熟料矿物组成法是在保证质量的前提下以含钙量低、烧成温度低的低能耗熟料矿物代替传统硅酸盐水泥中的 C_3S、C_3A等高能耗矿物。例如，以 C_4A_3S、$\beta\text{-}C_2S$ 等为主要矿物组成的硫铝酸盐水泥，以 C_4AF、C_4A_3S、$\beta\text{-}C_2S$ 为主的铁铝酸盐水泥，以 $C_{11}A_7 \cdot CaF_2$、C_3S 或 C_2S 为主的氟铝酸盐水泥，以$C_{21}S_6A \cdot CaCl_2$、$C_4S_2 \cdot CaCl_2$、$C_{11}A_7 \cdot CaCl_2$ 和 $C_4AF \cdot CaCl_2$ 为主的阿利尼特水泥等，这些水泥的共同特点是烧成温度低、热耗大幅度降低、早期强度高、后期强度比较稳定、易磨性好、可减少粉磨电耗。生产少熟料水泥法利用碱-矿渣水泥的生产原理，提高混合材料掺量、减少水泥用量可大幅度降低水泥生产能耗及成本，同时可充分利用工业废渣，如钢渣、磷渣、铁合金渣、铅渣、镍渣、铝渣等，还可利用沸石、火山灰等天然或人工火山灰质材料。

3.3　无机非金属材料的结构与性能

3.3.1　陶瓷的结构与性能

传统陶瓷典型的组织结构通常由晶相、玻璃相和气相组成。然而，由于特种陶瓷的原料很纯，组织结构就比较单一。例如，刚玉陶瓷的主要成分为 Al_2O_3，杂质很少，烧结时没有液相参与，其室温下的组织仅由 Al_2O_3 晶相和少量气相组成。

晶相是陶瓷的主要组成成分，一般数量较大，对性能的影响也较大。它的结构、数量、形态和分布，决定了陶瓷的主要特点和应用。从对陶瓷性能所起的作用上，可把陶瓷中的晶相分为主晶相、次晶相和析出相。当陶瓷中有数种晶体时，数量最多、作用最大的为主晶相。例如，日用陶瓷中的主晶相为莫来石，残留石英和长石等为次晶相。次晶相对性能的影响也不可忽视，陶瓷中的次晶相主要有硅酸盐、氧化物和非氧化物等。

陶瓷材料中的晶相主要有硅酸盐、氧化物和非氧化物三种。硅酸盐是传统陶瓷的主要原料，如莫来石和长石等。硅酸盐的结合键为离子-共价混合键。氧化物是大多数特种陶瓷的主要组成和晶相。非氧化物是特种陶瓷的主要组成和晶相。陶瓷中晶相的结构、数量、形态、分布决定了陶瓷材料的主要性能和应用。在晶相中还存在晶界和晶粒内部的各种细微结构。晶界上由于原子排列紊乱，成为晶体的一种面缺陷。晶界的数量、厚度、应力分布以及晶界上夹杂物的析出情况会对陶瓷材料的性能产生很大影响。

玻璃相一般是指由高温熔体凝固下来的、结构与液体相似的非晶态固体，这是陶瓷材料中原子不规则排列的部分，其结构同玻璃。玻璃相对陶瓷的机械强度、介电性能、耐热性等不利，因此不能成为陶瓷的主导组成部分，一般含量为 20%～40%。陶瓷中的玻璃相可将晶相颗粒黏结起来，填充晶相之间的空隙，提高材料的致密度；降低烧成温度，加快烧结过程；阻止晶型转变，抑制晶粒长大，使晶粒细化；增加陶瓷的透明度，获得一定程度的玻璃特性，如透光性及光泽等。普通陶瓷中的玻璃相成分多为 SiO_2 和其他氧化物。

气相是陶瓷组织内部残留下来而未排除的气体,通常以气孔形式出现。气相形成原因比较复杂,几乎与所有原料和生产工艺的各个阶段都有密切关系,影响因素也较多。根据气孔含量可将陶瓷分为致密陶瓷、无开孔陶瓷和多孔陶瓷。普通陶瓷含有 5%~10% 的气孔,特种陶瓷的气孔率在 5% 以下,金属陶瓷的气孔率则要求低于 0.5%。

陶瓷具有较高的弹性模量和硬度。通常,陶瓷的弹性模量要比金属高数倍,比高分子材料高 2~4 个数量级。各种陶瓷的硬度一般在 1000~5000HV,而淬火钢的硬度为 500~800HV,高分子材料的硬度则不会超过 20HV。陶瓷材料的抗拉强度较低、抗压强度较高。陶瓷材料结合键的键能很高,因而具有很高的理论强度,陶瓷抗压强度较高,为其抗拉强度的 10~40 倍。陶瓷材料的塑性和韧性低,脆性大。陶瓷在室温下几乎没有塑性,但在高温缓慢加载下,陶瓷也能表现出一定的塑性。陶瓷受到外部载荷作用时,在较低的应力作用下即发生断裂,其韧性极低、脆性很大,是典型的脆性材料。脆性大是陶瓷的最大缺点,是其作为能广泛应用的结构材料的主要障碍。陶瓷材料具有优良的高温性能和低抗热震性。大多数金属在 1000℃ 左右就丧失了强度,但陶瓷在高温下仍基本能保持其室温下的强度,既具有较好的抗氧化性能,又具有高的抗蠕变性能,故广泛用作耐高温材料。陶瓷材料的热性能、电性能和绝缘性能较好。陶瓷的热膨胀系数小,热导率低,热容量小,且陶瓷材料的电导率随着气孔率的增加而降低,故多孔陶瓷和泡沫陶瓷可作为绝缘材料。大多数陶瓷具有很高的电阻率、很低的介电常数和介电损耗,因此可作为绝缘材料。陶瓷材料很难再与周围的氧发生反应,在 1000℃ 以上的高温下化学活性仍极小,所以陶瓷具有很好的耐火性。陶瓷对酸、碱、盐等腐蚀性介质均有较强的抗腐蚀性,化学稳定性优异。

3.3.2　玻璃的结构和性能

100 多年来,人们提出了很多玻璃结构学说,但至今还没有取得完全一致的结论。最早提出玻璃结构理论的是门捷列夫,他认为玻璃是无定形物质,没有固定的化学组成,与合金类似。塔曼把玻璃看作过冷的液体。索克曼等提出玻璃基本结构单元是具有一定化学组成的分子聚合体。目前,比较普遍为人们所接受的是微晶模型和无规则网络模型。微晶模型由兰德尔于 1930 年提出,他认为玻璃由 80% 的直径为 1.0~1.5nm 的微晶组成,晶体取向无序。无规则网络模型由查哈里阿森于 1932 年提出,他认为玻璃中硅氧以共价键结合,在三维空间形成连续的网络。它强调玻璃结构的连续性、统计均匀性和无序性。两种观点的相同之处是都认为玻璃结构是近程有序而远程无序,不同之处是近程程度不同。另外,比较著名的还有晶子学说,晶子学说由列别捷夫于 1921 年初创立。他在研究硅酸盐玻璃时发现,无论从高温冷却还是从低温升温,当温度达到 573℃ 时,玻璃的性质必然发生反常变化,而 573℃ 正是石英由 α 晶型向 β 晶型转变的温度。于是,他认为玻璃是高分散晶体(晶子)的集合体。

玻璃具有以下几个性质:①各向同性。玻璃态物质的物理化学性质在任何方向都是相同的。②介稳性。玻璃态物质含有较大内能,不是能量最低的稳定状态,介于熔融态和晶态之间,属于介稳态。内能低于同组分的熔体、高于同组分的晶体,有向晶体转化的趋势。③无固定熔点。玻璃态物质由固体转变为液体是在一定温度区域内进行的,与结晶态物质不同,无固定熔点。熔化意味着结合键的断裂,玻璃结构中没有几个结合键的键能是相同的,因此,断开这些结合键所需能量也不同。④性质的渐变性。玻璃态物质从熔融状态冷却或从固态加热熔化,其物理化学性质将产生逐渐的和连续的变化,而且是可逆的。

从使用角度讲，玻璃具有以下几方面的要求：①玻璃的力学性质，玻璃以其抗压强度高、硬度高而得到广泛应用，也因其抗拉强度与抗弯强度不高，而且脆性大而使其应用受到一定的限制。②玻璃的热学性质，热学性质包括热膨胀系数、导热性、比热容及热稳定性等，其中以热膨胀系数较为重要，它对玻璃的成型、退火、钢化，玻璃与金属、玻璃与玻璃、玻璃与陶瓷的封接，以及玻璃的热稳定性等都具有重要意义。③玻璃的化学稳定性，玻璃抵抗气体、水、酸、碱、盐和各种化学试剂侵蚀的能力称为化学稳定性。

3.3.3　水泥的结构和性能

水泥中主要的结构包括硅酸三钙（C_3S）、硅酸二钙（C_2S）、铝酸三钙（C_3A）、铁铝酸四钙（C_4AF）以及玻璃相。C_3S 是硅酸盐水泥熟料中的主要矿物，其含量通常在 50% 左右，对水泥的性质有重要影响。在研究 $CaO\text{-}SiO_2$ 二元系统时发现，C_3S 只有在 1250℃ 以上才是稳定的，它在此温度下缓慢冷却时会按下式分解：

$$3CaO \cdot SiO_2 = 2CaO \cdot SiO_2 + CaO$$

C_2S 也是硅酸盐水泥熟料的重要组成部分，含量一般为 20% 左右，常含有少量的杂质，如氧化铁及氧化钛等，人们称为贝里特矿（简称 B 矿）。C_3A 由许多 ［AlO_4］四面体、［CaO_8］八面体和 ［AlO_8］八面体组成，中间由配位数为 12 的 Ca^{2+} 松散地连接，具有较大的空穴。C_3A 中部分 Ca^{2+} 具有不规则的配位数以及与部分 Ca^{2+} 和 O^{2-} 的松散连接，使得这些 Ca^{2+} 具有大的活性。而 ［AlO_4］四面体是变形的四面体，Al^{3+} 也具有大的活性。C_3A 中大的孔穴使 OH^- 易于直接进入晶格内部，其水化速度较大。C_4AF 也称为里特矿，在水泥熟料中，C_4AF 常常是以固溶体形式存在的，其组成可以从 $6CaO \cdot 2Al_2O_3 \cdot Fe_2O_3$ 到 $4CaO \cdot Al_2O_3 \cdot Fe_2O_3$ 变到 $2CaO \cdot Fe_2O_3$。在氧化铁含量高的熟料中，其组成接近于 $4CaO \cdot Al_2O_3 \cdot Fe_2O_3$。玻璃相也是水泥熟料的一个重要组成部分，玻璃相的形成是熟料烧至熔融时，部分液相在冷却过程中来不及析晶的结果。玻璃相在热力学上是不稳定的，具有一定的水化活性。

硅酸盐水泥的技术性能主要包括细度、需水量、凝固时间等方面。细度是表示水泥磨细的程度或水泥分散度的指标，它对水泥的水化硬化速度、水泥的需水量、和易性、放热速度以及强度都有影响。测定水泥细度的方法一般有两种：一是筛分法；二是测定比表面积法。水泥的需水量是水泥为获得一定稠度所需的水量，硅酸盐水泥的标准稠度需水量一般为25%～28%。影响水泥需水量的因素很多，主要包括水泥的细度和矿物组成，水泥越细，则包裹水泥表面的水越多，因而需水量越大；水泥的矿物组成中 C_3A 的需水量最大，C_2S 的需水量最小。

硅酸盐水泥在建筑上主要用以配制砂浆和混凝土，在拌制混凝土时，为了保证必要的和易性，往往要加入比水泥标准稠度需水量更多的水分。这些多余的水分在混凝土成型后如果能均匀地分布在其中，则对混凝土性能影响较小；如果经一段时间后水分离析出来，则会产生混凝土的分层，削弱水泥浆与砂、石等骨料的胶结作用，使混凝土的性能变坏。这种水分的离析现象称为泌水性。水泥加水拌和成泥浆后，会逐渐失去其流动性，由半流动状态转变为固体状态，此过程称为水泥的凝结。从加水时算起，开始凝结的时间称为初凝时间，浆体流动性完全消失的时间称为终凝时间。水泥的强度是最主要的技术性能之一。由于水泥强度是逐渐增大的，所以必须说明养护龄期，通常将 28 天以前的强度称为早期强度，28 天及其后的强度称为后期强度，也有将 3 个月、6 个月或更长时间的强度称为长期强度。

3.4　无机非金属材料的应用

3.4.1　陶瓷的应用

陶瓷是具有悠久历史的材料，通常作为陶瓷器、砖瓦、卫生陶器等民用产品用于人们的日常生活，作为工业产品广泛用于耐火材料、电绝缘子、磨削砂轮等。精细陶瓷是相对于传统陶瓷而言的，它是采用高度精选的原料，具有能精确控制的化学组成，按照便于控制的制造技术制造、加工的，便于进行结构设计的，具有优异特性的陶瓷。精细陶瓷可分为电子陶瓷、磁性陶瓷、高温陶瓷、生物陶瓷、结构陶瓷、超导陶瓷、透明陶瓷等。

电子陶瓷可分为导电陶瓷、光电陶瓷和热电陶瓷等。导电陶瓷有碳和碳化硅系陶瓷、$BaTiO_3$ 系半导体陶瓷等，可用作电阻器、高温用电热电阻、热敏电阻器、湿敏电阻器、具有开关和存储功能的非线型电阻器等。光电陶瓷可制成光敏元件、光电导(PC)模元件、光生伏打(PV)模元件。烧结 CdS 多晶可制成 X 射线到紫外线范围的光检测器。CdS 中掺加 Cu 等杂质制成的薄膜和多晶光敏元件，目前作为可见光的检测器具有广泛的用途。热电陶瓷由于其表面电荷随温度发生变化，可制成探测辐射能量的热电探测器，在工业、医疗等方面用作非接触测温、热成像器件等。

高温陶瓷与金属相比，能耐更高的温度。高温陶瓷有氧化物系陶瓷和非氧化物系陶瓷。ThO_2、MgO、Mn_2O_3 陶瓷可用作磁流体发电机的发电通道绝缘材料，ZrO_2、$LaCrO_3$ 陶瓷可用作发电通道的电极材料。碳化物、硼化物、氮化物等显示出不同于以往氧化物系陶瓷的性能，成为超高温度技术领域中的重要材料。

汽车发动机一般用铸铁铸造，耐热性能有一定限度。由于需要用冷却水冷却，热能散失严重，热效率只有 30%左右。如果用高温陶瓷制造陶瓷发动机，发动机的工作温度能稳定在1300℃左右，由于燃料充分燃烧而又不需要水冷系统，热效率大幅度提高。用陶瓷材料制作发动机，还可减轻汽车的质量，这对航天航空事业更具吸引力，用高温陶瓷取代高温合金来制造飞机上的涡轮发动机效果会更好。目前已有多个国家的大型汽车公司试制无冷却式陶瓷发动机汽车。

高温陶瓷除氮化硅外，还有 SiC、ZrO_2、Al_2O_3 等。美国军方曾做过一次有趣的实验：在演习场 200m 跑道的起跑线上，停放着两辆坦克，一辆装有功率 500hp(1hp=745.7W)的钢质发动机，而另一辆装有同样功率的陶瓷发动机。陶瓷发动机坦克仅用了 19s 就首先到达终点，而钢质发动机坦克在充分预热运转后用了 26s 才跑完全程。其奥秘就在于陶瓷发动机的热效率高，不仅可节省 30%的热能，而且工作功率比钢质发动机提高 45%以上。另外，陶瓷发动机无需水冷系统，其密度也只有钢的 1/2 左右，这对减小发动机自身重量也有重要意义。Al_2O_3陶瓷主要用于坩埚、高温炉管、刚玉球磨机和高压钠灯灯管。此外 Al_2O_3 陶瓷还可用于人造骨、人造牙、人造心脏瓣膜、人造关节等。SiC 陶瓷主要用于制造磨料、模具、特种耐火材料制品；另外还可用于制造电阻发热元件。

生物陶瓷是用于人体器官替换、修补和外科矫形的陶瓷材料，它已用于人体近四十年，近年来发展相当迅速。这类材料主要包括氧化铝、羟基磷灰石、生物活性玻璃及生物活性玻璃陶瓷、涂层及可被吸收降解的磷酸钙陶瓷。

结构陶瓷以耐高温、高强度、耐磨损、抗腐蚀等力学性能为主要特征，在冶金、宇航、能源、机械和光学领域等有重要应用。在这些领域中用非金属代替部分金属是总的发展趋势。

氧化铝、氧化铝-碳化钛、氧化铝-碳化钨-铬、氮化硼和氮化硅等陶瓷可用作切削工具。用氧化铝和氧化镁混合在1800℃高温下制成的全透明镁铝尖晶石陶瓷，外观极似玻璃，但其硬度、强度和化学稳定性都大大超过玻璃，可用它作为飞机挡风材料，也可作为高级轿车的防弹窗、坦克的观察窗、炸弹瞄准器以及飞机和导弹的雷达天线罩等。

超导陶瓷分为低温超导陶瓷和高温超导陶瓷。超导技术的大规模应用过去主要因为低温超导材料必须用液氮冷却而受到限制，高温超导材料问世以来，它的稳定性，尤其是成材工艺问题尚未完全解决，目前还未实用，一旦高温超导材料的成材工艺有所突破，那么超导技术将在能源、输变电、动力、交通、电子技术等最基础和影响最深远的方面发挥其作用，使整个社会生产力产生全面的和革命性的变化。

一般陶瓷是不透明的，但光学陶瓷像玻璃一样透明，故称透明陶瓷。一般陶瓷不透明的原因是其内部存在杂质和气孔，前者能吸收光，后者使光产生散射。因此如果选用高纯原料，并通过工艺手段排除气孔就可能获得透明陶瓷。早期就是采用这样的办法得到透明的氧化铝陶瓷，后来陆续研究出烧结白刚玉、氧化镁、氧化铍、氧化钇、氧化钇-氧化锆等多种氧化物系列透明陶瓷。另外还包括非氧化物透明陶瓷，例如，$GaAs$、ZnS、$ZnSe$、MgF_2、CaF_2等。这些透明陶瓷不仅有优异的光学性能，而且耐高温，一般它们的熔点都在2000℃以上。例如，氧化钍-氧化钇透明陶瓷的熔点高达3100℃，比普通硼酸盐玻璃高1500℃。透明陶瓷的重要用途是制造高压钠灯，它的发光效率比高压汞灯提高一倍，使用寿命达2万h，是使用寿命最长的高效电光源。高压钠灯的工作温度高达1200℃，压力大、工作时所产生的钠蒸气腐蚀性强，选用氧化铝透明陶瓷为材料成功地制造出高压钠灯。透明陶瓷的透明度、强度、硬度都高于普通玻璃，它们耐磨损、耐划伤，用透明陶瓷可以制造汽车的防弹窗、坦克的观察窗、轰炸机的轰炸瞄准器和高级防护眼镜等。

人体器官和组织由于各种原因需要修复或再造时，选用的材料要求生物相容性好，对肌体无免疫排异反应；血液相容性好，无溶血、凝血反应；不会引起代谢作用异常现象；对人体无毒，不会致癌。目前已发展起来的生物合金、生物高分子和生物陶瓷基本上能满足这些要求。利用这些材料制造了许多人工器官，在临床上得到广泛的应用。但是这类人工器官一旦植入体内，要经受体内复杂的生理环境的长期考验。例如，不锈钢在常温下是非常稳定的材料，但把它制成人工关节植入体内，三五年后便会出现腐蚀斑，还会有微量金属离子析出，这是生物合金的缺点。高分子材料制成的人工器官容易老化。相比之下，生物陶瓷是惰性材料，耐腐蚀，更适合植入体内。

氧化铝陶瓷具有高硬度、高耐磨性，可用作切削淬火钢用的刀具、金属拉丝模具、磨料、轴承和人造宝石等；熔点高、抗腐蚀，可用作耐火材料、熔化金属的坩埚、热工设备的炉管、高温热电偶保护套管等；具有高强度和高温稳定性，可用作火箭和导弹的导流罩；具有低的介电损耗、高电阻率、高绝缘性，可用作火花塞、电路基板和管座等；具有良好的生物相容性，可用作人工关节和人工骨骼。氧化铝陶瓷制成的假牙与天然齿十分接近，它还可以制成人工关节用于很多部位，如膝关节、肘关节、肩关节、指关节、髋关节等。氧化锆陶瓷的强度、断裂韧性和耐磨性比氧化铝陶瓷好，也可用以制造牙根、骨和股关节等。羟基磷灰石$(Ca_{10}(PO_4)_6(OH)_2)$是骨组织的主要成分，人工合成的羟基磷灰石与骨的生物相容性非常好，可用于颌骨、耳听骨修复和人工牙种植等。目前发现用熔融法制得的生物玻璃，如$CaO-Na_2O-SiO_2-P_2O_5$，具有与骨骼键合的能力。陶瓷材料最大的弱点是性脆，韧性不足，这就严重阻碍了它作为人工人体器官的推广应用。

氧化锆陶瓷硬度高，耐磨性好，可用于制造切削刀具、模具、剪刀、高尔夫球棍头等；氧化锆陶瓷的韧性是所有陶瓷中最高的，可应用于苛刻的工作环境，如发动机活塞帽、气缸内衬、轴承、连杆等；氧化锆陶瓷的热导率小，化学稳定性好，耐腐蚀性高，可用作高温绝缘材料和耐火材料，如熔炼铂和铑等金属的坩埚、喷嘴、阀芯和密封器件等；氧化锆陶瓷具有敏感特性，可作为气敏元件，还可作为高温燃料电池固体电解隔膜和钢液测氧探头等。

氮化硅常用于制造形状简单、精度要求不高的零件，如切削刀具、高温轴承等。反应烧结氮化硅则用于形状复杂、尺寸精度要求高的零件，如机械密封环等。碳化硅陶瓷常用于制造火箭喷嘴、浇注金属的喉管、热电偶套管、炉管、燃气轮机叶片及轴承、泵的密封圈和金属拉丝模具等。六方氮化硼陶瓷主要用于制作热电偶套管、熔炼半导体及金属的坩埚、冶金用高温容器和管道、玻璃制品成型模和高温绝缘材料等。氮化硅有很大的吸收中子截面，可作为核反应堆中吸收热中子的控制棒。

在建筑行业，各种类型的建筑陶瓷层出不穷，如外墙砖、内墙砖、地砖、广场砖、工业砖等瓷砖；釉面内墙砖只能用于室内，不能用于室外。陶瓷墙地砖具有强度高、致密坚实、耐磨、吸水率小(<10%)、抗冻、耐污染、易清洗、耐腐蚀、耐急冷急热、经久耐用等特点。劈离砖可用于建筑的内墙、外墙、地面、台阶、地坪及游泳池等建筑部位，厚度较大的劈离砖特别适用于公园、广场、停车场、人行道等露天地面的铺设。琉璃制品是用优质黏土塑制成型后烧成的，表面上釉，釉呈黄、绿、黑、蓝、紫等色，色彩艳丽，经久实用，多用于屋顶建筑。

从陶瓷材料发展的历史来看，陶瓷材料经历了三次飞跃。由陶器进入瓷器是第一次飞跃；由传统陶瓷发展到精细陶瓷是第二次飞跃，在此期间，无论是原材料，还是制备工艺、产品性能和应用等许多方面都有长足的进步和提高，然而陶瓷材料的致命弱点——脆性问题没有得到根本的解决。精细陶瓷粉体的颗粒较大，属微米级，有人用新的制备方法把陶瓷粉体的颗粒加工到纳米级，用这种超细微粉体粒子来制造陶瓷材料，得到新一代纳米陶瓷，这是陶瓷材料的第三次飞跃。纳米陶瓷具有延性，有的甚至出现超塑性。例如，室温下合成的 TiO_2 陶瓷可以弯曲，其塑性变形高达 100%。

3.4.2 玻璃的应用

目前各种类型的玻璃广泛用于建筑、日用、艺术、医疗、化学、电子、仪表、核工程等领域。表 3.4 列举了常见的几种玻璃的特性及用途。

表 3.4 几种玻璃的特性和用途

种类	特性	用途
普通玻璃	高温下易软化	窗玻璃、玻璃瓶、玻璃杯等
石英玻璃	热膨胀系数小，耐酸碱，强度大，滤光	化学仪器、高压水银灯、紫外灯、光导纤维、压电晶体等
光学玻璃	透光性能好，有折光和色散性	眼镜片、照相机、显微镜、望远镜用凸凹透镜等光学仪器
玻璃纤维	耐腐蚀，不怕烧，不导电，不吸水，隔热，吸声，防蛀虫	航天员的衣服、玻璃钢等
钢化玻璃	耐高温，耐腐蚀，强度大，质轻，抗震裂	运动器材、微波通信器材、汽车/火车窗玻璃等

自 20 世纪 70 年代发明生物玻璃以来，人们发现许多玻璃和微晶玻璃能与生物骨形成键合，其中一些已应用于临床，用作牙周种植、人造中耳骨等。目前正利用玻璃、微晶玻璃制

备高韧性生物活性金属、生物活性高分子等。微晶玻璃尤其是多孔微晶玻璃可作为生物工程中的载体，用在固定床反应器、固定床循环反应器和流化床反应器上。近年来，非线型光学玻璃(特别是未来全光学装置)所要求的具有高三阶极化率 χ、快的响应时间 τ 和低的光吸收特性的材料研究引人注目。制备方法包括传统微晶玻璃制备法、离子交换法和离子注入法。

稀土铒填充石英光纤正作为 $1.5\mu m$ 带操作的传导波纤维放大介质应用于光学通信系统，目前正利用掺稀土的氟化物光纤制作具有从可见光到中红外线操作波长带的纤维激发器和放大器，以满足超高容量和适应性强的光学网络系统的需要。1968 年开发的梯度折射率微透镜主要依靠平面集成微光学玻璃。目前的研究主要集中在平面光波回路装置和平面集成微透镜的开发方面，应用目标是数字、信息存取系统的光学分离器、平行内连系统的光学耦合器及投影显示系统的液晶显示屏。

由于钢化玻璃具有较好的性能，在汽车工业、建筑工程以及军工领域等行业得到了广泛应用，常用作高层建筑的门、窗、幕墙、屏蔽及商店橱窗、军舰与轮船舷窗以及桌面玻璃等。钢化玻璃有普通钢化玻璃、钢化吸热玻璃、磨光钢化玻璃等品种，目前在上海、沈阳、厦门等地均有生产。钢化玻璃制品有平面钢化玻璃、弯钢化玻璃、半钢化玻璃和区域钢化玻璃等。

夹层玻璃的品种很多，有减薄夹层玻璃、遮阳夹层玻璃、电热夹层玻璃、防弹夹层玻璃、玻璃纤维增强夹层玻璃、报警夹层玻璃、防紫外线夹层玻璃、隔声夹层玻璃等。夹层玻璃主要用作汽车和飞机的风挡玻璃、防弹玻璃以及有特殊安全要求的建筑物的门窗、隔墙、工业厂房的天窗和某些水下工程的玻璃。中空玻璃由两层或两层以上的平板玻璃原片构成，四周用高强度气密性复合胶黏剂将玻璃及铝合金框和橡皮条、玻璃条黏结、密封，中间充入干燥气体，还可以涂上各种颜色或不同性能的薄膜，框内充以干燥剂，以保证玻璃原片间空气的干燥度。中空玻璃的主要功能是隔热隔声。中空玻璃广泛应用于高级住宅、饭店、宾馆、办公楼、学校、医院、商店等需要室内空调的场合，也可以用于汽车、火车、轮船的门窗等处。热反射玻璃具有较高的热反射能力、良好的遮光性和隔热性能，它用于建筑的门窗及隔墙等处。

玻璃纤维贴墙布以中碱玻璃纤维布为基材，表面涂以耐磨树脂，印以彩色图案而成。其色彩鲜艳，花样繁多，是一种优良饰面材料。在室内使用时，具有不褪色、不老化、耐腐蚀、不燃烧、不吸湿等优良特性，而且易于施工，可刷洗，适用于建筑、车船等内室的墙面、顶棚、梁柱等贴面装饰，水泥墙、石灰墙、油漆墙、乳胶漆墙、石膏板墙及层压板墙上均可直接粘贴。

目前，在整形外科、牙科及上颌骨整形等临床方面，对于骨移植物的需求日趋增加，传统的髂峰部采骨用作骨移植物的手术操作存在着许多问题，如残留的髂峰部的人为骨折和行走时的疼痛、不适及局部触痛都是潜在的并发症，更不用说其有限的骨的可利用性。同种异体骨——人源的冻干骨必须经过加工处理以降低其抗原性，减少其传播疾病的潜能，但同时可能减少其骨再生所必需的成骨蛋白数量。PerloGlas 与自体骨混合用于截骨术中的植骨，手术后 5 个月 X 射线片显示移植区有明显骨形成征象。2.5 年的术后随访表明成骨区的密度逐渐浓聚，手术区域的临床测量选择在移植术后的 6 个月、1 年、2 年，结果表明缺陷区的范围明显缩小，在每一个手术移植的病例中，缺损都明显减小，并且填充一种坚硬的、血管化的、类似于骨的组织。

目前，许多研发人员正在努力研究改善载银抗菌剂及其制品的变色问题。例如，日本住友公司的研究人员在 $Ag_2O\text{-}Na_2O\text{-}B_2O_3\text{-}SiO_2$ 抗菌玻璃中用 Ag_3PO_4 代替，使 Ag^+ 稳定下来，以改善其着色程度等。纳米抗菌剂分两类,一类是本身有抗菌活性的金属纳米氧化物,以 TiO_2、ZnO 为代表,它们在紫外线照射下,在水和空气中产生活性氧,具有很强的化学活性,能与多种有机物发生反应,从而把大多数病菌和病毒杀死。因而可将它们应用于制作抗菌纤维、抗菌玻璃、抗菌陶瓷、抗菌建筑材料等。另一类是银纳米抗菌剂,Ag^+ 通过接触反应造成微生物活性成分破坏或产生阻碍。当微量 Ag^+ 到达微生物细胞膜时,因后者带有负电荷,依靠库仑引力,二者牢固吸附,Ag^+ 穿透细胞壁进入胞内,使蛋白质凝固,破坏细胞合成酶的活性,细胞丧失分裂增殖能力而死亡。

1992 年,加利福尼亚大学的研究人员研制出一种称为智能玻璃的高技术型着色玻璃,它能在某些化合物中改变颜色。它在美国和德国一些城市的建筑装潢中很受青睐,智能玻璃的特点是当太阳在中午时,朝南方向的窗户随着阳光辐射量的增加会自动变暗,与此同时,处在阴影下的其他朝向窗户开始明亮。装上智能窗户后,人们不必为遮挡骄阳装上机械遮光罩了。严冬,这种朝北方向的智能玻璃窗户能为建筑物提供 70% 的太阳辐射量,获得漫射阳光所给予的温暖。同时,还可使装上智能玻璃的建筑物减少供暖和制冷需用能量的 25%、照明的 60%、峰期电力需要量的 30%。嵌入无线电玻璃可将无线电天线嵌入玻璃内部,还可将蜂窝电话或电视机等各种设备嵌入玻璃里面,这样使轿车更为美观,不会因天线而破坏轿车整体形象。

3.4.3　水泥的应用

硅酸盐水泥主要用于地上、地下、水中重要结构的高强度混凝土和预应力混凝土工程;适用于要求早期强度高的混凝土(如冬期施工混凝土)工程;适用于严寒地区遭受反复冻融的混凝土工程;适用于空气中二氧化碳浓度较高的环境(如铸造车间)中的混凝土工程;不宜用于受流动的和有压力的软水作用的混凝土工程;不宜用于受海水及其他腐蚀性介质作用的混凝土工程;不得用于大体积混凝土工程;不得用于耐热混凝土工程;可用于干燥环境下的混凝土工程;可用于地面和道路工程。

矿渣硅酸盐水泥主要用于受溶出性侵蚀,以及硫酸盐、镁盐腐蚀的混凝土工程;适用于大体积混凝土工程;适用于受热的混凝土工程,若掺入耐火砖粉等材料可制成耐更高温度的混凝土;不宜用于早期强度要求高的混凝土(如现浇混凝土、冬期施工混凝土等)工程;不宜用于严寒地区水位升降范围内的混凝土工程及有耐磨要求的混凝土工程;不宜用于二氧化碳浓度高的环境(如铸造车间)中的混凝土工程;不宜用于要求抗渗的混凝土工程和受冻融干湿交替作用的混凝土工程。

火山灰质硅酸盐水泥主要用于要求抗渗的水中混凝土工程;适用于大体积混凝土工程;适用于受溶出性侵蚀以及硫酸盐、镁盐腐蚀的混凝土工程;不适用于干燥或干湿交替环境下的混凝土工程以及有耐磨要求的混凝土工程;不宜用于早期强度要求高的混凝土(如现浇混凝土、冬期施工混凝土等)工程;不宜用于严寒地区水位升降范围内的混凝土工程及有耐磨要求的混凝土工程;不宜用于二氧化碳浓度高的环境(如铸造车间)中的混凝土工程。

粉煤灰硅酸盐水泥主要用于受溶出性侵蚀以及硫酸盐、镁盐腐蚀的混凝土工程;适用于大体积混凝土工程;不宜用于早期强度要求高的混凝土(如现浇混凝土、冬期施工混凝土等)工程;不宜用于严寒地区水位升降范围内的混凝土工程及有耐磨要求的混凝土工程;不宜用于二氧化碳浓度高的环境(如铸造车间)中的混凝土工程。

白色及彩色硅酸盐水泥主要用于建筑装修的砂浆、混凝土，如人造大理石、水磨石、斩假石等。快硬硅酸盐水泥主要用于早强、高强混凝土工程以及紧急抢修工程和冬期施工工程等；不得用于大体积混凝土工程和与腐蚀介质接触的混凝土工程。道路硅酸盐水泥主要用于道路施工工程。高铝水泥主要用于紧急抢修工程和早期强度要求高的特殊工程；不宜用于大体积混凝土工程；可作为耐热混凝土的胶结材料。硫铝酸盐水泥主要用于玻璃纤维增强水泥制品，可防止玻璃纤维腐蚀；主要用来配制结构结点或抗渗用的砂浆或混凝土；还可配制自应力混凝土，如钢筋混凝土压力管。

硅酸盐膨胀水泥主要用作防水层及防水混凝土；加固地脚螺栓等结构、浇灌机器座；用作修补或接缝工程；不可使用于有硫酸盐侵蚀性介质工程中。硅酸盐自应力水泥可用于制造自应力钢筋（或钢丝网）混凝土压力管；各种管接头衔接的黏结剂。大坝水泥主要用于要求水化热较低和大体积的混凝土工程；硅酸盐大坝水泥与普通大坝水泥更适用于有抗冻性与耐磨性要求的水中大体积混凝土工程及构件的表层结构，矿渣大坝水泥更适用于水下工程及大体积混凝土工程的内部结构。

生态水泥用作混凝土时，因为属于快硬水泥，为了便于施工，必须添加缓凝剂。生态水泥混凝土的水灰比与抗压强度的关系和普通混凝土一样，是线性关系。特别是水灰比比较大时，强度增长快。由于生态水泥中含有氯元素，容易引起钢筋锈蚀，所以一般用于素混凝土中，还可与普通混凝土混合使用，可用作道路混凝土，水坝用混凝土，消波块、鱼礁块等海洋混凝土，空心砌块或密实砌块，还可用作木片水泥板等纤维制品。另外生态水泥可用作地基改良用固化剂。湿地或者沼泽地等软弱地基改良中，可用生态水泥作为固化剂。经试验处理过的土壤早期强度良好，完全适于加固土壤。

随着精确制导武器、新型钻地弹等开始在高技术战争中大量使用，对防护工程的威胁和破坏越来越大。另外，从战争可以看出，机场、桥梁及重要交通设施已成为战争初期受打击的对象。因此，迫切需要研制开发具有高防护等级及战时快速抢修能力的新材料。

防护工程用新型水泥基材料包括高强/超高强混凝土、无宏观缺陷水泥材料、DSP 材料和活性粉末混凝土（RPC）。随着高效减水剂及活性掺合料在混凝土工程中的应用，混凝土的强度等级得到了很大程度的提高。MDF 材料是 1979 年英国化学工业公司和牛津大学最早开始研究的。MDF 的抗压强度高达 300MPa，抗弯强度达 150MPa，抗拉强度可达 140MPa，弹性模量达 50GPa。

战时快速抢修抢建用新型水泥基材料主要分为快硬硫铝酸盐水泥、土聚水泥和磷酸盐水泥三种。快硬硫铝酸盐水泥以铝质原料、石灰质原料和石膏经适量配合后，煅烧成含有无水硫酸钙的熟料，再掺入适量石膏共同磨细而制成。此水泥的凝结时间比较快，初凝小于 15min，终凝小于 20min。该水泥混凝土一天强度值比快硬硅酸盐水泥高 3 倍左右，突出显示了早期强度高的优点。但该水泥受温度影响较大，低温时强度发展较慢。土聚水泥是一种集早强、环保、高强、高耐久等优点于一体的新型碱激活胶凝材料，是近年来国际上研究非常活跃的材料之一。土聚水泥具有快硬早强的特点。据资料介绍，由土聚水泥配制的混凝土 20℃条件下 4h 抗压强度可达 15～20MPa。由土聚水泥抢修的公路或机场等，4h 即可通车，6h 即可供飞机起降。若优化材料的配合比和施工工艺，抢修的时间还可大大缩短。据资料介绍，1991 年海湾战争期间，美国在极短的时间内就在海湾战场修筑了大量简易机场、直升机起降点和临时公路，其使用的部分胶凝材料就属于土聚水泥——Pyrament 水泥。磷酸盐胶凝材料是目前国际上研究比较多的一种用于快速抢修机场、高速公路等设施的新型材料。磷酸盐胶凝材料具有许多优良的特种性能,如很高的早期强度,1h 强度可达 20MPa;凝结时间可在一分钟至几小时调整;在低温-30℃时强度还能适度增长,这是快硬硅酸盐水泥及快硬硫铝酸盐水泥所不具备的;比旧混凝土高的黏结强度、高的耐磨性和耐火性;与旧混凝土有相近的弹性模量和热膨胀系数;与钢筋有很好的握紧力等。目前的研究结果表明磷酸盐胶凝材料的强度发展远比硅酸盐水泥迅速。

3.4.4　其他无机非金属材料的应用

耐火材料是从陶瓷中分离出来的一种材料。近年来不少重要用途的优质耐火材料制品向高技术、高性能、高精度方向发展。制品从以氧化物和硅酸盐为主演变到氧化物和非氧化物并重,并有向氧化物和非氧化物复合倾斜的趋向。其主攻方向为:①碳结合和非氧化物制品;②功能耐火材料;③高效碱性和高铝制品;④优质节能材料。

人造金刚石在 20 世纪 40 年代问世,经历了超硬材料(50～60 年代)、工具应用(60～80 年代)和功能材料(如近期的金刚石薄膜等)三个阶段。我国从 60 年代初开始研制金刚石,目前除个别研究单位仍保持较高水平的研究和发展外,大部分已转入企业生产。水晶作为理想的压电材料,是电子工业的支柱之一,此外它还是重要的光学材料和装饰宝石。

半导体材料是 21 世纪最重要、最有影响的功能材料之一,它在微电子领域具有独特的地位,同时是光电子领域的主要材料。半导体材料的种类很多,从单质到化合物,从无机物到有机物,从晶态到非晶态等,但归纳起来大致可分为元素半导体、化合物半导体、固溶体、非晶半导体和有机半导体等。当今微电子和光电子工业中最重要的半导体材料是半导体单晶材料与人工设计半导体超晶格材料等。硅、锗、砷化镓等半导体材料是当今发展微电子、光电子工业的核心材料。随着半导体超薄层制备技术的提高,半导体超晶格材料已由原来的砷化镓/镓铝砷扩展到铟砷/镓锑和铟铝砷/铟镓砷等多种。

第4章 高分子材料

4.1 概 述

　　材料是现代文明和技术进步的基石。历史学家常用材料作为历史阶段划分的标志，如石器时代、青铜时代、铁器时代等，可见材料在人类社会发展中的重要地位和作用。自 20 世纪 30 年代以来，高分子科学与技术的发展极为迅猛。高分子材料特别是合成高分子材料由于具有优异性能，已在信息、生命等新技术领域，以及工业、农业、国防、交通等部门中发挥着重要作用。高分子材料的重量约占飞机总重的 65%，约占汽车总重的 18%。没有合成橡胶用于制备汽车轮胎，就没有现代汽车工业。回顾近年来，信息工业和微电子工业的飞速发展无一不是以电子高分子材料的发展为依托的：没有高分辨光刻胶和塑封树脂的发展就不可能有超大规模集成电路的成功，即今天的计算机技术；没有有机光缆和光信息存储材料的出现也不可能有信息高速公路的发展。高分子材料在现代生活，特别是人们衣食住行方面的应用更是不胜枚举，说我们生活在高分子的世界里，一点也不为过。

　　早晨起床洗漱时，你所用的牙刷、水杯是塑料的，它们是高分子材料，既轻巧又方便；准备早餐时，你用不粘锅煎鸡蛋，之所以不粘锅底，是因为锅底的表面涂了一层称为聚四氟乙烯的高分子材料，它使你的劳动变得轻松；你用微波炉热食物，盛装食品的碗、碟是一种称为聚丙烯的高分子材料。你在厨房还可以看到很多物品，如调味盒、果汁瓶、牛奶盒、洗菜的盆、淘米的篮、食品保鲜膜等，它们都是用高分子材料制造的。餐桌上有丰盛的食品，即使在冬季，你也可以看到黄瓜、西红柿等新鲜蔬菜甚至西瓜等夏季水果。这些蔬菜和水果来自于如图 4.1 所示的塑料大棚。严冬季节，冰封雪飘，但在祖国大地的塑料大棚内，绿油油的农作物却显出一派生机。塑料大棚使青海、西藏等高海拔的许多地方，不但长出了农作物，而且高产稳产。如果没有塑料大棚，北方的居民可能还在靠储藏大白菜过冬。

图 4.1　拱形塑料大棚

再说衣着，你身上的外套是化纤的或是毛涤混纺的，裤子是含高弹性莱卡纤维的，袜子是尼龙或氨棉的，皮鞋或运动鞋的鞋底是聚氨酯的，这些都来自于高分子材料。环顾你的家，塑钢门窗、窗纱、定型门、进水和排水管道、遮阳棚等，也是由高分子材料制造的；室内的墙壁、冰箱、家具处处都有高分子涂料的踪影。走出家门，室外的大楼、汽车、广告牌、路标、警示牌、信号牌等也都被涂料装饰。道路上车水马龙，大大小小的自行车、摩托车、汽车从你面前驶过，如果没合成橡胶制造的轮胎，人们很难如此方便、快捷地出行。

不仅是橡胶轮胎，汽车中的很多部件都来自高分子材料。图 4.2 是一款德国宝马 7 系列轿车。让我们来解剖其结构，看一看哪些部分是由高分子材料制造的：蓄电池壳、仪表壳、挡泥板、发动机罩、空调系统制件、空滤器壳、水箱的材质是 PP 的；座椅、仪表板、车内地板、减振器、护板的材质是 PUR 的；收音机壳、仪表壳、工具箱、扶手、散热格栅、变速器壳、反射镜壳体是 PC/ABS 合金的；内护板、油箱、行李架、刮水器、扶手骨架是 PE 的；气门罩、排气管、车身侧面护板是聚酯合金的；散热器盖、衬套、齿轮、皮带轮、气缸头盖、水泵叶轮是 PA 的；电线电缆包材、地板垫是 PVC 的；加载齿轮、燃油泵、电气设备系统、各种轴承、衬套是 POM 的；保险杠、前端板、车门把手、前照灯是 PC 的；后挡板、遮阳罩、灯罩是 PMMA 的；嵌板、耐冲击格栅是 PPO 的；化油器是 PF 的。在汽车工业领域大量使用塑料零配件替代各种昂贵的有色金属及合金材料，不仅提高了汽车造型的美观与设计的灵活性，降低了零部件的加工、装配与维修费用，还有利于节能和环保。

图 4.2　宝马 7 系列轿车

还有塑料拼装玩具、一次性医疗用品、婴儿尿不湿、隐形眼镜等，高分子材料在现代生活中的应用随处可见。其实就连人自身的肌体除 60%水外，剩下的 40%的 1/2 以上也是蛋白质、核酸等天然高分子，也属高分子科学的研究范畴。可以毫不夸张地说，如果没有高分子，就不会有世界和生命。那么，你了解高分子吗？为了更好地利用它们，享受高分子给我们带来的现代生活，让我们一起来认识高分子与高分子材料吧！

4.2　高分子的基本概念

4.2.1　高分子的定义

高分子就是分子量特别大的物质。常见的分子，我们称为"小分子"，一般由几个或几十个原子组成，分子量也在几十到几百，如水分子的分子量为18、二氧化硫的分子量是64。高分子则不同，它的分子量要大于1万。高分子物质的分子一般由几千、几万甚至几十万个原子组成，其分子量也就是以几万、几十万甚至以亿来计算的。高分子的"高"就是指它的分子量高。

通常将生成高分子的那些低分子原料称为单体。高分子物质有一个共同的结构特性，即都是由简单的结构单元以重复的方式连接而成的。这种结构单元称为链节。结构重复单元的数目称为聚合度，常用符号 DP(degree of polymerization) 表示。高分子是链式结构，以化学键结合的原子集合构成高分子的骨架结构，称为主链。连接在主链原子上的原子或原子集合，称为支链。支链可以较小，称为侧基；可以较大，称为侧链。

4.2.2　高分子的命名

高分子是由许多简单的结构单元连接而成的，因此高分子化合物的正规命名法(又称为IUPAC 命名法)是在高分子重复单元的系统命名前冠以"聚"字构成的。但因烦琐冗长，正规命名法一般用于新高分子的命名或在学术交流中使用。人们普遍采用的是通俗命名法，有以下几种。

1)根据单体的名称来命名

以单体或假想单体为基础，前面冠以"聚"字，就成为高分子名称。例如，用乙烯得到的高分子就称聚乙烯，其他如聚丙烯、聚苯乙烯、聚氯乙烯等分别是丙烯、苯乙烯、氯乙烯的高分子。

2)根据特征官能团来命名

以主链中所有品种共有的特征化学单元为基础。例如，把含酰胺官能团的一类高分子统称为聚酰胺(尼龙)，而含有酯基的一类高分子统称为聚酯。至于具体品种有更详细的名称，如己二酸和己二胺的反应产物称为聚己二酸己二胺等。

3)按高分子的组成命名

这种命名法在热固性树脂和橡胶类高分子中常用。取单体名或简称，后缀为"树脂"二字或"橡胶"二字。例如，酚醛树脂是由苯酚和甲醛聚合而成的，环氧树脂是由环氧化合物为原料聚合而成的，丁苯橡胶是由丁二烯和苯乙烯共聚而成的。

4)按商品名或俗称命名

商品名称或专利商标名称是由材料制造商命名的，突出所指的是商品或品种，如聚酰胺类的商品名的译名为尼龙，其他商品名还有特氟隆(聚四氟乙烯)、赛璐珞(硝酸纤维素)等。聚对苯二甲酸乙二醇酯的习惯名称为涤纶，聚丙烯腈为腈纶，而俗名有机玻璃(聚甲基丙烯酸甲酯)、电木(酚醛树脂)、电玉(脲醛塑料)等名称也已得到广泛采用。

5)按化学名称的标准缩写命名

许多高分子的化学名称的标准缩写因简便而得到日益广泛的采用。缩写应采用印刷体大写，不加标点。例如，ABS 树脂是丙烯腈、丁二烯和苯乙烯三种单体共聚而成的，用它们英文名称的第一个大写字母就构成了这一树脂的名称。表 4.1 列举了常见高分子的缩写。

表 4.1　常见高分子的缩写举例

高分子	缩写	高分子	缩写
丙烯腈-丁二烯-苯乙烯共聚物	ABS	聚氨酯	PUR
醋酸纤维素	CA	环氧树脂	EP
聚甲基丙烯酸甲酯	PMMA	聚酰胺	PA
聚对苯二甲酸乙二醇酯	PET	聚丙烯腈	PAN
聚碳酸酯	PC	聚丙烯	PP
聚甲醛	POM	聚乙烯	PE
天然橡胶	NR	聚氯乙烯	PVC
氯丁橡胶	CR	聚苯乙烯	PS

4.2.3　高分子的分类

1. 按照来源分类

根据来源，高分子可以分为天然高分子、改性高分子和合成高分子。

天然高分子是指自然界中存在的高分子化合物。我们平时衣、食、住、行所必需的棉花、蚕丝、淀粉、蛋白质、木材、天然橡胶等都是天然高分子材料。

改性高分子是将天然高分子经化学处理后制成的高分子化合物，又称半天然高分子。世界上第一个人造的高分子材料——硝酸纤维素是将天然的纤维素（如棉花或棉布）用浓硝酸和浓硫酸处理后制成的。

合成高分子则是由小分子化合物用化学方法得到的高分子化合物。我们日常生活中使用的聚乙烯塑料和尼龙等都是用化学法制备而成的高分子化合物。显然，高分子科学研究的主要对象是合成高分子和改性高分子。

2. 按照用途分类

高分子材料的用途是多方面的，主要用于制备塑料、橡胶和纤维。我们可以用塑料制成各种用品，用橡胶制备轮胎，用纤维织成各种精美的织物等。随着材料应用领域的不断扩大，高分子材料在涂料、胶黏剂、复合材料和功能高分子方面也有了很大的发展。因此，也可以把高分子材料按上述七种用途来进行分类，分为橡胶、高分子纤维、塑料、高分子胶黏剂、高分子涂料、高分子基复合材料和功能高分子材料等。

（1）橡胶是一类线型柔性高分子。其分子链间次价力小，分子链柔性好，在外力作用下可产生较大形变，除去外力后能迅速恢复原状，有天然橡胶和合成橡胶两种。

（2）高分子纤维分为天然纤维和化学纤维。前者指蚕丝、棉、麻、毛等；后者以天然高分子或合成高分子为原料，经过纺丝和后处理制得。高分子纤维的次价力大、形变能力小、模量高，一般为结晶高分子。

（3）塑料是以合成树脂或化学改性的天然高分子为主要成分，再加入填料、增塑剂和其他添加剂制得的。其分子间次价力、模量和形变量等介于橡胶和高分子纤维之间。通常按合成树脂的特性分为热固性塑料和热塑性塑料；按用途又分为通用塑料和工程塑料。

(4)高分子胶黏剂是以合成天然高分子化合物为主体制成的胶黏材料,分为天然胶黏剂和合成胶黏剂两种。应用较多的是合成胶黏剂。

(5)高分子涂料是以高分子为主要成膜物质,添加溶剂和各种添加剂制得的涂料。根据成膜物质不同,分为油脂涂料、天然树脂涂料和合成树脂涂料。

(6)高分子基复合材料是以高分子化合物为基体,添加各种增强体制得到的一种复合材料。它综合了原有材料的性能特点,并可根据需要进行材料设计。高分子基复合材料也称为高分子改性,改性分为分子改性和共混改性。

(7)功能高分子材料。功能高分子材料除具有高分子的一般力学性能、绝缘性能和热性能外,还具有物质、能量和信息的转换、磁性、传递和储存等特殊功能。已实用的有高分子信息转换材料、高分子透明材料、高分子模拟酶、生物降解高分子材料、高分子形状记忆材料和医用/药用高分子材料等。

不过需要注意的是,这种分类方法不是十分严格的,因为同一种高分子材料往往可以有多种用途。以聚氨酯为例,这种材料十分耐磨,可以制作塑胶跑道和溜冰鞋的轮子。聚氨酯发泡后形成硬度不同的泡沫塑料,用于制作家具、坐垫和保温材料。由于它富有弹性,聚氨酯可以代替橡胶制作运动鞋的鞋底;把它拉成丝可以制备高强度高弹性的莱卡纤维。聚氨酯涂料是一种高性能的耐磨耐水涂料,可以用于制备高强度的地板漆和工业用漆;用聚氨酯制备的胶黏剂强度非常高,是一种性能优异的结构胶黏剂;由于聚氨酯具有优异的生物和血液相容性,它在医用材料中也崭露头角。这种能够适应多种需要的特点也是高分子材料备受人们青睐的重要原因。

3. 按照主链分类

比较严格的分类方式是按照高分子主链的组成来进行分类,把高分子化合物分成碳链高分子(主链只含碳元素)、杂链高分子(主链含碳、氧、磷等元素)、元素有机高分子(主链不含碳元素)和无机高分子(主链不含有机元素)。这些在此就不作详细介绍了。

4. 其他分类

按高分子主链几何形状分为线型高分子、支链型高分子、体型高分子。
按高分子微观排列情况分为结晶高分子、半晶高分子、非晶高分子。

4.3　天然高分子

4.3.1　天然多糖

1. 纤维素

纤维素(cellulose)是 D-吡喃葡萄糖酐(1-5)彼此以 β(1-4)苷键连接而成的线型高分子,或看成 n 个聚合的 D-葡萄糖酐(即失水葡萄糖),写成通式 $(C_6H_{10}O_5)_n$,结构式如图 4.3 所示。1838 年,法国科学家佩因(Payen)从木材提取某种化合物的过程中分离出一种物质,由于这种物质是在破坏细胞组织后得到的,佩因把它称为由 cell(细胞)和 lose(破坏)组成的一个新名词——"cellulose"。

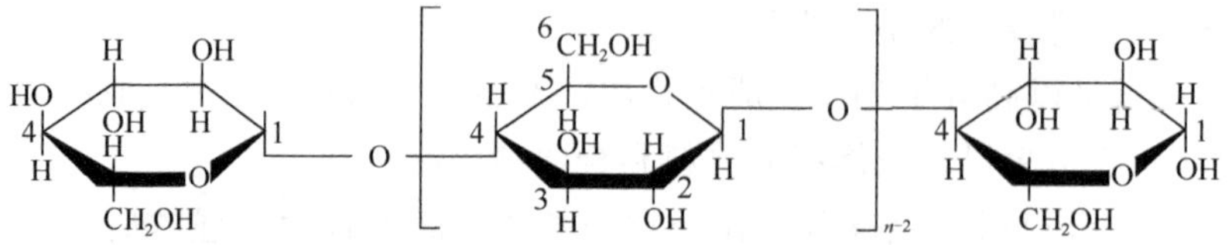

图 4.3　纤维素的结构

植物每年通过光合作用能产生亿万吨纤维素，是纤维素最主要的来源。棉花是自然界中纤维素含量最高的纤维，其纤维素含量为 90%～98%；而木材是纤维素化学工业的主要原料，木材的主要成分是纤维素、半纤维素和木质素(表 4.2)。半纤维素是指纤维素以外的碳水化合物(少量果胶和淀粉除外)，它是由两种或两种以上单糖残基组成的不均一聚糖，大多带有短侧链。构成半纤维素的单糖主要有 D-木糖、L-阿拉伯糖、D-半乳糖、D-甘露糖、D-葡萄糖和 4-O-甲基-D-葡萄糖醛酸等。木质素是由苯丙烷结构单元组成的具有复杂三维空间结构的非晶高分子。

表 4.2　木材的主要组成比　　　　　　　　　　　　　　　(单位：%)

树种	纤维素	半纤维素	木质素
针叶木	50～55	15～20	25～30
阔叶木	50～55	20～25	20～25

2. 淀粉

淀粉(starch)是植物的种子、根、块茎、果实和叶子等细胞的主要成分。其资源极为丰富，价格低廉。淀粉是生命活动的主要能源。人能消化淀粉，却不能消化纤维素，因为人体消化系统中存在酶，可以使多糖中的 α 苷键水解最终成为葡萄糖，但不能水解 β 苷键。淀粉分直链淀粉和支链淀粉两大类。直链淀粉为 D-葡萄糖残基以 α-1,4-苷键连接的多糖(图 4.4)；支链淀粉为 D-葡萄糖残基一部分以 α-1,6-苷键连接而成的多糖(图 4.5)，分支与分支之间的间距为 11 或 12 个葡萄糖残基。不同植物分离出的淀粉中直链淀粉与支链淀粉的含量不相同(表 4.3)。

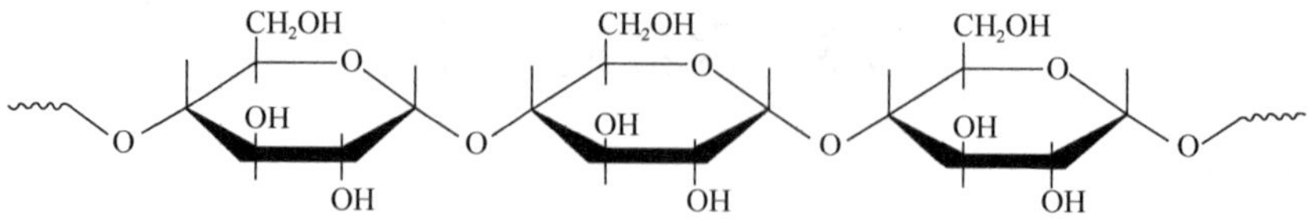

图 4.4　直链淀粉的化学结构

直链淀粉易结晶，不溶于冷水；纯支链淀粉能均匀分散于水中。因而天然淀粉也不溶于冷水，但在 60～80℃下于水中会发生糊化作用，而形成均匀的糊状溶液。

为了扩大应用，淀粉也常需进行化学变性。变性淀粉的主要类型有氧化淀粉、交联淀粉、淀粉酯、羟丙基淀粉和羧甲基淀粉等。

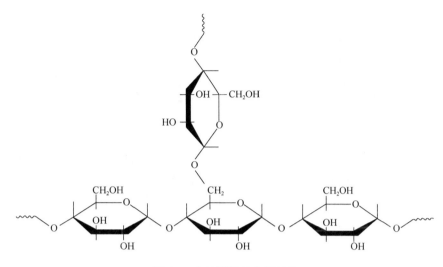

图 4.5　支链淀粉的化学结构

表 4.3　天然淀粉的直链与支链含量　　　　　　　　　（单位：%）

结构	玉米淀粉	小麦淀粉	马铃薯淀粉	木薯淀粉
直链	28	28	21	17
支链	72	72	79	83

3. 甲壳素、壳聚糖

甲壳素(chitin)又名几丁质、甲壳质，化学名称是(1,4)-2-乙酰氨基-2-脱氧-β-D-葡萄聚糖。甲壳素广泛存在于虾、蟹等节足类动物的外壳、昆虫的甲壳、软体动物的壳和骨骼及菌、藻类等中，是自然界含量仅次于纤维素的第二大类天然高分子，其年生物合成量达 100 亿 t。甲壳素又是唯一大量存在的天然碱性多糖，也是除蛋白质外数量最大的含氮生物高分子。由于存在大量氢键，甲壳素分子间作用力极强，不溶于水和一般有机溶剂。人们用碱脱去 2 位碳上的乙酰基得到壳聚糖(chitosan，又称甲壳胺)，如图 4.6 所示。壳聚糖的氨基能被酸质子化而形成胺盐，所以壳聚糖能溶于各种酸性介质，如稀的无机或有机酸溶液(pH≤6)。这就使壳聚糖得到了比甲壳素更多的用途。

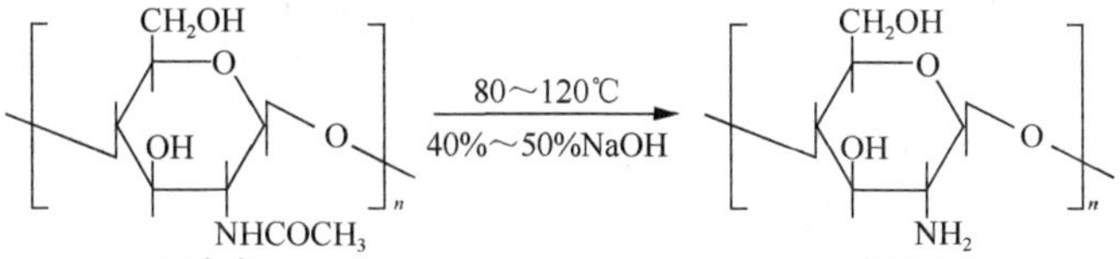

图 4.6　甲壳素反应得到壳聚糖

壳聚糖的化学结构与纤维素非常相似，只是 2 位碳上的羟基被氨基所代替。正是这个氨基使其具有许多纤维素所没有的特性，所以也增加了许多化学改性的途径。壳聚糖已经广泛用于水处理、医药、食品、农业、生物工程、日用化工、纺织印染、造纸和烟草等领域。由于壳聚糖无毒，有很好的生物相容性、生物活性和可生物降解性，而且具有抗菌、消炎、止血、免疫等作用，可用作人造皮肤、自吸收手术缝合线、医用敷料、人工骨、组织工程支架材料、免疫促进剂、抗血栓剂、抗菌剂、制酸剂和药物缓释材料等。壳聚糖及其衍生物是很好的絮凝剂，可用于废水处理及从含金属废水中回收金属；在食品工业中用作保鲜剂、成型剂、吸附剂和保健食品等；在农业方面用作生长促进剂、生物农药等；在纺织印染业用作媒染剂、保健织物等；在烟草工业中用作烟草薄片胶黏剂、低焦油过滤嘴等。此外壳聚糖及其衍生物还用于固定化酶、色谱载体、渗透膜、电镀和胶卷生产等。

4.3.2　天然橡胶

天然橡胶(nature rubber，NR)是从橡胶树的分泌物(又称乳胶)中得到的。目前全世界98%以上的天然橡胶是从三叶橡胶树(原产巴西，也称巴西橡胶树)采集而得的。我国海南岛、雷州半岛、西双版纳和广西南部具有良好的自然条件，很适宜种橡胶树。

它的主要成分是聚异戊二烯(含30%～40%)。其结构式如图4.7所示。

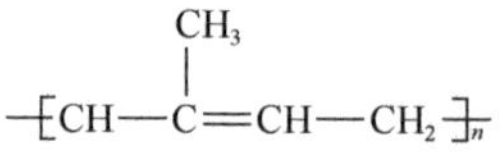

$$\left[CH_2-\underset{\underset{CH_3}{|}}{C}=CH-CH_2\right]_n$$

图4.7　聚异戊二烯的结构式

其分子量从几万到几百万。多分散性系数为2.8～10，并具有双峰分布的性质。橡胶树的种类不同，其分子的立体构型也不同。巴西胶含97%以上的顺式-1,4加成结构(图4.8(a))，在室温下具有弹性及柔软性，是弹性体；而古塔波胶具有反式-1,4加成结构(图4.8(b))，在室温下呈硬固状态，不是弹性体。通常天然橡胶指的是前者。

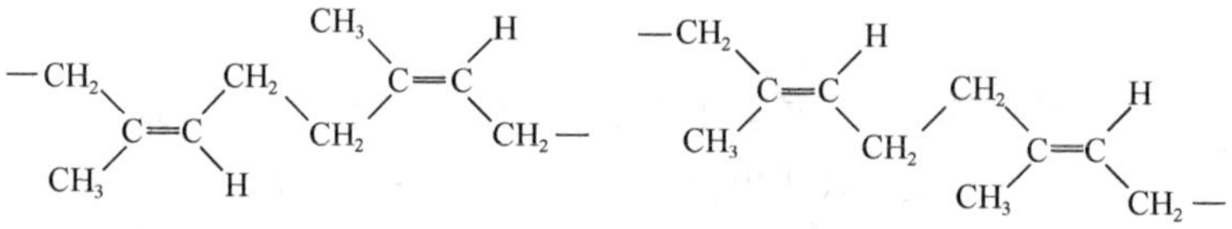

(a) 顺式-1,4加成结构　　　　　　(b) 反式-1,4加成结构

图4.8　橡胶分子的立体构型

天然橡胶大量用于制造轮胎，其他天然橡胶制品还有胶管、胶带、轧辊、电缆、胶鞋、鞋底、雨衣、软管及医疗卫生用品等。天然橡胶具有良好的弹性，回弹率在0～100℃可达50%～80%，最大伸长率可达1000%，且具有较高的机械强度和耐疲劳性能。但天然橡胶为非极性物质，故溶于非极性溶剂，如汽油和苯等，耐油和耐溶剂性差。天然橡胶含有不饱和双键，因此在空气中易与氧发生自催化氧化，使分子断链或过度交联，从而使橡胶发生黏化或龟裂等老化现象，所以必须加入防老剂以改善其耐老化性。生胶需要用硫交联成网状结构后才能产生足够的强度和可恢复的弹性。

4.3.3　蛋白质与核酸

蛋白质(proteins)这个词由希腊语proteios一词派生而来，意思是"最重要的部分"。确实，它是植物和动物的基本组分。

生命体的细胞膜或细胞中含有蛋白质，蛋白质是与生命现象关系最密切的物质。它是分子量为30000～300000的天然高分子。

蛋白质由氨基酸组成，这些氨基酸的通式如图4.9所示。由于侧基R的不同，氨基酸约有20种，除甘氨酸外，所有氨基酸都含不对称碳原子，都是L-氨基酸。

氨基酸失水而结合所形成的键称为肽键(图 4.10)。蛋白质就是由许多 α-氨基酸结合起来的多肽(或称聚肽)，因而蛋白质可以看成 20 种单体组成的高分子。与此反应相反，蛋白质水解可得到氨基酸。

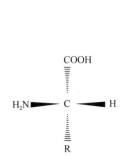

图 4.9　氨基酸的通式(L 构型)

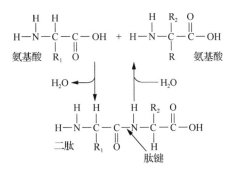

图 4.10　肽键的形成

蛋白质在生命体内具有物质输送、代谢、光合成、运动和信息传递等重要功能。例如，由于肌肉中肌动朊和肌球朊两种蛋白质的特殊配置，它们的相互作用实现了肌肉的收缩机能。

核酸(nucleic acid)存在于细胞核中，因呈酸性而得名。它是携带生命体遗传信息的天然高分子。核酸分脱氧核糖核酸(deoxyribonucleic acid，DNA)和核糖核酸(ribonucleic acid，RNA)两大类。染色体等含有 DNA，分子量为 600 万～10 亿。细胞核的中心或细胞质的核糖体等含有 RNA，其分子量为几万～200 万，小于 DNA。

核酸是由许多核苷酸(即糖、碱基与磷酸三种物质构成的单元)组成的。其中的糖是五碳糖，DNA 含脱氧核糖($C_5H_{10}O_4$)，而 RNA 含核糖($C_5H_{10}O_5$)。表 4.4 和图 4.11 说明了 DNA 和 RNA 的各种核苷酸的构成物质。

表 4.4　DNA、RNA 的核苷酸的三种构成物质

核酸类型	糖	碱基	磷酸
DNA	脱氧核糖	腺嘌呤(A)、鸟嘌呤(G)、胞嘧啶(C)、胸腺嘧啶(T)	磷酸
RNA	核糖	腺嘌呤(A)、鸟嘌呤(G)、胞嘧啶(C)、尿嘧啶(U)	磷酸

RNA 是一般由数十至数百，甚至上千个核苷酸组成的一根线型长链。而 DNA 是由两根含有数千个核苷酸组成的分子链结合的双螺旋结构，就像一座螺旋直上的楼梯两边的扶手，分子链完全是刚性的。图 4.12 是 DNA 双螺旋结构(右旋)的示意图，螺距为 3.4nm。在 DNA 双螺旋结构中存在的 G-C 和 A-T 两种碱基对，依靠碱基对之间的强的氢键，DNA 具有稳定的双螺旋结构。

在生物体内携带遗传信息的是染色体中的 DNA。DNA 分子里碱基对的序列构成了"遗传密码"，即生物遗传中的一个基因。在一个普通大小的 DNA 分子中含有约 1500 个碱基，所以可能出现的排列方式几乎是无限的，从而基因的种类也几乎是无限的，因此在世界上没有两个人是完全一样的。通过 DNA 的复制，可以得到与母 DNA 完全相同结构的 DNA 分子，基因和遗传特征从一代传到下一代。RNA 则由于核苷酸的数目和碱基对的排列顺序不同而存在无数种类。它的主要功能是传输和解读遗传信息。

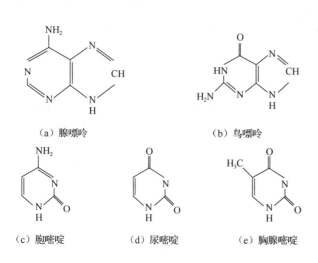

（a）腺嘌呤　　　　　　（b）鸟嘌呤

（c）胞嘧啶　　　　　（d）尿嘧啶　　　　　（e）胸腺嘧啶

图 4.11　各种碱基的化学结构式

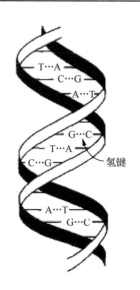

图 4.12　DNA 的双螺旋结构

4.4　半天然高分子

4.4.1　赛璐珞的发现

1864 年的一天，瑞士巴塞尔大学的化学教授舍恩拜因在自家的厨房里做实验，一不小心把正在蒸馏硝酸和硫酸的烧瓶打破掉在地板上。因为找不到抹布，他顺手用他妻子的布围裙把地板擦干，然后把洗过的布围裙挂在火炉旁烘干。就在围裙快要烘干时，突然出现一道闪光，整个围裙消失了。为了揭开布围裙自燃的秘密，舍恩拜因找来了一些棉花，把它们浸泡在硝酸和硫酸的混合液中，然后用水洗净，很小心地烘干，最后得到一种淡黄色的棉花。现在人们知道，这就是硝酸纤维素，它很易燃烧，甚至爆炸，称为火棉，可用于制造炸药，这是人类制备的第一种合成高分子。虽然远在这之前，中国就利用纤维素造纸，但是改变纤维素的成分，使它成为一种新的高分子化合物，这还是第一次。

舍恩拜因深知这个发现的重要商业价值，他在杂志上只发表了新炸药的化学式，却没有公布反应式，而把反应式卖给了商人。但由于生产太不安全，多年后奥地利的最后两家火棉厂被炸毁后就停止了生产。可是化学家对硝酸纤维素的研究并没有中止。

英国冶金学家、化学家帕克斯发现硝酸纤维素能溶解在乙醚和乙醇中，这种溶液在空气中蒸发了溶剂可得到一种角质状的物质。美国印刷工人海厄特发现在这种物质中加入樟脑会提高韧性，而且具有加热时软化、冷却时变硬的可塑性，很易加工。这种用樟脑增塑的硝酸纤维素就是历史上的第一种塑料，称为赛璐珞（celluloid）。它广泛用于制作乒乓球、照相胶卷、梳子、眼镜架、衬衫衣领和指甲油等。

4.4.2　天然橡胶的硫化

人类使用天然橡胶的历史已经有好几个世纪了。哥伦布在发现新大陆的航行中发现，南美洲土著人玩的一种球是用硬化了的植物汁液制成的。哥伦布和后来的探险家无不对这种有弹性的球惊讶不已。一些样品被视为珍品带回欧洲。后来人们发现这种弹性球能够擦掉铅笔的痕迹，因此给它起了一个普通的名字——擦子(rubber)，这仍是现在这种物质的英文名字，这种物质就是橡胶。

从高分子科学的历史来看，橡胶的研究对高分子科学的发展所起的推动作用比天然多糖和蛋白质都大。这不仅因为橡胶独特的弹性使它成为工业上非常重要的材料，而且在于天然高分子中唯独橡胶能裂解成已知结构的简单分子(即异戊二烯)，还能从这些单体再生成橡胶。这一特性使人们认识到不必完全按照天然物质的精细结构就能制备对人类有用的材料。

橡胶树原来是亚马孙河流域的一种植物，乳胶是从这种树的切口里流出的，将这种乳胶涂在织物上硬化后可制成简陋的风雨衣。当地居民甚至把胶乳倒在他们的脚上和腿上，干后便成了雨靴。但是在发明橡胶的硫化方法之前，生胶的用途还很有限，因为它的强度很差，弹性难以恢复。

1839 年，由于橡胶硫化技术的发明，这种材料真正具有实用性。这要归功于美国化学家、工程师古德伊尔(Goodyear)。古德伊尔受到当时焦炭炼钢技术的启发，设想通过在生橡胶中混入其他元素来提高橡胶的性能。他研究消除橡胶发黏的方法 10 多年未取得成功。1838 年，他将硫磺掺进胶乳，然后放在阳光下曝晒，但这种黏性消除的改进只限于制品的表面。1839 年 1 月，他不小心把胶乳和硫磺的混合物泼洒在热火炉上，把它刮起来冷却后，发现这种物质已没有黏性，拉长或扭曲时还有弹性，能恢复原状，原来能溶解生胶的溶剂对它不再起作用了。这一发现是令人兴奋的，以后他继续改变配方，加入少量的碳酸铅，使橡胶的弹性更好。古德伊尔发明的硫化技术至今仍在橡胶工业中使用。

1845 年，汤姆森发明了气胎，橡胶从此就与汽车工业结下了不解之缘，成为现代人生活中不可缺少的一种材料。

4.5　合成高分子的制备方法

4.5.1　链式聚合反应

对于小分子中含有两个或两个以上可反应基因的化合物或具有不饱和键的烯烃类化合物，可以通过聚合的方法使小分子单体一个个地连接在一起，形成具有高分子量和性能优良的高分子。

烯类单体是一类在分子中含有不饱和双键的化合物。最简单的烯类化合物是乙烯，其他的烯烃化合物都可以看成乙烯分子中的 1 个或 2 个氢原子被其他元素或基团所取代后生成的衍生物。例如，氯乙烯、苯乙烯就是乙烯分子中的一个氢原子被氯原子和苯基取代后形成的。这类烯烃化合物在一种特殊的化合物的作用下，就能发生聚合反应，这种特殊的化合物称为引发剂。引发剂是一种非常不稳定的小分子化合物，在它们的分子中含有在较低的温度下就会离解的共价键。它们在受热分解时生成两个自由基或生成一个阳离子和一个阴离子。生成的自由基或离子都是非常活泼的，它们能在较低的温度下同烯类单体反应，使它们把双键打开，进行聚合反应，所以称为引发剂。用自由基引发的聚合反应称为自由基聚合，用阳离子或阴离子引发的聚合反应分别称为阳离子聚合或阴离子聚合，统称离子聚合。这三种方法虽然各有特色，但都属于加成聚合、分子引发聚合。有的单体(如苯乙烯)在这三种类型的引发剂作用下都能聚合，但得到的产品性能却有相当大的差别。在加成聚合中，最重要的反应是自由基聚合。在工业上，有 60% 以上的高分子是用这种方法制备的。

4.5.2　缩聚反应（逐步聚合反应）

在有机化学中我们已经学到，酸同醇反应会生成酯，酸同胺反应会生成酰胺等，反应过程中会脱去一个分子的水，因此是一类缩聚反应。

缩聚反应的单体自身含有两个可以反应的基团。在反应过程中，反应的单体都是反应的活性中心，它们在反应的每一时刻都同对应的基团进行反应，先生成二聚体，二聚体再反应成三聚体或四聚体，以此类推，分子量逐步增加。因此，缩聚反应也称为逐步聚合反应。为了使反应进行得快些，在缩聚反应中常加入少量催化剂，例如，聚酯合成常用的催化剂是无机酸（如硫酸等）。

要通过缩聚反应生成分子量高的高分子并不是一件容易的事，除单体本身的反应活性外，还必须对单体的纯度和配比有严格的要求。可以想象，如果在聚酯的合成中，每 100 个单体分子中混入一个可反应的单官能团杂质（如乙酸或乙醇），最后得到聚酯的平均聚合度不可能高于 100；同样，如果其中一种单体过量 1%，得到的聚酯的平均聚合度也不会高于 100。在聚合体中加入极微量的单官能团体或让其中一种单体稍稍过量是缩聚反应控制高分子分子量最常用的方法。

4.5.3　高分子的侧基/端基反应

一般指高分子的侧基或端基具有反应性基团，如苯环、酰胺、酯、环氧基、羟基等。

利用高分子的化学反应改性天然高分子的方法已得到广泛使用。人们利用纤维素的化学反应制造了赛璐珞和人造丝等有特色的高分子材料。改性的淀粉也是如此。用这种方法制备的高分子材料原料来源广泛，间接利用太阳能，资源不会枯竭。

很多合成的高分子也可以通过适当的化学反应将高分子分子链上的基团转化为其他基团或在分子链上引入新的基团。这种方法常用来对高分子进行改性。

一个实际的例子是聚乙烯的氯化，其分子链侧基的氢原子被氯部分取代，得到氯化聚乙烯。氯化聚乙烯可用于涂料。除聚乙烯外，聚丙烯、聚氯乙烯等饱和高分子都可以氯化。

比较有意思的是利用高分子的反应，可以得到一些用单体无法获得的高分子。例如，聚乙烯醇是用甲醇醇解聚乙酸乙烯酯制得的，它是制备维尼龙的主要原料。

聚苯乙烯的功能化是分子链引入新基团的另一个重要应用。聚苯乙烯的芳环上易发生各种取代反应（硝化、磺化、氯磺化等），可用来合成功能高分子、离子交换树脂，以及引入交联点或接枝点等。

高分子侧基/端基反应还可以用来扩大聚合度，合成嵌段、接枝共聚物，当然也可能引起高分子的降解。

4.5.4　高分子的共混

两种或两种以上高分子通过物理或化学的方法共同混合而形成的宏观上的均匀、连续的高分子材料，称为高分子的共混。高分子共混是获得综合性能优异的高分子材料卓有成效的途径。高分子共混可以利用组分中高分子的性能，取长补短。一种材料总是具有一定的优点和不足，特别是在使用方面。例如，最常用的聚丙烯，它密度小，透明性好，抗拉强度、抗压强度和硬度优于聚乙烯，但是冲击强度、耐应力开裂、柔顺性不如聚乙烯，可以将聚乙烯和聚丙烯共混，共混物能够同时保持二者的优点。将流动性好的高分子作为改性剂进行共混还可以降低共混体材料的加工成型温度，改善加工性能，降低成本。

高分子共混的方法大体有物理共混法、共聚-共混法、互穿网络共聚物技术等。

1) 物理共混法

物理共混法也称为机械共混法，是通过各种混合机械供给的机械能或热能的作用，使被混物料粒子不断减少并且相互分散，最终形成均匀的混合物。在混合和混炼的过程中通常仅有物理变化，但有时候强烈的机械剪切以及热效应会发生部分高分子的降解，产生大分子自由基，从而形成少量的接枝或嵌段共聚物，但这些化学反应不成为这一过程的主体。

大多数高分子共混物都可以采用物理共混法制备，如果按照物料的形态，物理共混法又可分为干粉共混、熔体共混、溶液共混和乳液共混。

2) 共聚-共混法

共聚-共混法是一种利用化学反应制备共混物的方法。它可以分为接枝共聚-共混法、嵌段共聚-共混法，以接枝共聚-共混方法为主。

接枝共聚-共混物包括三种组分：高分子Ⅰ、高分子Ⅱ、接枝共聚物(在高分子Ⅰ骨架上接枝上高分子Ⅱ)。它的制备方法是将高分子Ⅰ溶于高分子Ⅱ的单体中，形成均匀溶液后再依靠引发剂或加热引发，发生接枝反应，同时单体发生共聚反应。

这种方法的最大特点是接枝物增加了高分子间的相容性，组分相之间的作用力增强，因此其性能大大优于物理共混物，应用比较广泛。

3) 互穿网络共聚物(IPN)技术

互穿网络共聚物技术是指用化学法将两种或两种以上的高分子相互穿成交织网络的方法，可以分为分步型(两个高分子网络先后形成)和同步型(两个高分子网络分别形成)两种。

分步 IPN 的制备方法是首先制备一个交联高分子网络(高分子Ⅰ)，将它在含有活化剂和交联剂的单体Ⅱ中溶胀，单体Ⅱ就地聚合(原位聚合)并交联，因此高分子Ⅱ的交联网络与高分子Ⅱ交联网络相互贯穿，实现了高分子的共混。

同步 IPN 比较简便，它是将单体Ⅰ和单体Ⅱ同时加入反应器中进行聚合反应并交联，形成互穿网络。但要求两个聚合反应无相互干扰。

4.6　高分子材料的结构与性能

4.6.1　高分子材料的结构

合成高分子材料从问世到今天也还不到一个世纪。然而，在这短短的几十年中，合成高分子材料的发展速度却远远超过其他传统材料。在过去 40 年里，美国塑料生产量猛增了 100 倍，而在同一时期钢铁生产量却几乎是负增长。按体积计算，全世界塑料的产量在 20 世纪 90 年代初已超过钢铁。这说明高分子材料在世界经济发展中的作用已变得越来越重要。

高分子材料的生产获得如此迅速发展的一个重要原因就是这种材料本身具有十分优良的性能。它不像金属材料那样重，却像金属一样坚固；它不像玻璃和陶瓷那样脆，却像它们一样透明和耐腐蚀。高分子材料的加工不像金属和陶瓷那样需要几千摄氏度的高温，也不需要很多的手工劳动，因此，加工方便，自动化程度高。例如，在汽车工业中，到 1990 年，塑料在每辆车中所占的重量已达 10.3%，占车用材料体积的 1/2 左右，使小轿车的重量减轻了 1/3 以上。在机械和纺织行业中，由于采用了塑料轴承和塑料轮来代替相应的金属零件，车床和织布机运转时的噪声大大降低，改善了工人的劳动条件。用塑料同玻璃纤维制成的复合材料——玻璃钢有很好的力学强度，用来代替钢铁制备船舶的螺旋桨和汽车的车架、车身等。在建材行业中，塑钢门窗的使用不仅美观、密封性好，而且节省了大量的木材资源。

高分子材料的这些优异性能是其内部结构的具体反映。认识高分子材料的结构，掌握高分子结构与性能的关系，可以帮助我们正确选择、合理使用高分子材料，也可以为新材料的制备提供可靠的依据。

高分子材料由许多高分子链聚集而成，因而其结构也可从两个方面加以考察，即单个分子的链结构和许多高分子链聚在一起的凝聚态结构。

1. 单体的组成和结构

高分子是由单体聚合而成的，单体的组成不同，得到的高分子性质也不同，这是比较容易理解的。例如，聚乙烯是较软的塑料，透明度较差；聚苯乙烯是一种很脆、很硬的塑料，透明度很高；而尼龙则是一种韧性很好、很耐磨的塑料。三者的组成不同，性能也完全不同。聚乙烯软是因为每个碳原子上连接的两个氢原子都很小，碳链可以自由地转动；而当氢原子换成体积硕大的苯环以后，苯环会妨碍碳链的自由旋转，形成的高分子就很脆；而尼龙的分子中含有极性很强的氨基和羰基，可以形成分子内和分子间的氢键，使整个高分子在很大的冲击力作用下也不会破损，韧性很好。因此，尼龙是重要的工程塑料。

只要改变单体的结构，就能得到性能各异的高分子。这也是许多高分子化学家每天在做的工作。例如，把合成尼龙的单体己二胺和己二酸分别换成相应的芳香类单体对苯二胺和对苯二甲酸，最后得到的产品芳香族聚酰胺有很好的强度和耐高温的性能，它们可以在 200℃以上的高温下长期使用，是制备航天飞行器部件的重要材料。

除单体组成以外，单体的排列方式也会影响高分子的性能。例如，氯乙烯在聚合时，两个单体可能存在头头和头尾两种连接方式(图 4.13)。尽管在高分子中头尾连接的结构总是占主导地位，但是少量头头连接结构会使高分子的性能变差。

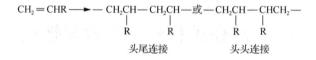

图 4.13　氯乙烯聚合时的单体连接方式

单体分子的排列方式不同，还会产生几何异构和立体异构。

几何异构存在于双烯类单体形成的高分子中。双烯类高分子主链上存在双键。由于取代基不能绕双键旋转，因而内双键上的基团在双键两侧排列的方式有顺式构型和反式构型之分，称为几何异构体。当两个相同的基团处于同一边时为顺式异构，反之为反式异构。顺式结构的高分子和反式结构的高分子性质上有很大的差异(图 4.14)，典型的例子是聚异戊二烯。具有顺式结构的聚异戊二烯是弹性很好的天然橡胶，而具有反式结构的聚异戊二烯称为杜仲胶(国外称古塔波胶)，却是性能很脆的塑料。这是因为后者的分子排列比较规整，会形成结晶，就不再有弹性。不过近年发现，在天然橡胶中混入少量杜仲胶后对提高橡胶的力学性能有利。

（a）顺式——天然橡胶　　　　　　　（b）反式——杜仲胶

图 4.14　聚异戊二烯的几何异构

立体异构是由于结构单元上取代基的空间位置不同形成的异构现象。以聚丙烯为例，丙烯的分子上带有一个甲基，这个甲基可以位于主链所形成的平面的上方或下方。如果甲基在空间的排列是任意的，没有一定的规律，得到的聚丙烯是无规立构的。这种无规立构的聚丙烯虽然分子量很大，但它的外观和性能却同石蜡相似，强度很差，不能作为材料使用，只能作为颜料的发散剂。只有当甲基在空间的排列非常有规律时，得到的聚丙烯才会有很好的强度。我们平时使用的聚丙烯树脂都是由立体规整的分子组成的。立体规整分子所占的比例越高，高分子的性能就越好。这种空间有序的排列可能是全同立构，也可能是间同立构。在全同立构的聚丙烯中，所有的甲基都处在碳链组成的平面上方；在间同立构的聚丙烯中，甲基交替地位于平面的上方和下方。全同和间同立构的聚丙烯分子结构规整，能够结晶，因而有很高的机械强度。

2. 高分子链的大小和形状

高分子链的大小用高分子的分子量来表示。高分子的分子量通常在 1 万以上，也就是说高分子比普通化合物的分子量大出几百乃至成千上万倍。高分子化合物具有许多独特的性质，最重要的原因是其分子量大。

除少数天然高分子(如蛋白质、DNA 等)外，高分子化合物的分子量是不均一的，实际上是一系列同系物的混合物，这种性质称为多分散性。正因为高分子分子量的多分散性，所以其分子量和聚合度只是一个平均值，也就是说只有统计意义。统计平均方法的不同，其分子量的表示也不同，例如，用分子的数量统计，则有数均分子量；用分子的重量统计，则有重均分子量，以此类推。在高分子的同系混合物中，有些分子比较小，有些分子比较大，而最大和最小的分子总是占少数，占优势的是中间大小的分子。高分子分子量的这种分布称为分子量分布。

平均分子量和分子量分布是控制高分子性能的重要指标。橡胶分子量一般较高，为了便于成型，要预先进行炼胶以减少分子量至 2×10^5 左右；合成纤维的分子量通常为几万，否则不易流出喷丝孔；塑料的分子量一般介于橡胶和纤维之间。分子量分布对不同用途和成型方法有不同的要求，如合成纤维要求窄，而吹塑成型的塑料则宜宽一些。

在绝大多数情况下，生成的高分子具有线型结构，如果在单体中存在三官能团或多官能团的化合物，或者反应过程太激烈，那么，最后反应得到的产物就可能形成带有支链或网状的结构。

由线型链或支化链形成的高分子是一种热塑性高分子。如果将它们加热到熔融温度以上，高分子会软化、熔解，稍稍施加压力，就能加工成各种形状。它们在合适的溶剂中还会溶解，是一类可以反复溶解和熔融的高分子材料。大部分塑料(如我们所熟悉的聚乙烯、聚氯乙烯)都具有类似的链结构，统称为热塑性高分子。

如果相邻的大分子链间用共价键接在一起，整个高分子会形成三维的立体网状结构。可以想象，一旦高分子形成这样的结构，高分子分子就不能任意地移动了。这类高分子在溶剂中不会溶解，加热时也不会熔融。橡胶及大部分涂料和胶黏剂都具有类似的结构，统称为热固性高分子。热固性高分子在某些方面(如强度和耐温性等)优于热塑性高分子，但加工困难、难以回收再利用是它的缺点。

要区分这两类高分子是很容易的。只要加热它们，在高温下能够软化的是热塑性高分子，不能软化的是热固性高分子。热塑性高分子可以反复加热熔融，因此，废弃的热塑性塑料可以在塑料加工机械上熔融，重新用于制备有用的塑料用品；而热固性高分子在高温下不能再改变形状、直接回收，废弃后，通常只能当燃料使用。

3. 高分子链的柔顺性

链状高分子链的直径为几十纳米，链长则要大 3～5 个数量级，这好比一根直径 1mm 而长达数十米的钢丝，如果没有外力作用，它不能保持直线状而易于卷曲。高分子比钢丝柔软，更容易卷曲，高分子长链能不同程度地卷曲的特性称为高分子的柔顺性，又称柔性。

高分子链处于不断运动的状态。高分子主链上的 C—C 单键是由 σ 电子组成的，电子云分布具有轴对称性，因而 C—C 单键是可以绕轴旋转的，称为内旋转。假设碳原子上没有氢原子或取代基，单键的内旋转完全自由。由于键角固定在 109.5℃，一个键的自转会引起相邻键绕其公转，轨迹为圆锥形。

实际上，碳原子总是带有其他原子或基团，存在吸引、排斥或电子共轭等作用，它们使 C—C 单键内旋转受到阻碍。那些阻碍小的高分子链容易内旋转，表现得很柔顺。因此柔顺性反映了高分子链内旋转的难易程度。

高分子链有成千上万个单键，单键内旋转的结果会导致高分子链呈总体卷曲的形态。如果施加外力使链拉直，再除去外力，由于热运动，链会自动回缩到自然卷曲的状态，这就是高分子普遍存在一定弹性的根本原因。

由于高分子链中的单键旋转时互相牵制，即一个键转动，要带动附近一段链一起运动，这样每个键不能成为一个独立运动的单元，而是由若干键组成的一段链作为一个独立运动单元，称为链段。整个分子链则可以看作由一些链段组成，链段并不是固定由某些键或链节组成的，这一瞬间由这些键或链节组成一个链段，下一瞬间这些键或链节又可能分属于不同的链段。由链段组成的分子链的运动可以想象为一条蛇的运动。链的柔顺性越好，链段就越短。理想的柔顺情况是链段长度等于一个单键。

链柔性还可以用末端距表示。高分子两端点间的距离称为末端距。完全伸直的链末端距最大，卷曲的链末端距较短。分子量相同的同一种高分子，其末端距越短，则分子的卷曲程度越大，因此可以用链末端距定量地描述高分子链的形状，并表征高分子的柔顺性。

分子结构、温度、外力等因素都会影响高分子的柔顺性。

4. 高分子的凝聚态

高分子的每一个分子就好像是一根长长的线，通常情况下，它们互相杂乱无章地绕在一起，称为无规线团，这样形成的高分子内部不存在规整的结构，是一类非晶态的高分子。许多高分子都有这样的结构，如聚氯乙烯、聚苯乙烯和有机玻璃等，以及几乎所有的橡胶。

但是也有不少高分子在塑料加工机中被加热熔解，然后从熔体中冷却成型时，长链的分子会按照一定顺序规整地排列起来，形成有序的结晶结构。由于高分子的分子量很大，分子运动受到牵制,因此在通常情况下,它们不能像小分子化合物那样形成完美的单晶结构,也不能形成 100% 的结晶;结晶高分子实际上只是一部分结晶的高分子,在这类高分子中包含许多非晶区。为此,常用结晶部分的质量分数或体积分数来表示高分子的结晶度。

还有一点与小分子不同的是,高分子结晶的熔融通常发生在几摄氏度甚至十几摄氏度的宽范围内,这个温度范围称为熔限。这是因为高分子结晶的形态和完善程度很不相同,升温时尺寸较小、不太完善的晶体首先熔融,尺寸较大、比较完善的晶体则在较高的温度下才能熔融。

结晶影响了高分子的性能,主要是力学性能和光学性能。结晶度越大,塑料越脆;结晶度越大,高分子越不透明,因为光线在晶区和非晶区界面发生光散射。

线型高分子长链具有显著的几何不对称性,其长度一般为其宽度的几百倍至几万倍。在外场作用下,分子链将沿着外场方向排列,这一过程称为取向。高分子的取向现象包括分子链、链段、晶片和微纤等沿外场方向的择优排列。

取向结构与结晶结构不同,它是一维或二维有序结构。因而能够很好取向的高分子不一定能结晶。很多高分子产品(如合成纤维、薄膜等)都是在一定条件下经过不同形式的拉伸工艺制成的。研究取向有着重要的实际应用意义。总的来说,取向的结果使沿取向方向的力学强度增加,但与取向方向相垂直的方向上力学强度却有所降低。

液晶态称为物质的第四态或中介态,它介于液态和晶态之间,是自发有序但仍能流动的状态,又称为有序流体。1888 年,奥地利植物学家 Reinitzer 首先发现苯甲酸胆甾醇酯于 146.6℃熔融后先成为乳白色液体,到 180.6℃才突然变清亮。这种乳白色液体是因为液晶态存在光学各向异性引起的,是形成液晶态的一个重要证据。最早发现的高分子液晶是合成多肽聚 L-谷氨酸-γ-苄酯(PBLG),它的氯仿溶液自发产生具有双折射性质的液晶相。

4.6.2　高分子材料的热性能

低分子有明确的沸点和熔点,可成为固相、液相和气相。

与低分子不同,高分子没有气相。虽然大多数制造高分子的单体可以气化,但形成高分子量的高分子后直至分解也无法气化。就像一只鸽子可以飞上蓝天,但用一根长绳子拴住一千只鸽子,很难想象它们能一起飞到天上。况且高分子链之间还有很强的相互作用力,更难以气化。

小分子的热运动方式有振动、转动和平动,是整个分子的运动,称为布朗运动。高分子的热运动除上述的分子运动方式外,分子链中的一部分链段、链节、支链和侧基等也存在相应的各种运动(称为微布朗运动)。因此,高分子的热性质比小分子要复杂得多。在高分子的各种运动单元中,链段的运动最重要,高分子材料的许多特性都与链段的运动有直接关系。

1. 玻璃化转变

穿过塑料凉鞋的人都会有这样的经验,穿在脚上的塑料凉鞋在夏天是十分柔软的,可是到了冬天却会像铁板一样硬,变得很滑,走路不当心,还会摔跤。这是什么原因呢?

原来所有的非晶高分子都存在一个转变温度,称为玻璃化转变温度,通常用 T_g 表示。在这个温度以上,高分子表现为软而有弹性;但在这个温度以下,高分子表现为硬而脆,类似玻璃。塑料凉鞋的原料是加有增塑剂的聚氯乙烯,它的玻璃化转变温度在 10~20℃,在夏天,室温高于这个转变温度,凉鞋就很软而有弹性;到了冬季,室温低于这个转变温度,它就像玻璃一样硬而脆。

当把高分子加热到玻璃化转变温度以上时,热运动的能量足以使"冻结"的链段运动,但还不足以使整个分子链产生位移。这种状态下的高分子表现出类似于橡胶的性质:受较小的力就可以发生很大的形变(100%~1000%),外力除去后形变可以完全恢复(称为高弹形变)。高弹态是高分子特有的力学状态。在小分子化合物中是不能观察到的。

玻璃化转变温度是一个决定材料使用范围的重要参数。平时我们用塑料制成各种用品,希望它有固定的形状和很好的强度,而不希望它像橡胶那样容易变形,所以塑料的使用温度在它的玻璃化转变温度以下,塑料的 T_g 要高于室温。塑料制品要远离热源就是这个道理。

橡胶是在高弹态情况下使用的。橡胶的最大用途是制备轮胎。由于汽车要在室外使用,因此橡胶的 T_g 比室温低,且越低越好,这样即使在严寒的北方,汽车轮胎仍有很好的弹性,不会发生脆裂。

表 4.5 列出了部分高分子的玻璃化转变温度。可以发现,不同种类高分子的玻璃化转变温度是不同的。这就是有的材料可以做塑料而不能做橡胶的原因所在。影响 T_g 的原因有很多,主要是高分子化学结构。一般来说,分子链越柔顺,T_g 就越低;分子间的相互作用越强,T_g 就越高。

表 4.5　部分高分子的玻璃化转变温度

种类	高分子	T_g/℃
塑料	聚乙烯	−68(−120)
	聚丙烯	−10
	聚氯乙烯	78
	聚苯乙烯	100
	有机玻璃	105
	聚碳酸酯	150
纤维	尼龙 66	50
	涤纶	69
橡胶	聚异戊二烯	−73
	顺-1,4-聚丁二烯	−108

需要指出的是,聚乙烯由于分子链规整,很容易结晶,因而在常温下并不表现为高弹态。

2. 流动温度和黏流态

前已述及,温度升高,热运动的能量使高分子"冻结"的链段运动,于是高分子发生了从玻璃态到橡胶态的转变。如果温度继续提高,链段的剧烈运动使整个分子链的质心发生相对位移,于是产生流动,形变迅速增加。由于高分子熔体的黏度非常大,所以称为黏流态。橡胶态向黏流态转变的温度称为流动温度,用 T_f 来表示。

T_f 是整个高分子链开始运动的温度。虽然在黏流态高分子链的运动是通过链段相继跃迁来实现的,但毕竟分子链重心发生了位移,因而 T_f 受到分子量影响很大,分子量越大,分子的位移运动越不容易，T_f 越高。由于分子量分布的多分散性，所以高分子常常没有明确的 T_f 值，而是一个较宽的温度区域。对于大多数结晶高分子，高分子的流动温度是它的熔融温度(或熔点)，也是一个很宽的温度范围。

高分子的流动温度 T_f 大多在 300℃ 以下，比金属和其他无机材料低得多，这给加工成型带来了很大方便，这也是高分子材料得以广泛应用的一个重要原因。

热塑性塑料和橡胶的成型以及合成纤维的熔融纺丝都是在高分子的黏流态下进行的。T_f 是加工的最低温度，实际上，为了提高流动性和减少弹性形变，通常加工温度比 T_f 高，但小于分解温度 T_d(表 4.6)。随着链刚性和分子间作用力的增加，T_f 提高。对于聚氯乙烯，流动温度甚至高于分解温度，因而只有加入增塑剂以降低 T_f，同时加入热稳定剂以提高 T_d 后才能加工成型。

表 4.6　几种高分子的 T_f、T_d 和注射成型温度

高分子	T_f(或 T_m)/℃	注射成型温度/℃	T_d/℃
HDPE	100~130	170~200	>300
PVC	165~190	170~190	140
PC	220~230	240~285	300~310
PPO	300	260~300	>350

4.6.3　高分子材料的力学性质

对大多数高分子材料，力学性能是最重要的性能指标。高分子的力学特性是由其结构特性决定的。

1. 力学性能的基本指标

1)应力与应变

当材料受到外力作用而又不产生惯性移动时，它的几何形状和尺寸会发生变化，这种变化称为应变或形变。材料宏观变形时，其内部分子及原子间发生相对位移，产生原子间和分子间对抗外力的附加内力，达到平衡时附加内力和外力大小相等、方向相反。应力定义为单位面积上内力。材料受力的方式不同，发生形变的方式也不同。对于各种同性材料，有简单拉伸、简单剪切和均匀压缩三种基本类型。

2)弹性模量

弹性模量简称模量，是单位应变所需应力的大小，是材料刚度的表征。模量的倒数称为柔量，是材料容易变形程度的一种表征。相应的三种形变对应的模量分别为拉伸模量(E，也称杨氏模量)、剪切模量(G)、体积模量(B，也称本体模量)。

3)硬度

硬度是衡量材料抵抗机械压力的一种指标。试验方法不同，则名称各异。硬度的大小与材料的抗拉强度和弹性模量有关，所以有时用硬度作为抗拉强度和弹性模量的一种近似估计。

4)力学强度

(1)抗拉强度。曾称抗张度，是在规定的温度、湿度、加载速度下，在标准试样上沿轴向施加拉伸力直到试样拉断。断裂前试样所承受的最大载荷与试样截面积之比称为抗拉强度。

如果向试样施加单向压缩载荷，则测得的是抗压强度。

(2)抗弯强度。也称挠曲强度、抗变强度，是在规定的条件下对标准试样施加静弯曲力矩，直到试样折断，然后根据最大载荷和试样尺寸，按照公式计算抗弯强度。

(3)冲击强度。曾称抗冲强度，是衡量材料韧性的一种强度指标。定义为试样受冲击载荷破裂时单位面积所吸收的能量。

2. 高弹性

高弹性是高分子材料极其重要的性能，其中，橡胶以高弹性作为主要特征。高分子在高弹态都能表现一定程度的高弹性，但并非都可以作为橡胶材料使用。橡胶材料必须具有以下特点。

(1)弹性模量小，形变大。一般材料的形变量最大为 1%左右，而橡胶的高弹形变很大，可以拉伸 5～10 倍，弹性模量只有一般固体材料的 1/10000。

(2)弹性模量与热力学温度成正比。一般材料的模量随热力学温度的提高而下降。

(3)形变时有热效应，伸长时放热，回缩时吸热。

(4)在一定条件下，高弹形变表现明显的松弛现象。高弹形变的特点是由高弹形变的本质决定的。

3. 黏弹性

高分子的黏弹性是指高分子既有黏性又有弹性的性质，实质上是高分子的力学松弛现象。在玻璃化转变温度以上，非晶态线型高分子的黏弹性最为明显。对理想的黏性液体即牛顿液体，其应力-应变行为遵从牛顿定律；对胡克弹体，其应力-应变行为遵从胡克定律。高分子既有弹性又有黏性，其形变和应力都是时间的函数。

(1)静态黏弹性。高分子的黏弹性是指在固定的应力(或应变)下形变(或应力)随时间的延长而发展变化的性质。典型的表现是蠕变和应力松弛。

在一定温度、一定应力作用下，材料的形变随时间的延长而增加的现象称为蠕变。对线型高分子，形变可以无限发展且不能完全回复，保留一定的永久变形；对交联高分子，形变可达一个平衡值。

在温度、应力恒定的条件下，材料的内应力随时间延长而逐渐减少的现象称为应力松弛。在应力松弛过程中，模量随时间延长而减少，所以这时的模量称为松弛模量。

(2)动态黏弹性。指应力周期性变化下高分子的力学行为，也称动态力学性质。通常高分子的应力和应变关系呈现出滞后现象，即应变随时间的变化一直跟不上应力随时间的变化现象。

4. 高分子的力学强度

将高分子材料按照结构完全均匀的理想情况计算得到的理论强度要比高分子的实际强度高出数十倍甚至上百倍。其主要原因是高分子的实际结构存在大小不一的缺陷，从而引起应力的局部集中。而弹性模量实际值与理论值比较接近。

高分子的抗拉强度与高分子本身的结构、取向、结晶度、填料等有关，同时与载荷速率和温度等外界条件有关。冲击强度在很大程度上取决于试样缺口的特性，此外加工条件、分子量、添加剂等对冲击强度也有影响。

5. 疲劳强度

疲劳是材料或构件在周期性应力作用下断裂或失效的现象,是材料在实际使用中常见的破坏形式。在低于屈服应力或断裂应力的周期应力作用下,材料内部或其表面应力集中处引发裂纹并促使裂纹传播,从而导致最终的破坏。

材料的疲劳试验可获得材料在各种条件下的疲劳数据。达到材料破坏的应力循环次数(即周期数)称为疲劳寿命,达到材料破坏时的受载应力的极大值(振幅)称为疲劳强度。

一般来说,热塑性高分子的疲劳强度与静态强度的比值约为 1/4,增强塑料的这个比值比 1/4 稍高一些,只有一些特殊高分子(如聚甲醛、聚四氟乙烯)的这个比值可以达到 0.4～0.5。

4.6.4　高分子材料的电学性质

一提起高分子的电学性质,人们马上想到高分子是一种优良的电绝缘材料,广泛用作电线包层。这的确是高分子优良电学性质的一个重要方面。在各种电工材料中,高分子材料具有很好的体积电阻率、很高的耐高频性、高的击穿强度,是理想的电绝缘材料。在电场作用下,高分子表现出对静电能的储存和损耗的性质,称为介电性,用介电常数和介电损耗来表示。在通常情况下,只有极性高分子才有明显的介电损耗,而非极性高分子介电损耗的原因是存在极性杂质。

表 4.7 列出了常见高分子的介电常数。有的高分子具有大的介电常数和很小的介电损耗,从而可以用作薄膜电容器的介质;而有的高分子可以利用其较大的介电损耗进行高频焊接。

其他具有特殊电功能的高分子有高分子驻极体、压电体、热电体、光导体、半导体、导体、超导体等。

表 4.7　常见高分子的介电常数

高分子	ε
聚四氟乙烯	2.0
聚丙烯	2.2
聚乙烯	2.3～2.4
聚苯乙烯	2.5～3.1
聚碳酸酯	3.0～3.1
聚对苯二甲酸乙二醇酯	3.0～4.4
聚氯乙烯	3.2～3.6
聚甲基丙烯酸甲酯	3.3～3.9
尼龙	3.8～4.0
酚醛树脂	5.0～6.5

此外,高分子的高电阻率使得它有可能积累大量的静电荷,如聚丙烯腈纤维因摩擦可产生高达 1500V 的静电压。静电产生的吸引或排斥力会妨碍正常的加工工艺。静电吸附灰尘或水也影响材料的质量。一般高分子可以通过体积传导、表面传导等来消除静电。目前工业上广泛采用添加抗静电剂来提高高分子的表面导电性。

关于静电产生的机理至今还没有定量的理论,一般认为高分子摩擦时,ε 大的带正电,ε 小的带负电;也就是极性高分子易带正电,非极性高分子易带负电。

4.6.5　高分子材料的老化与防老化

高分子材料在加工、储存和使用过程中，由于受内外因素的综合影响，会发生老化。老化现象有如下几种。

外观变化：材料发黏、变硬、脆裂、变形、变色、出现银纹或斑点等。

物理性质变化：溶解、溶胀和流变性能的变化。

力学性能变化：抗拉强度、抗弯强度、硬度、弹性等的变化。

电性能变化：介电常数、介电损耗等的变化。

老化是内外因素综合作用的极为复杂的过程。引起高分子材料老化的内在因素有高分子本身的化学结构、凝聚态结构等，外在因素有物理因素(包括热、光、高能辐射和机械应力等)、化学因素(包括氧、臭氧、水、酸、碱等的作用)、生物因素(如微生物、昆虫的作用)。这些外因中太阳光、氧、热是引起高分子材料老化的重要因素。

高分子老化影响了它在各方面的应用，因此采用各种有效的防老化的方法，以缓解高分子材料的老化，从而延长其使用寿命，不仅是高分子材料应用的一项重要工作，而且是高分子领域的一个发展方向。

防老化是相当复杂的，对每一种材料，应根据其具体情况"对症下药"，才能收到防老化的效果。目前防老化的途径可概括如下。

(1)改进聚合与加工工艺，减少老化弱点。

(2)对高分子进行改性，引进耐老化结构。

(3)物理防护。采用涂漆、镀金属、防老剂溶液的浸涂等物理方法，使高分子材料表面附上保护层，能起到隔绝老化外因的作用。

(4)添加防老剂。主要有抗氧剂、光稳定剂、热稳定剂等。不同高分子的老化机理不同，采用的防老剂也不同。

4.7　高分子材料的应用

高分子材料作为一种重要的材料，经过约半个世纪的发展已在各个工业领域中发挥了巨大的作用。高分子材料工业不仅要为工农业生产和人们的衣食住行用等不断提供许多量大面广、日新月异的新产品和新材料，又要为发展高技术提供更多、更有效的高性能结构材料和功能材料。

功能高分子材料是一门涉及范围广泛、与众多学科相关的新兴边缘学科，涉及内容包括有机化学、无机化学、光学、电学、结构化学、生物化学、电子学、医学等众多学科，是目前国内外异常活跃的一个研究领域。功能高分子材料成为国内外材料学科的研究热点之一，最主要的原因在于它们具有独特的功能，可替代其他功能材料，并提高或改进其性能，使其成为具有全新性质的功能材料。

1. 高分子材料在机械工业中的应用

高分子材料在机械工业中的应用越来越广泛，"以塑代钢""以塑代铁"成为目前材料科学研究的热门和重点。这类研究拓宽了材料选用范围，使机械产品从传统的安全笨重、高消耗向安全轻便、耐用和经济转变。例如，聚氨酯弹性体的耐磨性尤为突出，在某些有机溶剂如煤油、砂浆混合液中,其磨耗低于其他材料。聚氨酯弹性体可制成浮选机叶轮、盖板,广泛使用在工况条件为磨粒磨损的浮选机械上。又如,聚甲醛具有突出的耐磨性,对金属的同比磨耗量比尼龙小,用聚四氟乙烯、机油、二硫化钼、化学润滑等改性,其摩擦系数和磨耗量更小。由于具有良好的力学性能和耐磨性,聚甲醛大量用于制造各种齿轮、轴承、凸轮、螺母、各种泵体以及导轨等机械设备的结构零部件,在汽车行业大量代替锌、铜、铝等有色金属,还能取代铸铁和钢冲压件。

2. 高分子材料在燃料电池中的应用

高分子电解质膜的厚度会对电池性能产生很大的影响,减薄膜可大幅度降低电池内阻,获得大的功率输出。全氟磺酸质子交换膜的大分子主链骨架结构有很好的机械强度和化学耐久性,氟素化合物具有憎水特性,水容易排出,但是电池运转时保水率降低,又要影响电解质膜的导电性,所以要对反应气体进行增湿处理。高分子电解质膜的加湿技术保证了膜的优良导电性,也带来电池尺寸变大(增大 30%左右)、系统复杂化以及低温环境下水的管理等问题。现在一批新的高分子材料,如增强型全氟磺酸型高分子质子交换膜、耐高温芳杂环磺酸基高分子电解质膜、纳米级碳纤维材料新型导电高分子材料等,已经得到研究工作者的关注。

3. 高分子材料在现代农业种子处理中的应用

新一代种子化学处理一般可分为:①物理包裹,利用干型和湿型高分子成膜剂,包裹种子;②种子表面包膜,利用高分子成膜剂将农用药物和其他成分涂膜在种子表面;③种子物理造粒,将种子和其他高分子材料混合造粒,以改善种子外观和形状,便于机械播种。种子处理用高分子材料已经从石油型高分子材料逐步向天然以及功能高分子材料的方向发展。其中较为常见和重要的高分子材料类型包括多糖类天然高分子材料、具有在低温情况下维持较好膜性能的高分子材料、高吸水性材料、温敏材料,以及综合利用天然生物资源开发的天然高分子材料等,其中利用可持续生物资源开发的种衣剂尤为引人关注。

4. 高分子材料在电气工业的应用

高分子在电气电子工业主要用作绝缘、屏蔽、导电、导磁等材料;在通信领域,随着社会的发展,高分子材料不仅广泛用于各类终端设备,而且作为生产光纤、光盘等高性能材料。我国是电气生产大国,全行业对高分子材料需求量较大。高分子材料具有轻质、绝缘、耐腐蚀、表面质量高和易于成型加工的特点,正是生产各种家用电器的最佳材料,而家用电器是人们的生活必需品,高分子材料在电气工业的应用发展是不会停止的。

5. 高分子材料在建筑工程上的应用

在现在的建筑工程到处可见高分子材料,高分子材料制品有排水管道、导线管、塑料门窗、家具、洁具、装潢材料和防水材料。在 20 世纪 70 年代以后,低发泡塑料等结构材料大量取代木材,使得高分子材料在建筑材料中用作结构件增长很快。目前,塑料管道在我国建设领域累计使用量近 2000 万 t。

6. 高分子材料在农业的应用

近年来我国广大地区实施的地膜覆盖、温室大棚以及节水灌溉等新技术,使农业对高分子材料的需求越来越大。使用地膜覆盖可保温、保湿、保肥、保墒，并可以除草防虫，促进植物生长，提前收割，从而提高农作物的产量；使用温室大棚和遮阳网使得蔬菜和鲜花四季生长；高分子材料质轻、耐蚀、不结垢，以及易于运输、安装和使用，在现代农业灌溉中得到广泛运用。此外，绳索、洗衣具、渔网、鱼篓等也用高分子材料制成，经久耐用又容易清洗。

7. 高分子材料在包装行业的应用

高分子材料塑料薄膜用以包装早就融入日常生活之中，食品、针织品、服装、医药、杂品等轻包装绝大多数都用高分子材料包装；化肥、水泥、粮食、食盐、合成树脂等重包装由高分子材料编织袋取代过去的麻袋和牛皮纸包装；高分子材料容器作为包装制品既耐腐蚀，又比玻璃容器轻、不易碎，在运输上带来了很多方便。包装已经成为塑料应用最大的市场。

8. 高分子材料在电信行业中的应用

目前，以微电子、通信、信息技术等为代表的电子行业正迅猛发展，已成为衡量社会经济和科技发展水平的重要标志之一。随着科技的发展，具有导电、导磁、电磁波屏蔽等功能的塑料及其复合材料正取代一些传统的电子电气材料以满足这一领域不断增长的需求，进一步拓宽了高分子材料在电子电气行业中的应用范围。

9. 高分子材料在医学中的应用

生物医用高分子作为生物医用材料中发展最早、应用最广泛、用量最大的材料之一，具有原料来源广泛、可以通过分子设计改变结构、生物活性高、材料性能多样等优点，是目前发展最为迅速的领域，已经成为现代医疗材料中的主要部分。主要体现在以下几个方面：①用于人造器官，如人工心脏瓣膜、人工肾、人造皮肤、疝气补片等；②用于医疗器械，如手术缝线、导尿管、检查器械、植入器械等；③用于药物助剂，如药物控释载体、靶向材料等。

10. 高分子材料在水处理中的应用

高分子材料在水资源领域的一个重要应用是膜法水处理技术。膜法水处理技术是净化污水、再生水资源的一个有效途径，具有分离效率高、能耗低、占地面积小、过程简单、操作方便、无污染等特点。

11. 高分子导电材料在电线电缆行业中的应用

高分子导电材料可用作电力电缆半导电屏蔽层以改善电场分布；电力电缆和贯通地线的外护层；自控温加热电缆的半导电线芯等。其他如电缆接头和终端经常使用的半导电自黏带、电缆综合防水层用的半导电阻水带等也可归为高分子导电材料。

12. 高分子材料在家居装饰饰面材料行业中的应用

常见的家居装饰饰面材料主要包括实木(俗称贴木皮)、三聚氰胺纸(俗称贴纸)、聚酯漆面(俗称烤漆)以及 PVC、PP 等高分子材料，可应用于家具、音响、装饰、免漆板、免漆门、橱柜、建材、天花板等，以及居室内墙和吊顶的装饰。

13. 高分子材料在交通运输中的应用

高分子及其复合材料在基础设施建设方面，主要应用于路基、高等级公路的护栏，各种交通标识、标牌；高速铁路的钢轨扣件(包括绝缘板、垫和挡板座等)，轨道的填充材料、弹性枕木等部件。在交通运输工具方面，应用高分子材料最多的是汽车工业，在机车上高分子主要用于无油润滑部件、制动盘摩擦片、车窗玻璃等。

14. 高分子材料在智能隐身技术中的应用

智能隐身材料是伴随着智能材料的发展和装备隐身需求而发展起来的一种功能材料，它是一种对外界信号具有感知功能、信息处理功能、自动调节自身电磁特性功能、自我指令并对信号作出最佳响应功能的材料/系统。区别于传统的外加式隐身和内在式雷达波隐身思路设计，智能隐身材料为隐身材料的发展和设计提供了崭新的思路，是隐身技术发展的必然趋势，高分子材料以其可在微观体系(即分子水平)上对材料进行设计，通过化学键、氢键等组装而成，具有多种智能特性而成为智能隐身领域的一个重要发展方向。

第 5 章 复 合 材 料

复合材料被认为是除金属材料、无机非金属材料和高分子材料之外的第四种材料，它的出现是顺应社会发展的必然结果。古代就出现了原始性的复合材料：土房(图 5.1)——草梗增强泥基复合材料(陕西半坡人用其筑墙)，漆器(图 5.2)——麻纤维和土漆复合而成。"复合材料"这一学术词语在 20 世纪 40 年代开始使用，1940 年第一次用玻璃纤维增强不饱和聚酯树脂制造了军用飞机雷达罩；1942 年用手糊工艺制成第一艘玻璃钢渔船；20 世纪 60～70 年代，玻璃纤维增强塑料(俗称玻璃钢)制品已经广泛应用于航空、机械、化学、体育和建筑工业中；20 世纪 70 年代末期发展出了金属基复合材料，克服了树脂基复合材料耐热性差、导热性低等缺点，具有耐疲劳、耐磨损、高阻尼、不吸潮、热膨胀系数低等优点，已经广泛用于航空航天等高科技领域；20 世纪 80 年代开始，逐渐研制出陶瓷基复合材料，克服了陶瓷材料脆性高的缺点，主要应用于制造燃气涡轮叶片和其他耐热部件；进入 21 世纪，随着航空航天技术的发展，对材料性能的要求越来越高，针对不同需求，开发出了先进复合材料。因此，复合材料既是一种新型材料，又是一种古老的材料。

图 5.1　土房

图 5.2　清乾隆-剔彩玉块形漆盒

5.1　概　　述

5.1.1　复合材料的定义

复合材料是由两种或两种以上具有不同物理化学性能、不同形态的组分材料通过复合工艺组合而成的多相材料。经过专门的设计，在复合过程中复合材料既保持原组分材料的主要优点，又可克服组分材料的缺陷，同时可以赋予复合材料光、电、磁、热等特殊功能，使得复合材料向着复合化、高性能化、功能化、结构-性能一体化和智能化方向发展，从而扩大了材料的应用范围，因此复合材料发展迅速。

复合材料是多相材料，其中的连续相称为基体，分散相称为增强体。复合材料与混合物、合金不同，复合材料中的组分相互协同作用，但彼此独立(互不溶解、互不吸收)，各自保持原组分固有的物理、化学和力学特性，即基体还是原来的基体，增强体还是原来的增强体，但基体与增强体间存在界面。界面是基体与增强体之间化学成分产生显著变化，构成彼此结合的、能起载荷传递作用的微小区域，是复合材料产生协同效应的根本原因。

5.1.2 复合材料的分类

随着复合材料的发展，它的种类日益增多，为了更好地研究和使用复合材料，分类是必不可少的。复合材料常见的分类方法有以下几种。

1) 根据使用性能进行分类

(1) 结构复合材料：以承受载荷为主要目的的复合材料。

(2) 功能复合材料：除力学性能以外，还具有其他物理特性(如电学、磁学、光学、热学、声学，以及阻尼、摩擦和化学分离等)的复合材料。

2) 根据基体材料进行分类(图 5.3)

(1) 金属基复合材料：以金属或合金为基体的复合材料。

(2) 高分子基复合材料：又称树脂基复合材料，以高分子为基体的复合材料。

(3) 无机非金属基复合材料：以无机非金属为基体的复合材料。

3) 根据增强体形态进行分类

(1) 颗粒增强复合材料。

(2) 纤维增强复合材料。

(3) 板状增强复合材料。

4) 根据增强纤维的长度进行分类(图 5.4)

(1) 连续纤维增强复合材料。

(2) 非连续纤维增强复合材料，还可细分为短纤维增强型复合材料和晶须增强型复合材料。

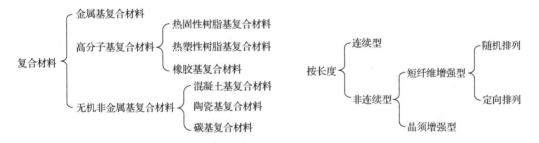

图 5.3 按基体材料分类　　　　图 5.4 纤维增强复合材料按长度分类

5) 根据增强纤维的材料类型进行分类

可以分为玻璃纤维、碳纤维、芳纶、氧化铝纤维、氧化锆纤维、石英纤维等。

6) 根据性能进行分类

(1) 传统复合材料：玻璃纤维增强高分子(主要有不饱和聚酯树脂、环氧树脂和酚醛树脂等)。

(2) 先进复合材料：以碳、芳纶、陶瓷等纤维和晶须以及纳米颗粒等高性能增强体与高分子、金属、陶瓷和碳等基体构成的复合材料。

5.1.3　复合材料的命名

复合材料通常根据增强体与基体的名称来命名。一般将增强体的名称放在前面，基体的名称放在后面，再加上"复合材料"，如由玻璃纤维和聚酯树脂构成的复合材料就称为玻璃纤维聚酯树脂复合材料。为了书写方便，也可仅用增强体和基体材料的缩写名称，在二者中间加斜线，后面再加上"复合材料"，如碳纤维和环氧树脂构成的复合材料可写作碳/环氧复合材料。有时为了突出增强体或基体材料，视强调的组分不同，还可简称为碳纤维复合材料或环氧树脂复合材料，如硼纤维和铝合金构成的复合材料也可称为铝基复合材料。

5.2　复合材料的结构和性能

复合材料既是一种材料又是一种结构，由基体、增强体以及它们之间的界面组成。复合材料的性能则取决于增强体与基体的比例以及三个组成部分的性能，尤其界面相是决定复合材料性能的关键。

复合材料在性能、设计、制造方面有别于传统材料的基本特点，主要体现在复合效应、性能的可设计性、多功能兼容性和材料与构件制造的同步性等。

(1)复合效应：复合材料中增强体和基体各保持其基本特性，通过界面相互作用实现叠加和互补，使复合材料产生优于各组分材料的、新的、独特的性能。

(2)性能的可设计性：复合材料的可设计性主要表现为可通过改变材料组分、结构、工艺等调控复合材料性能，赋予复合材料性能设计以极大的自由度，以及可以按照工程结构的使用要求，选择适当的组分材料和调整增强纤维的取向，使设计的结构重量轻、安全可靠和经济合理。

(3)多功能兼容性：当对复合材料构件有多种功能要求时，可增减某种组分，从而在满足主要功能要求的同时满足其他功能要求。

(4)材料与构件制造的同步性：与一般传统材料产品不同，复合材料产品不是经机械加工制造的，而是构件成型与材料制造同时完成的。

5.2.1　复合材料的基体

复合材料的基体是复合材料中的连续相，起到将增强体黏结成整体，并赋予复合材料一定形状、传递外界作用力、保护增强体免受外界环境侵蚀的作用。复合材料所用基体主要有高分子、金属、陶瓷、水泥和碳等。

1. 高分子基体

高分子基复合材料(polymer matrix composites，PMC)是复合材料的主要品种，又称树脂基复合材料。它以树脂为基体，以纤维、织物等为增强体。高分子基复合材料已经成为重要的工程结构材料，与传统材料相比，具有高比强度、高比模量、低热膨胀系数、可设计性、耐腐蚀、耐疲劳等优点。

高分子基体可分为热固性树脂基体、热塑性树脂基体和橡胶基体。

热固性树脂是指在加热、加压下或在固化剂、紫外线作用下，进行化学反应，交联固化成为不溶不熔物质的一大类合成树脂。这种树脂在固化前一般为分子量不高的固体或黏稠液体；在成型过程中能软化或流动，具有可塑性，可制成一定形状，同时发生化学反应而交联固化，此反应是不可逆的，一经固化，再加压、加热也不可能再度软化或流动；温度过高，则分解或碳化。常用热固性树脂有酚醛树脂、脲醛树脂、三聚氰胺-甲醛树脂、环氧树脂、不饱和聚酯树脂、聚氨酯、聚酰亚胺等。

热塑性树脂是一类线型或有支链的固态高分子，可溶可熔，可反复加工而无化学变化，加热时软化并熔融，可塑造成型，冷却后即可成型并保持既得形状，而且该过程可反复进行。常用的热塑性树脂有聚酰胺、聚碳酸酯、聚乙烯、聚丙烯、聚苯乙烯、聚氯乙烯、聚砜等。

橡胶是有机高分子弹性化合物，在-50～150℃具有优异的弹性，因此又称为弹性体。橡胶按其来源可分为天然橡胶和合成橡胶两大类，天然橡胶是从自然界含胶植物中制取的一种高弹性物质；合成橡胶是用人工合成的方法制得的高分子弹性材料。合成橡胶可以按性能和用途分为通用合成橡胶和特种合成橡胶，凡是性能与天然橡胶相同或相近，广泛用于制造轮胎及其他大量橡胶制品的，称为通用合成橡胶，如丁苯橡胶、顺丁橡胶、氯丁橡胶、丁基橡胶等；凡是具有耐寒、耐热、耐油、耐臭氧等特殊性能，用于制造特定条件下使用的橡胶制品的，称为特种合成橡胶，如丁腈橡胶、硅橡胶、氟橡胶、聚氨酯橡胶等。

2. 金属基体

金属基复合材料(metal matrix composites，MMC)是以金属或合金为基体，以纤维、晶须、颗粒等材料为增强体的复合材料。它除了具有与高分子基复合材料相似的高比强度、高比模量、低热膨胀系数等特点，还具备许多高分子基复合材料不具备的、优异的物理性能和力学性能，如横向强度与刚度高、耐磨损、尺寸稳定性好、可承受更高的温度、防燃、不吸潮、导电性与导热性好、抗辐射性能好、使用时不放出气体等。

金属基体的密度、强度、塑性、导热性、导电性、耐热性、耐腐蚀性等均影响复合材料的比强度、比刚度、耐高温、导热、导电性能，因此金属基体的选择对 MMC 的性能有决定性作用，例如，铝及其合金、镁及其合金等轻金属基体适用于450℃以下，常用于航天飞机、人造卫星、空间站、汽车发动机零件、制动盘等；钛及其合金基体适用温度为450～700℃，具有密度小、耐腐蚀、耐氧化、强度高等特点，常用于航空发动机等零件；镍基、铁基高温合金适用温度为1000℃以上，镍基铸造高温合金用于飞机、船舶、工业和车辆用燃气轮机最关键的高温部件(涡轮机叶片、导向叶片和整体涡轮等)。

3. 陶瓷基体

陶瓷基复合材料(ceramic matrix composites，CMC)是以陶瓷材料为基体，以陶瓷、碳纤维和难熔金属的纤维、晶须、芯片和颗粒为增强体的复合材料。陶瓷基复合材料具有耐高温、高比模量、高比强度、抗热冲击性、抗腐蚀、耐磨损等性能，因此可减小质量，促使飞机、火箭等降低燃料消耗，降低有害气体的排出。

陶瓷基复合材料的基体主要包括氧化物陶瓷、非氧化物陶瓷和微晶玻璃，作为基体的陶瓷具有与金属和高分子不同的特性：低热导率、低电导率、低密度、高温强度高、耐绝缘、抗腐蚀和一些特殊的物理性能。

氧化物陶瓷基体主要包括氧化铝(Al_2O_3)陶瓷和氧化锆(ZrO_2)陶瓷，氧化铝陶瓷根据主晶相的差异可分为刚玉瓷、刚玉-莫来石及莫来石(以 $3Al_2O_3 \cdot 2SiO_2$ 为主晶相)等，氧化铝陶瓷的机械强度高、热导率和抗热震性好、热膨胀系数低、介电常数和介电损耗小、抗生物腐蚀性好；氧化锆陶瓷有立方、四方、单斜三种晶型，三种晶型之间可以互相转化，氧化锆陶瓷的熔点高(2680℃)、比热容小、韧性好、化学稳定性良好、高温时耐酸碱性好。

非氧化物陶瓷基体主要有氮化物、碳化物、硼化物和硅化物，它们的特点是耐火性和耐磨性好、硬度高、脆性大，如碳化硅(SiC)、氮化硅(Si_3N_4)。碳化硅陶瓷是以 SiC 为主要成分的陶瓷材料，主要有两种晶体结构，一种是α-SiC，属六方晶系；另一种是β-SiC，属立方晶系，具有半导体特性。多数碳化硅陶瓷以α-SiC 为主晶相，具有很高的热传导能力，在陶瓷系列中仅次于氧化铍陶瓷，碳化硅陶瓷还具有较好的热稳定性、耐磨性、耐腐蚀性和抗蠕变性。氮化硅陶瓷是以 Si_3N_4 为主晶相的陶瓷材料，有两种晶型(α-Si_3N_4和β-Si_3N_4)，均属于六方晶系，两者都是由硅氧四面体共顶连接而成的三维空间网状结构，抗氧化温度高(使用温度可达 1300℃)，能耐所有的无机酸。α 相在高温下(约 1650℃)可转变为β相，α-Si_3N_4 多为等轴状晶粒，有利于材料的硬度和耐磨性；β-Si_3N_4 多为长柱状晶粒，有利于材料的强度和韧性。在 Si_3N_4 结构中固溶一定数量的 Al 和 O 形成的以 Si-Al-O-N 为主要元素的 Si_3N_4 固溶体称为赛隆陶瓷(SiAlON)。

微晶玻璃是含有大量微晶体的玻璃，是某些组成的玻璃经热处理后得到的，又称为玻璃陶瓷。微晶玻璃中的微晶体一般取向杂乱，微晶尺寸在 0.01～0.1μm，体积结晶率达 50%～98%，其余部分为残余玻璃相。常用的微晶玻璃有锂铝硅(Li_2O-Al_2O_3-SiO_2，LAS)、镁铝硅(MgO-Al_2O_3-SiO_2，MAS)等。LAS 微晶玻璃的热膨胀系数几乎为零，耐热震性好。MAS 微晶玻璃具有高硬耐磨的特性。

4. 水泥基体

水泥基复合材料(cement matrix composites)是以硅酸盐水泥为基体，以耐碱玻璃纤维、通用合成纤维、各种陶瓷纤维、碳纤维和芳纶等高性能纤维、金属丝以及天然植物和矿物纤维为增强体，加入填料、化学助剂和水经复合工艺制成的复合材料。

5. 碳基体

碳基复合材料(carbon matrix composites，也称 C/C 复合材料)是以碳纤维(织物)、碳化硅等陶瓷纤维(织物)为增强体，以碳为基体的复合材料。C/C 复合材料的发展主要受宇航工业发展的影响，具有高的烧蚀性、低的烧蚀率、在热冲击和超热环境下具有高强度等一系列的优点。

5.2.2　复合材料的增强体

增强体是结合在基体内，用以提高基体强度或赋予基体特殊功能的非连续相，又称为增强相、增强剂等。在不同基体材料中加入性能不同的增强体，目的在于获得性能更为优异的复合材料。增强体起承受应力(结构复合材料)和显示功能(功能复合材料)的作用。可用作复合材料增强体的材料品种繁多，可按增强体的形态分为纤维增强体、颗粒增强体和晶须增强体等。

1. 纤维增强体

纤维增强体是复合材料中应用最广泛的一类增强体。所用的纤维大多数是直径为几微米至几十微米的多晶材料或非晶态材料,主要有无机纤维和有机纤维两大类。无机纤维包括玻璃纤维、碳纤维、硼纤维、碳化硅纤维、氧化铝纤维等,有机纤维包括芳纶、尼龙和聚烯烃纤维等。常用纤维的基本力学性能如表 5.1 所示。

表 5.1 常用纤维的基本力学性能

纤维	密度 /(g/cm^3)	抗拉强度 /10^{3}MPa	比强度 /10^7(m/s)^2	拉伸模量 /10^{3}MPa	比模量 /10^7(m/s)^2	断后伸长率 /%
S-玻璃	2.48	4.8	1.94	85	34.3	3
硼纤维	2.4~2.6	2.3~2.8	0.88~1.17	365~400	140~167	1.0
碳纤维	1.8	5~6	2.94~3.52	295	164	1.8
碳化硅	2.8	0.3~4.9	0.11~1.75	45~480	160~171	0.6
氧化铝	3.95	1.4~2.1	0.35~2.53	379	96.0	0.4
尼龙66	1.2	1	0.83	<5	<4.1	20
Kevlar	1.45	3	2.07	135	931	8.1

纤维增强复合材料的纤维有连续长纤维和短纤维两种。连续长纤维的长度均数百米,纤维性能有方向性,一般沿轴向均有很高的强度和弹性模量。连续长纤维又分为单丝和束丝两种形式。除硼纤维和皮芯碳化硅纤维(CVD 法生产)是以直径为 95~140μm 的单丝作为增强体外,其余的纤维均以 500~1200 根直径为 5.6~14μm 的细纤维组成束丝作为增强体使用。连续长纤维制造成本高,主要用于高性能复合材料制品。根据需要,连续长纤维往往以规则排列和编织物的形式使用。图 5.5 中给出了几种典型的纤维排列与编织方式。短纤维长度一般为几毫米到几十毫米,排列无方向性,通常采用生产成本低、生产效率高的喷射方法制造。主要的短纤维有硅酸铝纤维(耐火棉)、氧化铝纤维、碳纤维、氮化硼纤维、碳化硅纤维等,使用短纤维制成的复合材料无明显的各向异性。

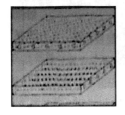  

(a)单向铺设　　　(b)二维二轴编织布　　　(c)二维三轴编织布　　　(d)三维四向编织布

图 5.5 增强纤维的几种排列和编织方式

1)玻璃纤维(图 5.6~图 5.8)

玻璃纤维是应用最广泛的纤维增强体,用玻璃纤维增强的复合材料广泛应用于国民经济的各个领域。玻璃纤维是一种性能优异的无机非金属材料,它是以玻璃球或废旧玻璃为原料经高温熔制、拉丝、络纱等工艺制成的,玻璃纤维单丝的直径从几微米到二十几微米,相当于一根头发丝直径的 1/20~1/5,每束纤维原丝由数百根甚至上千根单丝组成。玻璃纤维的成分为二氧化硅、氧化铝、氧化钙、氧化硼、氧化镁、氧化钠等。

作为增强体的玻璃纤维具有以下特点:①抗拉强度高,伸长率小(约 3%);②弹性系数高,刚度佳;③在弹性限度内所吸收的冲击能量较大;④属无机纤维,不燃烧,耐蚀性好;⑤吸水性小；⑥尺度稳定性、耐热性均佳；⑦加工性能好，可制成股、束、毡、布等不同形态的产品；⑧可透过光线；⑨价格便宜。

图 5.6 无碱玻璃纤维　　　　　图 5.7 中碱玻璃纤维方格布　　　　图 5.8 中碱短切玻璃纤维

　　玻璃纤维的种类繁多。按玻璃原料成分不同，可分为无碱玻璃纤维(通称 E 玻璃，碱金属氧化物质量分数不足 1%)、中碱玻璃纤维(碱金属氧化物质量分数为 6%～12%)和特种玻璃纤维等；按外观不同，可分为连续纤维、短切纤维、空心玻璃纤维、玻璃粉及磨细纤维等；按纤维本身的特性分类，可分为普通玻璃纤维(指无碱和中碱玻璃纤维)、高强玻璃纤维、高模量玻璃纤维、耐高温玻璃纤维、耐碱玻璃纤维、耐酸玻璃纤维等。

　　2)碳纤维(图 5.9 和图 5.10)

图 5.9　高强 PAN 基碳纤维丝　　　　　　图 5.10　沥青基碳纤维

　　碳纤维是一种高强度和高模量材料，它是用有机纤维(黏胶纤维、聚丙烯腈纤维和沥青纤维等)在惰性气体中高温碳化而成的纤维状碳化合物。早在 1880 年，美国发明家爱迪生就申请了将竹子纤维碳化后用作电灯灯丝的专利。20 世纪 60 年代，碳纤维开始用于火箭发动机的耐烧蚀喉衬和扩张段材料。自 20 世纪 80 年代以来，碳纤维发展较快，主要表现为：①性能不断提高。80 年代以强度为 3000MPa 的碳纤维为主，90 年代初大量使用的 IM7、IM8 碳纤维的强度达到 5300MPa，90 年代末 T1000 碳纤维的强度达到 7000MPa。②品种不断增多，已达到数十种，可满足不同需要，为碳纤维复合材料的广泛应用奠定了基础。与其他纤维相比，碳(石墨)纤维的价格较高。

　　碳纤维可按以下几种方式进行分类：①按力学性能可分为超高模量(UHM)碳纤维、高模量(HM)碳纤维、中等模量(MM)碳纤维、超高强度(UHS)碳纤维和高强度(HS)碳纤维；②按原丝类型可分为聚丙烯腈(PAN)碳纤维、沥青碳纤维和黏胶碳纤维；③按用途可分为 24K(1K

为 1000 根单丝)以下的宇航级小丝束碳纤维、48K 以上的工业级大丝束碳纤维;④按外观可分为短碳纤维、长碳纤维、二维织物碳纤维、三维织物碳纤维、多向织物碳纤维等。

碳纤维的主要性能包括:①强度高、模量高。抗拉强度在 1600~7000MPa,弹性模量在 230~830GPa。②密度小,比强度高。碳纤维的密度在 $1.7~2.0g/cm^3$,是钢的 1/4,是铝的 1/2;其比强度比钢大 16 倍,比铝大 12 倍。③耐低温、耐超高温性能好。在-180℃低温下,钢铁变得比玻璃还脆,而碳纤维依旧很柔软。在非氧化气氛下,碳纤维可在 2000℃以下使用,在 3000℃的高温下不会熔融软化。④耐酸性能好。能耐浓盐酸、磷酸、硫酸、苯、丙酮等介质的腐蚀。将碳纤维放在浓度为 50% 的盐酸、硫酸和磷酸中,200 天后其弹性模量、强度和直径基本没有变化,其耐蚀性能超过黄金和铂金。此外,碳纤维的耐油性能也较好。⑤热膨胀系数小,热导率大。可以耐急冷急热,即使从 3000℃的高温突然降到室温也不会破裂。⑥防原子辐射,能使中子减速。⑦导电性能好(电阻率为 5~17μΩ·m)。但是,碳纤维的抗氧化性差,在空气中,若温度达到 400℃以上,便开始剧烈氧化;此外,碳纤维的轴向抗剪切模量低,断后伸长率小(0.6%~1.2%),与熔融金属的润湿性较差。

3) 芳纶

芳纶是芳香族聚酰胺类纤维的通称,美国的商品牌号为凯芙拉(Kevlar)纤维,我国命名为芳纶。这是一种低密度、高强度、高模量、高韧性、耐腐蚀的新型有机纤维。芳纶具有一系列优异性能,在航空、航天、兵器等领域得到了广泛应用,主要用于制造防弹板、防弹头盔、火箭发动机壳体、飞机等要求冲击韧性高的部件。和其他增强纤维一样,芳纶也可以制成各种连续长纤维的粗、细纱,并可纺织加工成各种织物。粗纱可用于缠绕制品及挤拉成型工艺。

4) 硼纤维

硼纤维又称硼丝。硼纤维是一种利用 CVD 法,将加热至 1300℃的三氯化硼蒸气与氢气的混合气通入反应器,反应还原出的硼沉积在直径约 12.5μm 的钨丝表面制成的皮芯型复合纤维。硼纤维的丝径有三种,分别为 75μm、100μm 和 140μm。硼纤维的制造技术已相当成熟,但由于价格高昂,限制了它的推广及使用。硼纤维具有很高的比强度和比模量,是制造金属基复合材料最早使用的高性能纤维。20 世纪 70 年代,硼/铝和硼/环氧复合材料就在航天飞机上获得成功应用。与广泛应用的 T300 碳纤维相比,硼纤维的抗拉强度略优,但弹性模量比 T300 碳纤维要高约 74%。

5) 碳化硅(SiC)纤维

SiC 纤维是以有机硅化合物为原料,经纺丝、碳化或气相沉积而制成的具有 β-SiC 结构的陶瓷纤维,有连续纤维、短纤维、晶须等形式,其中以连续纤维应用最多。连续 SiC 纤维又分为两种:一种是 SiC 包覆在钨丝或碳纤维等芯丝上而形成的连续丝;另一种是经纺丝和热解而得到纯 SiC 长丝。SiC 纤维的性能与硼纤维相似,但较硼纤维便宜。

SiC 纤维的密度为 $2.5~3.4g/cm^3$,强度为 1960~4410MPa,模量为 176.4~294GPa,最高使用温度达 1200℃。在最高使用温度下,其强度保持率在 80% 以上,耐热性和耐氧化性均优于碳纤维,化学稳定性也较好。主要用于增强金属和陶瓷,可作为耐高温、高强度、高韧性、抗腐蚀的金属基或陶瓷基复合材料的理想增强纤维。SiC 纤维常与碳纤维或玻璃纤维一起使用,增强金属(如铝)或陶瓷基体,制成喷气式飞机的制动片、发动机叶片等,还可用于制作体育用品,其短切纤维可用作高温炉的炉衬材料等。

6) 氧化铝（Al$_2$O$_3$）纤维

Al$_2$O$_3$ 纤维是高性能无机纤维的一种，以 Al$_2$O$_3$ 为主要成分。Al$_2$O$_3$ 纤维的突出优点是：具有高强度、高模量、高的耐热性和抗高温氧化性，与碳纤维相比，可以在更高温度下保持其抗拉强度；表面活性好，易于与金属、陶瓷基体复合；具有热导率小、热膨胀系数低、抗热震性好等特点。此外，与 SiC 纤维相比，Al$_2$O$_3$ 纤维原料成本低，生产工艺简单，性价比较高。目前，Al$_2$O$_3$ 纤维已经广泛用于金属和陶瓷基体的增强，在航天、军工、高性能运动器材以及高温绝热材料等领域有广泛的应用。

除上述纤维外，氮化硅纤维、高熔点金属纤维（如钨纤维、钼纤维等）以及以天然高分子纤维为主要成分的各种植物纤维（如亚麻、大麻、黄麻、棉花纤维等）也用作增强体。

2. 晶须增强体

晶须是在受控条件下培植生长的高纯度纤细单晶体，其直径一般为 0.1～2μm，长度为几十微米，长径比较大，通常在 7～30μm，外观为粉末状。晶须作为增强体时，体积分数多在35% 以下，例如，用体积分数为 20%～30% 的 Al$_2$O$_3$ 增强金属，所得复合材料的强度在室温下比原来的金属增加了近 30 倍。

根据化学成分不同，晶须可分为陶瓷晶须和金属晶须两类。

金属晶须包括铜、铬、铁、镍晶须等，一般以金属的固体、熔体或气体为原料，采用熔融盐电解法或气相沉积法制得。金属晶须作为增强体的复合材料，用于火箭、导弹、喷气发动机等部件，特别用于制造导电复合材料和电磁波屏蔽材料（图 5.11）。

陶瓷晶须包括非氧化物（如 SiC、Si$_3$N$_4$）晶须和氧化物（如 Al$_2$O$_3$、3Al$_2$O$_3$·2SiO$_2$、2MgO·B$_2$O$_3$）晶须，具有高强度、高模量、耐高温等突出优点，应用较为广泛。非氧化物晶须具有 1900℃以上的熔点，耐热性好，多用于陶瓷和金属基复合材料的增强体，但成本较高。氧化物陶瓷晶须具有相对较高的熔点（1000～1900℃）和耐热性，可用作树脂基和铝基复合材料的增强体（图 5.12）。

图 5.11　钢晶须（图中的毛发状突起）　　　　　　图 5.12　SiC 晶须

晶须的结晶近乎完美，因而其强度接近于完整晶体的理论值。它不仅具有优良的耐高温、耐热和耐蚀性能，还具有良好的机械强度、电绝缘性、低密度、高强度、高模量、高硬度等特性，而且在铁磁性、介电性、传导性，甚至超导性等方面皆出现了显著改变。几种典型晶须的基本力学性能见表 5.2。

表 5.2　几种晶须的基本力学性能

晶须	密度 /(g/cm³)	抗拉强度 /×10³MPa	比强度 /×10⁷(m/s)²	拉伸模量 /×10³MPa	比模量 /×10⁷(m/s)²
石墨	2.2	20	9.1	1000	455
碳化硅	3.2	20	6.3	480	150
氮化硅	3.2	7	2.2	380	119
氧化铝	3.9	14~28	3.6~7.0	700~2400	179~615

晶须的伸长率一般与玻璃纤维相当，而弹性模量与硼纤维相当，兼具这两种纤维的最佳性能，但由于晶须在制备上比较困难，价格高昂，尚未在工业中获得广泛应用。

3. 颗粒增强体

颗粒增强体一般是具有高强度、高模量，耐热、耐磨、耐高温性好的陶瓷、金属间化合物和石墨等非金属颗粒，如 Al_2O_3、SiO_2、ZrO_2、MgO、SiC、TiC、B_4C、VC、WC、ZrC、Si_3N_4、AlN、BN、NbN、TiB_2、$MoSi_2$、石墨、细金刚石等颗粒。其中，陶瓷颗粒的性能好、成本低，易于批量生产。按颗粒尺寸，颗粒增强体可以分为两类：一类是尺寸在 0.01~0.1μm 的微粒增强体；另一类是尺寸在 0.1μm 以上的颗粒增强体。

用微粒增强体增强的复合材料称为弥散增强复合材料。例如，在金属或合金中加入一定 WC 微粒或 TiC 微粒，金属或合金的强度和硬度将明显提高；在镍基合金中加入 30%的 ThO_2 粉末，可大大提高镍基合金的高温强度。

用颗粒增强体增强的复合材料称为颗粒增强复合材料。金属、陶瓷和高分子都可以用颗粒增强体增强，大家熟知的金属陶瓷和炭黑增强橡胶就是典型的颗粒增强复合材料。颗粒增强复合材料在耐磨性能和耐热性能方面有很好的应用前景。

除纤维、晶须和颗粒增强体外，还有长、宽尺寸相近的片层状增强体。片层状增强体有天然、人造和在复合工艺过程中自身生长出来等三种类型。天然片层状增强体的典型代表是云母；人造片层状增强体有玻璃、铝、铱、银等；在复合工艺过程中增强体从自身生长出来的为二元共晶合金，如 $CuAl_2$-Al 合金中的 $CuAl_2$ 片状晶。

5.2.3　复合材料的界面

复合材料的界面是基体和增强体之间传递载荷、性能转换的媒介或过渡带，是基体和增强体之间发生相互作用和相互扩散而形成的，其结构(图 5.13)随基体和增强体而异(界面层的厚度一般为几纳米到几微米)，是与基体和增强体有明显差别的新相，称为界面相。界面的结构和物理、化学等性能既不同于基体，又不同于增强体，界面是决定复合材料性能的关键。界面所起的效应有传递效应、阻断效应、不连续效应、散射和吸收效应、诱导效应等，传递效应是指界面能传递载荷，起到基体

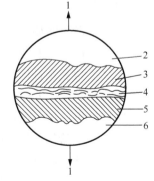

图 5.13　复合材料界面示意图

1-外力场；2-基体；3-基体表面区；

4-相互渗透区；5-增强体表面区；6-增强体

和增强体之间的桥梁作用；阻断效应是指界面有阻止裂纹扩展、中断材料破坏、减缓应力集中的作用；不连续效应是指在界面上产生物理性能的不连续性和界面摩擦出现的现象，如抗电性、电感应性、磁性、耐热性、尺寸稳定性等；散射和吸收效应是指光波、声波、热弹性波、冲击波等在界面产生散射和吸收，如透光性、隔热性、隔声性、耐机械冲击及耐热冲击性等；诱导效应是指一种物质(通常是增强体)的表面结构使另一种与之接触的物质(通常是基体)的结构由于诱导作用而发生改变，由此产生一些现象，如强弹性、低膨胀性、耐冲击性和耐热性等。

复合材料的界面可以分为五类。

(1)机械结合：基体与增强体之间没有发生化学反应，纯粹靠机械连接。机械结合是靠纤维的粗糙表面与基体产生的摩擦力而实现的。

(2)溶解和润湿结合：基体润湿增强体，相互之间发生原子扩散和溶解，形成结合，其界面是溶质原子的过渡带。

(3)反应结合：基体与增强体间发生化学反应，在界面上生成化合物，使基体和增强体结合在一起。其中一种特殊结合可以称为氧化物结合，是基体与增强体表面的氧化物发生相互作用而形成的一种结合形式。

(4)交换反应结合：基体与增强体间发生化学反应，生成化合物，并且通过扩散发生元素交换，形成固溶体而使两者结合。

(5)混合结合：这种结合较普遍，是最重要的一种结合方式，是以上四种结合方式中几种方式的组合。

5.3　复合材料的成型工艺

复合材料的成型工艺是复合材料工业的发展基础和条件，随着复合材料应用领域的拓展和复合材料工业的迅速发展，老的成型工艺日臻完善，新的成型方法不断涌现。不同类型复合材料的成型与加工工艺一般不同。本章仅介绍传统复合材料即玻璃钢的几种常见的成型工艺。

5.3.1　挤出成型

挤出成型是最常用的加工方法，在复合材料的加工中又称挤塑。如图 5.14 所示，挤出与混合过程在螺杆与料筒间的缝隙中进行，螺杆的转动在起到混合作用的同时将物料向前推进，物料边受热塑化，边被螺杆向前推进。在料筒的出口处通过机头，物料形成并固定为一定的截面积。挤出成型本身有多种方法，在一个料筒中可以是单螺杆挤出，也可以是双螺杆挤出，还可以是四螺杆挤出。如果是两个料筒的两种物料同时挤出到一个机头中，则称为共挤出。凡是固定截面积的产品都可以用挤出成型，如棒材、管材、片材、板材等。挤出后的物料可以是最后产品，还可以是半成品有待进一步加工。如图 5.15 所示的挤出吹塑，先用挤出成型制出一个型坯，再用模具固定型坯，吹入压缩空气，物料就附在模具壁上成为容器。挤出的物料还可以吹成薄膜，吹成的薄膜又可以直接制成塑料袋。

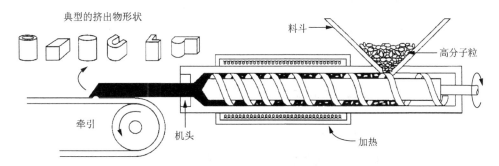

图 5.14 单螺杆挤出机与挤出成型原理示意图

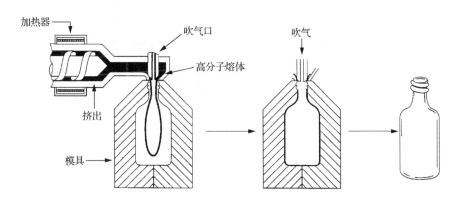

图 5.15 挤出吹塑法原理示意图

5.3.2 注射成型

如图 5.16 所示，注射成型法先使物料在料筒中熔融且混合均匀，并集中到料筒的前部。这一过程称为预塑，与挤出完全相同。注射过程是螺杆将预塑好的熔体注入并充满模具，物料在模具中冷却定型。开启模具，即可得到最后制品。注射成型是制造单件制品的最方便方法，同挤出成型一样，可以向模具中注射一种物料，也可从两个料筒注射两种物料，称为共注射。两种物料可以同时也可以先后注射，后注射的物料构成外壳。注射成型可以与发泡过程同时进行。将有发泡剂的物料部分充满模具，让其通过发泡充满模具，就得到注射的泡沫制品。最常见的聚苯乙烯泡沫制品都是注射成型的。

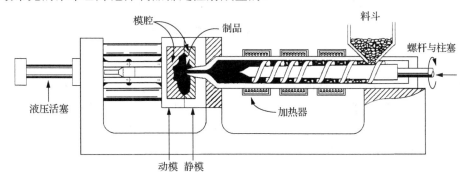

图 5.16 注射成型原理示意图

反应注射成型是注射成型的一个变种。如图 5.17 所示，将反应物与固化剂同时用泵打入模具，物料在模具中反应、固化、成型。这种方法最适合制造大型制品，如汽车保险杠、仪表板等。

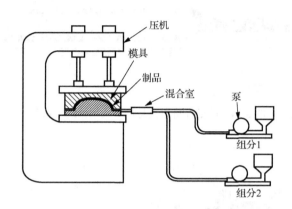

图 5.17　反应注射成型原理示意图

5.3.3　压制成型

压制成型多用于热固性塑料，压制用的模具多为一个阳模和一个阴模。将配好的粉料倒入阴模，然后压入阳模，在压力和高温下固化成型，如图 5.18(a)所示。如果被压制原料不是粉料而是液体，则采用转移模压法，如图 5.18(b)所示。先在一个料筒中将物料进行预热，通过柱塞将物料打到模腔中，再进行压制成型。这一方法常用来代替注射成型。由于热固性塑料固化所需时间较长，转移模压法更为经济实用。

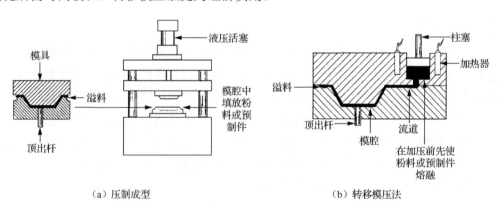

（a）压制成型　　　　　　　　　　　　（b）转移模压法

图 5.18　压制成型原理示意图

5.3.4　缠绕成型

如图 5.19 所示，缠绕成型是把连续的纤维浸渍树脂后，在一定的张力作用下按照一定的规律缠绕到芯模上，然后通过加热或常温固化成型，可制备一定尺寸(直径 6mm~6m)复合材料回转体制品的工艺技术。与其他成型法相比，用缠绕成型工艺获得的复合材料制品的纤维伸直和按缠绕方向排列的整齐度与准确率高，制品能充分发挥纤维的强度(比刚度和比强度均较高)。

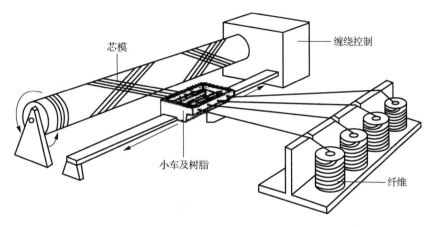

图 5.19 缠绕成型原理示意图

5.3.5 拉挤成型

拉挤成型是将已浸渍树脂胶液的连续纤维束或带,在牵引机拉力下通过成型模具,在模腔内加热固化成型,再在牵引机拉力下连续拉拔出长度不受限制的复合材料型材的一种高效自动化工艺技术。如图 5.20 所示,拉挤成型典型工艺流程包括玻璃纤维粗纱排布、浸胶、预成型、挤压模塑及固化、牵引、切割、成为制品。

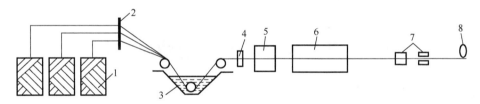

图 5.20 拉挤成型原理示意图

1-纤维;2-分纱板;3-树脂槽;4-纤维分配器;5-预成型模;6-成型模具;7-牵引机;8-切割器

5.3.6 手糊成型与树脂传递模塑成型

1. 手糊成型

手糊成型工艺是复合材料最早的一种成型方法,也是一种最简单的方法,是指用手工或在机械辅助下将增强体和热固性树脂铺覆在模具上,树脂固化形成复合材料的一种成型方法。首先,在模具上涂刷含有固化剂的树脂混合物,在其上铺贴一层按要求剪裁好的纤维织物,用刷子、压辊或刮刀压挤织物,使其均匀浸胶并排除气泡后,涂刷树脂混合物和铺贴第二层纤维织物,反复上述过程直至达到所需厚度。然后,在一定压力作用下加热固化成型(热压成型)或者利用树脂体系固化时放出的热量固化成型(冷压成型)。最后,脱模,得到复合材料制品。

手糊成型工艺的优点有:①不受产品尺寸和形状限制,适宜尺寸大、批量小、形状复杂产品的生产;②设备简单、投资少、设备折旧费低;③工艺简单;④易于满足产品设计要求,可以在产品不同部位任意增补增强体;⑤制品树脂含量较高,耐腐蚀性好。手糊成型工艺的缺点有:① 生产效率低,劳动强度大,劳动卫生条件差;②产品质量不易控制,性能稳定性不高;③产品力学性能较低。

2. 树脂传递模塑成型

树脂传递模塑(resin transfer moulding，RTM)成型是为了克服手糊成型工艺的缺点而发展起来的，是一种闭模成型技术。如图 5.21 所示，树脂传递模塑成型将增强体预先铺设在对模模腔内，形成一定的形状，锁紧模具，用压力从预设的注入口将树脂胶液注入模腔，浸透增强体后固化，脱模得到制品。

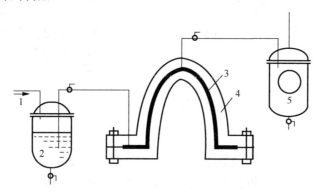

图 5.21　树脂传递模塑成型工艺原理示意图

1-压缩空气；2-树脂罐；3-制品；4-模具；5-树脂接收器

5.4　典型复合材料的性能及应用

与传统材料相比，复合材料有两个主要特点：性能的可设计性、材料与构件成型的一致性。

典型的传统复合材料是玻璃钢，玻璃钢具有优良的抗疲劳性能，具有良好的抗磁、隔声、电绝缘性能和不反射雷达波等特点，具有高强度、质量轻的优点，具有非常优异的抵抗阳光、氧气、热、雨、雪、风、沙、雾等方面的性能，因此成为建造高速、超高速舰艇、扫雷艇、猎雷艇、休闲钓鱼艇(图 5.22 和图 5.23)理想的结构材料。玻璃钢在船舶制造中的应用已有 70 多年。20 世纪 40 年代，美国成功地建造了世界上第一艘玻璃钢船。20 世纪 50～60 年代，国外玻璃钢舰船技术发展非常迅速，各国海军利用其重量轻、强度高等性能制造高速炮艇、猎雷艇和小型军辅船以及其他一些新型舰船来装备海军；1958 年，美国海军规定 16m 长度以下的舰艇一律用玻璃钢建造；英国劳氏船级社于 1962 年颁布了建造长度 36m 以下玻璃钢舰艇的技术规范；而后荷兰、法国、日本、苏联、联邦德国和波兰等国也先后制定了玻璃钢舰船的建造规范和条例。20 世纪 70～80 年代，美国、英国、日本、苏联、意大利、荷兰、瑞典等国不但对玻璃钢材料用于建造小型舰艇进行了开发研究，而且对玻璃钢材料用于大中型舰艇进行了研究，加快玻璃钢舰船向大型化发展。美国造船专家开展了建造长度为 143m 的玻璃钢货船的可行性研究，并进行了大量的设计和实验。1971 年，英国建造了当时世界上第一艘玻璃钢猎雷艇 Wilton 号，而在 1978 年建造的 HMS 布莱肯号玻璃钢扫雷艇的艇长更是达到 60m、排水量为 615t、航速为 17kn(1kn=0.514m/s)。

图 5.22 玻璃钢 12m 长休闲钓鱼艇

图 5.23 猎雷艇

在生产实践中，考虑到玻璃钢材料优异的耐腐蚀性能，尝试采用在保温层上缠绕玻璃丝布并涂树脂形成玻璃钢材料作为保温防护层来代替镀锌铁皮或铝皮。经实际使用，收到了不错的效果：施工简便、耐腐蚀、强度能够满足防护要求。2001 年以前，中国石油化工集团公司胜利油田分公司孤东采油厂采用不锈钢或镍磷镀管输送高分子溶液，不仅投资高，而且处理工艺复杂，加工成本高，磷镀层易脱落。2001 年，该厂开始应用玻璃钢管，应用结果表明该种管道故障少，施工维修便捷，维修费用比钢管低 20% 以上。2004 年，在投产的孤东二区注聚工程中有 20 口注聚井采用了玻璃钢管，两年来，仅发生故障 2 井次，维修费用约 0.6 万元。而在同一个工程中用相同数量的金属管线，共发生管线穿孔故障 30 井次，维修费用约 3 万元。

玻璃钢由于具有比强度高和比刚度高、可设计性强、抗疲劳断裂性能好、耐腐蚀、结构尺寸稳定性好等特点，广泛应用于建筑业，我国玻璃钢在建筑业的应用始于 20 世纪 70 年代。玻璃钢在建筑领域的使用主要有玻璃钢门窗、玻璃钢模板、玻璃钢筋、玻璃钢加固混凝土梁、冷却塔、通风橱、送风管、排气管、栅板及防腐风机罩等；另外玻璃钢可制成波纹板、带肋板、空心板或夹心板，组成各种形状的拱、壳以及穹顶等空间结构用于工业厂房等结构中，具有易成型、施工方便、质量轻、保温性能好、色泽鲜亮和耐候性好等优点。①玻璃钢门窗：玻璃钢门窗轻质高强，弥补了塑钢门窗因强度低容易变形的弱点；玻璃钢型材的弯曲模量较高、刚性好，故玻璃钢门窗适宜较大尺寸的窗或较高风压场合的门窗，且尺寸稳定、隔声性能好；玻璃钢型材的热变形温度为 200℃，其线膨胀系数较低，与建筑物和玻璃相当，在冷热温差较大的环境下，不易与建筑物及玻璃之间产生缝隙，门窗的气密性能好，大大提高了门窗的密封性能；玻璃钢型材对热辐射和太阳辐射具有隔断性，故玻璃钢门窗具有很好的隔热性能；玻璃钢型材耐严寒和耐高温性能好，使得玻璃钢门窗可以广泛应用于严寒和高温地区；玻璃钢型材内部树脂和纤维的结构特点使得其具有微观弹性，有利于吸收声波，从而使玻璃钢门窗具有良好的隔声性能。②玻璃钢模板（图 5.24）：玻璃钢模板与木模、钢模相比易加工成型，可以一次性封模，不用接长，而且玻璃钢模板由于质量轻、拆装非常方便，具有便于清洁和维护等特点；玻璃钢模板有较强的耐磨性，所以重复利用多次；使用玻璃钢模板能够明显地减轻劳动强度，提高建筑施工效率，有利于降低工程造价。③玻璃钢筋：玻璃钢筋具有耐腐蚀性强、电磁绝缘性能优良和力学性能优良的特性，在建筑结构中使用玻璃钢筋增强体可以提高水泥基体的抗弯、抗拉和冲击强度；玻璃钢筋的耐腐蚀性强，特别适用于需使用盐防冻的混凝土结构、近海地区的混凝土结构和地下工程；玻璃钢筋具有优良的电磁波透过性，对于某些特殊建筑设施，如医院中的核磁共振成像室或采用射频技术来识别预付费客户的公路收费站通道来讲，采用玻璃钢筋是最好的选择。

玻璃钢产品在电力行业应用广泛：①电厂淡水输送管线，充分利用玻璃钢管道的不腐蚀、不结垢、不污染水质、达到食品级要求、轻质高强、安装方便、寿命长(可达50年)的特点。图5.25为辽宁红沿河核电站淡水输送玻璃钢管，管线口径为DN500，管线长18km。②电厂循环水用管线，沿海(沿河)的核电厂和火电厂往往以海水(河水)直接作为电厂的冷却水，这样就需要配套循环水管。由于海水有一定的腐蚀性，特别是生物严重附着钢管，大量沿海(沿河)电厂采用玻璃钢管作为电厂的循环水管线，如印度尼西亚苏北风港电厂、印度尼西亚拉布湾电厂等，国内的沿海电厂采用玻璃钢管作为循环水管线的有秦山核电站、厦门嵩屿电厂等。③电厂烟气脱硫玻璃钢滤网，主要用于烟气脱硫塔内下部的浆液出口处杂质过滤。由于玻璃钢的成本优势及优良的耐腐耐磨表现，玻璃钢滤网广泛替代了进口的、昂贵的不锈钢滤网。④电厂氨法脱硫玻璃钢塔，由于电厂的脱硫塔受腐蚀的影响，浙江虎霸集团有限公司、浙江元立金属制品集团有限公司、云南文山铝业有限公司的脱硫塔已经采用全玻璃钢结构塔。⑤电厂排放玻璃钢烟囱。目前电厂的烟气排放玻璃钢烟囱主要有三种形式：对于规模较小的自备电厂，为总高度小于100m的钢架支撑独立玻璃钢烟囱；对于火电厂100~200m高度的烟囱，为混凝土内筒玻璃钢烟囱，如长春化工(江苏)有限公司(位于江苏省苏州市常熟市)自备电厂混凝土DN 2700玻璃钢双内筒烟囱；"烟塔合一"玻璃钢排放烟道(该技术主要应用玻璃钢水平烟道)(图5.26)。⑥其他，如玻璃钢电缆保护管以及风力发电玻璃钢叶片。

图5.24　玻璃钢圆柱模板　　　图5.25　辽宁红沿河核电站用　　　图5.26　"烟塔合一"玻璃钢排放烟道
　　　　　　　　　　　　　　　　　　玻璃钢管线

第6章　高性能结构材料

6.1　概　　述

高性能结构材料是一类具有高比强度、高比刚度、耐高温、耐腐蚀、耐磨损的材料，是在高新技术推动下发展起来的一类新材料，是国民经济现代化的物质基础之一。有资料指出，飞机及发动机性能的改进分别有 2/3 和 1/2 靠材料性能提高。对卫星和飞船，减重 1kg 能带来极高的效益；汽车节油有 37%靠材料轻量化，40%靠发动机改进；绝热发动机(不冷却)性能的改进主要靠材料性能提高。航空方面的先进复合材料、单晶合金、涡轮盘合金，航天方面的含能材料、热防护材料、弹头材料等不仅要先行，而且要起到先导的作用。发展现代航空航天技术，对动力机械而言，工作温度越高、比强度和比刚度越高，效率亦越高，先进军用发动机的发展趋势要求涡轮前温度和推重比不断提高，正在向推重比 15~20 发展，高性能结构材料技术是关键。由此可见高性能结构材料在航空航天技术中的基础性和先导性。

发展新型高性能结构材料将支撑交通运输、能源动力、资源环境、电子信息、农业和建筑、航空航天、国防军工以及国家重大工程等领域可持续发展，对国家支柱产业的发展和国家安全的保障起着关键性的作用，同时将促进包括新材料产业在内的我国高新技术产业的形成与发展，带动传统产业和支柱产业的改造与产品的升级换代，提高国际竞争力，形成新的产业和新的经济增长点。

6.2　高性能金属结构材料

近年来，金属结构材料的发展朝着超高纯度铁、超高强度钢、超高速钢(用作刀具)、超硬合金、超塑性合金、超耐热合金、超低温材料等方向发展。

6.2.1　超级钢

超级钢是 20 世纪 90 年代末为更好地利用钢铁材料在使用性能上的优势，进一步改进传统钢铁材料的一些不足，减少材料消耗，降低能耗而研制的新材料。其主要目的在于解决传统钢铁材料在强度、寿命上的不足。最初的兴起源于"超级钢材料计划"（又称 Structural Materials X for 21st Century，即面向 21 世纪的结构材料计划），它是日本政府确立的由科学技术厅金属材料技术研究所从 1997 年 4 月开始研究的一个国家级课题。其目标是将现有钢材在成分基本不变前提下的实用强度和寿命提高到现有强度和寿命的 2 倍，并在 2015 年前实现实用化。该课题的目标是在生产成本基本不增加的前提下将现有的碳钢、低合金钢和合金结构钢的强度指标提高一倍，即分别达到 400MPa、800MPa 和 1500MPa，并满足韧度和各种使用性能的要求，追求洁净化技术、超细晶技术和高均匀技术的结合，即，①最大限度地去除钢中 P、S、O、N、H(有时包括 C)等杂质元素的含量并严格控制钢中夹杂物的数量、成分、尺寸、形态及分布；②成分、组织和性能的高度均匀化；③获得超细晶粒。通过应用以上技术，超级钢便具有明显的结构和性能优势，进而应用于各行各业。

(1)汽车制造业。汽车生产厂急需新材料,以减轻汽车自身质量,减少油耗。宝钢生产的 400MPa 级超级钢用于一汽集团卡车底盘发动机前置横梁,收到了良好的效果,各项指标满足要求。过去该零件用高合金钢制作,现在用不含合金元素的超级钢替代,每吨钢可以节省 200～300 元。目前已经实现千吨级批量供货。

(2)建筑业。目前的主要建筑用钢为 Q235 和 Q345(相当于 490MPa 级)。北京奥运会体育场——鸟巢和中央电视台总部大楼也大量使用了 Q420 和 Q460 等高强度钢。广州新电视塔全部采用高强度钢,总重 5.5 万 t,外筒大约 3 万 t,混凝土 15 万 m^3,电视塔的总重量达到 10 万 t 以上,最小处直径仅 30 多 m,可抗 8 级地震。低成本高强度的超级钢建材将为建筑业提供有力的支撑!

6.2.2　先进铝合金

近年来,铝合金材料工艺技术趋于成熟,高档铝材成为发展趋势,主要有以下几个方面。

(1)超高强铝合金。由于具有很高的强度和韧性(屈服强度为 500MPa 以上),超高强铝合金是航空航天领域极具应用前景的结构材料,代表合金是 Al-Zn-Mg-Cu 系铝合金。

(2)耐热铝合金。此类铝合金是在快速凝固技术基础上发展起来的,多以 Al-Fe、Al-Cr、Al-Ti 为基,再适当添加一些 V、Mn、Nb、W、Zr、Mo、Ce 等。它在高温下有足够的抗氧化性,在温度和载荷(动态和静态)的长时间作用下具有抗塑性变形(蠕变)和破坏能力及导热性好和密度低等特点,从而在兵器、船舶、航空航天、汽车等行业上应用,如发动机活塞用 Al-Si-Cu-Mg-Ni 合金。

(3)铝锂合金——轻型结构材料。铝锂合金是以铝为基,添加锂(一般质量分数为 3%左右)及其他元素组成的合金。锂的密度为 0.534g/cm^3,是铝的 1/5,钢的 1/15,在铝合金中增加少量锂可使密度显著降低。铝锂合金具有低密度、高强度、高模量以及高比强度和比刚度等优异性能,因而成为轻合金中应用最广泛的合金,民航飞机上改用铝锂合金,飞机重量可以减轻 8%～16%。

(4)航空航天用铝合金。航空航天用铝合金主要是指用于军用飞机、民用飞机、航天器、运载火箭、导弹武器等领域的铝合金。铝合金在目前民用飞机结构上的用量为 70%～80%,在军用飞机结构上的用量为 40%～60%。在波音 777 上,铝合金占机体结构重量的 70%。在 A380 上广泛使用了铝合金,其结构重量百分比达到 60%,与复合材料实现了协调共存。A380 上应用了一些传统铝合金,但也引入一些新合金及新结构。一些新型的军用飞机(F-22、B-2)结构上大量应用纤维增强树脂基复合材料和钛合金,铝合金用量已降到 20%以下。

6.2.3　先进钛合金

近年来,各国正在开发低成本和高性能的新型钛合金,努力使钛合金进入具有巨大市场潜力的民用工业领域。国内外钛合金材料的研究进展主要体现在以下几方面。

(1)高温钛合金。第一个研制成功的高温钛合金是 Ti-6Al-4V,使用温度为 300～350℃。随后相继研制出使用温度达 400℃的 IMI550、BT3-1 等合金,以及使用温度为 450～500℃的 IMI679、IMI685、Ti-6246、Ti-6242 等合金。目前已成功地应用在军用和民用飞机发动机中的新型高温钛合金有英国的 IMI829、IMI834 合金,美国的 Ti-1100 合金,俄罗斯的 BT18Y、BT36 合金等。

(2) 钛铝化合物为基的钛合金。与一般钛合金相比,钛铝化合物为基的 $Ti_3Al(\alpha_2)$ 和 $TiAl(\gamma)$ 金属间化合物的最大优点是:高温性能好(最高使用温度分别为 816℃和 982℃),抗氧化能力强,抗蠕变性能好和轻质(密度仅为镍基合金的 1/2)。目前,已有两种 Ti_3Al 为基的钛合金 Ti-21Nb-14Al 和 Ti-24Al-14Nb-0.5Mo 在美国开始批量生产。其他近年来发展的 Ti_3Al 为基的钛合金有 Ti-24Al-11Nb、Ti-25Al-17Nb-1Mo 和 Ti-25Al-10Nb-3V-1Mo 等。TiAl 为基的钛合金受关注的成分范围为 Ti-(46~52)Al-(1~10)M(M 为 V、Cr、Mn、Nb、Mn、Mo 和 W 中的至少一种元素)。最近,$TiAl_3$ 为基的钛合金开始引起注意,如 Ti-65Al-10Ni 合金。

(3) 高强高韧 β 型钛合金。β 型钛合金最早是 20 世纪 50 年代中期由美国 Crucible 公司研制出的 B120VCA 合金(Ti-13V-11Cr-3Al)。高强高韧 β 型钛合金最具代表性的有以下几种:Ti-1023(Ti-10V-2Fe),该合金具有优异的锻造性能;Ti153(Ti-15V-3Cr-3Al-3Sn),该合金冷加工性能比工业纯钛还好,时效后的室温抗拉强度可达 1000MPa 以上;β21S(Ti-15Mo-3Al-2.7Nb-0.2Si),该合金是由美国钛金属公司 Timet 分部研制的一种新型抗氧化、超高强钛合金,具有良好的抗氧化性能,冷热加工性能优良,可制成厚度为 0.064mm 的箔材;日本钢管公司(NKK)研制成功的 SP-700(Ti-4.5Al-3V-2Mo-2Fe)钛合金,该合金强度高,超塑性伸长率高达 2000%,且超塑性成型温度比 Ti-6Al-4V 低 140℃,可制造各种航空航天构件;俄罗斯研制的 BT-22(Ti-5V-5Mo-1Cr-5Al),抗拉强度>1105MPa。

(4) 阻燃钛合金。常规钛合金在特定条件下有燃烧的倾向,这在很大程度上限制了其应用。针对这种情况,各国都展开了对阻燃钛合金的研究并取得一定突破。美国研制出的 Alloy C(也称为 Ti-1720)的名义成分为 50Ti-35V-15Cr,是一种对持续燃烧不敏感的阻燃钛合金,已用于 F119 发动机。BTT-1 和 BTT-3 为俄罗斯研制的阻燃钛合金,均为 Ti-Cu-Al 系合金,具有相当好的热变形工艺性能,可用其制成复杂的零件。

6.2.4　高温合金

高温合金是指以铁、镍、钴为基,能在 600℃以上的高温及一定应力作用下长期工作的一类金属材料,其为单一(奥氏体)基体组织,在各种温度下具有良好的组织稳定性和使用可靠性。高温合金具有较高的高温强度,良好的抗氧化和抗热腐蚀性能,良好的疲劳性能、断裂韧性、塑性等特点。

1. 高温合金的分类和牌号

1) 高温合金的分类

按基体分为:铁基合金,含 25%~60%Ni,又称铁镍基合金,最高使用温度为 800℃;镍基合金,Ni-Al-Cr-Co-W-Mo-Nb-Ta-C-B-Zr-Ce-Y-Hf-Re-Ru,最高使用温度为 1150℃;钴基合金,Co-Cr-W-Mo-Nb-Al-Ti-C,最高使用温度为 1100℃;IMC 基合金,Ni_3Al、NiAl、高 Nb-TiAl;铬基合金(特殊情况下使用)。

按强化机制分为:固溶强化型合金、时效沉淀强化型合金、弥散强化型合金和复合强化型合金。

按成型方式分为:变形合金,铸锭→热变形(锻、轧)→热处理(固溶时效);铸造合金,铸锭→重熔成零件→热处理(固溶时效),细分为普通铸造(CC)、定向凝固(DS)和单晶(SX)三种;粉末冶金高温合金,铸锭→制粉→压实→热变形→热处理。

2）高温合金的牌号

美国：Inconel 系、IN、Mar-M、Udimet、CMSX、Rene、PWA 等。

英国：Nimomic、PE、PK、RR 等。

法国：AM、MC 等。

俄罗斯：Зи、ЗП、жС 等。

中国：变形高温合金：GH+四位数字（GH 分别是"高"和"合"的拼音首字母，第 1 位数字表示合金的强化类型，第 2～4 位数字表示合金的编号）；铸造合金：K+三位数字（第 1 位数字表示合金的强化类型，第 2～3 位数字表示合金的编号）；焊接用高温合金丝：HGH+四位数字（HGH 分别是"焊"、"高"和"合"的拼音首字母，第 1 位数字表示合金的强化类型，第 2～4 位数字表示合金的编号）。

2. 高温合金的强化

高温合金的强化包括两方面，即合金强化和工艺强化。

1）合金强化

高温合金都含有多种合金元素，有时多达几十种。这些合金元素将产生合金强化，即加入的多种合金元素与基体元素（镍、铁或钴）产生作用，从而产生强化效应，主要有固溶强化、第二相强化（沉淀析出强化和弥散相强化）和晶界强化三种基本机制。

2）工艺强化

采用新工艺，或者改善冶炼、凝固结晶、热加工、热处理及表面处理等环节从而改善合金组织结构而强化。

3. 高温合金的应用

高温合金中一部分主要利用高温合金的高温高强度特性，而另一部分则主要开发和应用高温合金的高温耐磨和耐腐蚀性能，因而高温合金主要应用于航空航天、核工业、能源动力、交通运输、石油化工、冶金等领域。现代航空发动机中高温合金用量占发动机总量的 40%～60%，主要用于四大热端部件：导向器、涡轮叶片、涡轮盘和燃烧室。同时，高温合金可用于火箭发动机及燃气轮机高温热端部件。

6.2.5　高性能镁合金

高性能镁合金因具有系列优良性能和资源优势而称为"21 世纪新兴绿色工程材料"，也是工业发达的国家大力发展的轻质结构材料。典型的合金有 AZ91D（Mg-Al-Zn 系合金）、AE42（Mg-Al-RE 系合金）、AM60B（Mg-Al-Mn 系合金）、AZ31B（Mg-Al-Zn 系合金）、ZK60（Mg-Zn-Zr 系合金）等。

近年来，镁合金发展势头较好，研发和应用各具特色，主要发展方向有高强高韧镁合金、变形镁合金、耐热抗蠕变镁合金、强耐腐蚀镁合金等，另外，还兴起了一系列新的发展方向，如超塑性镁合金、镁基储氢材料、镁基复合材料、镁基大块非晶材料等方向。

（1）高强度镁合金。镁铝锌系合金强度较高（330MPa），能够热处理强化且具有良好的铸造性能，耐蚀性较差，屈服强度和耐热性较低，如添加微量稀土元素可以改善铸造、加工性能；镁锌锆系合金强度较高（420MPa），是镁合金中强度最高的合金系，最有代表性的合金是 ZK60，是强度、塑性、韧性都好的高强度镁合金，铸造性能没有镁铝锌系合金好，偏析严重。

（2）耐热镁合金。耐热镁合金是指在 200～300℃、持久强度为 50～100MPa 的镁合金，常用于要求在较高的温度下工作而不发生时效的零件。Mg-Al 系耐热镁合金主要包括 AZ（Mg_2Al_2Zn）系和 AM（Mg_2Al_2Mn）系；Mg-RE 系耐热镁合金有 Mg-Mn-Ce 系、Mg-Mn-Nd 系、Mg-Y-Zn-Zr 和 Mg-Zn-Nd 系；镁钍系合金是以钍作为主要元素的镁合金，是在 300～400℃ 的高温中工作的结构材料，钍是放射性元素，我国禁止使用。

（3）阻尼镁合金。振动和噪声是三大公害之一，采用高阻尼合金可减小振动、降低噪声。阻尼，又称内耗，指材料在振动中由于内部原因引起机械振动能消耗的现象，这种能量消耗通常指材料将机械振动能转化为热能而耗散于材料和环境中。纯镁及其合金阻尼性能主要来源于位错，属于缺陷阻尼。Mg-Zr 系阻尼镁合金主要用于航空航天、国防等尖端领域，如 K1-A（Zr 含量为 0.6%），具有优异的阻尼性能、良好的铸造性能、细小的晶粒度、高的液态流动性和塑性、高的抗腐蚀性能和良好的焊接性；Mg-Ni 系阻尼镁合金要保证阻尼性能往往要牺牲其耐蚀性；Mg-Cu 系阻尼镁合金，当 Cu 含量增加至 3.0% 时，Mg-Cu 合金的阻尼性能随 Cu 含量的增加而缓慢降低，但当 Cu 含量超过 3.0% 时内耗迅速降低，而强度却增大。

6.2.6　其他高性能金属结构材料

（1）低屈服强度钢和极低强度钢——软钢。

（2）耐火结构钢：耐火结构钢的概念是日本于 20 世纪 80 年代率先提出的。耐火结构钢是指通过在钢材中添加耐高温的合金元素 Mo、Cr、Nb 等，使得钢材在 600℃ 时的屈服强度不小于常温屈服强度的 2/3，且其他性能（如可焊性等）与相应规格的普通结构钢基本一致。

（3）耐候钢：向钢中加入磷、铜、铬、镍等微量元素后，使钢材表面形成致密和附着性很强的保护膜，阻碍锈蚀往里扩散和发展，保护锈层下面的基体，以减缓其腐蚀速度。耐候钢是可减薄使用、裸露使用或简化涂装，而使制品抗蚀延寿、省工降耗、升级换代的钢系，也是可融入现代冶金新机制、新技术、新工艺而使其持续发展和创新的钢系。

（4）高效焊接钢。

（5）不锈钢：在空气中或化学腐蚀介质中能够抵抗腐蚀的一种高合金钢。

（6）非晶态金属：具有高强度高韧性的力学性能、高导磁低铁损的软磁特性、耐强酸强碱腐蚀的化学特性。

（7）超塑性合金：平均伸长率为 300%，主要利用其高变形能力、固相结合能力和减振能力；等等。

6.3　高性能结构陶瓷

高性能结构陶瓷是指具有高强度、高韧性、高硬度、耐高温、耐磨损、耐腐蚀和化学稳定性好等优异性能的一类先进的结构陶瓷，已逐步成为航空航天、新能源、电子信息、汽车、冶金、化工等工业技术领域不可缺少的关键材料。根据材料的化学组成，高性能结构陶瓷又可分为氧化物陶瓷（如 Al_2O_3、ZrO_2）、氮化物陶瓷（如 Si_3N_4、AlN）、碳化物陶瓷（如 SiC、TiC）、硼化物陶瓷（如 TiB_2、ZrB_2）、硅化物陶瓷（如 $MoSi_2$）及其他新型结构陶瓷（如 C_f/SiC 复合材料）。

高性能陶瓷材料一般以某一组分（或某一相态）为主要成分（或主相），在此基础上人为加入其他次要成分或次要相，甚至微量成分（以结构应用为目的的复相材料常含有两种或两种以上主要成分或主相）而组成。材料中几种组分的制备、混合以及其后的成型、烧结等工艺条件都与每一组分的性质有关，制备工艺条件往往对最终材料的性能起决定性作用。

　　高性能结构陶瓷的致命缺点是脆性破坏和可靠性较差。近20年来，为解决高性能结构陶瓷的脆性与可靠性问题开展了大量的基础研究和应用开发，其研究热点主要体现在以下三个方面。

　　(1)组成多元化、复合化。单组分陶瓷的性能已远不能满足高技术发展的需要。为更好地利用陶瓷材料的性能，在许多应用条件下需要将多种陶瓷进行组合或复合，以改善单组分陶瓷的性能或取得多组分材料性能互补的优势，扩大应用范围。其技术措施包括第二相颗粒弥散强化、纤维或晶须补强、原位生长针柱状晶补强、仿生增韧及纳米复合等。

　　(2)结构微细化、纳米化。从20世纪80年代开始，纳米结构陶瓷的研究受到高度重视。当致密陶瓷的晶粒尺寸由微米级细化到纳米级时，其晶界数量呈几何级数增加，应力可通过晶界的滑移作用而消失，使纳米陶瓷在一定的温度和应变速率条件下表现出超塑性，为陶瓷材料在高新技术领域中发挥更大的作用、获得更广泛的应用奠定了基础。目前纳米陶瓷粉末的制备技术已取得很大进展，用共沉淀法、溶胶-凝胶法和化学气相沉积法制备纳米陶瓷粉末的技术已趋于成熟，纳米粉末正获得日益广泛的应用。

　　(3)性能可设计、可模拟。随着科学技术的进步，结构陶瓷的研究已从过去的以经验为主步入能初步按照使用性能的要求对陶瓷材料进行设计和裁剪，同时一系列大型分析软件如Studio、ANSYS等可用于材料的性能与结构关系分析，对所设计材料的结构和性能进行模拟与预测。这样，可大幅度地减少实验工作量，提高研究效率，并为一些新型材料的发现提供理论指导。

6.3.1　氧化物陶瓷

　　氧化物陶瓷材料的原子结合以离子键为主，存在部分共价键，因此具有很多优异的性能。大部分氧化物具有很高的熔点、良好的电绝缘性能，特别是具有优异的化学稳定性和抗氧化性，在工程领域已经得到广泛的应用。

　　传统的硅酸盐陶瓷(如日用陶瓷、建筑陶瓷等)虽然也属于氧化物陶瓷的范畴，但不属于高性能结构陶瓷材料。这里介绍的氧化物陶瓷指由一种或多种工业级氧化物为原料并经高温烧结而成的具有优良性能的新型陶瓷材料，它可以是单一氧化物(如 Al_2O_3、MgO)，也可以是复合氧化物(如莫来石、堇青石)。

　　1. Al_2O_3 陶瓷

　　Al_2O_3 有许多同素异晶体，这些变体中最常见的有三种，即 α-Al_2O_3、β-Al_2O_3 和 γ-Al_2O_3，其中 α-Al_2O_3 是所有 Al_2O_3 变体中结构最紧密、活性最低、电学性质最好的晶相，具有优良的力学性能，在所有温度下都是稳定的。

　　Al_2O_3 陶瓷在电子技术领域中广泛用作真空电容器的陶瓷管壳、高功率电子管管壳、微波管用陶瓷管壳、微波管输能管的陶瓷组件、各种陶瓷基板(包括多层布线基板)及半导体集成电路陶瓷封装管壳等。它是电真空陶瓷的主要瓷种，也是生产陶瓷基板及多层线封装管壳的一种基本陶瓷材料。

　　真空电容器是以真空为介质的一种电容器，通常采用95瓷作为其管壳，在管内造成真空，使介质与外界环境隔离，电气特性的环境稳定性非常高，真空电容器的击穿电压比极板间距相同的空气电容器高10倍左右，所以与空气电容器相比，其体积小、质量轻。真空介质的介电损耗趋于零，真空电容器非常适于高频下使用。

玻璃是最早用作电子管管壳的材料，但是玻璃的介电损耗大，而且介质损耗随温度的升高增大较快，所以玻璃管壳的电子管即使功率较低，若工作频率超过 2000MHz 也有软化或爆裂的危险。目前高功率的各种电子管管壳多采用 95 瓷或 75 瓷。95 瓷具有机械强度高、绝缘性能好、高频损耗小、电绝缘强度高、耐高温、抗热震等优点。制成的电子管在排气时的除气温度比玻璃管壳高得多，除气比较彻底。这类材料特别适于制作较高频率及较高温度下的高功率电子管管壳。

微波管(包括速调管、磁控管、行波管等)主要用于雷达及卫星通信方面。微波管的管壳通常用 95 瓷制作，联结微波管与波导管的输能窗陶瓷组件采用高频损耗很小的 99 瓷制作。

75 瓷和 95 瓷也广泛用作厚膜电路基板的陶瓷材料，薄膜电路用的陶瓷基板多为 97 瓷或 99 瓷基板。要求薄膜电路基板具有很高的表面光洁程度，97 瓷或 99 瓷薄膜电路基板的布线表面常需要用金刚石抛光。

随着半导体集成电路，特别是大规模集成电路的发展，开发多层布线陶瓷基板或半导体集成电路陶瓷封装管壳受到重视。为了保证半导体集成电路高可靠、长寿命、低成本，国内外都大量用 Al_2O_3 含量在 90%～95%的刚玉瓷来生产多层布线陶瓷基板或集成电路陶瓷封装管壳。目前我国采用 95 瓷瓷料生产双列直插式集成电路陶瓷封装管壳。用 Al_2O_3 陶瓷管壳封装的半导体集成电路气密性好、可靠性高，是一种高档器件。

陶瓷刀具具有硬度高、耐磨性能及高温力学性能优良、化学稳定性好、不易与金属发生黏结等特点，广泛应用于难加工材料的切削、超高速切削、高速干切削和硬切削等。Al_2O_3 陶瓷刀具主要用于加工各种铸铁(灰铸铁、球墨铸铁、可锻铸铁、冷硬铸铁、高合金耐磨铸铁等)和特种钢料(碳素结构钢、合金结构钢、高强度钢、高锰钢、淬硬钢等)；也可加工铜合金、石墨、工程塑料和复合材料。由于铝元素的化学亲和作用，Al_2O_3 陶瓷刀具不适合加工铝合金和钛合金。Al_2O_3 陶瓷制造的滚刀、铰刀、成型车刀等刀具不仅可用于普通车床加工，而且由于其稳定可靠的切削性能，特别适用于数控机床、加工中心和自动线加工，尤其对高精度、高硬度及大型工件的切削具有良好效果。

2. ZrO_2 陶瓷

ZrO_2 的熔点很高(2667℃)，在纯氧化物中仅次于 ThO_2(3300℃)、MgO(2800℃)和 HfO_2(2770℃)，同时它具备良好的化学稳定性和热稳定性，在高温下电导增加，因而在新的技术领域内获得了越来越广泛的应用。

ZrO_2 和含 ZrO_2 材料的传统应用是铸造用的砂和粉、耐火材料、陶瓷、涂层颜料、磨料等。这些应用仍然是 ZrO_2 的主要市场。ZrO_2 基陶瓷的热力学和电学性能使它能在先进陶瓷和工程陶瓷中有广泛的应用，如 ZrO_2 制品挤压模、机器的耐磨件、陶瓷发动机的活塞顶等。

ZrO_2 正在从韧性、抗磨损性和耐热性方面开拓它的应用，用 ZrO_2 作为增韧剂的复合材料，如 ZTA(ZrO_2 增韧 Al_2O_3 陶瓷)也有希望用作切削刀具。离子导电 ZrO_2 能用作氧传感器的固体电解质、燃料电池、高温炉的发热元件等。

ZrO_2 的韧性在所有陶瓷中是最高的，其韧性与强度、硬度和耐化学腐蚀性综合起来，能应用于苛刻负荷条件下的严酷环境。开发的部分稳定 ZrO_2(PSZ)耐磨损材料已用作拉丝模、轴承、密封件和骨替代材料(如髋关节)。ZrO_2 的低热导用于汽车发动机是有利的，如用作活塞顶、缸盖底板和气缸内衬，由此减少了燃烧室的热损失并提高了火焰温度，从而提高了发动机的热效率。ZrO_2 的耐磨损性能使其可应用于发动机，包括气门机构中的凸轮、凸轮随动件、挺柱和排气门。ZrO_2 的热膨胀系数能与铸铁的热膨胀系数匹配得很好，因此这两种材料可以连接，以获得不太昂贵的汽车部件。

用浇注或等静压成型的 PSZ 耐火坩埚，可在真空感应熔化或在空气气氛中熔化高温金属，如钴合金或贵金属铂、钯、铑。与其他耐火材料相比，ZrO_2 相对较高的价格使其只能应用于有特殊性能要求的场合。PSZ 对酸碱熔渣和钢水是相当稳定的。这种两性物质的特性与它优异的耐腐蚀和抗热震性综合起来，使它能用于钢水连铸设备中的定径流钢口。在高氧钢或钙–轴承钢和要求减少腐蚀/侵蚀的情况下，PSZ 可用于 Al_2O_3 石墨滑板的镶嵌件和循环浇口阀。ZrO_2 在切削方面用于难加工的材料，如玻璃纤维、磁带、塑料膜和香烟过滤嘴等制品。

ZrO_2 成功地用作不同场合下使用的高温绝热材料，最高工作温度达 2500℃。ZrO_2 有低的导热性和优良的化学稳定性，以及高强度和高硬度，可用作火箭和喷气发动机的耐腐蚀部件。在原子反应堆工程中，ZrO_2 陶瓷也得到应用。由于 ZrO_2 具有在高温下仍保持较高强度的性质，故可作为高温结构材料。

由于 ZrO_2 固溶体具有离子导电性，故可用作高温下工作的固体电解质，应用于工作温度为 1000～1200℃的化学燃料电池。作为固体电解质，ZrO_2 还可用于其他电源，其中包括有希望用于磁流体发电机的电极材料。利用 ZrO_2 的高温导电性，还可将这种材料作为电流加热的光源和电热发热元件。ZrO_2 高温发热元件可在氧化气氛中将电炉加热到 2200℃。

ZrO_2 加入一系列其他氧化物基体中，如莫来石、尖晶石、堇青石和锆英石等，可改善这些氧化物的韧性。与 PSZ 系统同时研制的第一个系统是 ZrO_2 增韧 Al_2O_3(ZTA)。这种材料在烧结产品中所含的未经稳定的 ZrO_2 如果颗粒足够小，能以 t-ZrO_2 的形式保留下来。在这一系统中增韧机理主要是相变增韧和微裂纹增韧，弥散强化也起作用。ZTA 首先用作工业砂轮的增韧磨料，其研磨效率与常规材料相比大为改善，其他的应用为金属切削刀具和发动机部件。

3. 其他氧化物陶瓷

除以上两种典型的高性能氧化物陶瓷外，还有 MgO 陶瓷、BeO 陶瓷、石英陶瓷、莫来石陶瓷、堇青石陶瓷等，各自都有独特的性能和应用，在此不再详述。

6.3.2 微晶玻璃

微晶玻璃是通过加入晶核剂等方法，经过热处理过程在玻璃中形成晶核，再使晶核长大而形成的玻璃与晶体共存的均匀多晶材料。早在 18 世纪，法国化学家鲁米汝尔就提出了用玻璃制备多晶材料的设想，但直到 20 世纪 50 年代这个设想才由美国康宁公司实现。该公司在玻璃中析出了极小的晶体，但这些晶体只占最终材料的一小部分。随后，用这种多晶材料制成的器皿出现在市场上，称为 glass-ceramics(玻璃陶瓷)，国内多译为"微晶玻璃"，并一直沿用至今。经过六十多年的发展，这种材料在理论研究和实际应用方面都取得了长足进展，材料中晶相含量越来越高，可达 90%以上。

与其他材料相比，微晶玻璃具有热膨胀系数可调(可实现零膨胀系数)、机械强度高、电气绝缘性优良、介电损耗小、耐磨、耐腐蚀、耐高温、化学稳定性好等优点，因而它既可作为结构材料，也可作为功能材料，在国防尖端技术、能源、化工、冶金、汽车、机械、建筑及生活等许多领域正获得日益广泛的应用。

1. 硅酸盐类微晶玻璃

简单硅酸盐微晶玻璃主要由碱金属和碱土金属的硅酸盐晶相组成，这些晶相的性能也决定了微晶玻璃的性能。研究最早的光敏微晶玻璃与矿渣微晶玻璃即属于这类微晶玻璃。

光敏微晶玻璃中析出的主要稳定相是二硅酸锂，这种晶体具有沿某些晶面或晶格方向生长而成的树枝状形貌，实质上是一种骨架结构。二硅酸锂晶体比玻璃基体更容易被氢氟酸腐蚀，基于这种独特的性能，光敏微晶玻璃可以进行刻蚀加工成图案尺寸精度高、形状复杂的电子器件，如磁头基板、射流元件等。

矿渣微晶玻璃是指利用高炉矿渣、钢铁废渣、铬渣、钛渣、磷渣、硼镁渣以及放射性废渣为主要原料制备的微晶玻璃。在矿渣微晶玻璃的产业化研究上，国外较为成熟，其产品次品率低，生产稳定，现在其研究重心主要转移到利用矿渣微晶玻璃制备技术对核废料和矿渣中易溶于水的有害重金属离子进行固定，或者进一步提高矿渣微晶玻璃的性能和矿渣用量上。当前，国内对于各种类别的矿渣微晶玻璃还处于研制开发阶段，但也取得了一定的成果。由于前期一些微晶玻璃生产单位的运行效果并不令人满意，均在不同程度上存在合格率低、性能不稳定等弊端，严重地影响正常生产，因此还须对产业化工程技术方向进行研究，解决矿渣成分波动，热工设备的设计、制造等关键性技术问题，提高矿渣微晶玻璃制品的合格率，降低综合制备成本。

2. 铝硅酸盐类微晶玻璃

这类材料具有优良的热稳定性、抗冲击性及化学稳定性，其中主要有 Li_2O-Al_2O_3-SiO_2 系统、MgO-Al_2O_3-SiO_2 系统、ZnO-Al_2O_3-SiO_2 系统和 CaO-MgO-Al_2O_3-SiO_2 系统。

Li_2O-Al_2O_3-SiO_2 系统微晶玻璃最主要的特性是热膨胀系数在很大范围内可调，而且可达到零膨胀，甚至负膨胀。这与析出的晶体具有各向异性的热膨胀行为有关。热膨胀系数接近零、高强度的透明微晶玻璃可用于制造天文望远镜、耐高温炊具、环形激光陀螺等。

同时，Li_2O-Al_2O_3-SiO_2 系统微晶玻璃具有硬度大、强度高和成型简单等特点，可用于滚珠轴承、加工刀具、气缸、汽轮机叶片、耐酸泵、发动机喷嘴、热交换器和化工管道等部件。此外，它还是非常重要的民用材料，制品的外观从半透明到白色不透明，表面有光泽，特别是白色制品，有清洁感，易清洗，因此可作为超耐热高级炊具和餐具，如各类碟、碗、炖锅，即使将其烧得赤红投到冷水中也不会炸裂。

MgO-Al_2O_3-SiO_2 系统在晶化过程中可以析出多种介稳与稳定相晶体。其中最重要的是堇青石型（$2MgO \cdot 2Al_2O_3 \cdot 5SiO_2$）微晶玻璃，它在晶化过程中经历一系列相变过程，析出的稳定主相为堇青石，还可能有方石英、金红石等晶体。这种材料具有优良的介电性能和抗热震性，可用于制造雷达天线保护罩。

ZnO-Al_2O_3-SiO_2 系统微晶玻璃分为以硅锌矿（$SiO_2 \cdot 2ZnO$）、锌尖晶石（$ZnO \cdot Al_2O_3$）及以 β 石英固溶体或透锌长石（$ZnO \cdot Al_2O_3 \cdot 8SiO_2$）为主晶相等三类。基于不同晶体具有差异很大的热膨胀系数，可通过组成调节热膨胀系数。这类材料可兼有低热膨胀系数、高电阻和优良的化学稳定性，可以用于电气元件和电灶板等。

CaO-MgO-Al_2O_3-SiO_2 系统微晶玻璃可用长石、石英、白云石、方解石和滑石等天然矿物为主要原料，采用熔融法制备而成。采用 CaF_2、Cr_2O_3 和 ZrO_2 作为复合晶核剂，有利于降低界面能，使成核活化能降低，因而易得到组织致密、晶粒细小的高性能耐磨微晶玻璃。

3. 氟硅酸盐类微晶玻璃

这类微晶玻璃中析出一维或多维各向异性的晶体，类似于天然云母，具有与金属类似的可加工性及较高的强度和韧性。主要有两种类型：片状氟金云母型和链状氟硅酸盐型。

片状氟金云母型主要析出氟金云母($KMg_3AiSi_3O_{10}F_2$)片状晶体。由于它能像金属一样在机床上进行各种加工，并获得高的尺寸精度，称为可切削微晶玻璃。其商品 MACOR 在电绝缘及航天飞船的部件等方面获得应用。在此基础上，又发展了一种以四硅云母($KMg_{2.5}Si_4O_{10}F_2$)为主晶相的材料，它不仅强度高，而且具有优良的化学稳定性与半透明性，主要用于牙齿的整修。若掺杂少量 CeO_2 可具有一定的光泽，外形更接近自然的牙齿。

链状氟硅酸盐型为针状晶体形成的交织链状结构，这使将材料具有好的韧性，类似于天然玉石。目前，已研制成功的有氟钾钙镁闪光石($KNaCaMgSi_8O_{22}F_2$)及氟硅碱钙石($Ca_5Na_4K_4Si_{12}O_{30}(OH,F)_4$)两种。前者引入适量的 Al_2O_3、P_2O_5 和 Li_2O 调节性能，材料可获得优良的工艺特性，适用于高速成型方法；具有高的热膨胀系数($115×10^{-7}K^{-1}$)，也可施以低膨胀面釉，制备成高强、美观的餐具。后者易于熔制，可采用压延、压制成型，能用于新型建筑饰面材料、磁盘的基板等。

4. 其他微晶玻璃

除以上几种微晶玻璃外，还有磷酸盐微晶玻璃、硼酸盐微晶玻璃等，分别在生物医药、光学器件等方面得到研发和应用。

6.3.3 碳化物陶瓷

典型碳化物陶瓷材料有碳化硅(SiC)、碳化硼(B_4C)、碳化钛(TiC)、碳化锆(ZrC)、碳化钒(VC)、碳化钽(TaC)、碳化钨(WC)和碳化钼(Mo_2C)等。它们的共同特点是熔点高，许多碳化物的熔点都在 3000℃以上，其中 HfC 和 TaC 的熔点分别为 3887℃和 3877℃。碳化物在非常高的温度下均会发生氧化，但许多碳化物的抗氧化能力都比 W、Mo 等高熔点金属好，这是因为在许多情况下碳化物氧化后所形成的氧化膜具有提高抗氧化性能的作用。碳化物脆性一般较大，并在高温和氮作用时形成氮化物。

1. SiC 陶瓷

SiC 陶瓷具有高温强度高、抗蠕变、硬度高、耐磨、耐腐蚀、抗氧化、高热导、高电导和优异的热稳定性，使其成为 1400℃以上最有价值的高温结构陶瓷，具有十分广泛的应用领域。SiC 陶瓷在各个工业领域中应用很广，其用途如表 6.1 所示。

表 6.1 SiC 陶瓷的性能与应用

应用领域	使用环境	用途	主要优点
石油工业	高温、高液压、研磨	喷嘴、轴承、密封、阀片	耐磨
化学工业	强酸、强碱	密封、轴承、泵零件、热交换器	耐磨、耐蚀、高气密性
	高温氧化	气化管道、热电偶套管	耐高温腐蚀
汽车、拖拉机、飞机、火箭	发动机燃烧	燃烧器部件、涡轮增压器转子、燃气轮机叶片、火箭喷嘴	低摩擦、高强度、低惯性负荷、抗热震

应用领域	使用环境	用途	主要优点
汽车、拖拉机	发动机油	阀系列元件	低摩擦、耐磨
机械、矿业	研磨	喷砂嘴、内衬、泵零件	耐磨
造纸工业	纸浆废液、纸浆	密封、套管、轴承、吸箱盖、成型板	耐磨、耐蚀、低摩擦
热处理、熔炼钢	高温气体	热电偶套管、辐射管、热交换器、燃烧元件、新型脱氧剂	耐热、耐蚀、高气密性、强化脱氧、增硅增碳

2. B$_4$C 陶瓷

B$_4$C 陶瓷的显著特点是高硬度、高熔点(约 2450℃)、低密度(其密度是钢的 1/3);耐酸碱性好,热膨胀系数小,但抗热冲击性能差。B$_4$C 的研磨效率可达到金刚石的 60%～70%,可比 SiC 提高 50%,是刚玉研磨能力的 1～2 倍。热压 B$_4$C 的抗弯强度为 400～600MPa,断裂韧性为 6MPa·m$^{1/2}$。B$_4$C 还是一种高温 p 型半导体,具有较大的热电动势(100μV/K),随 B$_4$C 中含碳量的减少,可从 p 型半导体转变成 n 型半导体。B$_4$C 具有较高的中子吸收截面,能有效地吸收热中子。

B$_4$C 所具有的高硬度,使其在制备研磨剂、切削刀具、耐磨部件、喷嘴、轴承和防弹材料方面获得广泛应用;其低密度和高的高温强度,使它成为一种有前途的航空航天用材料。B$_4$C 具有很高的热中子吸收能力,既可作为核反应堆的控制棒,又可作为核反应屏蔽材料。利用 B$_4$C 的高温热电性能,可以制造热电偶元件、高温半导体、宇宙飞船用热电转化装置等,日本已开发出工作温度达 2200℃的 B$_4$C 热电偶。B$_4$C 具有优越的抗化学侵蚀能力,可用于制作化学器皿、熔融金属坩埚等。

3. TiC 陶瓷

TiC 为黑色粉末,碳和钛的组成范围很宽,从 TiC$_{0.5}$ 到 TiC$_{0.07}$ 都是稳定的;具有熔点高、抗氧化、强度高、硬度高、导热性良好、化学稳定性好、韧性好以及对钢铁类金属的化学惰性等优异性能;主要用来制造金属陶瓷、耐热合金和硬质合金。TiC 基金属陶瓷可用来制造在还原性和惰性气体中使用的高温热电偶保护套和熔炼金属的坩埚等。

TiC 属面心立方晶型,熔点高。TiC 陶瓷强度较高,导热性较好,硬度大,化学稳定性好,不水解,高温抗氧化性好(仅次于 SiC),在常温下不与酸起反应,但在硝酸和氢氟酸的混合酸中能溶解,于 1000℃在氮气氛中能形成氮化物。

TiC 陶瓷硬度大,是硬质合金生产的重要原料,利用 TiC 和 TiN、WC、Al$_2$O$_3$ 等原料制成各类复相陶瓷材料,这些材料具有高熔点、高硬度、优良的化学稳定性,并具有良好的力学性能,可用于制造耐磨原料、切削刀具材料、机械零件等,还可制作熔炼锡、铅、镉、锌等金属的坩埚。透明 TiC 陶瓷是良好的光学材料;多孔 TiC 陶瓷可作为耐高温材料以及用来制作过滤器和光催化材料,当 TiC 空隙率在 50%时,很适合用于人造骨骼。

4. WC 陶瓷

WC 相对分子质量为 195.86,灰色或黑色,六方晶系,密度为 15.63g/cm^3,显微硬度为 24.52GPa,熔点为 2870℃±50℃,沸点约 6000℃;不溶于水,也不溶于酸,并且在室温下不被氢氟酸与硝酸的混合酸侵蚀,但溶于王水;室温下,与氟反应时发光;在空气中加热时,会被氧化。烧结 WC 棒的抗拉强度为 344.7MPa；弹性模量为 70.67GPa。室温下，热压试样的抗弯强度为 551.6MPa；线膨胀系数为 $3.84 \times 10^{-6} °C^{-1}$（20～1000℃）；热导率为 29.3W/(m·K)（20℃）；电阻率为 19.2μΩ·cm，电导率为纯钨的 40%。

超细硬质合金是近年来发展起来的工具材料。主要以超细 WC 粉末为基础原料，并添加适当的黏结剂（如 Co）和晶粒长大抑制剂来生产高硬度、高耐磨性和高韧性的硬质合金材料，其性能比常规硬质合金高，在难加工金属材料工具、电子行业的微型钻头、精密模具、医用牙钻等领域已呈现出越来越广泛的应用前景。

加拿大 VM Advanced Carbides 公司研制出一种不含金属黏合相的 WC 陶瓷材料，不仅能改善其力学性能，而且能使这种材料在高温条件下使用。这种新型 WC 陶瓷材料有很多用途。不含金属黏合相大大地改善了其高温力学性能以及抗氧化、抗腐蚀性能。因此，这种 WC 陶瓷材料是高速金属切削加工以及目前陶瓷切削刀具等的有力竞争对手。其他的潜在用途还包括在化学、石油化工、矿业中，金属陶瓷封接、水刀喷头以及各种机器的耐磨蚀内衬材料等的应用。

6.3.4　氮化物陶瓷

多数氮化物陶瓷的熔点都比较高，特别是化学元素周期表中ⅢB、ⅣB、ⅤB、ⅥB 过渡元素都能形成高熔点氮化物。氮化物陶瓷主要有 Si_3N_4、AlN、BN、TiN 和赛隆陶瓷等。

1. Si_3N_4 陶瓷

由于 Si_3N_4 陶瓷具有优异性能，它已在许多工业领域获得了广泛的应用，并有更多的潜在用途。

Si_3N_4 陶瓷材料具有耐高温耐磨性能，在陶瓷发动机中用于制备燃气轮机的转子、定子和涡形管；无水冷陶瓷发动机中，用热压 Si_3N_4 作活塞顶，用反应烧结 Si_3N_4 作燃烧器，它还可用作柴油机的火花塞、活塞顶、气缸套、副燃烧室以及活塞涡轮组合式航空发动机的零件等。

Si_3N_4 陶瓷的化学稳定性很好，耐氢氟酸以外的所有无机酸和某些碱液的腐蚀，也不被铅、铝、锡、银、黄铜、镍等熔融金属合金所浸润与腐蚀。因此它可以用于化学工业中制备耐蚀耐磨零件，如球阀、密封环、过滤器、热交换器部件、管道、催化剂载体等。

Si_3N_4 陶瓷具有耐磨性好、强度高、摩擦系数小的特点，抗弯强度比较高，硬度也很高，同时摩擦系数小，具有自润滑性。因此它可用于机械工业，如制造轴承、高温螺栓、工模具、柱塞、密封材料等。

Si_3N_4 陶瓷的高温电阻率比较高（$10^{13} \sim 10^{14} \Omega \cdot cm$），介电常数为 8.3，介质损耗为 0.001～0.1，一方面可以作为较好的绝缘材料；另一方面可以用于电子、军事和核工业上，如开关电路基片、薄膜电容器、高温绝缘体、雷达天线罩、导弹喷管、炮筒内衬，核反应堆的支承件、隔离件和核裂变物质的载体等。

此外，Si_3N_4 陶瓷还可用作热机材料、切削工具、高级耐火材料等。

2. 赛隆陶瓷

赛隆（SiAlON）陶瓷是 $Si_3N_4-Al_2O_3-AlN-SiO_2$ 系列化合物的总称。"SiAlON" 一词是指含 Si-Al-O-N 元素构成的化合物，由 1971 年日本 Oyama 和 Kamigaito 以及 1972 年英国 Jack 和 Wilson 发现。

赛隆陶瓷有可能减少或消除熔点不高的玻璃态晶界，而以具有优良性能的固溶体形态存在，因此其具有诸多的优良性能，如较高的耐腐蚀性、高的硬度、优良的耐热冲击性能。常温强度和高温抗氧化性均优于氮化硅陶瓷，但高温强度不及氮化硅陶瓷。赛隆陶瓷还具有化学性质稳定、耐磨性很好、热膨胀系数低、抗热冲击性好等特点。

赛隆陶瓷具有许多优异性能，因而是值得注意的新型高温结构陶瓷。它在军事工业、航空航天工业、机械工业和电子工业等方面都具有一定的应用前景。

赛隆陶瓷易于直接烧结到工件所需尺寸，硬度高，耐磨性能好，已在机械工业上用于制造轴承、密封件、焊接套筒和定位销及磨损件等。例如，某普通金属定位销的寿命为 7000 次，而赛隆定位销的寿命可达 500 万次。赛隆密封件的性能也优于其他陶瓷材料。赛隆陶瓷可以用作连铸用的分流环、热电偶保护套管、晶体生长器具、坩埚、高炉下部内衬、铜铝合金管拉拔芯棒，以及滚轧、挤压和压铸用模具材料。

赛隆陶瓷具有良好的高温力学性能，可用于制作热机材料，如用于汽轮发动机的针阀和挺杆垫片等。赛隆陶瓷还可以用来制作切削工具，其热硬性比 Co-WC 硬质合金和 Al_2O_3 高，在刀尖温度大于 1000℃时仍可进行高速切削。

赛隆陶瓷还可制作透明陶瓷，如高压钠灯灯管、高温红外测温仪窗口。此外，它还可以用作生物陶瓷，制作人工关节等。

3. AlN 陶瓷

AlN 陶瓷的熔点较高，为 2450℃，在 2000℃以内的非氧化气氛中稳定性很好。它具有高的热导率，是 Al_2O_3 陶瓷的 10 倍，与 BeO 陶瓷相近。其热膨胀系数与硅相似，绝缘电阻高，介电常数适中，介质损耗低，力学性能好，耐腐蚀、透光性强。

AlN 陶瓷具有较高的室温强度和高温强度，热膨胀系数小，导热性能好，可以用作高温构件、热交换器材料等。AlN 透光性强，可用于制作半透明陶瓷。AlN 陶瓷能耐铁、铝等金属和合金的溶蚀，可用作 Al、Cu、Ag、Pb 等金属熔炼的坩埚、热电偶保护管、真空蒸镀用容器和浇注模具材料。AlN 陶瓷在非氧化性气氛中耐高温性能好，可用作真空中蒸镀金(Au)的容器、耐热砖、耐热夹具等，特别适合于作为 2000℃左右非氧化性电炉的炉衬材料。

AlN 陶瓷中加入 CaF_2 可以减少 AlN 的摩擦系数，因此可以用作潜水泵减磨零件。AlN 陶瓷具有高的热导率和高的绝缘电阻的特性，其热导率是 Al_2O_3 的 8～10 倍，热压时强度比 Al_2O_3 还高，可用于要求高强度、高热导率的场合，如大规模集成电路的基板、车辆用半导体元件的绝缘散热基体等。AlN 薄膜可制成高频压电元件。超大规模集成电路基片是 AlN 陶瓷当前最主要的用途之一。

4. BN 陶瓷

BN 有三种晶型：六方 BN(HBN)、密排六方 BN(WBN)和立方 BN(CBN)。HBN 在常压下是稳定相，WBN 和 CBN 是高压稳定相，在常压下是亚稳相。HBN 在高温、高压下转变为WBN 或 CBN。

HBN 晶体呈白色，硬度低，摩擦系数小(0.03～0.07)，可加工性好，可以用作高温润滑剂；强度比石墨高，在中性或还原性气氛中的使用温度可达 2800℃；是良好的热导体和电绝缘体，具有优良的抗热冲击性。利用它较好的耐高温性和绝缘性，可作为高温下的电绝缘材料；在电子工业中，利用其导热性及对微波辐射的穿透性能，用作雷达的传递窗；在原子能工业中，它可用作核反应堆的结构材料；利用它熔点较高、热膨胀系数小以及几乎对所有熔融金属都稳定的性能，可用作高温金属冶炼坩埚耐热材料、散热片和导热材料等。

　　CBN 通常为黑色、棕色或暗红色的晶体，为闪锌矿结构，具有良好的导热性；硬度仅次于金刚石，是一种超硬材料，主要用于制造刀具、磨具和磨料。

6.3.5　硼化物陶瓷

　　硼化物陶瓷是一类新型结构陶瓷，常见的有 TiB_2、ZrB_2、HfB_2、TaB_2 和 LaB_6 等，主要为硼和过渡金属形成的二硼化物，大多数二硼化物(MB_2)都属于六方晶系。

　　硼化物陶瓷有许多优异的性能，如高熔点和难挥发、高硬度、高耐腐蚀性等，因而可用于众多工业及高新技术领域。

　　TiB_2 陶瓷可用于金属挤压模、拉丝模、喷砂嘴、密封元件、金属切削工具等。TiB_2 具有较高的硬度、强度及断裂韧性，故在金属切削工具方面应用广泛。例如，瑞典 Sandvik 公司生产的 TiB_2 刀具和拉丝模具，年产值在 500 万美元以上。TiB_2 还可作为多种复合材料的重要组元，日本、英国、德国等国已开展了 TiB_2-TiC、TiB_2-TiN、TiB_2-TaB_2 以及 TiB_2-TiC-SiC、TiB_2-TiC-Y_2O_3 等二元和三元复合陶瓷材料的研究，这些陶瓷材料在金属切削工具方面获得应用。

　　过渡金属硼化物的应用主要集中于它的高导电性和它抵抗熔体以及对金属的良好润湿性能。TiB_2-AlN-BN 蒸发皿具有高的电导率和优良的抗冰晶石熔体腐蚀的能力，但与某些纤维有晶界反应。由于热膨胀具有强的各向异性，抗热震性较差，这是它作为导电体取代石墨电极的重要制约因素。

6.4　特种工程塑料

　　特种工程塑料是指综合性能较高，长期使用温度在 150℃以上的一类工程塑料，主要包括聚苯硫醚、聚酰亚胺、聚醚醚酮、液晶高分子及聚砜。特种工程塑料具有独特、优异的物理性能，主要应用于电子电气、特种工业等高科技领域。

6.4.1　聚苯硫醚

　　聚苯硫醚全称为聚苯基硫醚，是分子主链中带有苯硫基的热塑性树脂，英文名为 polyphenylene sulfide，PPS)。

　　PPS 是一种综合性能优异的特种工程塑料，具有优良的耐高温、耐腐蚀、耐辐射、阻燃、均衡的物理力学性能和极好的尺寸稳定性以及优良的电性能等特点，广泛用作结构性高分子材料，通过填充、改性后广泛用作特种工程塑料。同时，它还可制成各种功能性的薄膜、涂层和复合材料，在电子电气、航空航天、汽车运输等领域获得成功应用。

6.4.2　聚酰亚胺

　　聚酰亚胺是分子结构含有酰亚胺基链节的芳杂环高分子化合物，英文名为 Polyimide(PI)，可分为均苯型 PI、可溶性 PI、聚酰胺-酰亚胺(PAI)和聚醚酰亚胺(PEI)四类。

　　PI 是目前工程塑料中耐热性最好的品种之一，有的品种可长期承受 290℃高温和短时间承受 490℃高温，也耐极低温，如在-269℃的液态氢中不会脆裂。另外，PI 力学性能、耐疲劳性能、难燃性、尺寸稳定性、电性能都好，成型收缩率小，耐油、一般酸和有机溶剂(但不耐碱)，有优良的耐摩擦、磨损性能，无毒性。

　　PI 在航空、汽车、电子电气、工业机械等方面均有应用，可作为发动机供燃系统零件、喷气发动机元件、压缩机和发电机零件、扣件、花键接头和电子联络器，还可作为汽车发动机部件、轴承、活塞套、定时齿轮，电子工业上作为印刷电路板、绝缘材料、耐热性电缆、接线柱、插座，机械工业上作为耐高温自润滑轴承、压缩机叶片和活塞机、密封圈、设备隔热罩、止推垫圈、轴衬等。

6.4.3　聚醚醚酮

聚醚醚酮(poly-ether-ether-ketone，PEEK)是在主链结构中含有一个酮键和两个醚键的重复单元所构成的高分子，属特种高分子材料。

PEEK 有很多优异的性能，如机械强度高、耐高温、耐冲击、阻燃、耐酸碱、耐水解、耐磨、耐疲劳、耐辐照及良好的电性能等，因而成为当今最热门的高性能工程塑料之一，应用于航空航天、汽车工业、电子电气和医疗器械等领域。

PEEK 可加工成各种高精度的飞机零部件，由于其耐水解、耐腐蚀和阻燃性能好，可加工成飞机的内/外部件及火箭发动机的许多零部件；可以替代金属(包括不锈钢、钛)制造发动机内罩、汽车轴承、密封件和制动片等；可用来制造压缩机阀片、活塞环、密封件等；可制造需高温蒸汽消毒的各种医疗器械；同时 PEEK 是理想的电绝缘材料，特别是在半导体工业中得到广泛应用。

6.4.4　液晶高分子

液晶高分子(liquid crystal polymer，LCP)是介于固体结晶和液体之间的中间状态高分子。它是一种新型的高分子材料，在熔融态时一般呈现液晶性。

液晶高分子具有高强度、高刚度、耐高温、电绝缘性十分优良等特性，用于电子电气、光导纤维、汽车及宇航等领域。用液晶高分子制成的纤维可以制成渔网、防弹服、体育用品、制动片、光导纤维、显示材料等，还可制成薄膜，用于软质印刷电路、食品包装等。热致液晶高分子还可与多种塑料制成高分子共混材料，这些共混材料中液晶高分子起到纤维增强的作用，可以大大提高材料的强度、刚度及耐热性等。

6.4.5　聚砜

聚砜是分子主链中含有砜基($-SO_2-$)和亚芳基的热塑性树脂，英文名 Polysulfone(PSF 或 PSU)，有普通双酚 A 型 PSF(即通常所说的聚砜)、聚芳砜和聚醚砜三种。

PSF 是略带琥珀色的非晶型透明或半透明高分子，力学性能优异，刚度大、耐磨、强度高、热稳定性高，耐水解，尺寸稳定性好、成型收缩率小、无毒、耐辐射、耐燃、有熄性；在宽的温度和频率范围内有优良的电性能；化学稳定性好，除浓硝酸、浓硫酸、卤代烃外，能耐一般酸、碱、盐，在酮、酯中溶胀。PSF 的缺点是耐紫外线和耐候性较差、疲劳强度低。

PSF 主要用于电子电气、食品和日用品、汽车、航空、医疗和一般工业等部门，制作各种接触器、接插件、变压器绝缘件、可控硅帽、绝缘套管、线圈骨架、接线柱、印刷电路板、轴套、罩、电视系统零件、电容器薄膜、电刷座、碱性蓄电池盒、电线电缆包覆。

PSF 还可制作防护罩元件、电动齿轮、蓄电池盖、飞机内/外部零配件、宇航器外部防护罩、照相器挡板、灯具部件、传感器。

PSF 也可代替玻璃和不锈钢制作蒸汽餐盘、咖啡盛器、微波烹调器、牛奶盛器、挤奶器部件、饮料和食品分配器。

PSF 也可用在卫生及医疗器械方面制作外科手术盘、喷雾器、加湿器、牙科器械、流量控制器、起槽器和实验室器械等，还可用于镶牙。

第7章 功能陶瓷

7.1 概　述

　　功能陶瓷是指在应用时主要利用其非力学性能的材料，这类材料通常具有一种或多种功能，如电、磁、光、热、化学、生物等；有的还有耦合功能，如压电、压磁、热电、电光、声光、磁光等。随着材料科学的迅速发展，功能陶瓷材料的各种新性能、新应用不断被人们所认识，并积极加以开发。由于科学技术的高度发展，对陶瓷材料的性能、质量以及要求越来越高，促使部分陶瓷发展成为新型的具有特殊功能类型的材料。这类陶瓷无论在性能和使用上，还是在制作工艺上都要求高度精细，故它与结构陶瓷一起，统称为精细陶瓷。通常将具有单一功能的陶瓷，如力学功能、热功能和部分化学功能的陶瓷列为结构陶瓷；而将具有电、光、磁及部分化学功能的多晶无机固体材料列为功能陶瓷。

　　常见的功能陶瓷主要有电介质陶瓷、半导体陶瓷、磁性陶瓷、超导陶瓷、化学功能瓷和生物功能瓷等，另外还有绝缘陶瓷、发光陶瓷、感光陶瓷、吸波陶瓷、激光用陶瓷、核燃料陶瓷、推进剂陶瓷、太阳能光转换陶瓷、储能陶瓷、陶瓷固体电池、阻尼陶瓷、生物技术陶瓷、催化陶瓷、特种功能薄膜等，在自动控制、仪器仪表、电子、通信、能源、交通、冶金、化工、精密机械、航空航天、国防等部门均发挥着重要作用。随着现代新技术的发展，功能陶瓷及其应用正向着高可靠、微型化、薄膜化、精细化、多功能、智能化、集成化、高性能、高功能和复合结构方向发展。

　　功能陶瓷是新材料的一个组成部分，它在国民经济中的能源、电子、航空航天、机械、汽车、冶金、石油化工和生物等各方面都有广阔的应用前景，成为各工业技术特别是尖端技术中不可缺少的关键材料，在国防现代化建设中，武器装备的发展也离不开功能陶瓷材料。随着我国国民经济的高速发展、工业技术水平的不断提高、人民生活的不断改善以及国防现代化的需要，迫切地需要大量的功能陶瓷产品，市场前景十分广阔。

7.2 压　电　陶　瓷

　　1880 年，居里兄弟首先在单晶上发现压电效应。某些介质在力的作用下产生形变，引起介质表面带电，称为正压电效应。反之，施加激励电场，介质将产生机械变形，称为逆压电效应。这种效应已被科学家应用在许多领域，以实现能量转换、传感、驱动、频率控制等功能。压电陶瓷是指把氧化物混合高温烧结、固相反应后而成的多晶体，通过直流高压极化处理使其具有压电效应的铁电陶瓷的统称，是一种能将机械能和电能互相转换的功能陶瓷材料。

　　1940 年美国麻省理工学院绝缘研究室发现，在钛酸钡铁电陶瓷上施加直流高压电场，使其自发极化沿电场方向择优取向，除去电场后仍能保持一定的剩余极化，具有压电效应，从此诞生了压电陶瓷，是压电材料发展的一个飞跃。1950 年后，发现了压电 PZT 体系具有非常强和稳定的压电效应，是具有重大实际意义的进展。1970 年后，添加不同添加剂的二元系 PZT

陶瓷具有优良的性能，已经用来制造滤波器、换能器、变压器等。随着电子工业的发展，对压电材料与器件的要求越来越高，二元系 PZT 已经满足不了使用要求，于是研究和开发性能更加优越的三元、四元甚至五元压电材料。

20 世纪 80 年代后期，压电薄膜已成为压电材料应用研究的重要方向之一。压电薄膜能制成非易失随机存取存储器、热释电红外探测器、压电微型驱动器与执行器。其优越性是尺寸小、重量轻、工作电压低、能与半导体集成电路兼容。制备压电薄膜的方法主要有金属有机化学气相沉积法、溶胶-凝胶法、催化化学气相沉积法、脉冲激光沉积法、反应脉冲沉积法、电子束沉积法、等离子体增强化学气相沉积法、溅射法等。溶胶-凝胶方法以设备简单、成本低、能与半导体工艺兼容、均匀性好和组分能精确控制等优点得以大力推广。

PZT 压电厚膜材料是 20 世纪 90 年代发展起来的一种新型功能材料，兼顾块体材料和薄膜的优点，工作电压低，使用频率范围宽，与半导体集成电路兼容，PZT 厚膜与其薄膜相比具有更大的驱动力和更好的压电性能。PZT 压电厚膜材料已广泛地应用于制造微型机械泵、厚膜微制动器、高频声呐换能器、压力传感器、微机械谐振器、压电加速度转换器、新型超声复合换能器、弹性波传感器、光纤调制器、压电多层制动器、微电子机械系统器件等。

复合压电材料是在高分子基底材料中嵌入片状、棒状、杆状或粉末状压电材料构成的。至今已在水声、电声、超声、医学等领域得到广泛的应用。例如，它制成的水声换能器不仅具有高的静水压响应速率，而且耐冲击、不易受损且可用于不同的深度。

在能量转换方面，利用压电陶瓷将机械能转换成电能的特性，可以制造出压电点火器、移动 X 射线电源、炮弹引爆装置。电子打火机中就有压电陶瓷制作的火石，打火次数可在 100 万次以上。用压电陶瓷把电能转换成超声振动，可以用来探寻水下鱼群的位置和形状、对金属进行无损探伤，以及超声清洗、超声医疗，还可以制成各种超声切割器、焊接装置及烙铁，对塑料甚至金属进行加工。

压电陶瓷点火器是一种将机械力转换为电火花而点燃燃烧物的装置，是机电换能器。1958年开创利用 $BaTiO_3$ 陶瓷的压电效应进行点火，但这种材料着火率不高，噪声大；1962 年开始试用 PZT 压电陶瓷制作点火器，这种点火器广泛应用于日常生活、工业生产以及军事方面，用以点燃气体、各类炸药和火箭的引燃引爆。

水声换能器是压电陶瓷的一项重要应用，它主要利用压电陶瓷的正、逆压电效应以发射声波或接收声波来完成水下观察、通信和探测工作，包括海洋地质调查、海底地貌探测、编制海图、航道疏通及港务工程、海底电缆及管道敷设工程、导航、海事救捞工程、指导海业生产，以及海底和水中目标物的探测与识别等方面。

利用压电陶瓷的逆压电效应，在高驱动电场下产生高强度超声波，并以此作为动力应用(如超声清洗、超声乳化、超声焊接、超声打孔、超声粉碎、超声分散等装置上的机电换能器等方面)的压电陶瓷应有高机械强度、高矫顽场、大机电耦合系数以及良好的时间稳定性和温度稳定性；对于采用一个压电换能器兼具发射和接收超声波两种功能的应用(如车辆计数器、电视机遥控、超声波测距计、液面计、超声波防盗设备、声学探测机以及医疗超声器械等)的压电陶瓷的要求则根据需要而定。

超声清洗装置是利用压电陶瓷的逆压电效应，在高驱动电场下产生高强度超声波，用这种压电振子来振荡液体，使细小深孔中的油污都能清除干净。超声医疗诊断技术是用压电陶瓷制成的超声波发生探头发出的超声波在体内传输，遇到病灶能反射回来，压电陶瓷传感器接收并在荧光屏上显示出来。

压电超声马达是世界上最小的电机，电机重 36mg、长 5mm、直径 1mm，可作为人造心脏的驱动器。压电变压器主要用于高压、低功率和正弦波变换的情况，具有输出电压高、重量轻、体积小、无泄漏磁场、不燃烧等独特优点。为了获得多个电压输出，根据横-纵变压器的输出电压与长度成正比，越靠近发电部分端头，电压越高，可在发电部分的不同位置制作电极作为抽头，从而获得不同的电压输出。压电陶瓷在电声设备上有广泛应用，如压电陶瓷拾音器、扬声器。压电陶瓷扬声器是一种结构简单、轻巧的电声器件，具有灵敏度高、无磁场散播外溢、不用铜线和磁铁、成本低、耗电少、修理方便、便于大量生产等优点。利用压电陶瓷的逆压电效应可制成小型的压电陶瓷风扇，具有体积小、不会发热、无噪声、低功耗、寿命长等优点。

滤波器的主要功能是决定或限制电路的工作频率。压电陶瓷作为滤波器时，首先把电能转变成弹性机械能，然后转变成电能。压电陶瓷作为滤波器具有体积小、重量轻、价格低廉、可靠性高等优点，满足电路集成化的要求，尤其是陶瓷表面波器件。滤波器种类繁多，但对压电陶瓷的共同要求是频率随温度和时间的稳定性要非常好、机械品质因数大、介电常数和机电耦合系数调节范围宽、材料致密、可加工成薄片在高频下使用；对声表面波器件还要求材料具有晶粒小、气孔少、有良好的抛光表面等特点。

近年来，PZT 压电陶瓷在以下方面得到了广泛的应用：①高位移新型压电制动器。自从发明压电制动器特别是多层压电制动器以来，其应用日益扩大，特别是精密定位方面。现在多层压电制动器在国外已经大量地应用于汽车的燃料注入系统和悬置系统。②压电变压器。压电陶瓷变压器体积小，质量轻，可以制成扁平形状，它实际上没有电磁噪声，只产生有限的热，而转换效率高达 95%。现在已研制成多层压电变压器，最大功率已超过 50W，并且已大量地应用在笔记本电脑液晶显示器的背光电源以及复印机和传真机的高压电源。③用于主动减振和降噪的压电器件，许多机械结构往往会发生振动，由此常常会引发噪声，对运动结构的减振降噪控制具有重要的意义。特别是大型精密的航空航天的挠性结构，一般质量轻，阻尼小，一旦发生振动，其衰减过程十分缓慢；长期如此便会影响到结构运行的精度，甚至会引发结构疲劳、失稳等现象，因此对挠性结构的减振研究是十分必要的。压电材料自身具有的正逆压电效应，使其成为挠性结构主动分布控制中检测器与执行器的理想材料。④医用微型压电陶瓷传感器。美国 W. Huebner 教授研制出一种微型压电陶瓷传感器，可用来帮助医生探测患者的心脏附近(如冠状动脉)，具有潜在致命危险的胆固醇的累积情况，使用时将这种十分细小的传感器插入动脉血管并通过微细光缆输送到心脏部位，用来诊断有生命危险的胆固醇堵塞部位的位置和厚度，为在血管内采用激光外科手术将其清除铺平道路。

压电陶瓷是一种重要的功能材料，具有优异的压电、介电和光电等电学性能，广泛地应用于电子、航空航天、生物等高技术领域。近年来，各国都在积极研究和开发新的压电陶瓷，研究的重点大都是从老材料中发掘新效应，开拓新应用；从控制材料组织和结构入手，寻找新的压电材料。

7.3　铁　电　陶　瓷

近年来，随着电子器件微型化、智能化的发展，各种性能优良、能满足制备体积更小电子器件的新型材料成为材料科学界的研究热点之一。铁电材料因具有独特的电学、光学和光电子学性能，在现代微电子、信息存储等方面有着广泛的应用前景，已经成为当前新型功能材料研究的热点之一。

铁电陶瓷是指具有铁电性的陶瓷材料。铁电性是指在一定温度范围内具有自发极化，在外电场作用下，自发极化能重新取向，而且电位移矢量同电场强度之间的关系呈电滞回线现象的特性。铁电陶瓷同介电陶瓷不同，它的极化强度不与施加电场呈线性关系，并具有明显的滞后效应。铁电陶瓷中所含有的永久偶极子彼此相互作用，结果形成许多电畴。在一个电畴范围内，偶极子取向均相同；对不同的电畴，偶极子则有不同的取向。因此，在无电场存在时，整个晶体没有净偶极矩，但在施加足够的电场时，取向和电场方向一致的畴生长变大，而其他方向的畴收缩变小，随后产生净极化强度，表7.1是一些铁电体的自发极化强度。

表 7.1 一些铁电体的自发极化强度

铁电体	居里温度 T_c/℃	自发极化强度 P_s/($\mu C/cm^2$)
罗息盐(酒石酸钾钠)	23	0.25
磷酸二氢钾	−150	4
砷酸二氢钾	−177	5
磷酸二氘钾	−60	5.5
钛酸钡	130	26
钛酸铅	490	75
铌酸钾	415	30
铌酸锂	1210	70
钽酸锂	630	50
锆钛酸铅陶瓷	～350	>40

铁电材料众多，根据不同的分类依据，可分为不同的种类。按其结晶学分为：①氢键晶体，如酒石酸钾钠、软铁电体；②双氧化物晶体，如硬铁电体。按其极性轴数目可分为：①单轴铁电体，自发极化强度平行或反平行于极化轴；②多轴铁电体，如 $Cd_2Nb_2O_7$。

铁电陶瓷可应用在电容器、光储存、显示、电闸等，以及扫描电子显微镜、照相机快门、调光器元件、海底立体观察器等方面。铁电陶瓷的主要用途之一是制作高电容率的电容器。通常用 $BaTiO_3$ 为基的陶瓷制作叠层式电容器，一般需高温烧结，但高温下金属电极材料存在问题。因此，近年开发了许多低温烧结的材料系统，如添加 MnO_2 的 $0.94Pb(Mg_{1/3}Nb_{1/3})O_3 \cdot 0.06PbTiO_3$ 系的陶瓷材料。低温铁电陶瓷材料用于制造电容器的有 $PbBi_4Ti_4O_{15}$、Bi_2WO_3 和 $PbNb_2O_6$ 等化合物，它们都具有大的介电常数，有的高达 20000，是制作低温烧结电容器较好的材料。基于反铁电材料的场致应变带来的体积效应和脉冲电流效应，反铁电材料在换能器的制作、储能容器/压电调节等元件的研发、微器件集成、高灵敏度大位移量微执行器的设计和开发方面有着广泛的应用前景。

用于铁电发射的铁电陶瓷材料主要是一些锆钛酸铅(PZT)透明陶瓷和掺镧的锆钛酸铅(PLZT)透明陶瓷等，这类陶瓷内部的电畴经极化后取向一致，表现出铁电性能。铁电陶瓷及其薄膜的制备方法有烧结法、溶胶-凝胶法、沉积法等。烧结法以传统的氧化物 PbO、TiO_2、ZrO_2、La_2O_5 等按一定比例经混合、预烧、压片，在 1230～1300℃富铅气氛中烧结成片，然后通过抛光制成具有一定厚度的 PLZT 陶瓷薄片。制备铁电陶瓷薄膜则可采用溶胶-凝胶法、沉积法等方法。溶胶-凝胶法可以在低温下制成各种组成的 PZT、PLZT 陶瓷薄膜。采用铅、镧、锆、钛等有机醇盐或无机盐，经过溶胶制备、陈化、涂膜、热处理、退火等工序制成所需铁电陶瓷薄膜。

PZT 透明陶瓷主要可用在光调制器、光隔离器、光衰减器等方面作为光屏蔽和光调剂。例如，可对强闪光和激光进行屏蔽，利用其光调剂作用制成光衰减器和光开关。PLZT 透明陶瓷用作光调制器件响应速度快，达纳秒量级；开关动作在微区内独立完成，可用来制备成阵列形式的高灵敏度、高分辨率的元器件，可高度集成。中国科学院上海硅酸盐研究所在 PLZT 透明陶瓷方面取得了可喜的进展，已建立起完整的透明铁电陶瓷制备工艺，具有先进的性能、结构分析仪器。表 7.2 是 PLZT 透明陶瓷开关与其他开关相比的优缺点。

表 7.2　PLZT 透明陶瓷开关与其他开关的优缺点

光开关		优点	不足
机械模式光开关		消光比大、温度稳定性好、无迟滞、偏振无关、成本低	体积大、开关速度低(毫秒)
电光型光开关	液晶	消光比大(5dB)、加工性好、成本低	体积大、开关速度低、热稳定性差
	单晶(LiNbO₃)	体积小、开关速度高(纳秒)、消光比大(5dB)、迟滞效应小	成本高、加工性能差、工作电压高、偏正相关
	透明陶瓷 PLZT	工作电压低、开关速度高(纳秒)、消光比大(25dB)、电可调效应多、温度稳定性好、成本低、尺寸大、加工性能好	材料迟滞效应较大

铁电陶瓷板和铁电薄膜可有效降低平板显示器的制造成本，同时可以根据需要制作出各种尺寸和形状的陶瓷板或薄膜，易于制作出大尺寸的平板显示器，满足市场的需要。铁电陶瓷具有陶瓷材料所特有的高稳定性、良好的耐久性、无衰变等特点，保证了显示器的长时间正常使用。铁电发射是一个自发射过程。从理论上讲，低于 5V 的电压就可改变铁电材料的极化状态，在铁电薄膜上施加很小的脉冲电压就可获得高达 $100A/cm^2$ 的发射电流密度，因此应用在一些手持显示设备中只需要几到几十伏脉冲电压就可显像，大大降低了能耗。

无铅型铁电陶瓷材料由于具有优良的铁电性能和对环境的友好性等，是当前铁电陶瓷材料的研究热点之一。目前，无铅型铁电材料的研究主要集中在：钙钛矿型钛酸盐系铁电材料，如 $BaTiO_3$、$SrTiO_3$、钛酸锶钡等；钨青铜型的铌酸盐系铁电体，如铌酸锶钡等；含 Aurivillius 层状结构的铁电体，如 $Bi_4Ti_3O_{12}$、铌酸锶铋等。其中 $Ba_xSr_{1-x}TiO_3$ 和 $Ba_xSr_{1-x}Nb_2O_6$ 及其掺杂铁电材料具有较高电阻率、良好的抗疲劳特性、高介电常数等特点，在热释电探测器、紫外探测器、非制冷红外探测器、非制冷红外焦平面阵列和铁电存储等领域具有很大的应用前景。随着各行各业对高热释电、高介电可调性等材料的需求日益增加，无铅型铁电陶瓷的制备、性能及改性研究已成为铁电陶瓷材料的一个研究热点。

铌镁酸铅铁电陶瓷材料以很高的介电常数、相当大的电致伸缩效应、较低的容温变化率和几乎无滞后的特点，一直受到人们的关注，在多层陶瓷电容器、新型微位移器、执行器和机敏材料器件及新型电致伸缩器件等领域有着巨大的应用前景。20 世纪 80 年代后期，具有大电致应变和大机电转换能力的 PZST 反铁电陶瓷作为换能器或大位移制动器有源材料方面的研究工作逐步开展。

目前，全球铁电元件的年产值已达数百亿美元。铁电材料是一个比较庞大的家族，当前应用最好的是陶瓷系列，其已广泛应用于军事和工业领域。但是由于铅的有毒性及此类铁电陶瓷材料居里温度低、耐疲劳性能差等，应用范围受到了限制。因此开发新一代铁电陶瓷材料已成为凝聚态物理、固体电子学领域最热门的研究课题之一。另外，铁电元器件广泛应用于全球军事和工业领域。这些广泛应用的铁电材料大多数为铅基体系，如锆钛酸铅、铌镁酸铅等，它们成本低廉、制备工艺成熟、电学性能优异，因而无论在基础研究还是实际应用方面都非常成功。但是，传统铅基材料(如陶瓷)中铅的含量很高，并且其烧结温度高于氧化铅的挥发温度导致了严重的铅挥发。重金属铅无论对生态环境还是人体健康都会造成严重危害，不利于自然环境和人类社会的可持续发展；此外，铅的存在也大大降低了材料的抗疲劳特性与稳定性。

7.4 导 电 陶 瓷

导电陶瓷材料是指陶瓷材料中具备离子导电、电子/空穴导电的一种新型功能材料。导电陶瓷材料是从 20 世纪初期发展起来的，尤其是近十年来，关于新型材料与器件的一体化研究和应用等十分活跃。导电陶瓷具有抗氧化、抗腐蚀、抗辐射、耐高温和长寿命等特点，可用于固体燃料电池电极、气敏元件高温加热体、固定电阻器、氧化还原材料、铁电材料和高临界温度超导材料等方面。

导电陶瓷根据其导电机理不同可分为电子导电瓷和离子导电瓷。现在常用的四种陶瓷导电材料是 SiC、$MoSi_2$、$LaCrO_3$ 和 SnO_2。其中 SiC 和 $MoSi_2$ 的使用温度最高为 1450℃ 和 1650℃，高于这个温度，它们会很快氧化而失去使用价值。$LaCrO_3$ 和 SnO_2 是常用的工业电炉加热元器件，它们的最高使用温度限制了电炉的最高加热温度。YSZ 陶瓷的最高使用温度为 2000℃，它在高温下的导电性能很好，基本上为电子导电，但是，在低温特别是在室温情况下的导电性能还不理想，作为电热材料时，必须在高温设备中用热源进行预热。另外，ZrO_2 的负电阻温度系数较大，即温度升高时电阻大大降低，使得通过的电流大大增加，给操作控制带来不少困难。

目前导电陶瓷的制备方法主要有湿化学方法、无压烧结法、化学气相扩渗法和微波烧结法等。湿化学法主要有溶胶-凝胶法和共沉淀法。溶胶-凝胶法常以金属无机盐、金属有机盐或金属醇盐为原料，加入酒石酸、柠檬酸或醋酸为络合剂制备前驱体，加热蒸发得到溶胶，继续蒸发形成凝胶，干燥后煅烧即可得到粉体，将粉体压制成型、焙烧，使其致密，最后得到导电陶瓷。共沉淀法常以金属无机盐为原料，制备成水溶液，再加入沉淀剂(如氨水、草酸)以得到沉淀产物，干燥后煅烧、压制成型、焙烧，最后得到导电陶瓷。

三元导电体中，目前有 $NaZr(PO_4)_3$ 和 $NaZr(SiO_4)_3$ 的固溶体 $Na_{1+x}ZrSi_xP_{3-x}O_{12}$，在 $x=1.8 \sim 2.2$ 时属单斜晶系，表现出高的离子电导率；当 $x=2$ 时，即 $Na_3ZrSi_2PO_{12}$ 时电导率最高，300℃ 时其电导率为 $0.3\Omega^{-1} \cdot cm^{-1}$。这种材料称为 NaSiCON，对熔融钠化学性质极其稳定。

$LaGaO_3$ 是一种优良的氧离子导电材料。A 位的 La^{3+} 可以被 Sr^{2+}、Ba^{2+}、Ca^{2+} 等碱土金属离子取代；B 位的 Ga^{3+} 可以被 Mg^{2+}、Fe^{2+} 等取代。为维持电中性，就会形成氧空位，氧空位作为载流子大幅度增加了离子电导率。TiB_2 具有特殊的物理性能与化学性能，除具有高熔点、高化学稳定性、高硬度外，它的最突出的优点是具有良好的导电性以及正的电阻温度系数。

SnO_2 导电陶瓷主要应用于高温导体、欧姆电阻、透明导电薄膜和气敏元件。SnO_2 导电陶瓷的一个重要应用是特种玻璃电熔时所用的电极。熔炼玻璃的电极在玻璃的熔化温度时要有高的电导率，并耐玻璃熔体的腐蚀，另外不能使玻璃着色。制造光学玻璃及铅晶质玻璃餐具，除铂电极外，SnO_2 是唯一可用的电极材料。SnO_2 不易烧结，常用烧结助剂 ZnO、CuO，掺杂剂常用锑和砷的氧化物，它们的总量不超过 2%。

当今太阳能电池和液晶显示器迅速发展，透明导电薄膜成为备受关注材料之一。目前市面上常见的透明导电薄膜主要是锡掺杂氧化铟。新型半导体电子产业的发展提高了铟价格，已超过 600 美元/kg，如何降低透明导电薄膜材料成本成为当前的首要目标。世界各国（如美国、德国、日本与中国）的研究学者都急欲研发出替代铟的新一代透明导电薄膜材料。透明导电"非铟"薄膜材料成为解决铟供给不足的方法之一。SnO_2 基质材料是一种可见光透明的宽禁带氧化物半导体，并且具有良好的化学、热和机械稳定性，低电阻率和高电子迁移率等特性，这就为获得高可见光透过率导电薄膜提供了可行性。同时 SnO_2 基导电陶瓷的制备过程操作方便，工艺简单，大大降低了靶材的成本，从而能够大大扩大透明导电薄膜的应用领域。

7.5 多孔陶瓷

多孔陶瓷材料又称为微孔陶瓷、泡沫陶瓷，是一种新型陶瓷材料，是以刚玉砂、碳化硅、堇青石等优质原料为主料，经过成型和特殊高温烧结工艺制备的一种具有开孔孔径、高开口气孔率的三维立体网络骨架结构的陶瓷体。它具有耐高温、高压，抗酸、碱和有机介质腐蚀，良好的生物惰性，可控的孔结构及高的开口气孔率，使用寿命长，产品再生性能好等优点，适用于各种介质的精密过滤与分离、高压气体排气消声、气体分布及电解隔膜等。在多孔陶瓷的制备过程中需要添加较多的添加剂，最主要的有助溶剂、增塑剂、消泡剂、表面活性剂、分散剂、黏结剂、流变剂和成孔剂。

多孔陶瓷材料与其他陶瓷相比具有许多优点，如气孔率高，其重要特征是具有较多的均匀可控的气孔。气孔有开口气孔和闭口气孔之分，开口气孔具有过滤、吸收、吸附、消除回声等作用，而闭口气孔则有利于阻隔热量、声音以及液体与固体微粒传递。此外，多孔陶瓷强度高。多孔陶瓷材料一般由金属氧化物、氧化硅、碳化硅等经过高温煅烧而成，这些材料本身具有较高的强度，煅烧过程中原料颗粒边界部分发生熔化而黏结，形成了具有较高强度的陶瓷。多孔陶瓷的物理和化学性质稳定。多孔陶瓷材料耐酸、碱腐蚀，也能够承受高温、高压，自身洁净状态好，不会造成二次污染，是一种绿色环保的功能材料。多孔陶瓷过滤精度高，再生性能好。用作过滤材料的多孔陶瓷材料具有较窄的孔径分布范围和较高的气孔率与比表面积，被过滤物与陶瓷材料充分接触，其中的悬浮物、胶体物及微生物等污染物质被阻截在过滤介质表面或内部，过滤效果良好。多孔陶瓷过滤材料经过一段时间的使用后，用气体或者液体进行反冲洗，即可恢复原有的过滤能力。

多孔陶瓷的种类繁多，其分类也有多种方法。按孔径大小可分为微孔陶瓷（孔径小于 2nm）、介孔陶瓷（孔径介于 2～50nm）和宏孔陶瓷（孔径大于 50nm）三类；按孔的形状结构可分为粒状陶瓷烧结体、泡沫陶瓷和蜂窝陶瓷三种；按孔隙之间关系可分为闭气孔和开气孔两种。

多孔陶瓷的材质主要有以下几种类型：①高硅质硅酸盐材料，它主要以硬质瓷渣、耐酸陶瓷渣及其他耐酸的合成陶瓷颗粒为骨料，具有耐水性、耐酸性，使用温度达 700℃。②铝硅酸盐材料，它以耐火黏土熟料、烧矾土、硅线石和合成莫来石颗粒为骨料，具有耐酸性和耐弱碱性，使用温度达 1000℃。③精陶质材料，它以多种黏土熟料颗粒与黏土等混合烧结，得到微孔陶瓷材料。④硅藻土质材料，它主要以精选硅藻土为原料，加黏土烧结而成，用于精滤水和酸性介质。⑤纯炭质材料，它以低灰分煤或石油沥青焦颗粒为原料，或加入部分石墨，用稀焦油黏结烧制而成，用于耐水、冷热强酸、冷热强碱介质以及空气的消毒和过滤等。⑥刚玉和金刚砂材料，它以不同型号的电熔刚玉和碳化硅颗粒为骨料，具有耐强酸、耐高温的特性。⑦堇青石、钛酸铝材料，其特点是热膨胀系数小，广泛用于热冲击环境。

目前多孔陶瓷的制备工艺一般包括发泡、添加成孔剂、有机泡沫浸渍、溶胶-凝胶、凝胶注模、冷冻干燥、固相烧结、自蔓延高温合成等。另外，通过研究，目前出现了离子交换法、水热-热静压法、孔梯度制备法、组织遗传制备工艺等新方法。

多孔陶瓷材料是一类重要的陶瓷材料，特有的三维多孔结构使其具有高气孔率、良好的化学稳定性、小体积密度及低导热性等特点，从而广泛应用于众多领域，如冶金、化工、环保、食品、制药、军事、建筑工程、环境保护、生物和新能源等。

(1)催化剂载体，多孔陶瓷具有良好的吸附能力和活性，被覆催化剂后，反应流体通过泡沫陶瓷孔道，将大大提高转化效率和反应速率。由于多孔陶瓷具有比表面积高、热稳定性好、耐磨、不易中毒、低密度等特点，作为汽车尾气催化净化器载体已广泛使用。除了作催化剂载体，它还可以作为其他功能性载体，如药剂载体、微晶载体、气体储存载体等。

(2)过滤和分离，如超纯水的制备和除菌、废水处理、腐蚀性流体过滤、熔融金属过滤、高温气体过滤、医药工业/食品工业过滤和放射性物质的过滤等。利用多孔陶瓷孔径相互贯通及尺寸分布均匀性等特点实现气体和液体的过滤与分离，主要包括熔融金属过滤、除去液态金属中杂物和气体、精密过滤。

(3)防噪吸声材料，多孔陶瓷具有连通开气孔，当声波传入时，在很小的气孔内受力振荡。振动受到的摩擦和阻碍使声波传播受到抑制，导致声音衰减，从而起到吸声的作用。陶瓷所具有的优良的耐火性和耐候性，使它可用于变压器、道路、桥梁等的隔声，现在已在高层建筑、隧道、地铁等防火要求极高的场合及电视发射中心、影剧院、工厂、车间等有较高隔声要求的场合作室内墙面、地面、顶棚使用，效果很好。

(4)隐身材料，多孔陶瓷吸波涂料是一种研制较多的吸波材料，它比铁氧体、复合金属粉末等吸波涂料的密度低、吸波性能好，还可以有效地减弱红外辐射信号。另外，多孔陶瓷具有良好的力学性能、热物理性能和化学稳定性，能满足隐身的要求。

(5)隔热保温材料，由于多孔陶瓷具有巨大的气孔率和低的基体热导率，其最传统的应用是作为隔热材料。传统的窑炉、高温电炉内衬多为多孔陶瓷。为增加其隔热性能，还可将内部气体抽真空。目前世界上最好的隔热材料正是这种多孔陶瓷材料。高级的多孔陶瓷材料还可用于航天飞机的外壳隔热。除此以外，由于其多孔性还可以作为换热材料用，且换热充分。

(6)多孔介质燃烧器，多孔介质燃烧器有功率大、功率范围可调、高功率密度、极低的 CO 和 NO_x 排放量、安全稳定燃烧等优点。此外很重要的一点是，多孔介质燃烧器的结构紧凑，尺寸大大减小，制造成本低，系统效率较高，消除了额外能耗。

(7)生物工程材料，在传统生物陶瓷基础上研究开发的多孔生物陶瓷，由于生物相容性好、理化性能稳定、无毒副作用的特点而用于制作生物材料。当用于修补骨缺损部位时，新生物将逐渐进入多孔陶瓷珊瑚状孔隙内，慢慢将多孔陶瓷吸收，最终，这种多孔陶瓷将由新生骨制质取代。

(8)散气材料，多孔陶瓷还可用于气-液、气-粉两相混合，即通常所说的布气、散气。通过多孔陶瓷的散气作用，两相接触面积增大而加速反应。

(9)新能源材料，多孔陶瓷与液体和气体的接触面积大，使电解池的槽电压比使用一般材料低得多，而成为优良的电解隔膜材料，可大大降低电解槽电压，提高电解效率，节约电能和昂贵的电极材料。

(10)敏感元件，陶瓷传感器的敏感元件工作原理是当微孔陶瓷元件置于气体或液体介质中时，介质的某些成分被多孔体吸附或与之反应，使微孔陶瓷的电位或电流发生变化，从而检验出气体或液体的成分。比较常用的有温度传感器、湿度传感器、气体传感器以及多功能传感器。利用多孔陶瓷探头制成的土壤水分测定装置，可快速测出土壤中的水分变化，其探头的灵敏度取决于材料的气孔率及孔径。

(11)微孔膜，微孔膜因耐高温、耐酸碱、抗生物侵蚀、不老化、寿命长等优点，被开发且应用于食品、生物化工、能源工程、环境工程、电子技术等领域。

7.6 磁 性 陶 瓷

磁性陶瓷是氧和以铁为主的一种或多种金属元素组成的复合氧化物，又称为铁氧体。它在现代无线电电子学、自动控制、微波、电子计算机、信息储存、激光调制等方面都有广泛的用途。磁性陶瓷按其晶格类型可分为尖晶石型、石榴石型、磁铅石型、钙钛矿型、钛铁石型、氯化钠型、金红石型、非晶结构等八类。

软磁铁氧体是易于磁化和去磁的一类铁氧体。其特点是具有很高的磁导率和很小的剩磁、矫顽力，从应用要求来看，还应具有电阻率高、各种损耗系数和损耗因子 $\tan\delta$ 小、截止频率高，对温度、振动和时效有高稳定性等性能。目前应用较多、性能较好的有 Mn-Zn 铁氧体，Ni-Zn 铁氧体，加入少量 Cu、Mn、Mg 的 Ni-Zn 铁氧体，$NiFe_2O_4$ 等。软磁铁氧体的应用范围很广，可作为高频磁芯材料，用于制作电子仪器的线圈和变压器等的磁芯；作为磁头铁心材料，用于录像机、电子计算机等。人们还利用软磁铁氧体的磁化曲线的非线性与磁饱和特性，制作非线性电抗器件，如饱和电抗器、磁放大器等。

工业上普遍应用的硬磁铁氧体主要有钡铁氧体和锶铁氧体两种。其典型成分分别为 $BaO \cdot 6Fe_2O_3$ 和 $SrO \cdot 6Fe_2O_3$。硬磁铁氧体可用于电信领域，如用于制作扬声器、微音器、磁录音拾音器、磁控管、微波器件等；用于制作电器仪表，如各种电磁式仪表、磁通计、示波器、振动接收器等；用于控制器件领域，如制作极化继电器、电压调整器、温度和压力控制、限制开关、永磁"磁扭线"记忆器等；在工业设备及其他领域也有应用。

微波铁氧体是在高频磁场作用下，平面偏振的电磁波在铁氧体中一定的方向传播时，偏振面会不断绕传播方向旋转的一种铁氧体，又称为旋磁铁氧体。微波铁氧体以晶格类型分类，主要有尖晶石型、六方晶型、石榴石型三类。使用微波铁氧体的微波器件，代表性的有环行器、隔离器等不可逆器件，即利用其正方向通电波、反方向不通电波的不可逆功能；也有利用电子自旋磁矩运动频率同外界电磁场的频率一致时，发生共振效应的磁共振型隔离器。此外，在衰减器、移相器、调谐器、开关、滤波器、振荡器、放大器、混频器、检波器等仪器中都使用微波铁氧体。

矩磁铁氧体通常分为常温矩磁材料和宽温矩磁材料两类。常温磁矩材料的典型代表为 Mn-Mg 系铁氧体。宽温磁矩材料的典型代表为 Li 系铁氧体。矩磁铁氧体可用于制作磁放大器、脉冲变压器等非线性器件和磁记忆元件。作为磁性存储材料使用的还有γ-Fe_2O_3、Co-Fe_3O_4、Co-Y-Fe_2O_3、CrO_2等。用这些材料进行磁性涂层，可以制成磁鼓、磁盘、磁卡和各种磁带等，主要用作计算机外存储装置，录音、录像、录码介质，各种信息记录卡。

另外，尖晶石型铁氧体为特殊的磁性陶瓷，因具备很高的磁饱和强度、很好的频率特性、很大的相对磁导率等特性，在电子元器件方面具有很好的应用前景。由于电子器件的微型化、小型化发展趋势，铁氧体薄膜的应用范围不断扩大，促使其溅射靶材的市场需求量逐步增大。

7.7 生 物 陶 瓷

生物陶瓷，又称生物医用非金属材料，包括陶瓷、玻璃、碳素等无机非金属材料。此类材料化学性能稳定，具有良好的生物相容性。生物陶瓷主要包括惰性生物陶瓷、活性生物陶瓷和功能活性生物陶瓷三类。生物陶瓷必须具备以下条件：生物相容性、力学相容性、与生物组织优异的亲和性、抗血栓、灭菌性、良好的物理化学稳定性。

生物陶瓷由于在高温下烧结制成，其结构中包含键强很大的离子键和共价键，所以它不仅具有良好的机械强度、硬度，而且在体内难溶解，不易腐蚀变质，热稳定性好，便于加热消毒，耐磨性能好，不易产生疲劳现象，满足种植学的要求。生物陶瓷的组成范围比较宽，可以根据实际应用的要求设计组成，控制性能变化。生物陶瓷成型容易，可以根据使用要求，制成各种形态和尺寸，如颗粒形、柱形、管形；致密型或多孔型，也可制成骨螺钉、骨夹板、牙根、关节、长骨、颌骨、颅骨等。随着加工装备及技术的进步，现在陶瓷的切削、研磨、抛光等已是成熟的工艺。

7.7.1 玻璃陶瓷及生物活性玻璃

玻璃陶瓷是通过控制玻璃相晶化程度而制备的多晶材料。主要优点是在玻璃中可引入CaO、P_2O_5，通过热处理可以析出磷灰石晶体，具有优良的生物相容性与生物活性，组成中的其他组分可析出其他类型的晶体，保证材料的化学稳定性、可切削性等，比金属、Al_2O_3等材料更有前途。玻璃陶瓷在牙科的应用主要有可铸造玻璃陶瓷、可切削玻璃陶瓷、注入型玻璃陶瓷、植入型玻璃陶瓷等。由于在玻璃基质中分散有不同类型的结晶相，改善了材料的内部结构，从而提高了其抗弯强度。利用ZrO_2、云母等增强玻璃陶瓷是目前研究的热点。

Na_2O-CaO-P_2O_5-SiO_2硅磷酸盐系玻璃在水溶液中形成稳定的表面凝胶体，具有优良的生物亲和性，因而称为生物活性玻璃。生物玻璃陶瓷是由生物活性玻璃控制微晶化处理制得的单晶或多晶磷灰石晶体，它在生物体内稳定，生物亲和性特别是人骨组织亲和性好。同生物活性玻璃相比，生物玻璃陶瓷具有致密的细晶结构、较高的机械强度和较低的溶解度。

生物活性玻璃的制备采用微晶玻璃的制备工艺，首先是玻璃的合成，其次为微晶玻璃的形成。玻璃的合成方法主要有气相法、溶液法和高温熔融法，目前最主要的是溶液法。

自 1985 年第一个生物活性玻璃产品 MEP® 成功上市并临床用于听骨链置换以来，生物活性玻璃已有十几年的临床应用历史，治疗成功率高达 90%。然而生物活性玻璃产品普遍化学稳定性差、机械强度低，为进一步提高其力学性能，1982 年日本京都大学 Kokubo 等在前人研究基础上开发研制了新型 A-W 玻璃陶瓷，现已以商品名 CERABONE® 用于临床脊柱、髋关节等负重部位的骨修复治疗。随着人们对生物活性玻璃研究的不断深入，生物活性玻璃以颗粒、支架、涂层、骨水泥或载体等多种形式在骨修复领域得到了广泛应用。生物活性玻璃的应用主要包括牙科和整形外科植入体与骨间的接合材料、人工骨材料、治疗癌症(铁磁玻璃微珠、含放射元素的耐腐蚀玻璃陶瓷)等方面。

7.7.2　生物惰性陶瓷

生物惰性陶瓷材料在植入体内后,不能与活组织形成化学键合,而是被纤维结缔组织膜所包绕。纤维结缔组织膜将植入体与修复部位的正常组织分隔开,植入体以异物的形式永久存留于体内。尽管生物惰性陶瓷材料不能与人体组织发生化学键合,但由于其具有良好的力学性能、优秀的耐磨损能力和化学稳定性,生物惰性陶瓷材料仍然是一类重要的替代型硬组织修复材料。生物惰性陶瓷长期处于生理环境中而几乎不发生化学变化,即使发生轻微的化学或力学的降解作用,降解的浓度也相当低,而且在邻近活组织处易被人体天然而有规律的机理所控制。生物惰性陶瓷主要包括 Al_2O_3 陶瓷、ZrO_2 陶瓷和碳化物陶瓷,主要应用在外科矫形手术的假体、心血管装置等。

Al_2O_3 是一种传统的植入生物材料,视制造方法的不同,有单晶 Al_2O_3、多晶 Al_2O_3 和多孔质 Al_2O_3 三种产物。Al_2O_3 生物相容性良好,在人体内稳定性高,机械强度较大,其抗压强度和耐磨性能远优于其他无机质人工骨、人工齿根材料。单晶 Al_2O_3 具有相当高的抗弯强度,因而临床上用来制作人工骨、人工牙根、人工关节和固定骨折用的螺栓。为把 Al_2O_3 陶瓷牢固地固定在骨头上,可把陶瓷制成多孔质形态,使骨头长入陶瓷空隙,但这样会降低陶瓷的机械强度。使用在金属表面形成多孔性 Al_2O_3 薄层的复合法,既能保证强度又能形成多孔性。部分稳定化的 ZrO_2 和 Al_2O_3 一样,生物相容性良好,在人体内稳定性高,而且比 Al_2O_3 的断裂韧性更高,耐磨性也更为优良,用作生物材料有利于减小植入物的尺寸和实现低摩擦、磨损,因而在人工牙根和人工股关节制造方面的应用引人注目。

目前生物惰性陶瓷成功用在人工髋关节的修复方面,主要是由于其具有较多的优点,如①耐磨损(抗压强度为 2000～4000MPa),能较好地抵抗研磨性磨损和第三体磨损;②硬度高,无蠕变现象(1000～2000 维氏硬度单位);③微晶结构表面可进行高抛光加工;④亲水性好,润滑性能出色,可期待理想的液膜润滑模式,降低黏附磨损;⑤极好的耐腐蚀性、绝缘性,无离子释放;⑥生物学惰性,不易引起细胞反应,诱导骨溶解;⑦表面不易附着细菌;⑧理想的抗疲劳性,表面退化缓慢。

7.7.3　可吸收生物陶瓷

可吸收生物陶瓷是一类在生理环境作用下能逐渐被降解和吸收的生物陶瓷。可吸收生物陶瓷材料植入骨组织后,材料通过体液溶解吸收或被代谢系统排出体外,最终使缺损的部位完全被新生的骨组织所取代,而植入的可吸收生物陶瓷材料只起到临时支架作用,在体内通过系列的生化反应一部分排出体外,另一部分参与新骨的形成。这类生物陶瓷的主要功能是作为临时的空间填充物,而后活组织可以渗入而取代它们。其溶解作用可由正常的新陈代谢过程控制,能在合适的时间内完成特定的功能要求。其吸收过程不会显著地妨碍被正常的健康组织所取代的过程。可吸收生物陶瓷主要包括硫酸钙、磷酸三钙、各种磷酸钙盐,主要应用在骨修复方面。

磷酸钙生物陶瓷主要包括磷灰石和磷酸三钙,作为生物材料使用的磷灰石一般是 Ca 与 P 原子比为 1.67 的羟基磷灰石(HA),磷酸三钙是 Ca 与 P 原子比为 1.5 的 β-磷酸三钙(β-TCP)。磷酸钙主要以结晶态的磷灰石相构成了人体硬组织的主体,从骨的结构上看,骨是由尺寸小于 100nm 的磷酸钙盐晶体弥散分布在胶原蛋白以及其他生物高分子中构成的连续多相复合体,因此磷酸钙盐陶瓷具有与骨骼矿化物类似的成分和表面及体相结构,与人体组织有良好的生物相容性，可和自然骨形成牢固的骨性结合。

制备块状磷酸钙陶瓷的第一步是磷酸钙陶瓷粉末的制备，主要有湿法和固态反应法。湿法包括水热反应法、水溶液沉淀法以及溶胶-凝胶法，此外还有有机体前驱热分解法、微乳剂介质合成法等。各种制备工艺的研究目标是得到成分均匀、粒度微细的磷酸钙粉末。目前，磷酸钙生物陶瓷已经可以制成颗粒、纤维、块体、多孔、涂层等多种形态、结构的材料，作为小的非承载种植体，应用于口腔种植、牙槽脊增高、颌面骨缺损修复、耳小骨替换、正形和骨缺损修复等临床手术之中。

磷酸钙陶瓷的主要缺点是其脆性大，致密磷酸钙陶瓷可以通过添加增强体提高它的断裂韧性，多孔磷酸钙陶瓷虽然可被新生骨长入而极大增强，但是在再建骨完全形成之前，为及早代行其功能，也必须对它进行增韧补强。磷酸钙陶瓷基复合材料已经成为磷酸钙生物陶瓷的发展方向之一。

7.7.4　牙科陶瓷

1774 年世界第一副瓷义齿诞生，标志着瓷成为牙齿修复的一种重要材料。牙科陶瓷具有良好的化学稳定性和极佳的生物相容性，在牙科领域备受青睐。1886 年，Land 首次采用铂箔基底作为底层烧制出瓷嵌体和瓷全冠，这些长石瓷制作的瓷嵌体和瓷全冠虽然具有天然牙的美观，但机械强度差，难以满足口腔功能要求，故并不能良好地在临床应用。1956 年人们将白榴石加入长石类瓷粉中以提高其热膨胀系数，使其能与金属的热膨胀系数相匹配，出现了烤瓷熔附金属冠。

目前全瓷型牙科陶瓷材料有白榴石增强型、二硅酸锂增强型、Al_2O_3 增强型和 ZrO_2 增强型。白石榴增强型主要晶相成分为白榴石。以二硅酸锂为增强体的全瓷材料 Empress 2 和 OPC 3G 应用较为广泛，它们主要适用于贴面、前后牙单冠和前牙三单位桥等的修复。Empress 2 的主晶相为占 60% 的二硅酸锂长晶体。Al_2O_3 增强型全瓷系统主要分为玻璃渗透 Al_2O_3 核瓷和高纯 Al_2O_3 瓷两种。ZrO_2 的力学性能与不锈钢相似，其挠曲强度可超过 1000MPa，颜色与牙齿相似，称为陶瓷钢，可以用于前牙冠桥和后牙冠桥的制作，还可用来制作种植体的基台。

长石瓷主要用于制作成品人工瓷牙、瓷熔附金属修复体和瓷熔附陶瓷修复体。用这类瓷粉烧制成的牙修复体光泽好、美观，但其挠曲强度通常仅有 $50\sim80$MPa，需要和强度高的合金或陶瓷联合应用。制作复合瓷冠的主要瓷产品有 Vita VMK68（德国）、Unibond（日本）、Ceramco II（美国）、松风瓷（日本）、Biobond（美国）、Excelco（美国）、Je-lenko（美国）。

7.8　敏　感　陶　瓷

敏感陶瓷的电性能随湿、热、光、力等外界条件的变化而产生敏感效应：热敏陶瓷可感知微小的湿度变化，用于测温、控温；气敏陶瓷制成的气敏元件能对易燃、易爆、有毒、有害气体进行监测、控制、报警和空气调节；光敏陶瓷制成的电阻器可用作光电控制，进行自动送料、自动曝光和自动记数；磁敏陶瓷是重要的信息记录材料。

敏感陶瓷主要分为物理敏感陶瓷和化学敏感陶瓷两类。物理敏感陶瓷包括：光敏陶瓷，如 CdS、CdSe 等；热敏陶瓷，如 PTC、NTC 和 CTR 热敏陶瓷等；磁敏陶瓷，如 InSb、InAs、GaAs 等；声敏陶瓷，如罗息盐、水晶、$BaTiO_3$、PZT 等；压敏陶瓷，如 ZnO、SiC 等；力敏陶瓷，如 $PbTiO_3$、PZT 等。化学敏感陶瓷主要包括：生物敏感陶瓷；氧敏陶瓷，如 SnO_2、ZnO、ZrO_2 等；湿敏陶瓷，如 $TiO_2\text{-}MgCr_2O_4$、$ZnO\text{-}Li_2O\text{-}V_2O_5$ 等。

7.8.1　热敏陶瓷

热敏陶瓷是一类电阻率、磁性、介电性等性质随温度发生明显变化的材料，主要用于制造温度传感器、线路温度补偿及稳频的元件——热敏电阻。热敏陶瓷具有灵敏度高、稳定性好、制造工艺简单及价格低廉等特点。热敏陶瓷可分为三类：①电阻随温度升高而增大的热敏电阻称为正温度系数热敏电阻，简称 PTC 热敏电阻；②电阻随温度的升高而减小的热敏电阻称为负温度系数热敏电阻，简称 NTC 热敏电阻；③电阻在某特定温度范围内急剧变化的热敏电阻，简称为 CTR（临界温度）热敏电阻。

NTC 热敏电阻材料是用特定组分合成，其电阻率随温度升高按指数关系减小的一类材料，分低温型、中温型和高温型三大类。NTC 热敏电阻材料绝大多数是具有尖晶石型结构的过渡金属固溶体。工作温度在 300℃以上的 NTC 热敏电阻称为高温热敏电阻。高温热敏电阻有广泛的应用前景，尤其在汽车空气/燃料比传感器方面有很大的实用价值。主要使用的两种较典型材料是稀土氧化物材料和三元系材料。在 Pr、Er、Tb、Nd、Sm 等氧化物中加入适量其他过渡金属氧化物，在 1600～1700℃烧结后，可在 300～1500℃工作。$MgAl_2O_4$-$MgCr_2O_4$-$LaCrO_3$（或（La, Sr）CrO_3）三元系材料适用于 1000℃以下温区。工作温度在 -60℃以下的 NTC 热敏电阻称为低温热敏电阻材料。低温热敏电阻材料以过渡金属氧化物为主，加入 La、Nd、Pd 等的氧化物，主要材料有 Mn-Ni-Fe-Cu、Mn-Cu-Co、Mn-Ni-Cu 等。

CTR 热敏电阻主要是指以 VO_2 为基本成分的半导体陶瓷，在 68℃附近电阻值突变达到 3～4 个数量级，具有很大的负温度系数，因此称为巨变温度热敏电阻或临界温度热敏电阻。巨变温度热敏电阻的变化具有再现性和可逆性，故可作电气开关或温度探测器。热敏电阻在温度传感器中的应用最广，它虽不适于高精度的测量，但其价格低廉，多用于家用电器、汽车等。目前 PTC 热敏电阻主要有三种用途：①用于恒温电热器，PTC 热敏电阻通过自身发热而工作，达到设定温度后，便自动恒温，因此无须另加控制电路，如用于电热驱蚊器、恒温电熨斗、暖风机、电暖器等。②用作限流元件，如彩电消磁器、节能灯用电子镇流器、程控电话保安器、冰箱电机启动器等。③红外探测器，用于工业设备检测和监控、疾病早期诊断与医疗监控、消防和海上救援用头盔夜视仪、高速公路和银行夜间安全监视、森林火灾预警、仓库和重要物资的夜间监控与保卫、执法缉毒和生活小区防范等领域（图 7.1）。

PTC 热敏电阻可用于计算机及其外部设备、移动电话、电池组、远程通信和网络装备、变压器、工业控制设备、汽车及其他电子产品中，开关类的 PTC 陶瓷元件具有开关功能，使电器设备避免过流、过热损坏；加热类的 PTC 陶瓷元件是一种温度自控的发热体，大量用于暖风机、电吹风、电蚊香、电熨斗等需要保持恒定温度的电器上，可省去一套温控线路。PTC 热敏陶瓷还可用于日光灯的预热启动，使灯丝的预热时间达 0.4～2s，可延长灯管三倍以上的寿命。

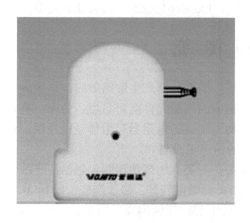

图 7.1　香港无间盗集团有限公司生产的防盗红外探测器

NTC 热敏陶瓷可以用于石英振荡器进行温度补偿；用于控制开关电源、电机、变压器等在接通瞬时产生的大电流；用于热水器、空调、厨房设备、办公用品、汽车电控等进行温度检测。片式 NTC 热敏电阻主要应用在移动电话、手提电脑、液晶显示器、个人计算机、传真机以及汽车工业，其中 44%用于通信领域，26%用于汽车工业，30%用于消费类电器。近年来，由于移动通信、计算机、电子产品、办公自动化设备、汽车电子装备以及军用无线电设备和航空航天高新数字电子技术产品在我国迅猛发展，国内市场对片式 NTC 热敏电阻的需求与日俱增，市场前景大为看好。

7.8.2 气敏陶瓷

在现代社会，人们在生活和工作中使用与接触的气体越来越多，其中某些易燃、易爆、有毒气体及其混合物一旦泄漏到大气中，会造成大气污染，甚至引起爆炸和火灾。气敏陶瓷是一种对气体敏感的陶瓷材料。由于其具有灵敏度高、性能稳定、结构简单、体积小、价格低廉、使用方便等优点，得到迅速发展。气敏陶瓷大致可分为半导体式、固体电解质式及接触燃烧式三种。

气敏陶瓷的电阻值将随其所处环境的气氛而变，不同类型的气敏陶瓷将对某一种或某几种气体特别敏感，其阻值将随该种气体的浓度(分压力)进行有规则的变化，其检测灵敏度通常为百万分之一量级，个别可达十亿分之一量级，远远超过动物的嗅觉感知度，故有"电子鼻"之称。气敏陶瓷一般都是某种类型的金属氧化物，通过掺杂或非化学计量比的改变而使其半导化。其气敏特性大多通过待测气体在陶瓷表面附着，产生某种化学反应(如氧化、还原反应)、与表面产生电子的交换(俘获或释放电子)等作用来实现，这种气敏现象称为表面过程。

根据基体材料的不同，气敏传感器可分为金属氧化物系、高分子半导体系、固体电解质系等；按被测气体的不同，又可分为氧敏传感器(图 7.2)、酒敏传感器、氢敏传感器；按工作方式不同，可分为干式、湿式等；按结构形式不同，也可分为烧结型、薄膜型、厚膜型等。

气体与气敏陶瓷的作用部位通常只限于表面，故其敏感特性(如电阻值与被测气体浓度的关系)就和敏感体的烧结形式关系甚大，常见的有薄膜型、厚膜型和多孔烧结体型。尽管三种敏感体的工艺差别较大，但从显微结构上看，它们都属多晶、多相体系。气敏薄膜的厚度一般为 $10^{-2} \sim 10^{-1} \mu m$，可通过化学气相沉积或不同形式的溅射方式来制备。气敏厚膜的膜厚为几十微米，采用浆料丝网漏印烧结法制作。用非致密烧结法制备气敏多孔烧结体。

图 7.2 氧敏传感器

常见的气敏陶瓷很多，已广泛应用的有 SnO_2、γ-Fe_2O_3、α-Fe_2O_3、ZnO、WO_3 复合氧化物系统及 ZrO_2、TiO_2 等。SnO_2 气敏陶瓷是目前应用最广泛的材料，SnO_2 气敏陶瓷对可燃性气体，如氢、甲烷、丙烷、乙醇、丙酮、一氧化碳、城市煤气、天然气都有较高的灵敏度。图 7.3 是 SnO_2 粉料制作气敏元件的流程图。制造高分散的 SnO_2 超细粉料的方法有锡酸盐分解法、金属锡燃烧法、等离子体反应法及化学共沉淀物热分解法等。另一种重要的气敏材料是 ZnO，掺以 Pt 和 Pd 催化剂后，可提高其灵敏度。掺 Pt 后对丁烷和丙烷等气体的灵敏度高，而掺 Pd 的 SnO_2 对氢和 CO 的灵敏度高。ZnO 与 $V-Mo-Al_2O_3$ 催化剂组合后，检测氟利昂气体 F-22$(CHCl_2F_2)$ 和 F-12(CCl_2F_2) 比一般的气敏传感器的灵敏度高。但长期使用后，催化剂层会发生变化，连续使用 400h 后则逐渐退化，灵敏度开始降低。不用催化剂的 ZnO 传感器对氟利昂气体的灵敏度很低。

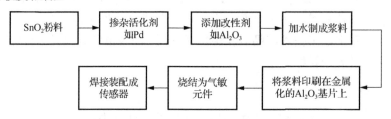

图 7.3　SnO_2 粉料制作气敏元件的流程图

　　ZrO_2 气敏陶瓷主要用于氧气的检测，用在锅炉、金属热处理炉、无机材料烧结炉中，测定燃烧所排出气体中的氧含量，可以提高燃烧效率和防止大气污染。日本已在 1967 年开始使用这种传感器。被测气体和参比气体(空气)处于气敏陶瓷两侧，按照浓差电池的原理，由于两侧氧的活性浓度或分压不同，形成化学势差异，使高浓度一侧的氧通过气敏陶瓷中的氧空位以 O^2 离子的状态向低浓度一侧迁移，形成 O^2 离子电导，在陶瓷两侧产生氧浓差电势。添加 Y_2O_3、CaO 改性的 ZrO_2 陶瓷的使用温度可达 500℃以上，一般用于金属冶炼、钢水的氧气检测、汽车排气系统中，因此要求这类陶瓷要具有良好的耐热冲击性能。

　　Fe_2O_3 气敏陶瓷不需要添加贵金属催化剂就可制成灵敏度高、稳定性好、有一定选择性、在高温下稳定性好的气敏元件。Fe_2O_3 气敏陶瓷主要用于检测异丁烷气体和石油液化气。它是利用在 $\gamma-Fe_2O_3$ 和 Fe_3O_4 之间的氧化还原过程中，Fe^{3+} 和 Fe^{2+} 转变时的电子交换来检测还原性气体的。$\alpha-Fe_2O_3$ 为刚玉结构，$\gamma-Fe_2O_3$ 和 Fe_3O_4 为尖晶石结构。由于 $\gamma-Fe_2O_3$ 和 Fe_3O_4 之间的结构相同，高温下两者存在可逆转变。$\gamma-Fe_2O_3$ 和 $\alpha-Fe_2O_3$ 有很高的电阻率，Fe_3O_4 电阻率很低，因此利用在 $\gamma-Fe_2O_3$ 与 Fe_3O_4 间发生氧化还原反应转变时，Fe^{3+} 和 Fe^{2+} 之间产生电子交换这一特性进行还原气体的检测。

　　目前，半导体气敏陶瓷元件的灵敏度高，有利于实现快速、连续及自动测量，结构及工艺简单、方便、价廉。缺点是稳定性、互换性不好，对不同气体分辨力差，在低温、常温条件下工作问题还有待进一步解决，不易实现定量检测等。这些情况表明，半导体气敏陶瓷材料的现状是应用走在了理论研究的前面。

7.8.3　压敏陶瓷

　　压敏陶瓷是指电阻随着外加电压变化有显著的非线性变化的半导体陶瓷，用这种材料制成的电阻称为压敏电阻。压敏陶瓷具有非线性伏安特性，对电压变化非常敏感。在某一临界电压以下，压敏陶瓷电阻非常高，几乎没有电流；但当超过这一临界电压时，电阻将急剧变化，并且有电流通过。随着电压的少许增加，电流会很快增大。压敏陶瓷的主要作用是过压保护和抑制电压浪涌，在航空航天、国防、通信、电力和家用电器等领域都得到了广泛应用。

　　制造压敏陶瓷的材料有 SiC、ZnO、$BaTiO_3$、Fe_2O_3、SnO_2、$SrTiO_3$ 等。其中 $BaTiO_3$、Fe_2O_3 利用的是电极与烧结体界面的非欧姆特性，而 SiC、ZnO、$SrTiO_3$ 利用的是晶界非欧姆特性。目前，应用最广、性能最好的是 ZnO 压敏陶瓷。目前广泛商业化的压敏电阻器有 ZnO、$SrTiO_3$ 和 TiO_2 等体系的压敏陶瓷系列。

ZnO 压敏陶瓷是压敏陶瓷中性能最优的一种材料。自 20 世纪 70 年代日本首先使用 ZnO 无间隙避雷器取代传统的 SiC 串联间隙避雷器以来，国内外都相继开展了压敏陶瓷方面的研究。但 ZnO 压敏陶瓷在高压领域的应用还存在局限性。例如，生产高压避雷器，则需要大量的 ZnO 压敏电阻阀片叠加，不仅加大了产品的外形尺寸，而且高压避雷器要求较低的残压比也极难实现，为此必须研究开发新的高性能高压压敏陶瓷材料。ZnO 压敏陶瓷主成分是 ZnO，添加 Bi_2O_3、CoO、MnO、Cr_2O_3、Sb_2O_3、TiO_2、SiO_2、PbO 等氧化物经改性烧结而成。

ZnO 压敏陶瓷主要用于过压保护和稳定电压(图 7.4 和图 7.5)。各种大型整流设备、大型电磁铁、大型电机、通信电路、民用设备在开关时，会引起很高的过电压，需要进行保护，以延长使用寿命。故在电路中接入压敏电阻可以抑制过电压。此外，压敏电阻还可作晶体管保护、变压器次级电路的半导体器件的保护及大气过电压保护等。由于 ZnO 压敏电阻具有优异的非线性和短的响应时间，且温度系数小、稳定度高，故在稳压方面得以应用。压敏电阻可用于彩色电视接收机、卫星地面站彩色监视器及电子计算机末端数字显示装置中稳定显像管阳极高压，以提高图像质量等。

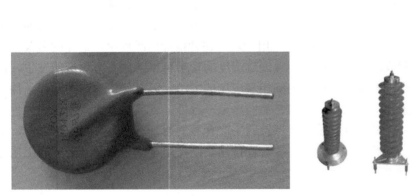

图 7.4　ZnO 压敏电阻　　　　　　　　图 7.5　110kV ZnO 避雷器

TiO_2 压敏陶瓷具有优良的非线性伏安特性和超高的介电常数，并且生产工艺简单，成本低，在高频噪声的消除、继电器触头的保护、集成电路和彩色显像管回路的放电等方面都有一定应用，所以近年来研究人员加大了其在低压方面的开发和应用。

7.8.4　湿敏陶瓷

水分在一般物质表面的附着量，以及潮气在木材、布匹、烟草等多孔性或微粒状物质中吸收情况，与大气的湿度密切相关。合适的湿度对于生物、生活、生产都非常重要，因此湿度的测量、控制与调节，对于工农业生产、气象环卫、医疗健康、生物食品、货物储运、科技国防等领域均具有十分重要的意义。17 世纪，人们发现随着大气湿度的变化，人的头发会出现伸长或缩短的现象，由此制成毛发湿度计。陶瓷湿度传感器测试范围宽、响应速度快、工作温度高、耐污染能力强。因此湿敏陶瓷成为人们主要研制、开发的湿敏材料。湿敏陶瓷着重于测试水分子的附着。在感湿过程中，既有化学吸附，又有物理吸附；既要考虑电子过程，也不能忽视离子电导，在某些场合下，离子电导还可能起主导作用。

湿敏陶瓷目前主要有氧化物涂覆膜型、多孔烧结体型、厚膜型、薄膜型等。

　　湿敏陶瓷按测湿范围有高湿型、中湿型、低湿型、全湿型。常用的湿敏陶瓷有 $MgCr_2O_4$-TiO_2 系、TiO_2-V_2O_5 系、ZnO-Li_2O-V_2O_5 系、$ZrCr_2O_4$ 系和 ZrO_2-MgO 系，其结构多属尖晶石型、钙钛矿型。由感湿瓷粉料调浆、涂覆、干调而成为涂覆膜型。瓷粉涂覆膜型湿敏元件的感湿粉料为 Fe_2O_3、Fe_3O_4、Cr_2O_3、Al_2O_3、Sb_2O_3、TiO_2、SnO_2、ZnO、CoO、CuO 或这些粉料的混合体或再添加一些碱金属氧化物，以提高其湿度敏感性。比较典型、性能较好的是以 Fe_3O_4 为粉料的感湿元件。

　　在制备过程中以滑石瓷作为基片，利用丝网漏印技术制成叉指状金浆；烧结成电极，再在其上涂覆一层 Fe_3O_4 感湿浆料，低温烘干即成。成膜时可采用多次薄涂的方法。使膜厚达 $20\sim30\mu m$ 为宜，在全湿范围内有湿敏特性。$MgCr_2O_4$ 属烧结体型湿敏陶瓷。$MnWO_4$ 和 $NiWO_4$ 是一种体积小、结构简单、工艺方便、特性理想的厚膜型湿敏陶瓷。整个厚膜制备工艺分两步：①感湿浆料的制备；②用印刷法制作感湿元件。浆料可以采用碳酸盐或直接采用氧化物，粉料经混合研磨后压型煅烧，经粗磨、细磨达到一定细度后加入有机黏合剂，然后调整浓度，充分混合至高度均匀，便可得到印刷用的感湿瓷浆料。

　　目前湿敏电阻器广泛应用于洗衣机、空调器、录像机、微波炉等家用电器及工业、农业等方面作湿度检测、湿度控制用。湿敏传感器已广泛地用于工业制造、医疗卫生、林业和畜牧业等各个领域。在家用电器中用于生活区的环境条件监控、食品烹调器具和干燥机的控制等。表 7.3 中列出了湿敏陶瓷传感器的主要应用领域。在种植业的暖房中，最佳的蔬菜生长条件不仅使植物的生长和成熟周期缩短，而且通过湿度的调节可以防止有害病变的发生。在许多工业领域中需要进行干燥处理，通过控制相对湿度的方法，可以保持最佳的干燥条件，因而可以在节约能耗的条件下，确保被干燥产品的质量一致性。食品味道的改变在很大程度上与其中水分含量有关，控制水分含量就能保持所生产食品的质量。在食品制造工业中，生产的过程全都需要对水分含量进行监测。湿敏陶瓷传感器同样用于电子工业。在生产工艺过程中必须对静电事故给予特别的关注。

表7.3　湿敏陶瓷传感器的应用

应用领域	举例	工作范围	
		温度/℃	相对湿度/%
家用电器	空调	5～40	40～70
	微波炉	5～100	2～100
	视频录像机	-5～60	60～100
医疗设备	人工呼吸设备	10～30	80～100
	恒温恒湿箱	10～30	50～80
工业	造纸业	10～30	50～100
	纺织业	10～30	50～100
	干燥机	50～100	0～50
	颗粒物湿度	5～100	0～50
	干燥食品	50～100	0～50
	电子部件	5～40	0～50
	工业加湿器	30～300	50～100
	印刷业	20～25	90

续表

应用领域	举例	工作范围	
		温度/℃	相对湿度/%
农业、养殖业	暖房空调	5～40	0～100
	暖房种植	20～25	40～70
	林场保护	-10～60	50～100
	土壤湿度	—	—
测量	恒温浴	-5～100	0～100
	湿度计	-5～100	0～100

　　湿敏陶瓷传感器用于测量车厢内空气湿度，将空气调节到人体感觉舒适的范围内；用于防止车窗和挡风玻璃结露。通过湿度传感器和温度传感器共同测量，获得车厢内空气的相对湿度和挡风玻璃的温度，就可以计算出车内空气是否处于露点附近。如果接近空气露点，传感器就会输出信号，打开车内空调系统的除湿功能，避免在挡风玻璃上发生结露现象。

第8章 先进复合材料

先进复合材料(advanced composites material，ACM)指具有高比强度、高比模量、抗疲劳、耐热性好、低膨胀性等优异的物理、力学性能或耐烧蚀、抗辐射、吸波等卓越功能的复合材料，主要是指以碳纤维、芳纶、硼纤维、陶瓷纤维和晶须等高性能增强体与树脂、金属、陶瓷和碳等基体复合构成的复合材料。其中结构类先进复合材料主要是指结构性能相当或优先于合金铝的复合材料；功能类复合材料是指具有耐烧蚀、高温防热、吸波、抗辐射、导电、高摩擦或低摩擦系数等特殊性能的复合材料。先进复合材料主要用于用量少而要求高的航空航天、电子信息、生物工程、先进武器、交通运输等高技术领域。

8.1 概　　述

复合材料的历史一般可分为两个阶段，即古代复合材料和现代复合材料。古代复合材料的历史较长，很多实例散见于现存的历史遗迹中，例如，在中国西安东郊半坡村仰韶文化遗址发现，早在公元前 2000 年以前，古代人已经用草茎增强土坯作为住房墙体材料；在江苏吴江梅堰遗址出土的油漆彩绘陶器，是用漆作为基体、麻绒或丝绢织物作为增强体的复合材料。此外，可以从中发现现代复合材料的思想萌芽，例如，古埃及修建的金字塔(图 8.1)，用石灰、火山灰等作为黏合剂、混合砂石等作为砌料，是最早、最原始的颗粒增强复合材料；出土于湖北省荆州市江陵县望山楚墓群中的越王剑(图 8.2)，是金属包层金属基复合材料，韧性和耐腐蚀性优异，埋藏在潮湿环境中数千年依然寒光夺目、锋利无比。现代复合材料开始于 20 世纪 40 年代，它的主要特征是基体采用合成材料。第一代现代复合材料是用玻璃纤维增强的树脂基复合材料，属于传统复合材料，性能较低(当温度高于 60℃时，力学性能开始下降，温度为 90℃时，力学性能保留率仅为 60%)、生产量大、使用面广。20 世纪 50～60 年代相继开发了硼纤维、碳纤维和芳纶增强的塑料基复合材料(最高使用温度长期可达 150℃以上，且兼具高比刚度和高比强度特性)，称为第二代现代复合材料。以硼纤维、碳纤维和芳纶为增强体、用聚酰亚胺作为基体的复合材料，使用温度高，但不超过 200℃；用金属(铝、镁、钛、金属间化合物)作为基体的复合材料，使用温度是 175～900℃；用陶瓷(碳化硅、氮化硅、碳等)作为基体的复合材料，使用温度是 1000～2000℃。20 世纪 70 年代，又开发了耐热性能更高的氧化铝纤维和碳化硅纤维，还开发了各种晶须，使现代复合材料的性能向耐热、高韧性和多功能方向发展，称为第三代现代复合材料。第二代和第三代现代复合材料统称为先进复合材料，或高级(高性能)复合材料。

先进复合材料是以各种高性能增强体(纤维及其织物、晶须、颗粒)与各种高分子、金属、碳及非碳陶瓷基体复合而成的。按照增强纤维和颗粒的直径，可分为宏观复合材料和微观复合材料。增强体的尺寸在微米级的复合材料称为宏观复合材料；增强体的尺寸为纳米级的复合材料称为纳米复合材料，增强体尺寸控制在原子或分子水平的复合材料称为杂化复合材料，统称为微观复合材料，它们主要作为新型结构材料或功能材料。采用混杂纤维(两种以上的纤维)或混杂基体(两种以上的基体)制成性能-成型工艺-成本最佳匹配的复合材料称为混杂复合材料(hybrid composite materials，HCM)。不同类型的增强体组分以叠层结构形式组成的复合材料称为混杂叠层复合材料，其增强体组分可以分为纤维、片材或蜂窝芯材，其基体可以为树脂或金属。混杂叠层复合材料的典型例子是铝-芳纶环氧叠层板(商品名为 ARALL)，如今已经工业化，作为飞机的蒙皮材料。20 世纪 80 年代后期出现了功能梯度复合材料，它以先进的材料设计为依据，采用先进的材料复合技术，通过控制构成材料的要素(组成、结构)由一侧向另一侧呈连续梯度变化，使其内部界面消失，从而获得材料的性质和功能(相对于组成和结构)的变化呈现梯度变化的非均质材料。由于功能梯度复合材料的性能在空间位置的梯度分布规律与材料使用中环境条件对材料性能的要求相适应，由它所制成的器件或结构将具有最优的环境匹配性，在核能、电子、光学、化学、电磁学、生物医学乃至日常生活领域都有着一定的应用前景，也称为最先进复合材料。机敏复合材料(smart composite)是现代复合材料发展的最新阶段，它能验知环境变化，并通过改变自身参数对环境变化及时作出响应，使之与变化后的环境相适应，具有自诊断、自适应或自愈合功能。机敏复合材料的高级形式是智能复合材料，是在机敏复合材料的基础上增加自决策、自修补的功能。智能材料是模仿生命系统，能感知环境变化并能实时地改变自身的一种或多种性能参数，作出所期望的响应、能与变化后的环境相适应的复合材料，是一种集材料与结构、智能处理、执行系统、控制系统和传感系统于一体的复杂的材料体系。它的设计与合成几乎横跨所有的高技术学科领域。构成智能材料的基本材料组元有压电材料、形状记忆材料、光导纤维、电(磁)流变体、磁致伸缩材料和智能高分子材料等。

图 8.1　埃及金字塔　　　　　　　　　图 8.2　越王剑

　　自从先进高分子复合材料投入应用以来，有三个事件值得一提。第一件是美国全部用碳纤维复合材料制成一架八座商用飞机——里尔芳 2100 号，并试飞成功，这架飞机仅重 567kg，它以结构小巧重量轻而称奇于世。第二件是采用大量先进复合材料制成的哥伦比亚号航天飞机，这架航天飞机用碳纤维/环氧树脂复合材料制作长 18.2m、宽 4.6m 的主货舱门，用凯芙拉纤维/环氧树脂复合材料制造各种压力容器，用硼/铝复合材料制造主机身隔框和翼梁，用碳/碳复合材料制造发动机的喷管和喉衬，发动机组的传力架全用硼纤维增强钛合金复合材料制成，被覆在整个机身上的防热瓦片是耐高温的陶瓷基复合材料。第三件是在波音 767 大型客机上使用了先进复合材料作为主承力结构，这架可载 80 人的客运飞机使用碳纤维、有机纤维、玻璃纤维增强树脂及各种混杂纤维的复合材料制造了机翼前缘、压力容器、引擎罩等构件，不仅使飞机结构重量减轻，还提高了飞机的各种飞行性能。

按照基体材料性质的不同，先进复合材料可以分为金属基复合材料和非金属基复合材料，其中非金属基复合材料又可以分为高分子基复合材料、陶瓷基复合材料、水泥基复合材料和碳基复合材料。

8.2　金属基复合材料

金属基复合材料(metal matrix composite，MMC)是以金属或合金为基体，与各种增强体复合而制得的复合材料。增强体可为纤维状、颗粒状和晶须状的碳化硅、硼、氧化铝及碳纤维。金属基体除金属铝、镁外，还有钛、铜、锌、铅、铍超合金、金属间化合物以及黑色金属。通常，金属基复合材料可根据增强体、基体种类或者用途进行分类，具体如表 8.1 所示。

表 8.1　金属基复合材料的分类

增强体	基体	用途
长纤维增强复合材料	Al 基复合材料	结构复合材料
短纤维增强复合材料	Cu 基复合材料	功能复合材料
晶须增强复合材料	Mg 基复合材料	智能复合材料
颗粒增强复合材料	Ti 基复合材料	
纳米复合材料	Ni 基复合材料	
层压复合材料	Fe 基复合材料	
倾斜长复合材料	金属间化合物基复合材料	

8.2.1　发展史简介

金属基复合材料是 20 世纪 60 年代才发展起来的，1963 年美国国家航空航天局(NASA)成功制备出 W 丝增强 Cu 基复合材料成为金属基复合材料研究和开发的标志性起点，之后又有 SiC/Al、Al_2O_3/Al 复合材料的研究报道。由于金属基复合材料具有极高的比强度、比模量和高温强度，其首先在航空航天上得到应用。20 世纪 80 年代，金属基复合材料进入蓬勃发展的阶段，研究内容开始注重颗粒、晶须和短纤维增强金属基复合材料，尤其是 Al 基复合材料，并且开始在汽车、体育用品等领域得到了应用。1982 年日本本田公司率先报道了 $Al_2O_3 \cdot SiO_2$/Al 复合材料在汽车发动机活塞上的应用，开创了金属基复合材料用于民用产品的先例；次年又推出了陶瓷短纤维增强 Al 基复合材料局部活塞，使金属基复合材料在汽车工业领域的应用得到突破性进展。此后，相继研究了多种类型金属基复合材料，如 C/Cu、C/Mg 等，极大地推动了金属基复合材料民用商品化的进程。20 世纪 90 年代后期，随着电子产品和技术的迅速发展，具有低膨胀性、高强度和高导热性的金属基复合材料在电子产品上得到迅速应用，以满足电子元件高导热性、导电性和低膨胀性的要求。而近年来，功能金属基复合材料和纳米金属基复合材料研究强劲发展，已成为复合材料研究的热点之一，可以肯定，随着相应研究工作和开发的不断深入，金属基复合材料将获得更大的发展和更为广阔的应用。

8.2.2　性能

通过对金属基复合材料的基体合金、增强体类型和含量、界面结构等因素进行合理配置与优化组合，可以获得既具有金属特性，又具有高比强度、高比模量、耐高温、耐磨损等优异性能的金属基复合材料。归纳来讲，金属基复合材料主要有以下性能特点。

(1) 高的比强度和比模量。在基体合金中加入高性能的纤维、晶须等增强体，可极大地提高基体材料的比强度和比模量，特别是高性能的连续纤维，如碳纤维的强度可高达 7000MPa，比铝合金基体高出近 10 倍。因此金属基复合材料的比强度和比模量通常成倍地高于基体合金，其制成的复合材料构件具有重量轻、刚度好、强度高的特点，是航空航天领域理想的结构材料。

(2) 疲劳性能和断裂韧性好。金属基复合材料的疲劳性能和断裂韧性取决于增强体与基体之间的界面结合状态，最佳的界面结合状态既能有效地传递荷载，又可阻止裂纹的扩展，提高材料断裂韧性。此外，金属基复合材料的疲劳强度通常高于基体材料，如玻璃纤维增强 Al 基复合材料的疲劳强度与抗拉强度之比为 0.7 左右，远高于基体 Al 合金的疲劳强度与抗拉强度之比。

(3) 良好的耐高温性能。由于作为增强体的陶瓷纤维、晶须和陶瓷颗粒在高温下具有很高的高温强度和模量，金属基复合材料具有比基体金属高得多的高温性能。特别是连续纤维增强金属基复合材料，长纤维在复合材料中起主要承载作用，而纤维强度在高温下基本不下降，因此连续纤维增强金属基复合材料的高温性能可保持到接近金属熔点，比基体金属的高温性能高得多。例如，钨丝增强耐热合金在 1000℃、100h 的高温持久强度为 207MPa，而基体合金的高温持久强度只有 48MPa。

(4) 线膨胀系数小。由于增强体(碳纤维、SiC 纤维、晶须、陶瓷颗粒等)通常具有较小的线膨胀系数和较高的弹性模量。当一定体积分数的增强体加入基体合金中，可使基体的线膨胀系数明显下降，并且可通过改变增强体体积分数、界面结构、纤维排布等方式调节复合材料的线膨胀系数，以满足不同的使用要求。例如，石墨纤维增强 Mg 基复合材料中石墨纤维的体积分数达到 48%时，该复合材料的线膨胀系数接近于零，特别适合制作卫星结构件、精密量具等复合材料制品。

(5) 优异的导热、导电性。金属基复合材料中，基体仍保持着良好的导电和导热性，且采用高导热或导电性的增强体，可进一步提高金属基复合材料的导热、导电性能，使复合材料具有比基体更为优越的导热、导电性，其可用于制作集成电路封装材料，以解决电子器件的散热问题。

此外，金属基复合材料还具有优异的耐磨性能、良好的加工特性，以及其他一些特殊的性能。这些优异的性能使得金属基复合材料在航空航天、新能源汽车、电子技术、精密机械等领域具有广泛的应用前景。

8.2.3　应用举例

目前，国内外应用金属基复合材料占主导地位的是铝基复合材料。

颗粒增强铝基复合材料由于具有优异的组织和力学性能，以及大型、高精密构件的工程化技术保障，已经在汽车、电子通信、核屏蔽、体育用品、航空航天等领域获得了广泛的应用。特别是近年来随着世界范围内航空技术的迅猛发展，颗粒铝基复合材料在航空领域的应用已经取得了十分瞩目的成就。例如，美国 DWA 公司生产的 AA6092/17.5SiC$_p$ 复合材料由于具有高的比强度、比刚度和长的疲劳寿命，已经取代铝合金材料，用于 F-16 战机上的腹鳍(图 8.3(a))，使用寿命延长了 4 倍，大大节省了飞机的维护保养成本。此外，在 F-16 战机上采用 AA6092/17.5SiC$_p$ 复合材料取代了铝合金材料,用于制备 26 个可活动的燃油入口盖(图 8.3(b)),承载能力提高了 28%,平均翻修寿命高于 8000h,裂纹检查期延长为 2~3 年。

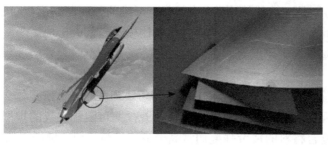

(a)腹鳍　　　　　　　　　　　　　　　　　　(b)燃油入口盖

图 8.3　F-16 战机用 AA6092/17.5SiC$_p$ 复合材料

法国 Eurocopter 公司采用 15%SiC$_p$/2009Al 复合材料锻件应用于 EC-120 直升机旋翼连接件(图 8.4(a))和 NH90 的动环与不动环(图 8.4(b)),该应用成果实现首次在航空一级运动零件上的使用,并且构件的疲劳强度比铝合金提高 50%~70%,弹性模量提高 40%,构件重量比钛合金大幅降低。我国经过技术攻关,基本掌握了具有自主知识产权的颗粒增强铝基复合材料制备工艺,性能已经接近国际领先水平,构件也实现装机应用,部分产品实现了批量生产。例如,北京有色金属研究总院采用粉末冶金技术研制了 SiC$_p$/Al 系列复合材料,部分构件已经成功用于飞机主承力结构件(图 8.5),研制的 15% SiC$_p$/Al 航空锻件的疲劳性能达到国际先进水平,顺利经过了疲劳台架考核,已经在某型号飞机上获得了应用,首次实现了该构件的国产化应用。

(a)EC-120 直升机旋翼连接件　　　　　　　　　(b)NH90 的动环与不动环

图 8.4　15%SiC$_p$/2009Al 复合材料锻件的应用

硼纤维/铝基复合材料具有低密度、高强度、高的比模量、尺寸较为稳定及较好的抗疲劳性能,耐热性也是其较为突出的性能。1981 年,硼纤维增强铝基复合材料用在美国发射的哥伦比亚号航天飞机上的货舱桁架上,硼纤维/铝基复合材料的工作温度最高达到了 310℃,断裂韧性与纤维直径成正比。1983 年,陶瓷短纤维局部增强铝基复合材料被日本丰田汽车公司用在活塞上。由于制造成本高,所以硼纤维/铝基复合材料主要应用于航天飞机主舱框架承立柱、发动机叶片、火箭部件等。硼纤维/铝基复合材料和半导体芯片的热膨胀系数接近,还可用于制造多层半导体芯片的支座散热板。

　　　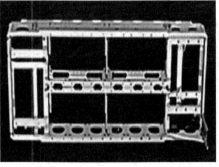　　　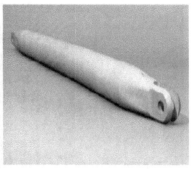

(a)战斗机液压传动缸　　　　　　　　(b)飞机仪器支架　　　　　　　　(c)运输机侧翼支撑杆

图 8.5　SiC_p/Al 系列复合材料的应用

　　碳纤维/铝基复合材料保留了增强体和基体各自的优良性能，如在高温下有较高的强度、弹性模量、尺寸强度，以及优良的导电性、导热性、耐磨性。因为密度较低，该复合材料成为较为理想的轻质高强材料。碳纤维/铝基复合材料主要用在飞机构件、导弹构件、汽车发动机零部件等领域中，如制作的天线骨架，由于轴向刚度好、密度低及超低轴向热膨胀，形状稳定，使得卫星抛物面的增益效率提高了四倍。

　　碳化硅纤维/铝基复合材料中碳化硅作为主要的载体部分，提高了材料的高温使用性能，最为突出的特点是在纤维方向上抗拉强度非常高，在 400℃ 以下变化不大，同时与其他纤维相比，在较高温度下与铝的相容性较好。此外该复合材料还拥有优良的室温和高温力学性能，通常用来代替钛合金飞机构架，同时在导弹结构件和发动机构件上应用。

　　氧化铝纤维/铝基复合材料中由于氧化铝的存在，赋予了该复合材料在抗腐蚀、抗蠕变、耐磨性上突出的优势，成为极受关注的铝基复合材料，目前主要应用于航空航天领域及汽车行业，航空航天领域主要是某些设备和构件，汽车领域主要是活塞、连杆、盘式制动器转子。例如，日本丰田公司(Toyata)生产的 FX-1 型专用运动车和意大利菲亚特公司(F.I.A.T)生产的高级赛车，其连杆便是美国杜邦公司和日本丰田汽车公司合作制造的氧化铝纤维增强铝基复合材料，比钢材连杆轻 35%~50%。在电力设施中也有应用，如美国 3M 公司成功地将氧化铝纤维/铝基复合材料用在高性能扩容线上。

　　在电子信息领域，Al-(45%~65%)SiC 复合材料可用作微电子器件的基座，其膨胀系数为 $8.2×10^{-6}K^{-1}$，热导率为 180W/(m·K)，从而使集成件质量大大减小，机加工及钎焊导致的畸变也最小。图 8.6 为用 Al-55%SiC 复合材料制备的电子封装壳体。

　　在体育与日常生活领域，采用 Al 合金-10%Al_2O_3 或 20%SiC 颗粒复合材料制备的自行车车体的特征是刚度高、密度低、抗疲劳性能好。特种自行车零件公司生产的"障碍跨越"山地自行车(图 8.7)就用到了上述复合材料，该自行车已成功地通过了许多体育比赛测试，实践证明其耐疲劳持久性也非常好。

　　镁基复合材料是同类金属基复合材料中比强度和比模量最高的一种，但由于价格高昂目前只用于航空航天部门，如石墨/镁基复合材料用于人造卫星抛物面天线骨架，使天线效率提高 539%；石墨/镁基复合材料具有零膨胀系数，可用于航天飞机的大面积蜂窝结构蒙皮材料。

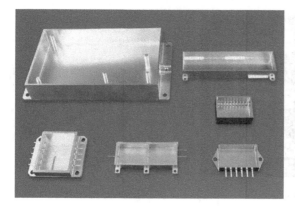

图 8.6　Al-55% SiC 复合材料电子封装壳体　　　　　　　图 8.7　"障碍跨越"山地自行车

钛具有高的比强度，在中温时比铝合金能更好地保持其强度。此外，钛的强度高，在制造复合材料时非纵轴的增强体的用量就可以少于弱基体的需要量。在生物技术领域，将生物活性陶瓷、生物玻璃和生物玻璃陶瓷用等离子喷涂于钛合金表面。生物玻璃涂层能与骨组织发生化学结合，结合界面处含有明显的 Ca、P 成分过渡区，用该法制备的钛合金人工骨、人工齿根已成功地应用于临床(图 8.8)。

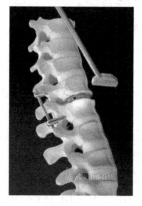
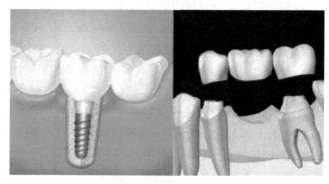

牙齿缺失后种植牙镶牙　　　　　　　牙齿缺失后烤瓷牙镶牙

图 8.8　钛合金人工骨和人工齿根

铜的熔点较高，制造较其他低熔点金属困难，同时铜基体与主要增强体的润湿性较差，从而影响了铜基复合材料的研究和开发。

8.3　高分子基复合材料

高分子基复合材料(polymer matrix composites，PMC)是复合材料的主要品种，又称树脂基复合材料。高性能树脂基复合材料(high property resin matrix composites，HPRMC)是指以高性能纤维作为增强体、高性能树脂为基体，经复合成型制得的在性能上具有明显优势的复合材料。该复合材料通常具有高强度、高模量、耐高温和低密度的特点，是先进复合材料中用量最多、应用面最广的一种材料。

常用的高性能纤维有碳纤维、芳纶、超高分子量聚乙烯纤维、陶瓷纤维等。这些增强体具有优异的力学性能和较低的密度，如碳纤维、芳纶和超高分子量聚乙烯纤维；优异的耐高温性能，如碳纤维、陶瓷纤维；优异的韧性，如芳纶、超高分子量聚乙烯纤维。常用的高性能树脂有多官能团环氧树脂、高碳酚醛树脂、聚酰亚胺树脂、聚苯并咪唑树脂、甲基二苯乙炔基硅烷树脂等。由于环氧树脂黏结性能优异，用其制成的复合材料具有优良的力学性能；用聚酰亚胺树脂、聚苯并咪唑树脂和甲基二苯乙炔基硅烷树脂制成的复合材料则具有优异的耐热性能。与普通高分子基复合材料相比，高性能高分子基复合材料的力学性能、耐热性能、耐腐蚀性能等有很大提高，且密度更低，有些还具有热防护功能、透波功能、吸波功能、阻尼功能等。因此，高性能高分子基复合材料是制备结构与功能一体化材料的最佳选择。

8.3.1 发展史简介

20 世纪 50 年代，先进高分子基复合材料，主要是碳纤维增强高分子基复合材料，开始大量应用于航空航天领域。1971 年美国杜邦公司开发出 Kevlar-49，1975 年碳纤维增强及 Kevlar 纤维增强环氧树脂复合材料已用于飞机、火箭的主承力件上。之后，为了满足飞机、导弹及航空发动机发展对先进高分子基复合材料使用温度的需求，在环氧树脂(EP)复合材料的基础上，发展了双马来酰亚胺(BMI)复合材料和耐高温聚酰亚胺(PI)复合材料。目前作为轻质高效结构材料应用的先进高分子基复合材料主要包括130℃以下长期使用的 EP 复合材料体系、150～230℃长期使用的 BMI 复合材料体系、260℃以上使用的 PI 复合材料体系。

我国高分子基复合材料的工业化生产起始于 1958 年。1986 年开始研发或引入先进高分子基复合材料用纤维的技术与设备，经过 30 年多的发展，初步形成了满足目前航空航天装备研制所需的复合材料体系，成型和配套技术逐渐成熟，应用经验不断积累，实现了复合材料构件在歼击机的批量应用，先进高分子基复合材料已经成为支撑新型歼击机、大型飞机研制不可缺少的关键材料技术。

8.3.2 性能

高分子基复合材料的性能除由纤维、树脂的种类及体积分数而定外，还与纤维的排列方向、铺层次序和层数，以及复合材料的使用环境有关。高分子基复合材料的性能特点可以从以下几点来进行讨论。

(1)一般力学性能：高分子基复合材料力学性能的突出优点是比强度和比模量高，不足之处是弹性模量和层间剪切强度低。

(2)断裂、冲击和疲劳性能：高分子基复合材料一般由脆性高分子和脆性纤维构成，由于其多相结构性质，复合材料具有良好的韧性。研究表明，过高或过低的界面黏结对复合材料的冲击性能都是不利的，只有界面黏结合适，在复合材料冲击断裂时既能保证复合材料的界面脱黏，又能保证界面在脱黏过程中吸收较多的能量，才能保障复合材料具有较高的冲击强度。高分子基复合材料在大尺度上是非均质和各向异性的，它们以整体而不是局部的方式积累损伤，因而其疲劳性能比金属材料好得多。试验表明，基体和界面是高分子基复合材料耐疲劳性的薄弱环节。

(3)热性能：包括热传导、比热容、热膨胀性、耐热性以及阻燃性。其中热传导、热膨胀性与组分材料、复合状态以及温度有很大的关系；比热容对于高分子基复合材料而言相差不大；耐热性是指温度对高分子基复合材料力学性能的影响，一般来说，高分子基复合材料的力学性能随温度的升高而下降，但增强体的力学性能随温度的升高的下降程度不同；阻燃性是指当材料接触火焰或热源，温度升高进而发生热分解、着火后具有能够自熄灭或燃烧无烟的特点，高分子基复合材料的阻燃性主要决定于树脂基体，也决定于不燃烧纤维的含量。

（4）电磁性能：包括导电性能、介电性能、耐压性能及磁性能。

（5）化学稳定性能：包括耐化学腐蚀性、耐水性、耐候性。耐化学腐蚀性是指其抵抗酸、碱、盐及有机溶剂等化学介质腐蚀破坏的长期工作性能。耐水性是指材料抵抗水破坏的能力，水对复合材料的作用包括水通过界面缝隙渗进复合材料使基体发生溶胀与增塑，水与纤维相互作用导致增强体纤维损失、水与复合材料作用导致基体材料的流失。耐候性指复合材料处在户外自然环境下，随时间延长而保持其原有性能的性质。

（6）其他性能，如隔声性能和透光性能。

8.3.3　应用举例

麻纤维增强热塑性复合材料因其密度低、强度高和可回收利用等优异性能，成为汽车行业替代金属、玻璃与塑料等传统制造材料最好的材料之一。美国福特汽车公司早在 1941 年就将亚麻应用于汽车材料，20 世纪 60 年代，将椰壳麻复合材料用于汽车座椅和内饰部件。20世纪 90 年代以来，国际上麻纤维复合材料在汽车行业中的应用已获得较大发展，含亚麻、大麻和剑麻混合物 65%的复合材料于 1999 年首次商业化应用于奔驰高级轿车的门板。国内研究者通过借鉴制造玻璃纤维增强热塑性复合材料（GMT）的工艺方法，将改性大麻纤维与聚丙烯纤维共混针刺成毡，通过模压成型制成汽车板材及内饰件。

麻纤维复合材料用作建筑材料的优点是不产生裂纹、不变形、防虫蛀、防鼠咬、不易腐烂、使用寿命长、长期吸水率小等。麻纤维复合材料目前已经或正在开发用作装修和装饰材料、围栏护栏、建筑模板、门窗材料、壁板和墙板、地板、屋顶板、吊顶板等。2002 年以来，日本松下电工有限公司在中国安徽省和马来西亚关丹市进行红麻纤维板的试验与生产。纤维板由红麻熟麻层叠浸胶加压成型，具有轻、薄、透气性好、强度大等优点，该板材用于替代木结构墙壁强化材料时，其强度是后者的 3.2 倍，抗震强度是后者的 2 倍。马来西亚 UPM 和MARDI 以及 HKC 集团用红麻与聚丙烯复合生产出高强度的红麻纤维强化塑料复合材料，该材料生产的吊顶板材产品已经产业化。武汉科技学院研发的剑麻纤维增强再生塑料复合建筑模板已投产，剑麻纤维增强的建筑模板替代钢模板（图 8.9），不需要脱模，施工效率显著提高，并且节约木方原使用量的 2/3。

酚醛树脂基防热复合材料是航天飞行器上应用最为广泛的烧蚀防热型功能复合材料，它通过材料烧蚀的质量损耗来带走大部分气动加热。玻璃/酚醛、高硅氧/酚醛和石英/酚醛适用于工作环境为中等焓值和中等热流密度的航天飞行器，属于碳化-熔化烧蚀型材料；碳/酚醛适用于工作环境为较高焓值和较高热流密度的远程航天飞行器，属于碳化-升华烧蚀型材料，能充分发挥材料的升华效应；涤纶/酚醛、PGE/酚醛适用于工作环境为高焓值、低热流密度和飞行时间比较长的航天飞行器，包括返回式卫星和飞船等。PGE/酚醛是航天材料及工艺研究所"十五"期间针对长时防隔热的需要而研发的一种树脂基中密度烧蚀防热材料，它以热解纤维改性玻璃纤维 PGE 织物为增强体、酚醛树脂为基体，通过布带缠绕工艺复合而成。相对于传统的玻璃/酚醛、高硅氧/酚醛，PGE/酚醛的密度和热导率都明显降低。低密度烧蚀隔热材料的特点是低密度和低热导率，通常密度 $\rho \leqslant 1000 kg/m^3$。高孔隙结构的蜂窝增强树脂基防热复合材料因具有密度低、隔热性能好等优点，已广泛运用于返回式卫星、载人飞船等载人航天器的外表面防热（图 8.10）。环氧树脂基复合材料曾经是巡航导弹弹体结构所用复合材料中最主要的基体材料，在所有高分子基复合材料结构中所占的比例高达 90%。但随着飞行速度的提高及超声速巡航导弹研究的日益深入，目前材料研究的重点已由环氧树脂向双马来酰亚胺树脂、聚酰亚胺树脂、氰酸酯树脂等转移。针对轻质、长时防隔热的使用需求，近年，航天材料及工艺研究所研发了一系列连续纤维增强缠绕型高孔隙轻质材料，材料密度为 $800 \sim 1400 kg/m^3$，例如，热解型改性石英酚醛-SPQ/酚醛系列材料具有更低的热导率和密度，并且具备一定的抗烧蚀能力。

图 8.9　剑麻纤维增强的建筑模板　　　　图 8.10　神舟一号飞船返回舱表面涂有烧蚀隔热材料

具有防热、结构、隐身、抗核加固、透波等两种或两种以上的多种功能特性的复合材料称为多功能复合材料。目前高分子基防热复合材料正逐步从单功能材料向多功能材料发展，已研制成功的高分子基防热多功能复合材料主要有烧蚀防热结构、烧蚀防热-透波、烧蚀防热-电磁隐身等多功能复合材料。高分子基透波复合材料具有高强、轻质和优良电性能等特点，成为低马赫数飞行器天线罩的首选材料，如图 8.11 所示的苏联产 Kh-31 反辐射导弹雷达天线罩所用材料即石英纤维增强酚醛树脂基复合材料。烧蚀防热-电磁隐身多功能复合材料解决了采用传统的涂层隐身材料带来的繁杂工序、外表易受损坏、会降低防热层材料与金属结构件间黏结强度等问题，提高了可靠性，降低了维护成本。该类多功能复合材料已应用于航天飞行器的防热部件。

随着雷达天线罩工作频率(X 波段或以上)的升高，特别是隐身天线罩的需求，传统的蒙皮透波材料(高强玻璃布增强环氧树脂体系)已不能满足高透过、低反射、耐高功率的要求，石英/氰酸酯树脂体系复合材料就应运而生，可以满足现代高性能天线罩的需求。如图 8.12 所示的位于河北廊坊的亚天顿复合材料科技有限公司目前的主打产品 573 型天线罩，是以自主研发合成的高透波氰酸酯树脂为基体、以介电性能优越的石英纤维布为增强体制作的石英纤维预浸料，具有优越的介电性能和力学性能。573 型天线罩具有插入损耗小、产品一致性好、环境适应性高和重量轻等特点，其透波效果良好。

高性能 EP 复合材料体系主要包括低温、中温和高温固化 EP 复合材料。高性能 EP 复合材料具有较好的力学性能和韧性、耐环境性能以及优异的工艺性等特点，适用于制造大型飞机、直升机、无人机和通用飞机的各类复合材料结构。F-22 飞机进气道等内部结构、F-35 飞机机身、机翼大部分外表面、民用飞机构件(如 A380 和 B787 飞机的机翼、尾翼)等，主要使用高性能 EP 复合材料制造。

图 8.11　苏联产 Kh-31 反辐射导弹雷达天线罩　　　　图 8.12　石英纤维/氰酸酯树脂复合材料
573 型大线罩

8.4　陶瓷基复合材料

陶瓷基复合材料(ceramic matrix composites，CMC)是以陶瓷材料为基体，以陶瓷、碳纤维和难熔金属的纤维、晶须、芯片和颗粒为增强体的复合材料，改善了陶瓷材料本身的致命弱点——脆性。陶瓷基复合材料的基体主要包括氧化物陶瓷、非氧化物陶瓷和微晶玻璃，作为基体的陶瓷具有与金属和高分子不同的特性：低热导率、低电导率、低密度、高高温强度、耐绝缘、抗腐蚀和一些特殊的性能。

20 世纪 70 年代初，Aveston 提出了纤维增强陶瓷基复合材料的概念，开辟了高性能陶瓷材料研究的方向。陶瓷基复合材料是 20 世纪 80 年代逐渐发展起来的，包括纤维(或晶须)增韧陶瓷基复合材料、异相颗粒弥散强化复相陶瓷、原位生长陶瓷基复合材料、梯度功能复合陶瓷及纳米陶瓷复合材料。陶瓷基复合材料因具有耐高温、耐磨、抗高温蠕变、热导率低、热膨胀系数低、耐化学腐蚀、强度高、硬度大及介电、透波等特点，在高分子基复合材料和金属基复合材料不能满足性能要求的工况下可以得到广泛应用，成为理想的高温结构材料，陶瓷基复合材料有望成为在 21 世纪中替代金属及其合金的发动机热端结构的首选材料。

8.4.1　分类

陶瓷基复合材料通常根据增强体分成两类：连续纤维增强的陶瓷基复合材料和不连续纤维增强的陶瓷基复合材料；也可根据基体分成氧化物陶瓷基复合材料和非氧化物陶瓷基复合材料；还可根据制备方法来分类，具体如表 8.2 所示。

表 8.2　陶瓷基复合材料的分类

增强体		基体		制备方法
连续增强体	不连续增强体	氧化物基	非氧化物基	常压烧结
一方向纤维	晶须	微晶玻璃	碳化物(如 SiC)	热压烧结
二方向纤维	晶片	氧化物(如 Al_2O_3)	氮化物(如 Si_3N_4)	热等静压烧结
三方向纤维	颗粒	复合氧化物(如堇青石)	硼化物(如 ZrB_2)	微波烧结
多层陶瓷	自身增强体		硅化物(如 $MoSi_2$)	高温自蔓延合成
				原位生长
				浸渍法

纤维(或晶须)增韧陶瓷基复合材料要求尽量满足纤维(或晶须)与基体陶瓷的化学相容性和物理相容性。化学相容性是指在制造和使用温度下纤维与基体两者不发生化学反应及不引起性能退化;物理相容性是指两者的热膨胀性和弹性匹配,通常希望使纤维的线膨胀系数和弹性模量高于基体,使基体的制造残余应力为压缩应力。

异相颗粒弥散强化复相陶瓷的异相(即在主晶相——基体相中引入的第二相)颗粒有刚性(硬质)颗粒和延性颗粒两种,它们均匀弥散于陶瓷基体中,起到增加硬度和韧性的作用。刚性颗粒又称刚性颗粒增强体,它是高强度、高硬度、高热稳定性和化学稳定性的陶瓷颗粒。刚性颗粒弥散强化复相陶瓷的增韧机制有裂纹分叉、裂纹偏转和钉扎等,它可以有效提高断裂韧性。刚性颗粒弥散强化复相陶瓷有很好的高温力学性能,是制造切削刀具、高速轴承和陶瓷发动机部件的理想材料。延性颗粒是金属颗粒,由于金属的高温性能低于陶瓷基体材料,因此延性颗粒弥散强化复相陶瓷的高温力学性能不好,但可以显著改善中低温时的韧性。延性颗粒弥散强化复相陶瓷的增韧机制有裂纹桥联、颗粒塑性变形、颗粒拔出、裂纹偏转和裂纹在颗粒处终止等,其中桥联机制的增韧效果比较显著。延性颗粒弥散强化复相陶瓷可用于耐磨部件。

原位生长陶瓷基复合材料又称为增强复相陶瓷。此种陶瓷基复合材料的第二相不是预先单独制备的,而是在原料中加入可生成第二相的元素(或化合物),控制其生成条件,在陶瓷基体致密化过程中,直接通过高温化学反应或相变过程,在主晶相中同时原位生长出均匀分布的晶须或高长径比的晶粒或晶片,即增强体,形成陶瓷基复合材料。由于第二相是原位生成的,不存在与主晶相相容性不良的缺点,因此这种特殊结构的陶瓷基复合材料的室温和高温力学性能均优于同组分的其他类型复合材料。

梯度功能复合陶瓷又称为倾斜功能陶瓷。梯度是指从材料的一侧至另一侧,一类组分的含量渐次由100%减少至零,而另一侧则从零增加到100%,以适应部件两侧的不同工作条件与环境要求,并减少可能发生的热应力。通过控制构成材料的要素(组成、结构等)由一侧向另一侧基本上呈连续梯度变化,从而获得性质与功能(相对于组成和结构)呈梯度变化的非均质材料,以减少和克服结合部位的性能不匹配。利用"梯度"概念,可以构想出一系列新材料。这类复合材料融合了材料-结构、细观-宏观及基体-第二相的界限,是传统复合材料概念的新推广。

纳米陶瓷复合材料是在陶瓷基体中含有纳米粒子第二相的复合材料,一般可分为三类:基体晶粒内弥散纳米粒子第二相;基体晶粒间弥散纳米粒子第二相;基体和第二相同为纳米晶粒。其中前两种不仅可改善室温力学性能,而且能改善高温力学性能;而后一种则可以产生某些新功能,如可加工性和超塑性。

8.4.2 性能

陶瓷基复合材料保留了陶瓷基体材料的绝大多数优良性能,如高强度、高模量、耐高温、耐磨损、高硬度等,增强体的加入,使复合材料的韧性较基体材料有大幅度的提高。举例如下。

连续纤维增强陶瓷基复合材料具有密度小、比强度高、比模量高、热力学性能和抗热震冲击性能好的特点。其最大特点是使用温度范围广和高温强度高。晶须增强陶瓷基复合材料具有较好的断裂韧性、优异的耐高温蠕变性能、均一的强度、较高的耐磨损性能和耐腐蚀性能。单向碳纤维/石英玻璃复合材料的抗弯强度比石英玻璃提高了将近 11 倍(从 51.5MPa 提高为 600MPa),断裂功提高了将近 3 个数量级(从 0.009kJ/m^2 提高为 7.9kJ/m^2)。SiC$_f$/LAS 复合材料的抗弯强度比 LAS(铝锂硅酸盐玻璃 Li$_2$O·Al$_2$O$_3$·SiO$_2$)材料提高了 4 倍(从 150MPa 提高为 755MPa),弹性模量提高了 79%(从 77GPa 提高为 138GPa)。钨芯碳化硅纤维增强氮化硅(AVCO SiC/ Si$_3$N$_4$)复合材料的抗弯强度为 400MPa,断裂韧性为 8.2MPa·m$^{1/2}$。用热压烧结法制备的 20%~30% SiC$_w$(晶须)/ Al$_2$O$_3$ 复合材料的断裂韧性达到 8~8.5MPa·m$^{1/2}$。

颗粒增强陶瓷基复合材料虽然增强效果不如前两者,但其原料混合均匀化以及烧结致密化相对简便,且易于制备形状复杂的制品。

8.4.3 应用举例

20 世纪 80 年代初,法国 SNECMA 公司和 SEP 公司合作开发了碳化硅纤维增强的碳化硅陶瓷基复合材料 Cerasepr A300 系列和碳纤维增强的碳化硅陶瓷基复合材料 Sepcarbinoxr A262。Sepcarbinoxr A262 中等温度的寿命为 100h,包括碳纤维多层增强层、高温碳中间相、碳化硅化学气相渗透基体,并采用改进的精细处理技术,提高了抗氧化特性。该材料的特点是非脆性、室温失效强度为 250MPa、在低于 973K 的温度条件下寿命较长。SNECMA 公司于 1996 年将该材料成功地应用在 M88-2 发动机喷管外调节片(图 8.13)上,大大减轻了质量。2002 年,SNECMA 公司尝试将陶瓷基复合材料应用到 M88-2 发动机的承受很高热应力的内调节片上,以提高其使用寿命。

美国 GEAE/Allison 公司开发并验证了大量陶瓷基复合材料航空燃气涡轮发动机高温部件,如 Hi-Nicalon 纤维增强的(纤维占 40%)碳化硅陶瓷基复合材料燃烧室火焰筒,该燃烧室壁可以承受 1589K 的温度,并与由 Lamilloy 结构材料加工的外火焰筒一起组成了先进的柔性燃烧室(图 8.14)。近几年美国在 F414 发动机上开展了 SiC$_f$/SiC 复合材料涡轮转子的验证工作,这代表陶瓷基复合材料应用范围已经拓展到了发动机的转动件,使用陶瓷基复合材料已成为新一代发动机的典型标志。

图 8.13　M88-2 发动机喷管外调节片　　　图 8.14　GEAE/Allison 公司研制的碳化硅陶瓷基复合材料外火焰筒和由其组成的柔性燃烧室

C$_f$/SiC 复合材料(碳纤维增强碳化硅陶瓷基复合材料)应用在高推重比航空发动机内主要用于喷管和燃烧室,可将工作温度提高 300~500℃,推力提高 30%~100%,结构减重 50%~70%;应用在高比冲液体火箭发动机内部分主要是推力室和喷管,可显著减重,提高推力室压力和寿命,同时减少冷却剂量,实现轨道动能拦截系统的小型化和轻量化;应用在推力可控固体火箭发动机内的气流通道的喉栓和喉阀,可以解决新一代推力可控固体轨控发动机喉道零烧蚀的难题，提高动能拦截系统的变轨能力和机动性。

目前，各种卫星及飞行器的太阳能电池板的框架大多采用 C_f/SiC 复合材料。C_f/SiC 复合材料应用在超高声速飞行器的大面积热防护系统，可减少发射准备程序，减少维护次数，提高使用寿命和降低成本，现已成功应用于法国幻影 2000 和阵风战斗机上。C_f/SiC 复合材料应用在高温连接件上则能够满足严酷环境中的性能要求，目前可生产的连接件尺寸在 8～12mm。试验结果表明，C_f/SiC 复合材料制备出的高温连接件适合实际高温环境，满足必要的飞行标准。C_f/SiC 复合材料的潜在应用还包括汽车和高速列车等交通运输工具的制动系统，以及原子反应堆壁等领域。

8.5　水泥基复合材料

水泥基复合材料由于原料来源广泛、制备工艺简单、具有较大的流动性、能够浇筑成各种形状的建筑、价格低廉等各项优点，已成为土木建筑工程中用量最大、用途最广的一种建筑材料。但是它也存在很多缺点，如脆性和自重大、抗拉强度低、容易开裂、耐久性差，严重地限制了它的应用范围。采用工业废渣等固体废弃物取代水泥，减少环境污染，走绿色健康可持续发展的道路，已成为今后建筑行业的一个比较明确和开朗的发展方向。

20 世纪 70 年代末，伴随着高效减水剂技术的发展，利用最大堆积密度（densified particle packing）理论，在丹麦奥尔堡的水泥与混凝土实验室配制出了第一代超高性能混凝土，也称为密实增强复合材料（compact reinforced composites，CRC）。CRC 骨料为烧结的铝矾土，为了提高韧性在其中还掺加了钢纤维，使得抗压强度超过 400MPa。但 CRC 施工密实性较差，振捣困难，所以 CRC 发展一度出现停滞不前的现象。随着高效减水剂（聚羧酸系）的问世，以及设计理论的发展和养护制度的完善，慢慢形成了超高性能水泥基复合材料（ultra high performance cement-based composites，UHPCC），它具有良好的施工性能，可以自密实成型，在常温条件下养护。鉴于其具有良好的性能，UHPCC 在实际应用中的例子越来越广泛。UHPCC 的发展经过了很多阶段，具体如下：

1982 年 Bache 等首次制备并报道出了 DSP 材料，该种材料由水泥（70%～80%）、细小活性硅灰（20%～30%）、高效减水剂和水组成，水胶比为 0.12～0.22。但是 DSP 材料脆性较差，故材料容易与基体材料分离，从上面剥落下来。法国 Prierre Richaed 和 Marcel Cheyrezy 用与 DSP 相似的理论模型，充分考虑高强混凝土和纤维混凝土的制备成型原理，去除了粗骨料，并且限制了细骨料的最大粒径，原材料平均颗粒尺寸在 0.1μm～1mm，尽量减小混凝土中的孔径尺寸；用石英砂（粒径为 400～600μm）为粗骨料，掺入了粉煤灰、硅粉等超细活性矿物掺合料和短而细的钢纤维，凝结成型过程中采用加压和热养护的方式制得了活性粉末混凝土（reactive powder concrete，RPC）。RPC 材料具有高强度、低脆性、低气孔率和优异耐久性。1996 年加拿大魁北克省 Sherbrooke 市将 RPC 运用在一座跨度为 60m 的步行/自行车桁架桥上，这才拉开了 RPC 应用的序幕。为了避免知识产权的纠纷，将 RPC 改名为 UHPCC 或超高性能混凝土（UHPC）。2004 年 9 月在德国卡塞尔举行的 UHPC 国际会议上，与会专家认为：虽然 UHPC 被命名为混凝土材料，但却可以认为它是一种新型材料，属于新一代水泥基建筑材料。2005 年秋美国第一座 UHPC 桥——艾奥瓦州的马斯希尔桥建成（图 8.15），2006 年该桥获得美国 PCI 学会两年一届的"第十届桥梁竞赛奖"，并被誉为"未来的桥梁"。韩国十分重视创新，提出了一个超级桥梁 200 的计划，希望通过应用 UHPC 建造桥梁，减少 20%的工程造价，在 10 年内节省 20 亿美元的投资，减少 44%二氧化碳的排放量和 20%的养护费用。如图 8.16(a) 所示，仙游桥是世界上第一座 UHPC 拱桥，位于韩国首尔，建成于 2002 年。Super Bridge I 是韩国建造科技研究院设计并建造的低造价长寿命组合型斜拉桥(图 8.16(b))，该桥于 2009 年建成。Kayogawa 桥是日本第一个 UHPC 铁路桥，于 2010 年建成，桥长 15.86m，桥宽 4m(单线)，梁高 1.5m，桥梁的断面面积为 $1.6m^2$，仅为原普通混凝土 U 梁的 1/2。

图 8.15　马斯希尔桥

（a）仙游桥

（b）Super Bridge I

图 8.16　韩国 UHPC 桥

　　为对重大土木工程结构和基础设施进行全寿命的健康监测，需要高性能、长寿命和稳定的智能传感元件，自感知水泥基复合材料就应运而生。自感知水泥基复合材料是通过在普通水泥基材料中复合一定形状、尺寸和掺量的导电填料，采用合理的工艺制备而成的一种机敏材料。当有力场作用时，自感知水泥基复合材料微观结构发生变化，导电通路也受到影响，使其宏观电压、电阻、电容及阻抗等电学特性发生有规律的变化。通过检测电学特性的变化，自感知水泥基复合材料可用作传感元件有效诊断与监测混凝土结构的应力、应变或损伤。与现有的其他传感元件相比，自感知水泥基复合材料与混凝土结构具有天然的相容性，用于混凝土结构的健康诊断与监测有独特优势。目前，自感知水泥基复合材料的研究主要集中在发展新型的导电填料以在保持自感知的同时而不减弱其他性能。

8.6　碳基复合材料

碳基复合材料是以碳为基体、碳或其他物质为增强体组成的复合材料。其中 C/C 复合材料(以碳纤维或石墨纤维骨架为增强体、碳或石墨为基体)是耐温最高的材料，其强度随温度升高而增强，在 2500℃达到最大值，同时具有良好的抗烧蚀性能和抗热震性能；密度低(1.7g/cm³ 左右)，在承受高温的结构件中，它是最轻的材料；有较高的断裂韧性、抗疲劳性能和抗蠕变性能；热膨胀系数小($0.54×10^{-6}℃^{-1}$)；热导率高，有良好的导热性(热导率取决于材料的组成与组织、结构及生产工艺。典型的三维 C/C 复合材料在室温下的热导率为 100W/(m·K)，1000℃时为 50W/(m·K)，2000℃时为 40W/(m·K)。由超高模量的沥青基碳纤维 P-130x 和中间相沥青基体制得的 C/C 复合材料的室温热导率高达 850W/(m·K)，可用于核反应堆、固体火箭喷管、热交换器和制动盘；耐高速摩擦性能优异。在对重量有严格要求的应用中，C/C 复合材料已经成为极具吸引力的竞争者。就比强度和比刚度而论，当温度超过 1000℃时，C/C 复合材料几乎没有其他对手。因此，现在 C/C 复合材料已经应用于许多国家的航空航天及国防工业。

C/C 复合材料的最大缺点是耐氧化性能差，在氧化性气氛下，450℃以上便开始氧化，并且氧化速率随温度的升高迅速增加。因此，如何提高 C/C 复合材料的抗氧化性能成为学者研究的热点。研究者结合仿生学中自然界动植物的自我修复行为，提出了 C/C 复合材料自愈合抗氧化技术，其行为类似于金属材料的钝化，涂层和基体中出现的裂纹与缺陷被自愈合材料特有的属性实现自我修复和自我愈合，有效地解决了 C/C 复合材料的抗氧化难题。

8.6.1　C/C 复合材料用碳纤维的选择

(1)对金属等杂质含量的要求。C/C 复合材料的一个重要用途是作为耐烧蚀材料，而碱金属是碳的氧化催化剂，其含量越低越好，碱金属质量分数最好降低到 50mg/kg 以下，以提高 C/C 复合材料自身的抗氧化性能。

(2)对碳纤维性能的要求。应当采用高模量、中强度或高强度、中模量碳纤维来制备 C/C 复合材料，这样不仅碳纤维的强度和模量的利用率高，而且 C/C 复合材料热膨胀系数小，使得 C/C 复合材料整体性能提高。

(3)对碳纤维表面处理的要求。未经表面处理的碳纤维，两相界面黏结薄弱，基体的收缩使两相界面脱黏，纤维不会损伤而充分发挥其增强作用，从而使 C/C 复合材料的强度提高。经表面处理的碳纤维则相反，会使 C/C 复合材料的强度降低。因此，未经表面处理的碳纤维更适宜制备 C/C 复合材料。

8.6.2　C/C 复合材料的基体

C/C 复合材料的基体材料有热解碳和浸渍碳两种，热解碳主要由甲烷、乙烷、丙烷、乙烯及低分子芳烃等组成，经高温裂解生成碳，热解碳原料来源丰富，质量可靠，品种多，成本低。浸渍碳主要由沥青和树脂组成，其中沥青主要采用天然沥青和煤沥青，而树脂则可采用热固性树脂(如酚醛、呋喃、糠醛、糠醇等)和热塑性树脂(如聚醚醚酮、聚芳基乙烯、聚苯并咪唑等)。沥青浸渍碳生产率较低，但易于石墨化，最终生成的石墨为各向同性，电阻率低、导热性好、模量高。树脂浸渍碳是经高温生成的，生产率较高，但难以石墨化，且电阻率高、导热性差，最终生成的是各向异性的石墨。

8.6.3　C/C 复合材料的应用

C/C 复合材料具有一系列优良的特性，世界各国均把 C/C 复合材料用作先进飞行器高温区的主要热结构材料，其次作为飞机和汽车等的制动材料，最后是在一般工业上的应用。

1. 在先进飞行器上的应用

20 世纪八九十年代，如表 8.3 所示，美国陆海空三军分别负责研制的战略导弹和反弹道导弹的再入鼻锥均选用了 C/C 复合材料，其结构为正交 3D C/C 复合材料或细编穿刺 C/C 复合材料。美国海军负责研制的 MK-5 再入鼻锥，在烧蚀/侵蚀耦合条件作用下，再入鼻锥外形保持稳定对称变化过程的特点，有效提高了武器的命中率和命中精度。

表 8.3　美国 C/C 复合材料在战略导弹和反弹道导弹上的应用

导弹型号	使用部位	材料结构	使用军种
民兵III号	MK-12A 鼻锥	细编穿刺 C/C 复合材料	空军
MX	MK-21 型鼻锥	3D C/C 复合材料或细编穿刺品	空军
MX	发动机喷管喉衬	3D C/C 复合材料	空军
SICBM	MK-21 型鼻锥	3D C/C 复合材料或 4D C/C 复合材料	空军
SICBM	发动机喷管喉衬	3D C/C 复合材料	空军
三叉戟 I 号	MK-5 型鼻锥	3D C/C 复合材料或细编穿刺品	海军
三叉戟 I 号	发动机喷管喉衬	3D C/C 复合材料	海军
卫兵	反弹道导弹鼻锥	3D C/C 复合材料	陆军
SP I	反弹道导弹鼻锥	3D C/C 复合材料	陆军

2. 在制动材料方面的应用

C/C 复合材料不仅具有良好的耐高温性能，而且具有优异的耐磨损性能。20 世纪 60 年代末 70 年代初，人们开始尝试用 C/C 复合材料来制造制动盘，取得了意想不到的成功。主要的研制厂家有美国的 B.F.Goodrich 公司、ALS 公司、ABS 公司，法国的碳工业公司，英国的 Dunlop 公司，俄罗斯的 NIIGRAFIT 研究院，其次就是我国的华兴航空机轮公司，当然日本和德国的一些公司也具备研制能力，最新资料表明，韩国、印度也在试制 C/C 复合材料制动盘。1972 年华兴航空机轮公司立项研制 C/C 复合制动材料，使中国成为继美、英、法之后第四个研究碳制动材料的国家。2001 年华兴航空机轮公司的碳制动盘已开始批量生产，供军用飞机使用和民用飞机试验。

3. 在其他方面的应用

美国福特汽车公司用 C/C 复合材料制成了 LTD 试验车，质量仅为 1130kg，而同类金属材料车为 1690kg。同类车每升汽油只能行驶 1.9km，而 LTD 试验车为 2.6km，达到了美国政府规定的汽车燃料消耗标准。在玻璃工业中，美国已经把 C/C 复合材料成功地用于玻璃工业中的"热端"。在体育用品方面，C/C 复合材料因密度小、刚度好和不易破断等特殊性能而用来制作竞赛用自行车、高尔夫球杆和游艇等文体用品。在医学方面，C/C 复合材料因与人体有良好的生物相容性而用作牙床、骨骼和人体关节。C/C 复合材料在涡轮发动机上主要用作叶片，在内燃机上主要用作活塞。在粉末冶金中，用 C/C 复合材料制作的热压模比石墨模使用寿命长和能重复使用，从而将其用作粉末冶金的热压模。

我国 C/C 复合材料目前已经从军用航空应用往工业领域拓展。以湖南博云新材料股份有限公司为代表的 C/C 复合材料龙头企业已经成功地承担了我国大飞机 C919 制动系统的生产。C/C 复合材料在工业领域的应用空间随着其优异性能和性价比优势而逐步发展起来，高温热场用 C/C 复合材料、人工骨用 C/C 复合材料、低成本航空制动 C/C 复合材料、新型高能制动 C/C 复合材料等都属重点新材料，而光伏、半导体行业和工业热处理行业有望成为 C/C 复合材料大规模应用的突破口。图 8.17 为航空客机用 C/C 复合材料制动盘图示。

图 8.17　航空客机用 C/C 复合材料制动盘

第9章 纳米材料

9.1 概　述

纳米材料(nanometer material)是指在三维空间中至少有一维处于纳米尺寸(0.1～100nm)或由它们作为基本单元构成的材料，相当于 10～100 个原子紧密排列在一起的尺度。纳米材料具有一定的独特性，当物质尺度小到一定程度时，必须改用量子力学取代传统力学的观点来描述它的行为，如当粉末粒子尺寸由 10μm 降至 10nm 时，其粒径改变虽为 1000 倍，但换算成体积时将有 10^9 倍，所以二者行为上将产生明显的差异。同时纳米材料的尺度已接近光的波长，加上其具有大表面的特殊效应，因此其所表现的特性(如光学、热学、电学、磁学、力学及化学方面的性质)和大块固体时相比将会有显著的不同。

按照传统的材料学科体系划分，纳米材料可分为纳米金属材料、纳米陶瓷材料、纳米高分子材料和纳米复合材料。按应用分类，可将纳米材料分为纳米电子材料、纳米磁性材料、纳米隐身材料、纳米生物材料等。纳米材料从狭义上讲，就是有关原子团簇、纳米颗粒、纳米线、纳米薄膜、纳米碳管和纳米固体材料的总称。纳米技术的广义范围可包括纳米材料技术及纳米加工技术、纳米测量技术、纳米应用技术等方面。其中纳米材料技术着重于纳米功能性材料(超微粉、镀膜、纳米改性材料等及性能检测)的生产。纳米加工技术包含精密加工技术(能量束加工等)及扫描探针技术。目前已成功研制出纳米金属材料、纳米半导体薄膜、纳米陶瓷、纳米磁性材料和纳米生物医学材料等。

9.2　纳米材料的研究进展及应用

9.2.1　纳米材料的研究进展

1990 年 7 月在美国召开了第一届国际纳米科学技术会议，正式宣布纳米材料科学为材料科学的一个新分支。自 20 世纪 70 年代纳米颗粒材料问世以来，从研究内涵和特点大致可划分为三个阶段。

第一阶段(1990 年以前)：主要是在实验室探索用各种方法制备各种材料的纳米颗粒粉体或合成块体，研究评估表征的方法，探索纳米材料不同于普通材料的特殊性能；研究对象一般局限在单一材料和单相材料，国际上通常把这种材料称为纳米晶或纳米相材料。

第二阶段(1990～1994 年)：人们关注的热点是如何利用纳米材料已发掘的物理和化学特性，设计纳米复合材料，复合材料的合成和物性探索一度成为纳米材料研究的主导方向。

第三阶段(1994 年至今)：纳米组装体系、人工组装合成的纳米结构材料体系正在成为纳米材料研究的新热点。国际上把这类材料称为纳米组装材料体系或者纳米尺度的图案材料。它的基本内涵是以纳米颗粒以及它们组成的纳米丝、管为基本单元在一维、二维和三维空间组装排列成具有纳米结构的体系。

9.2.2 纳米材料的应用

1. 天然纳米材料

海龟在美国佛罗里达州的海边产卵，但出生后的幼小海龟却要游到英国附近的海域寻找食物才能得以生存和长大。最后，长大的海龟还要再回到佛罗里达州的海边产卵。如此来回需 5~6 年，为什么海龟能够进行几万千米的长途跋涉呢？它们依靠的是头部的纳米磁性材料，为它们准确无误地导航(图 9.1)。生物学家在研究鸽子、海豚、蝴蝶、蜜蜂等生物为什么从来不会迷失方向时，也发现这些生物体内同样存在纳米材料为它们导航。

图 9.1　海龟

2. 纳米磁性材料

在实际中应用的纳米材料大多数都是人工制造的。纳米磁性材料具有十分特别的磁学性质，纳米粒子尺寸小，具有单磁畴结构和矫顽力很高的特性，用它制成的磁记录材料不仅音质、图像和信噪比好，而且记录密度比 γ-Fe_2O_3 高几十倍。超顺磁的强磁性纳米颗粒还可制成磁性液体，用于电声器件、阻尼器件、旋转密封及润滑和选矿等领域(图 9.2)。

图 9.2　纳米磁性材料

3. 纳米陶瓷材料

纳米陶瓷材料是指在陶瓷材料的显微结构中，晶粒尺寸、晶界宽度、第二相分布、气孔尺寸、缺陷尺寸等都处于纳米水平的一类陶瓷材料。小尺寸效应(颗粒尺寸的量变在一定条件下会引起颗粒性质的质变，即由颗粒尺寸变小所引起的宏观物理性质的变化)、表面和界面效应(随着纳米微粉的粒径变小，其比表面积越来越大，位于表面的原子比例也越来越大。由于表面原子近邻配位不全，键态严重失衡，因而纳米微粉具有很高的表面能，很容易与其他原子结合)、量子尺寸效应(当粒子尺寸达到纳米量级时，金属费米能级附近的电子能级由准连续变为分立能级，并且能级间距随颗粒尺寸减小而增大。当热能、电场能或者磁场能比平均的能级间距还小时，就会呈现一系列与宏观物体截然不同的反常特性)和微观量子隧道效应(微观粒子具有穿透势垒的能力)导致了纳米陶瓷呈现出与微米陶瓷不同的独特性能。由此，人们追求的陶瓷增韧和超塑性，以及奇特的功能等问题，有可能在纳米陶瓷中解决。众所周知，传统的陶瓷材料中晶粒不易滑动，材料质脆，烧结温度高。而纳米陶瓷的晶粒尺寸小，晶粒容易运动，因此，纳米陶瓷材料具有极高的强度和高韧性及良好的延展性，这些特性使纳米陶瓷材料可在常温或次高温下进行冷加工。如果在次高温下将纳米陶瓷颗粒加工成型，然后做表面退火处理，就可以使纳米材料成为一种表面保持常规陶瓷材料的硬度和化学稳定性，而内部仍具有纳米材料的延展性的高性能陶瓷。纳米陶瓷的研究，不仅对先进陶瓷的制备和表征有新的发展与创新，而且使现有的陶瓷理论将发生重大变革，甚至形成新的理论。

4. 纳米传感器

纳米传感器以其优异的光学性能以及出色的灵敏度广泛应用于化学、食品科学、临床医疗诊断、环境和医药科学等领域。纳米材料的选择对于传感器的灵敏度、特异性和稳定性等性能的影响至关重要。开发应用新型纳米材料与传感器相组合，构建特异性好和灵敏度高的纳米传感器，用于环境、农产品和中药材中农药残留快速检测以及临床重要药物分子的灵敏监测，不仅可推动纳米技术在人类科技发展史上的飞跃进步，更开创了科研工作者的新思路。目前科学家基于量子点和金纳米颗粒的优良光学性能、高灵敏度、高选择性等优点，结合环境问题、农产品和中药生产中农药残留问题以及临床药物需求和检验等现状，针对一些重要的药物靶标分子，设计组装了一系列荧光纳米传感器，用以快速检测分析环境、农产品和药用植物中残留农药百草枯，以及临床抗凝血药肝素、叶酸、胰蛋白酶，为建立农药残留检测和临床药物监测平台提供新思路。同时，纳米氧化锆、氧化镍、氧化钛等陶瓷(图 9.3)对温度、红外线以及汽车尾气都十分敏感。因此，用它们制作温度传感器、红外线检测仪和汽车尾气检测仪，检测灵敏度比普通的同类陶瓷传感器高得多。

图 9.3 纳米陶瓷材料

5. 纳米倾斜功能材料

在航天用的氢氧发动机中，燃烧室的内表面需要耐高温，其外表面要与冷却剂接触。因此，内表面要用陶瓷制作，外表面则要用导热性良好的金属制作。但块状陶瓷和金属很难结合在一起。如果制作时在金属和陶瓷之间使其成分逐渐地连续变化，让金属和陶瓷"你中有我、我中有你"，最终便能结合在一起形成纳米倾斜功能材料，即其中的成分变化像一个倾斜的梯子。当用金属和陶瓷纳米颗粒按其含量逐渐变化的要求混合后烧结成型时，就能达到燃烧室内侧耐高温、外侧有良好导热性的要求。

6. 纳米半导体材料

纳米半导体材料是一种自然界不存在的、人工制造(通过能带工程实施)的新型半导体材料，它具有与体材料截然不同的性质。随着材料维度的降低和结构特征尺寸的减小(小于100nm)，量子尺寸效应、量子干涉效应、量子隧道效应、库仑阻塞效应以及多体关联和非线性光学效应都会表现得越来越明显，将从更深的层次揭示出纳米半导体材料所特有的新现象、新效应。MBE、MOCVD、超微细离子束注入加工和电子束光刻技术等的发展为实现纳米半导体材料生长、制备，纳米器件(量子干涉晶体管、量子线场效应晶体管、单电子晶体管、单电子存储器、量子点激光器、微腔激光器等)的研制创造了条件。这类纳米器件以其固有的超高速(10^{-13}~10^{-12}s)、超高频(>1000GHz)、高集成度(>10^{10} 个元器件/cm^2)、高效低功耗和极低阈值电流密度(亚微安)、极高量子效率、高的调制速度与极窄带宽以及高特征温度等特点在未来的纳米电子学、光子学和光电集成以及 ULSI 等方面有着极其重要的应用前景，极有可能触发新的技术革命，成为 21 世纪信息技术的支柱。美国、日本、西欧等工业发达国家和地区先后集中人力和物力建立了 10 多个这样的研究中心或实验基地；特别是美国提出了纳米技术倡议，2001 年拨出专款近 5 亿美元，加快纳米科学技术的研究开发步伐，力图在 21 世纪能在这一新兴的高科技领域占主导地位。将硅、砷化镓等半导体材料制成纳米材料，具有许多优异性能。例如，利用半导体纳米粒子可以制备出光电转化效率高的、即使在阴雨天也能正常工作的新型太阳能电池。又如，由于纳米半导体粒子受光照射时产生的电子和空穴具有较强的还原和氧化能力，因而它能氧化有毒的无机物，降解大多数有机物，最终生成无毒、无味的二氧化碳、水等，所以，可以借助半导体纳米粒子利用太阳能催化分解无机物和有机物。

7. 纳米催化材料

纳米粒子是一种极好的催化剂，这是由于纳米粒子尺寸小、表面的体积分数较大、表面的化学键状态和电子态与颗粒内部不同、表面原子配位不全，导致表面的活性位置增加，使它具备了作为催化剂的基本条件。镍或铜锌化合物的纳米粒子对某些有机物的氢化反应是极好的催化剂，可替代昂贵的铂或钯催化剂。纳米铂黑催化可以使乙烯氧化反应的温度从 600℃降低到室温。

8. 医用纳米材料

血液中红细胞直径为 6000~9000nm，而纳米粒子直径只有几纳米，实际上比红细胞小得多，因此它可以在血液中自由活动。如果把各种有治疗作用的纳米粒子注入人体各个部位，便可以检查病变和进行治疗，其效果要比传统的打针、吃药好。

使用纳米技术能使药品生产过程越来越精细，并在纳米材料的尺度上直接利用原子、分子的排布制造具有特定功能的药品。纳米材料粒子将使药物在人体内的传输更为方便，用数层纳米粒子包裹的智能药物进入人体后可主动搜索并攻击癌细胞或修补损伤组织。使用纳米技术的新型诊断仪器只需检测少量血液，就能通过其中的蛋白质和 DNA 诊断出各种疾病。通过纳米粒子的特殊性能在纳米粒子表面进行修饰形成一些具有靶向、可控释放、便于检测的药物传输载体，为身体的局部病变的治疗提供新的方法，为药物开发开辟了新的方向。

9.3　纳米粒子的制备方法

自然界中存在烟尘、各种微粒子粉尘、大气中的各类尘埃物等大量的纳米粒子。但自然界中存在的纳米粒子都以污染物的形式出现，无法直接加以利用。目前已经可以制备出对人类生活和社会进步直接有益的各类纳米粒子。

从 20 世纪初开始，物理学家就开始考虑制作金属纳米粒子，最早制备金属及其氧化物纳米粒子采用的是蒸发法。它是在惰性或不活泼气体中使物质加热蒸发，蒸发后的金属或其他物质的蒸气在气体中冷却凝结，形成极细小的纳米粒子，并沉积在基底上。利用这一方法，人们制得了各种金属及合金化合物等几乎所有物质的纳米粒子。人们发现纳米粒子具有优良的理化性质和特殊的电、磁、光等特性，吸引了一批科学家开始对纳米粒子基本制备方法的探索。其中最先考虑的是机械粉碎法。通过改进传统的机械粉碎技术，主要采用高能球磨、振动与搅拌磨及高速气流磨等，机械粉碎能够达到的极限值一般在 $0.5\mu m$ 左右，在此基础上形成了大规模的工业化生产。随着科学与技术的不断进步，人们还开发了溶液化学反应法、气相化学反应法、固体氧化还原反应法、真空蒸发法及气体蒸发法等。采用这些方法，人们可方便地制备金属氧化物、氮化物、碳化物、超导材料、磁性材料等几乎所有物质的纳米粒子。这些方法有些已经在工业上开始实用。但这类制备方法中尚存在一些技术问题，如粒子的纯度、产率、粒径分布、均匀性及粒子的可控制性等。无论是过去还是现在，这些问题都是工业化生产中应予以考虑的。

近十年来，为了制备接近理想的纳米粒子，人们利用激光技术、等离子体技术、电子束技术和离子束技术制备了一系列高质量的纳米粒子。采用高科技手段制备纳米粒子具有很大的优越性，可以制备出粒度均匀、高纯、超细、球状、分散性好、粒径分布窄、比表面积大的优良粉末。然而，高技术制备同样面临一个严重的问题，就是如何提高产品产率，实现工业化。

到目前为止，人们已经发展了多种方法制备各类纳米粒子。根据不同的要求或不同的粒子范围，可以选择适当的物理方法、化学方法以及综合方法。物理方法制备纳米粒子主要涉及蒸发熔融、凝固、形变、粒径变化等物理变化过程。物理方法制备纳米粒子通常分为粉碎法和构筑法两大类。前者是以大块固体为原料，将块状物质粉碎、细化，从而得到不同粒径范围的纳米粒子；后者是由小极限原子或分子的集合体人工合成超微粒子。化学方法制备纳米粒子通常包含基本的化学反应，在化学反应中物质之间的原子必然进行组排，这种过程决定物质的存在形态，即这种化学反应有如下特征：

(1)固体之间的最小反应单元取决于固体物质粒子的大小；

(2)反应在接触部位所限定的区间内进行；

(3)生成相对反应的继续进行有重要影响。

综合方法制备纳米粒子通常在制备过程中要伴随一些化学反应，同时涉及粒子的物态变化过程，甚至在制备过程中要施加一定的物理手段来保证化学反应的顺利进行。显然，制备纳米粒子的综合方法涉及物理理论、方法与手段，也涉及化学基本反应过程。

对于纳米粒子的制备方法，目前尚无确切的科学分类标准。按照物质的原始状态，相应的制备方法可分为固相法、液相法和气相法；按研究纳米粒子的学科，可将其分为物理方法、化学方法和综合方法；按制备技术，又可分为机械粉碎法、气体蒸发法、溶液法、激光合成法、等离子体合成法、射线辐照合成法、溶胶-凝胶法等。

9.3.1　制备纳米粒子的物理方法

1. 机械粉碎法

纳米机械粉碎包括"破碎"和"粉磨"。前者是指由大料块变成小料块的过程，后者是指由小料块变成粉体的过程。固体物料粒子的粉碎过程，实际上就是在粉碎作用力下固体料块或粒子发生变形进而破裂的过程。当粉碎力足够大时，力的作用又很迅猛，物料块或粒子之间瞬间产生的应力大大超过了物料的机械强度，因而物料发生了破碎。粉碎作用力的主要类型如图 9.4 所示。例如，球磨机和振动磨是磨碎与冲击粉碎的组合；雷蒙磨是压碎、剪碎与磨碎的组合；气流磨是冲击、磨碎与剪碎的组合等。

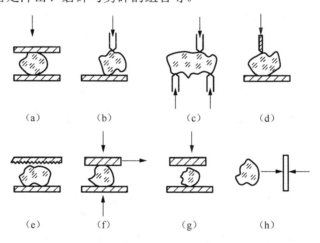

图 9.4　粉碎作用力的主要类型

物料粒子受机械力作用而被粉碎时会发生物质结构及表面物理化学性质的变化，这种因机械载荷作用导致粒子晶体结构和物理化学性质的变化称为机械化学。在纳米粉碎加工中，由于粒子微细，而且承受反复强烈的机械应力作用，表面积首先要发生变化。同时，温度升高、表面积变化还会导致表面能变化。因此，粒子中相邻原子键断裂之前牢固约束的键力在粉碎后形成的新表面上很自然地被激活，表面能的增大和机械激活作用将导致粒子结构变化，如表面结构自发地重组，形成非晶态结构或重结晶；粒子表面物理化学性质变化，如表面电性、物理与化学吸附、溶解性、分散与团聚性质；在局部受反复应力作用区域产生化学反应，如由一种物质转变为另一种物质并释放出气体、外来离子进入晶体结构中引起原物料中化学组成变化。对于易燃、易爆物料，其粉碎生产过程中还会伴随燃烧、爆炸的可能性，这是纳米机械粉碎技术应予以考虑的安全性问题。在纳米粉碎中，粒子粒径减小，结晶均匀性增加，强度增大，断裂能提高，物料出现粉碎极限。下面介绍几种典型的纳米粉碎技术。

(1) 球磨。球磨机是目前应用最广泛的纳米磨碎设备。它利用介质和物料之间的相互研磨与冲击使物料粒子粉碎。经长时的球磨可获得粒径小于 $1\mu m$ 的粒子达到 20%；而采用涡轮式粉碎的高速旋转球磨机可以达到临界粒径为 $3\mu m$。

(2)振动球磨。以球或棒为介质在粉碎室内振动，冲击物料使其粉碎，可获得粒径小于 $2\mu m$ 的粒子达 90%，甚至可获得粒径 $0.5\mu m$ 的纳米粒子。行星磨是 20 世纪 70 年代兴起和应用的纳米粉碎方法，物料和介质之间在公转与自转两种方式中相互摩擦、冲击，使物料粉碎，粒径可达几微米。

(3)振动磨。振动磨是通过研磨介质在一定振幅振动的筒体内对物料进行冲击、摩擦、剪切等作用将物料进行粉碎的。振动磨可分为惯性式和偏旋式；按筒体数目又可分为单筒式和多筒式；按操作方式又可分为间歇式和连续式。选择适当研磨介质，振动磨可用于各种硬度物料的纳米粉碎，相应产品的平均粒径可达 $1\mu m$ 以下。

(4)搅拌磨。它由一个静止的研磨筒和一个旋转搅拌器构成，可分为间歇式、循环式和连续式三种类型。在搅拌磨中，一般使用球形研磨介质，其平均直径小于 6mm；用于纳米粉碎时，一般小于 3mm。

(5)胶体磨。它是利用一对固体磨子和高速旋转磨体的相对运动所产生的强大剪切、摩擦、冲击等作用力来粉碎或分散物料粒子的。被处理的浆料通过两磨体之间的微小间隙，被有效地粉碎、分散、乳化、微粒化。经处理的产品粒径可达 $1\mu m$。

(6)纳米气流粉碎气流磨。它是利用高速气流($300\sim500m/s$)或热蒸气($300\sim450℃$)的能量使粒子相互产生冲击、碰撞、摩擦而被较快粉碎。在粉碎室中，粒子之间碰撞频率远高于粒子与器壁之间的碰撞频率，产品粒径达到 $1\sim5\mu m$。产品具有粒径微细、粒径分布窄、粒子表面光滑、形状规则、纯度高、活性大、分散性好等优点，在陶瓷、磁性材料、医药、化工颜料等领域有广阔的应用前景。

2. 蒸发凝聚法

蒸发凝聚法是制备纳米粒子的一种早期的物理方法，所得产品粒径一般在 $5\sim100nm$。它将纳米粒子的原料加热、蒸发，使之成为原子或分子；再使许多原子或分子凝聚，生成极微细的纳米粒子。由于制备过程一般不伴有燃烧等化学反应，全过程都是物理变化过程，因此蒸发凝聚法制备纳米粒子属于纯粹的物理制备方法。

最早研究蒸发凝聚法制备金属纳米粒子的是东京大学名誉教授上田良二。20 世纪 40 年代初，上田良二教授采用真空蒸发法制备了 Zn 烟灰。随后许多研究者开始对气体蒸发法制备纳米粒子技术进行研究，并在此基础上改进制备方法，开发了多种技术手段制备各类纳米粒子。蒸发凝聚法制备纳米粒子大体上可分为金属烟粒子结晶法、真空蒸发法、气体蒸发法等。而按原料加热蒸发技术手段不同，又可将蒸发凝聚法分为电极蒸发、高频感应蒸发、电子束蒸发、等离子体蒸发、激光束蒸发等。下面对蒸发凝聚法制备超微粒子的基本工艺作简要总结。

1)金属烟粒子结晶法

金属烟粒子结晶法制备纳米粒子是早期研究的一种实验室方法。将金属原料置于真空室电极处，真空室抽空(真空度为 1Pa)，导入 $10^2\sim10^3Pa$ 压力的氩气，用钨丝作为蒸发金属。通过蒸发、凝聚产生的金属蒸气形成金属烟粒子，像煤烟粒子一样沉积于金属烟粒子室内壁上。在钨丝上方或下方位置可以预先放置格网收集金属烟粒子样品，以备各类测试所用。金属烟粒子的实验原理如图 9.5 所示。利用这种方法可制备的金属纳米粒子有 Mg、Al、Cr、

Mn、Fe、Co、Ni、Cu、Zn、Ag、Cd、Sn、Au、Pb 和 Bi 等 15 种。

2）流动油面上的真空蒸发沉积（VEROS）法

VEROS 法是将物质在真空中连续蒸发到流动着的油面上，然后把含有纳米粒子的油回收到储油器内，再经过真空蒸馏、浓缩，从而在短时间制备大量纳米粒子的方法，其制备原理如图 9.6 所示。在高真空下使用电子束加热，将原料加热、蒸发，然后将上部的挡板打开，让蒸发物沉积在转盘的下表面，由该盘的中心向下表面供给油，在圆盘旋转的离心力作用下，沿下表面形成一层很薄的流动油膜，然后被甩在容器侧壁上。VEROS 法正是抓住了真空蒸发形成薄膜初期的关键，利用流动油面在非常短的时间内将极细微粒子加以收集，解决了极细纳米粒子的制备问题。

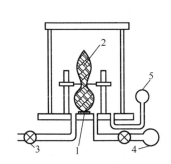

图 9.5 金属烟粒子的实验原理图

1-加热电极；2-金属烟柱；3-排气；4-惰性气体；5-真空表

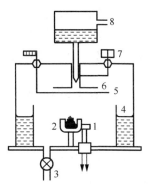

图 9.6 VEROS 法实验装置

1-电子枪；2-水冷坩埚；3-排气口；4-载粒油；
5-挡板；6-转盘；7-电机；8-储油器

采用 VEROS 法可以得到平均粒径小于 10nm 的各类金属纳米粒子，粒径分布窄，而且彼此相互独立地分散于油介质中，为大量制备纳米粒子创造了条件。但是 VEROS 法制备的纳米粒子太细，所以从油中分离这些粒子比较困难。

3. 离子溅射法

离子溅射法制备纳米粒子的基本原理如图 9.7 所示。将两块金属极板平行放置在 Ar 气中（低压环境、压力为 40～250Pa），一块为阳极，另一块为阴极靶材料。在两极之间加上数百伏的直流电压，使其产生辉光放电，两极板间辉光放电中的离子撞击在阴极上，靶材中的原子就会由其表面蒸发出来。调节放电电流、电压以及气体的压力，都可以实现对纳米粒子生成各因素的控制。蒸发速率基本上与靶的面积成正比。

大矢弘男等在此基础上，在更高的压力下研究离子溅射法制备纳米粒子技术。在他们的研究中，靶的温度很高，其表面出现了熔融现象。在氢与氩的混合气体和 13kPa 压力下，加上直流，产生了放电，熔化了的靶材表面开始蒸发，形成了纳米粒子。

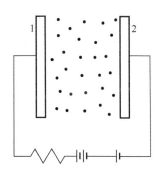

图 9.7 离子溅射法原理图

1-阳极；2-靶阴极（物料）

离子溅射法制备纳米粒子具有很多优点，如靶材料蒸发面积大，粒子收率高，制备的粒子均匀、粒径分布窄，适合于制备高熔点金属纳米粒子。此外，利用反应性气体的反应性溅射，还可以制备出各类复合材料和化合物的纳米粒子。总之，离子溅射法制备纳米粒子是研究与开发阶段的可行方法。

4. 冷冻干燥法

冷冻干燥法将干燥的溶液喷雾在冷冻剂中冷冻，然后在低温低压下真空干燥，将溶剂升华就可以得到相应物质的纳米粒子。如果从水溶液出发制备纳米粒子，冻结后将冰升华除去，直接可获得纳米粒子。如果从熔融盐出发，冻结后需要进行热分解，最后得到相应纳米粒子。冷冻干燥法首先要考虑的是制备含有金属离子的溶液，在将制备好的溶液雾化成微小液滴的同时迅速将其冻结固化。这样得到的冻结液滴经升华后，冰全部气化，制成无水盐。将这类盐在较低的温度下煅烧后，就可以合成相应的纳米粒子。

9.3.2 制备纳米粒子的化学方法

1. 气相化学反应法

气相化学反应法利用挥发性的金属化合物蒸气，通过化学反应生成所需要的化合物，在保护气体环境下快速冷凝，从而制备各类物质的纳米粒子。气相化学反应法制备超微粒子具有粒子均匀、纯度高、粒度小、分散性好、化学反应性与活性高等优点。气相化学反应法适合于制备各种金属、氮化物、碳化物、硼化物等纳米粒子。按体系反应类型可将气相化学反应法分为气相分解和气相合成两类方法；按反应前原料物态又可分为气-气反应法、气-固反应法和气-液反应法。

1) 气相分解法

气相分解法又称单一化合物热分解法。一般是对待分解的化合物或经前期预处理的中间化合物进行加热、蒸发、分解，得到目标物质的纳米粒子。气相分解法制备纳米粒子要求原料中必须具有制备目标纳米粒子物质的全部所需元素的化合物。热分解一般具有反应形式

$$A（气）\longrightarrow B（固）+C（气）\uparrow$$

气相分解法的原料通常是容易挥发、蒸气压高、反应性好的有机硅、金属氯化物或其他化合物，如 $Fe(CO)_5$、SiH_4、$Si(NH)_2$、$Si(OH)_4$ 等，其相应的化学反应式为

$$Fe(CO)_5(g) \xrightarrow{\triangle} Fe(s)+5CO(g)\uparrow$$

$$SiH_4(g) \xrightarrow{\triangle} Si(s)+2H_2(g)\uparrow$$

$$3[Si(NH)_2](g) \xrightarrow{\triangle} Si_3N_4(s)+2NH_3(g)\uparrow$$

$$2Si(OH)_4(g) \xrightarrow{\triangle} 2SiO_2(s)+4H_2O(g)\uparrow$$

2) 气相合成法

气相合成法通常利用两种以上物质之间的气相化学反应，在高温下合成出相应的化合物，再经过快速冷凝，从而制备各类物质的纳米粒子。利用气相合成法可以进行多种纳米粒子的合成，具有灵活性和互换性，其反应形式可以表示为

$$A（气）+B（气）\longrightarrow C（固）+D（气）\uparrow$$

典型的气相合成反应方程有

$$3SiH_4(g) + 4NH_3(g) \xrightarrow{h\nu, 10.6\mu m} Si_3N_4(s) + 12H_2(g)\uparrow$$

$$3SiCl_4(g) + 4NH_3(g) \xrightarrow{h\nu, 10.6\mu m} Si_3N_4(s) + 12HCl(g)\uparrow$$

$$2SiH_4(g) + C_2H_4(g) \xrightarrow{h\nu, 10.6\mu m} 2SiC(s) + 6H_2(g)\uparrow$$

$$BCl_3(g) + \frac{3}{2}H_2(g) \xrightarrow{h\nu, 10.6\mu m} B(s) + 3HCl(g)\uparrow$$

采用气相合成法合成纳米粒子具有产物纯度高、粒子分散性好、粒子均匀、粒径小、粒径分布窄、粒子比表面积大、反应性好等优点。

3) 气-固反应法

气-固反应法也常用来制备 SiC、Si_3N_4、AlN 和 SiAlON 等纳米粒子。已有文献报道将碳热还原制备硅纳米粒子归入气-固反应法；还有人将固体燃烧与碳热还原法称为固相合成法。这两种方法均可合成非氧化物纳米粒子和非氧化物复合纳米粒子，并且制备成本相对较低。采用气-固反应法制备纳米粒子时，通常要求相应的起始固相原料为纳米颗粒。笔者近年来曾经对气相还原反应法制备的纯 Fe 纳米粒子进行气-固反应实验，在 NH_3 气氛下进行低温氮化，得到了 γ'-Fe_4N 纳米粒子。由于反应是在低温下进行的，根据 Tamman 模型，反应温度远低于生长速率的最大值温度，因此 Fe 纳米粒子短时间氮化没有导致粒子的过分生长。研究证实，气-固反应法可以用来制备纳米粒子。

2. 沉淀法

沉淀法通常是在溶液状态下将不同化学成分的物质混合，在混合溶液中加入适当的沉淀剂制备纳米粒子的前驱体沉淀物，再将此沉淀物进行干燥或煅烧，从而制得相应的纳米粒子。例如，利用金属盐或氢氧化物的溶解度，调节溶液酸碱度、温度、溶剂，使其沉淀，然后对沉淀物洗涤、干燥、加热处理制成纳米粒子。溶液中的沉淀物可以通过过滤与溶液分离获得。一般粒子在 $1\mu m$ 左右时就可以发生沉淀，从而产生沉淀物，生成粒子的粒径通常取决于沉淀物的溶解度，沉淀物的溶解度越小，相应粒径也越小。而粒径随溶液的过饱和度减小呈增大趋势。沉淀法制备纳米粒子主要分为直接沉淀法、共沉淀法、均相沉淀法、化合物沉淀法、水解沉淀法等多种。

3. 水热合成法

水热合成法是液相中制备纳米粒子的一种新方法。一般是在 100~350℃ 温度下和高气压环境下使无机或有机化合物与水化合，通过对加速渗析反应和物理过程的控制，得到改进的无机物，再过滤、洗涤、干燥，从而得到高纯超细的各类微粒子。

水热合成法可以采用两种实验环境进行反应：一为密闭静态，即将金属盐溶液或其沉淀物置入高压釜内，密闭后加以恒温，在静止状态下长时间保温；二为密闭动态，即在高压釜内加磁性转子，密闭后将高压釜置于电磁搅拌器上，在动态的环境下保温。一般动态反应条件下可以大大加快合成速率。目前，水热合成法作为一种新技术已经引起人们的重视。其中日本开发的水热合成法独具特色，将锆盐或其他金属盐溶解于高温高压的水中，得到了粒径、形状和成分均匀的高质量氧化锆、氧化铝和磁性氧化铁纳米粒子。

4. 喷雾热解法

喷雾热解法的原理是将含所需正离子的某种金属盐的溶液喷成雾状，送入加热设定的反应室内，通过化学反应生成微细的粉末粒子。一般情况下，金属盐的溶剂中需加可燃性溶剂，利用其燃烧热分解金属盐。喷雾热解法制备纳米粒子的主要过程有溶液配制、喷雾、反应、收集等四个基本环节。根据对喷雾液滴热处理的方式不同，可以把喷雾热解法分为喷雾干燥、喷雾焙烧、喷雾燃烧和喷雾水解等四类。

5. 溶胶-凝胶法

溶胶-凝胶法是制备纳米粒子的一种湿化学法。它的基本原理是以液体的化学试剂配制成金属无机盐或金属醇盐前驱物，前驱物溶于溶剂中形成均匀的溶液，溶质与溶剂产生水解或醇解反应，反应生成物经聚集后，一般生成 1nm 左右的粒子并形成溶胶。通常要求反应物在液相下均匀混合，均匀反应，反应生成物是稳定的溶胶体系。在这段反应过程中不应该有沉淀发生。经过长时间放置或干燥处理溶胶会转化为凝胶。这里，溶胶、凝胶与沉淀物具有本质上的区别，如图 9.8 所示。

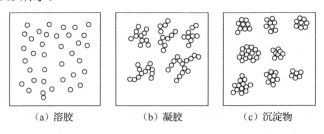

(a) 溶胶　　　　　　　(b) 凝胶　　　　　　　(c) 沉淀物

图 9.8　溶胶、凝胶与沉淀物的区别

在凝胶中通常还含有大量的液相，需要借助萃取或蒸发除去液体介质，并在远低于传统的烧结温度下热处理，最后形成相应物质化合物微粒。用溶胶-凝胶法制备纳米粒子过程中，最重要的就是溶胶和凝胶的生成。过程中依次要发生水解反应和缩聚反应，其典型的反应式为

$$M(OR)_n + xH_2O \longrightarrow M(OH)_x(OR)_{n-x} + xROH$$

$$—M—OH + HO—M \longrightarrow —M—O—M + H_2O（失水缩聚）$$

$$—M—OR + HO—M \longrightarrow —M—O—M + ROH$$

控制溶胶-凝胶化的参数很多，也比较复杂。目前多数人认为有四个主要参数对溶胶-凝胶化过程有重要影响，即溶液的 pH、溶液的浓度、反应温度和反应时间。溶胶-凝胶过程中的前驱体既有无机化合物，又有有机化合物，它们的水解反应有所不同。对于金属无机盐在水溶液中的水解，相应的水解行为常受到金属离子半径、电负性、配位数等因素的影响。对于金属醇盐的水解反应，影响因素较多，如有无催化剂和催化剂的种类、水与醇盐的摩尔比、醇盐的种类、溶剂的种类及用量、水解温度等。此外，金属醇盐的水解反应还与溶剂的极性、偶极矩有关。缩聚反应通常与水解反应相伴随发生，一般也要受到溶液 pH 的影响，还要受到盐类性质的影响。总之，溶胶-凝胶法制备纳米粒子的过程与机理相当复杂，在此不作赘述。

9.4 一维纳米材料

随着科学技术的迅猛发展，器件微小化对新型功能材料提出了更高的要求。因此，20 世纪 80 年代以来，零维材料取得了很大进展，1991 年日本 NEC 实验室饭岛澄男等发现纳米碳管，立刻引起了科学家的极大关注。一维纳米材料在介观领域和纳米器件研制方面有着重要的应用前景，它可用作扫描隧道显微镜的针尖、纳米器件和超大集成电路中的连线、光导纤维、微电子学方面的微型钻头以及复合材料的增强剂等。因此，目前关于一维纳米材料(碳纳米管、纳米丝、纳米棒和同轴纳米电缆)的制备研究已有大量报道，下面主要介绍碳纳米管、纳米棒、纳米丝(或纳米线)和同轴纳米电缆。

9.4.1 碳纳米管

1970 年法国国立奥尔良大学的 Endo 首次用气相生长技术制成了直径为 7nm 的碳纤维，遗憾的是，他没有对这些碳纤维的结构进行细致的评估和表征，因此并未引起人们的注意，在对 C_{60}、C_{70} 研究的基础上，人们认识到有无限种近石墨结构可能形成。直到 1991 年，美国海军实验室一个研究组提交一篇理论性文章，预计了一种碳纳米管的电子结构，但当时认为近期内不可能合成碳纳米管，因此，文章未能发表。同年 1 月，日本筑波 NEC 实验室的饭岛澄男首次用高分辨电镜观察到了碳纳米管，这些碳纳米管是多层同轴管，也叫巴基管(Bucky tube)，几乎与此同时，莫斯科化学物理研究所的研究人员独立地发现了碳纳米管相纳米管束，但是这些碳纳米管的纵横比很小。单壁碳纳米管是美国加利福尼亚 IBM Almaden 公司实验室 Bethune 等首次发现的。1996 年，美国著名的诺贝尔化学奖获得者斯莫利(Smalley)等合成了成行排列的单壁碳纳米管束，每一束中含有许多碳纳米管，这些碳纳米管的直径分布很窄。中国科学院物理研究所解思深等实现了碳纳米管的定向生长，并成功合成了超长(毫米级)碳纳米管。

9.4.2 纳米棒、纳米丝

准一维实心的纳米材料是指在两维方向上为纳米尺度，长度比上述两维方向上的尺度大得多，甚至为宏观量的新型纳米材料。纵横比(长度与直径的比)小的称为纳米棒；纵横比大的称为纳米丝。至今，关于纳米棒与纳米丝之间并没有一个统一的标准，一般把长度小于 $1\mu m$ 的纳米丝称为纳米棒，长度大于 $1\mu m$ 的称为纳米丝或纳米线。半导体和金属纳米线通常称为量子线。关于纳米丝、纳米棒和纳米线的一些主要合成方法可见表 9.1。

表 9.1 关于纳米丝、纳米棒和纳米线的一些主要合成方法

时间、地点及发明人等	合成方法	合成物
1994 年，美国亚利桑那大学 Zhou 等	纳米碳管模板法	碳化物和氮化物的纳米丝、纳米棒
1997 年，美国哈佛大学 Yang 等	改进的晶体气-固生长法	定向排列的 MgO 纳米丝
1907 年，Fasol 等	选择电沉积法	磁性坡莫合金纳米线
1998 年，美国哈佛大学 Morales 和 Lieber	激光烧蚀法与晶体气-液-固(VLS)生长法相结合	Si 和 Ge 纳米线
20 世纪 90 年代，日本日立公司	金属有机化合物气相外延法(MOVPE)与晶体 VLS 生长法相结合	III-V 族化合物半导体纳米线 (GaAs 和 InAs)

时间、地点及发明人等	合成方法	合成物
1996 年，美国华盛顿大学 Buhro 等	溶液-液相-固相生长法	III-V 族化合物半导体纳米线 （InP、InAs、GaP 和 GaAs）
1998 年，中国北京大学俞大鹏等	高温激光蒸发法	硅纳米线
1998 年，中国北京大学俞大鹏等	简单物理蒸发法	硅纳米线
1998 年，中国科学院固体物理研究所孟国文	纳米尺度滴液外延法	碳化硅纳米线
1998 年，中国科学院固体物理研究所孟国文	溶胶-凝胶与碳热还原法	碳化硅和氮化硅纳米线

9.4.3　同轴纳米电缆

同轴纳米电缆是指芯部为半导体或导体的纳米丝，外包敷异质纳米壳体（导体或非导体），外部的壳体和芯部丝是共轴的。这类材料具有独特的性能、丰富的科学内涵、广泛的应用前景，在未来纳米结构器件中占有战略地位，近年来引起了人们极大的兴趣。1997 年，法国科学家 Colliex 在分析电弧放电获得的产物中，发现了三明治几何结构的 C-BN-C 管，由于它的几何结构类似于同轴电线，直径又为纳米级，所以称为同轴纳米电缆（coaxial nanocable）。他们的制备方法是用石墨阴极与 HfB_2 阳极在 N_2 气氛中产生电弧放电，阳极提供 B，阴极提供 C，N_2 气氛提供 N，Hf 作为催化剂。在获得的产物中，部分产物为同轴纳米电缆，主要有两种结构：一种是中心为 BN 纳米丝，外包石墨；另一种是芯部为纳米碳丝，外包 BN，最外层的壳体为碳的纳米层，形成了 C-BN-C 三明治结构。

同轴纳米电缆主要研究内容包括新合成方法的探索、微结构的表征和物性的探测。如何制备出纯度高、产量大、直径分布窄的纳米电缆，如何探测单个纳米电缆的物性一直是人们关注的焦点。总的发展趋势是继续探索新的合成技术，发展同轴纳米电缆的制备科学，获得高质量的同轴纳米电缆；发展微小试样的探测技术，实现对同轴纳米电缆力学性质、光学性质、热学性质和电学性质的测量，为建立准一维纳米材料理论框架和开发同轴纳米电缆的应用奠定基础。

同轴纳米电缆的合成是在其他准一维纳米材料制备方法的基础上发展起来的，在过去的十多年里，人们利用各种方法合成了多种准一维纳米材料（表 9.1），其中有些方法稍加改进，可以用来制备同轴纳米电缆。例如，激光烧蚀法、气-液-固共晶外延法和多孔氧化铝模板法都可以用来合成纳米同轴电缆，法国和日本等国科学家采用上述方法成功制备了同轴纳米电缆。最近，根据溶胶-凝胶与碳热还原法合成 β-SiC 纳米线技术，结合 SiO_2 具有的蒸发、凝聚特性，发展了一种新的同轴纳米电缆制备方法——溶胶-凝胶与碳热还原及蒸发凝聚法。

9.5　纳米固体材料

9.5.1　纳米固体材料的分类及其基本构成

纳米结构块体、薄膜材料（nanostructured bulk and film）（又称纳米固体）是由颗粒尺寸为 1～100nm 的粒子为主体形成的块体和薄膜（颗粒膜、膜厚为纳米级的多层膜和纳米晶和纳米非晶薄膜）。小颗粒（纳米微粒）的结构同样具有三种形式：晶态、非晶态和准晶态：以纳米颗粒为单元沿着一维方向排列形成纳米丝，在一维空间排列形成纳米薄膜，在三维空间可以堆积成纳米块体，经控制加工，纳米微粒在一维、二维和三维空间有序排列，可以形成不同维数的阵列体系。按照小颗粒结构状态，纳米固体可分为纳米晶体材料（又称纳米微晶材料）、纳米非晶材料和纳米准晶材料。按照小颗粒键的形式又可以把纳米材料划分为纳米金属材料、纳米离子晶体材料（如 CaF_2 等）、纳米半导体材料以及纳米陶瓷材料。由单相纳米微粒构成的固体称为纳米相材料。每个纳米微粒本身由两相构成（一种相弥散于另一种相中），则相应的纳米材料称为纳米复相材料。纳米固体材料的基本构成是纳米微粒以及它们之间的分界面（界面）。由于纳米粒子尺寸小，界面所占的体积分数几乎可与纳米微粒所占的体积分数相比拟，因此纳米材料的界面不能简单地看作一种缺陷，它已成为纳米结构材料基本构成之一，对其性能起着举足轻重的作用。从这个意义上来说，对纳米结构材料的界面结构和缺陷以及界面性质的研究十分重要。在这方面的研究已取得了一些结果，但看法不一，尚未形成统一的、系统的理论，仅仅停留在唯象的描述上，概括起来有下列几种看法：①类气态模型，即纳米结构材料界面的原子排列既无长程有序，又无短程有序，而像气态一样无序地分布；②界面原子排列呈短程有序，其性质是局域化的；③界面缺陷态模型，这个模型的中心思想是界面中包含大量缺陷，其中三叉晶界对界面性质起关键性的作用。随着纳米粒子尺寸减小，界面组分增大，界面中的三叉晶界的数量也随之增大，而且三叉晶界体积分数随粒径减小而增长的速率大大高于界面体积分数的增长速率；④界面可变结构模型，这种观点主要强调纳米结构材料中的界面结构是多种多样的。界面原子排列、缺陷、配位数和原子间距不同，使其界面在能量上有很大差别，最后导致界面的结构是有差别的。

总的来说，大量的界面结构都处于无序与有序之间的过渡状态，有些界面处于混乱状态，有些呈很差的有序状态，有些界面呈完全有序状态。统计平均的结果是某一种纳米结构材料的界面结构在一定条件下呈现某种结构状态，它或者是短程有序，或者是最差的有序，甚至是接近有序。外部条件（如压力、热处理和烧结温度等）对纳米材料界面结构的影响是显著的。外部条件改变后，纳米结构材料的界面结构也会发生很大的变化。

9.5.2　纳米固体材料的制备

纳米固体的制备方法是近几年才逐渐发展起来的，至今已有的一些制备方法并不是十分理想，特别是块体试样的制备工艺还有待进一步改进。例如，如何获得高致密度的纳米陶瓷工艺仍处于摸索阶段，如何获得高致密度大块金属与合金仍需进行探索，这是当前材料工作者所关心的重要课题的一部分。关于如何由纳米粉体制备具有极低密度、高强度的催化剂、金属催化剂载体及过滤器等工艺的探索工作也刚刚起步。因此，本节仅就当前采用的几种制备纳米固体的方法进行简单介绍。

1. 纳米金属与合金材料的制备

1）惰性气体蒸发、原位加压法

纳米结构材料中的纳米金属与合金材料是一种二次凝聚晶体或非晶体，第一次凝聚是由金属原子形成纳米颗粒，在保持新鲜表面的条件下，将纳米颗粒压在一起形成块状凝聚固体。从理论上来说，制备纳米金属和合金的方法很多，但真正获得具有清洁界面的金属和合金纳米块体材料的方法并不多，目前比较成功的方法就是惰性气体蒸发、原位加压法。此法首先由 Gleiter 等提出，用此方法成功制备了铁、铜、金等纳米晶金属块体。该方法大致分为三部分：第一部分为纳米粉体的获得；第二部分为纳米粉体的收集；第三部分为粉体的压制成型。

2) 高能球磨法

1988 年，日本京都大学 Shingu 等首先报道了高能球磨法制备 Al-Fe 纳米晶材料，为纳米材料的制备找出一条实用化的途径。近年来高能球磨法已成为制备纳米材料的一种重要方法。高能球磨法是利用球磨机的转动或振动使硬球对原料进行强烈的撞击、研磨和搅拌，把金属或合金粉末粉碎为纳米级微粒的方法。如果将两种或两种以上金属粉末同时放入球磨机的球磨罐中进行高能球磨，粉末颗粒经压延—压合—碾碎—压合的反复过程，最后获得组织和成分分布均匀的合金粉末。由于这种方法是利用机械能达到合金化而不是用热能或电能，所以把高能球磨法制备合金粉末的方法称为机械合金化。高能球磨法制备的纳米粉体的主要缺点是晶粒尺寸不均匀，易引入某些杂质，但是高能球磨法制备的纳米金属与合金结构材料产量高，工艺简单，并能制备出用常规方法难以获得的高熔点的金属或合金纳米材料。近年来已越来越受到材料科学工作者的重视。

3) 非晶晶化法

卢柯等率先采用非晶晶化法成功地制备出纳米晶 Ni-P 合金条带。具体的方法是用单辊急冷法将 $Ni_{80}P_{20}$ 熔体制成非晶态合金条带，然后在不同温度下进行退火使非晶条带晶化成由纳米晶构成的条带，当退火温度小于 610K 时，纳米晶 Ni_3P 的粒径为 7.8nm，随温度的上升，晶粒开始长大。用非晶晶化法制备的纳米结构材料的塑性对晶粒的粒径十分敏感，只有晶粒直径很小时，塑性较好，否则材料变得很脆。因此，只有某些成核激活能小、晶粒长大激活能大的非晶合金采用非晶晶化法才能获得塑性较好的纳米晶合金。

2. 纳米陶瓷的制备

纳米陶瓷呈现出许多优异的特性，引起人们的关注。目前材料科学工作者正在摸索制备具有高致密度的纳米陶瓷的工艺。纳米陶瓷的优越特性主要有以下几个方面。

(1) 超塑性。例如，纳米晶 TiO_2 金红石在低温下具有超塑性。

(2) 在保持原来常规陶瓷的断裂韧性的同时强度大大提高。

(3) 烧结温度可降低几百摄氏度，烧结速度大大提高。

高质量的陶瓷材料最关键的指标是材料是否高度致密，对于纳米陶瓷同样要求具有高的致密度，为了达到这一目的，除其他工艺因素 (粉料本身的处理和配制等) 外，烧结起着至关重要的作用。这里对几种新型的烧结方法和工艺作简单介绍。

1) 压力烧结

压力烧结是指在粉末致密化的过程中，对粉末施加一定的压力，可以有效地消除粉末之间的孔隙。同时，压力又可以成为烧结的一种驱动力，加速粉末的塑性流动以及应力辅助扩散，加速致密化，缩短烧结时间，在某种程度上抑制晶粒长大。按压力施加的形式和阶段可分为热压烧结、热等静压烧结和反应热压烧结等。其中热压烧结是指在烧结的同时，对粉末施加单向或多向的压力，压力的范围可以从几十兆帕到几吉帕。热等静压烧结是在烧结时用惰性气体、液态金属或固体颗粒作为压力传递介质对粉末的各个方向施加相等的压力，可以克服普通热压烧结压力的不均匀和由此引起的产品性能的不均。而反应热压烧结是在烧结的同时发生化学反应形成新材料的一种方法，在陶瓷烧结中较常用，如 Si_3N_4、SiC、Al_2O_3 等陶瓷的烧结。

2) 微波烧结

微波是利用 1mm～1m 波长的电磁波，频率为 300MHz～300GHz。由于微波加热的热量起源于材料自身与电磁场的耦合，因此微波加热具有高效、快速、节能的特点。微波烧结的研究开始主要用于部分烧结温度较低的陶瓷材料，后来不断扩展，Al_2O_3、ZrO_2、PZT 等材料也可以烧结成功。微波具有独特的优点，将其用于纳米材料的烧结必然可以改善传统烧结方法中的一些缺点，如加热速度慢、晶粒长大等问题，因此引起了广泛的关注。Bykov 等在研究微波 TiO_2 和 Al_2O_3-ZrO_2 纳米陶瓷时，发现微波烧结到相同温度时的致密速度比普通烧结要快，而且其晶粒尺寸也小于普通烧结，但晶粒尺寸在烧结过程中也长大了 3～4 倍。

3) 场辅助烧结

场辅助烧结起源于电火花烧结，1961 年日本的井上博士发明了电火花烧结工艺。该工艺将金属粉末在石墨模具内加压，同时施加脉冲电压，使粉末活化并加热烧结成型。电火花烧结在日本有较大的发展，并相继有成套的设备推出，在美国和乌克兰等国也有较多的研究。日本的电火花烧结设备在真空条件下，在粉末两端可以施加约 200MPa 的压力，并同时加 3000～8000A 的直流脉冲，在粉末颗粒之间产生等离子体，对粉末进行活化和加热，加上电阻热对粉末的作用可以快速地加热粉末，在压力的作用下实现致密化。如果烧结过程主要依靠脉冲加热则又称放电等离子体烧结(SPS)，其设备的基本结构如图 9.9 所示；如果先用短时间脉冲放电活化，然后用直流电加热则称为等离子体活化烧结(PAS)。由于该方法用附加的电场，所以研究者又称为场辅助烧结。

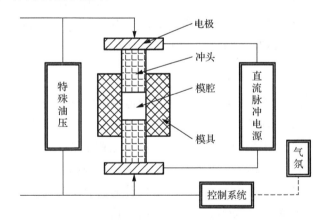

图 9.9 放电等离子体烧结结构图

4) 激光烧结

激光作为一种高能量密度的热源，用于陶瓷的整体烧结可以获得比较好的性能。选择性激光烧结(SLS)是最近发展起来的一种快速原型技术，它是一种通过激光一层层地选择烧结不同截面的粉末来制备零件的新技术，最开始主要用来制备塑料模型，现在已经开始用于陶瓷粉末的烧结。虽然目前 SLS 还不能有效地消除粉末的孔隙，提高致密度，以提高陶瓷材料的力学性能。但由于 SLS 可以实现微小零件的快速原型制备，适于微机械、纳米机械领域陶瓷零件的制备。

5）其他烧结新技术

除了以上所述的烧结技术，还有一些新型的烧结技术不断涌现。锻造烧结将锻造和烧结结合起来，通过粉末的塑性变形可以有效地消除孔隙，并细化晶粒。冲击波烧结利用爆炸产生的大幅度的压应力（最高可达几十吉帕）在粉末压坯中产生大的塑性变形，以达到高的致密度，同时粉末的摩擦热产生的高温也可以使粉末局部熔化黏结，或者再通过后续烧结也可以达到高的致密度。这些方法都可以应用于纳米陶瓷的烧结，抑制晶粒尺寸的长大，提高性能。

9.5.3　纳米薄膜材料的制备

薄膜与块状物质一样，可以是非晶态的、多晶态的或单晶态的。近20年来，薄膜科学发展迅速，在制备技术、分析方法、结构观察和形成机理等方面的研究都取得了很大进展。其中无机薄膜的开发和应用更是日新月异，十分引人注目。

薄膜材料制备技术目前还是一门发展中的边缘学科，其中不少问题还正在探讨中。薄膜的性能多种多样，有电学性能、力学性能、光学性能、磁学性能、催化性能、超导性能等。因此，薄膜在工业上有着广泛的应用，而且在现代电子工业领域中占有极其重要的地位，是世界各国在该领域竞争的主要内容，也从一个侧面代表了一个国家的科技水平。目前发现，以纳米薄膜材料为代表的新型薄膜材料除了具有一些普通膜材料的基本特性，还具有许多与普通膜材料不同的新性能。

纳米薄膜分为两类：一类是由纳米粒子组成（或堆砌而成）的薄膜；另一类是在纳米粒子间有较多的孔隙或无序原子或另一种材料的薄膜。纳米粒子镶嵌在另一种基体材料中的颗粒膜就属于第二类纳米薄膜。纳米薄膜的制备方法按原理可分为物理方法和化学方法两大类，按物质形态主要有气相法和液相法两种。具体的制备方法如图9.10所示。

1. 物理气相沉积法

物理气相沉积（PVD）法作为一类常规的薄膜制备手段广泛地应用于纳米薄膜的制备与研究工作中，PVD包括蒸镀、电子束蒸镀、溅射等。纳米薄膜的获得主要通过两种途径：①在非晶薄膜晶化的过程中控制纳米结构的形成，如采用共溅射方法制备 Si/SiO_2 薄膜，在 $700\sim900℃$ 的 N_2 气氛下快速退火获得纳米 Si 颗粒；②在薄膜的成核生长过程中控制纳米结构的形成，其中薄膜沉积条件的控制显得特别重要，在溅射工艺中，高的溅射气压、低的溅射功率下易于得到纳米结构的薄膜。在 CeO_{2-x}、Cu/CeO_{2-x} 的研究中，在 160W、$20\sim30Pa$ 的条件下能制备粒径为 7nm 的纳米微粒薄膜。

2. 化学气相沉积法

化学气相沉积（CVD）法作为常规的薄膜制备方法之一，目前较多地应用于纳米微粒薄膜材料的制备，包括常压、低压、等离子体辅助气相沉积等。利用气相反应，在高温、等离子或激光辅助等条件下控制反应气压、气流速率、基片材料温度等因素，从而控制纳米微粒薄膜的成核生长过程；或者通过薄膜后处理，控制非晶薄膜的晶化过程，从而获得纳米结构的薄膜材料。CVD 工艺在制备半导体、氧化物、氮化物、碳化物纳米薄膜材料中得到广泛应用。

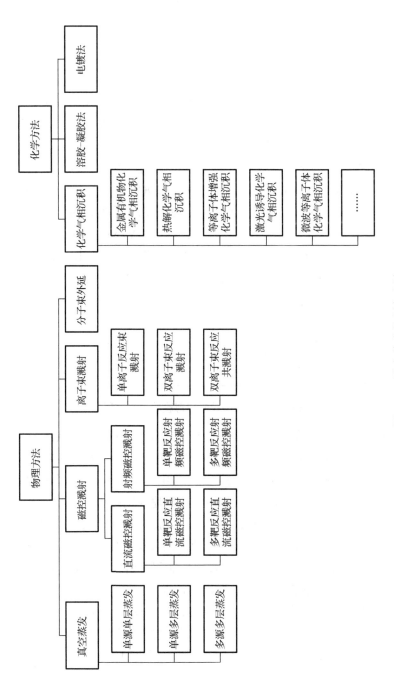

图 9.10 纳米薄膜的制备方法

通常 CVD 的反应温度为 900～2000℃，它取决于沉积物的特性。中温 CVD(MICVD) 的典型反应温度为 500～800℃，它通常是通过金属有机化合物在较低温度的分解来实现的，所以又称金属有机化合物 CVD(MOCVD)，等离子体增强 CVD(PECVD) 和激光 CVD(LCVD) 中气相化学反应由于等离子体的产生或激光的辐照得以激活，也可以把反应温度降低。

3. 溶胶-凝胶法

溶胶-凝胶法是从金属的有机或无机化合物的溶液出发，在溶液中通过化合物的加水分解、聚合，把溶液制成溶有金属氧化物微粒子的溶胶液，进一步反应发生凝胶化，再把凝胶加热，可制成非晶体玻璃、多晶体陶瓷。凝胶体大部分情况下是非晶体，通过处理才能使其转变成多晶体。

溶胶-凝胶法用的化合物是金属醇盐，如 $Si(OC_2H_5)_4$、$Al(OC_3H_7)_3$；也可以采用金属的乙酰丙酮盐（如 $In(COCH_2COCH_3)_2$、$Zn(COCH_2COCH_3)_2$）或其他金属有机酸盐（如 $Pb(CH_3COO)_2$、$Y(C_{17}H_{35}COO)_3$、$Ba(HCOO)_2$）；在没有合适的金属化合物时，也可采用可溶性的无机化合物，如硝酸盐、含氧氧化物及氯化物（如 $Y(NO_3)_3 \cdot 6H_2O$、$ZrOCl_2$、$AlOCl$、$TiCl_4$），甚至直接用氧化物微粒子进行溶胶-凝胶处理。图 9.11 给出了溶胶-凝胶制取薄膜的主要流程，可见其工艺简单，成膜均匀，成本很低。大部分熔点在 500℃以上的金属、合金以及玻璃等基体都可采用该流程制取薄膜。

图 9.11　溶胶-凝胶制取薄膜的主要流程

按照溶胶的形成方法或存在状态，溶胶-凝胶工艺分为有机途径和无机途径，两者各有优缺点。有机途径是通过有机金属醇盐的水解与缩聚而形成溶胶。在该工艺过程中，因涉及水和有机物，所以通过这种途径制备的薄膜在干燥过程中容易龟裂（由大量溶剂蒸发而产生的残余应力所引起）。客观上限制了制备薄膜的厚度。无机途径则是将通过某种方法制得的氧化物微粒，稳定地悬浮在某种有机或无机溶剂中而形成溶胶。通过无机途径制膜，有时只需在室温进行干燥即可，因此容易制得 10 层以上而无龟裂的多层氧化物薄膜。但是用无机途径制得的薄膜与基板的附着力较差，而且很难找到合适的能同时溶解多种氧化物的溶剂。因此，目前采用溶胶-凝胶法制备氧化物薄膜，仍以有机途径为主。

在制备氧化物薄膜的溶胶-凝胶方法中，有浸渍提拉法(dipping)、旋覆法(spinning)、喷涂法(spraying) 及简单的刷涂法(painting) 等。其中旋覆法和浸渍提拉法最常用。采用溶胶-凝胶法制备 $PbTiO_3$ 薄膜的典型制备过程如图 9.12 所示，所采用的主要原料为结晶乙酸铅、乙二醇乙醚、钛酸丁酯等。

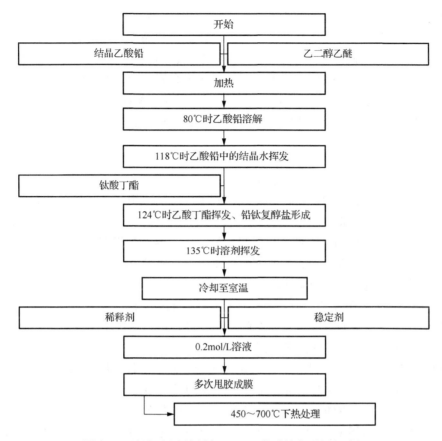

图 9.12　溶胶-凝胶法制备 PbTiO$_3$ 薄膜的典型制备过程

9.5.4　纳米薄膜材料的应用

1. 金属的耐蚀保护膜

非晶态合金薄膜是一种无晶界的、高度均匀的单相体系，且不存在一般金属或合金所具有的晶体缺陷：位错、层错、空穴、成分偏析等。因此，它不存在晶体间腐蚀和化学偏析，具有极强的防腐蚀性能。作为防腐蚀材料，非晶态合金薄膜(或称镀层)可用以取代不锈钢或劣材优用，是节约资源和能源、降低成本的有效途径，具有广阔的应用前景。

这种耐蚀性很高的非晶态合金镀层技术是近十年才发展起来的新兴技术，它是通过化学催化反应，在金属或非金属表面沉积一层非晶态物质。以非晶态 Ni-P 合金为例，非晶态 Ni-P 合金中没有晶态 Ni-P 合金所具有的两相组织，无法构成微电池。特别是化学沉积的非晶态 Ni-P 合金，成分较电解沉积者更为均匀。因此，化学沉积的非晶态 Ni-P 合金可用于许多耐蚀的场合。一般认为，化学沉积非晶态 Ni-P 合金的反应式为

$$H_2PO_2^- + H_2O \xrightarrow[\text{催化}]{\triangle} H^+ + 2H + HPO_3^{2-}$$

$$Ni^{2+} + 2H \xrightarrow[\text{催化}]{\triangle} Ni\downarrow + 2H^+$$

$$H_2PO_2^- + H \xrightarrow[\text{催化}]{\triangle} P\downarrow + H_2O + OH^-$$

此过程的最佳工艺条件为 Ni^{2+}/H$_2$PO$_2$ 浓度比≈0.4，温度为 80~90℃，pH 为 4.0~5.0，获得的沉积层磷含量在 11.5%~14.5%。反应生成物 Ni-P 沉积在材料表面，形成完整、均一的

镀层。该镀层是一种取向混乱无序的微晶原子团，且是以硬球无序的密堆型排列的微晶结构。这种结构不存在周期重复的晶体有序区，故不存在晶界和晶界缺陷，从而改变了原来材料的表面性能，具有良好的耐蚀性能，使金属材料原来敏感的点蚀、晶间腐蚀、应力腐蚀和氢脆等易腐蚀性都得到了较好的改善。采用这种镀层作为金属腐蚀表面的防护手段，在石油、化工、化肥、农药、医药、食品、能源、交通、电子、军工、机械等方面显然是非常有意义的。

利用类似的方法，还可以制得 Co-P、Ni-C-P、Fe-P 等非晶态合金镀层，它们都具有耐蚀、耐磨等功能。

2. 多功能薄膜——SnO_2

二氧化锡(SnO_2)薄膜目前已在许多领域得到了广泛的应用，越来越受到有关科技工作者的重视。SnO_2薄膜有纯 SnO_2薄膜，有掺杂膜，还有复合膜，其中掺磷、掺氟的 SnO_2薄膜的应用最广。SnO_2具有良好的吸附性及化学稳定性，因此容易沉积在玻璃、陶瓷材料、氧化物材料及其他种类的衬底材料上。SnO_2薄膜的主要用途有薄膜电阻器、透明电极、气敏传感器、太阳能电池、热反射镜、光电子器件、电热转换等。

当 SnO_2薄膜作为电阻器使用时，由于它具有较低的电阻温度系数和良好的热稳定性，而且随着薄膜的厚度和掺杂的浓度以及掺杂的元素不同，可以将电阻温度系数控制在一个很小的范围内，因此属于高稳定性的薄膜电阻器。

当 SnO_2薄膜作为气敏传感器时，一般是在绝缘基板上生长一层 SnO_2薄膜，再引出电极。当环境中某种气体的含量变化时，SnO_2薄膜的电阻随之变化。因此，这种气敏传感器具有灵敏度高、结构简单、使用方便、价格便宜等优点，近年来得到了迅速发展。

SnO_2薄膜传感器可用来探测 CO、CO_2、H_2、H_2S、乙醇等多种气体和烟尘，都有较理想的效果。SnO_2薄膜的制备工艺简单，工艺类型繁多，较常使用的方法有化学气相沉积工艺、喷涂热解工艺、溅射工艺、蒸发工艺等。

3. 电子信息材料

薄膜技术在工业上有着广泛的应用，特别是在当今和今后的电子工业领域中占有极其重要的地位。例如，半导体超薄膜层结构材料已成为当今半导体材料研究的热门课题。薄膜的迅速发展不仅推动了半导体材料科学和半导体物理学的进步，而且以全新的设计思想，使微电子和光电子器件的设计从传统的"杂质工程"发展到"能带工程"，显示出了以"电子特性和光学特性的剪裁"为特点的新发展趋势。这是 PN 结晶体管发明以来，半导体科学的一次重大突破。超薄层微结构半导体材料要求精确地控制到原子、分子尺度的数量级，因此制备这种薄膜必须采用 MBE、MOCVD 和 CBE 等先进的材料生长设备和技术。

计算机存储最新技术的磁泡存储器也是用无机薄膜制备的。这种磁泡存储器是以无磁性的钆镓石榴石($Gd_3Ga_5O_{12}$)作衬底，用外延法生长上能产生磁泡的含稀土石榴石薄膜，如$Eu_2Er_1Fe_{4.3}Ge_{0.7}O_{12}$、$Eu_1Er_2Fe_{4.3}Ga_{0.7}O_{12}$ 等的单晶膜。通过成分的调整，可以改变磁泡的泡径和迁移率等特性。其工作原理是，利用这种磁性材料的薄膜，在磁场强度加到一定值时，磁畴会形成圆柱状的磁畴，貌似浮在水面上的水泡，以泡的"有"和"无"表示信息的"1"和"0"两种状态；由电路和磁场来控制磁泡的产生、消失、传输、分裂，以及磁泡间的相互作用，从而实现信息的存储、记录和逻辑运算等功能。其特点是信息存储密度高($10^5 \sim 10^8 bit/cm^2$)、体积小、功耗低、结构简单，以及信息无易失性等。其缺点是制造工艺复杂，目前成品率不高。可以用作磁泡存储器的薄膜还有非晶态磁泡材料，如 Gd-Co 和 Gd-Fe 薄膜。

　　PZT 类材料具有优良的铁电性和压电性，PZT 薄膜在非压电基体上产生表面和体声波，从而应用于表面声波换能器和体声波换能器。例如，利用选择性气体吸附表面而导致声波速度的变化，发展了能检测百万分之几浓度的小型化气体传感器、同轴超声换能器和压力传感器，使其应用于生物和医学领域成为可能。

　　无机薄膜在电子信息材料中得到了广泛的应用，从普通的薄膜电阻器、薄膜电容器的介电体层，到大规模集成电路的门电极、绝缘膜、钝化晶体管膜，显示和记录用的透明导电膜、光电薄膜的发光层，以及储存信息用的磁盘、光盘、光磁盘等，几乎应有尽有，为当代电子信息技术的发展和小型化立下了汗马功劳。

第 10 章　新型功能材料

10.1　概　　述

功能材料概念是 1965 年美国贝尔实验室的 J. A. MoMon 博士提出的，然而人们对功能材料的研究远远早于这一时间。功能材料是指某种具有一种或几种特殊功能的材料，如具有特殊力学、电学、光学、磁学、声学等功能的新型材料。它是现代工业和现代农业发展的基础，是现代国防的有力保障，是信息技术、生物技术、能源技术等高新技术领域的重要基础材料，同时对改造某些传统产业有重要作用。

新型功能材料是指新近发展起来和正在发展中的具有优异性能与特殊功能，对科学技术尤其是对高技术的发展及新产业的形成具有决定意义的新材料。日本、欧洲、美国等国家和地区对新型功能材料的研究十分关注，因为新型功能材料是能源、计算机、通信、电子、激光等现代科学的基础，功能材料在未来的社会发展中具有重大战略意义。新型功能材料不仅是发展我国信息技术、生物技术、能源技术等高技术领域和国防建设的重要基础材料，而且是改造与提升我国基础工业和传统产业的基础，直接关系到我国资源、环境及社会的可持续发展。我国国防现代化建设一直受到以美国为首的西方国家的封锁和禁运，所以我国国防用关键特种功能材料是不可能依靠进口来解决的，必须要走独立自主、自力更生的道路。例如，军事通信、航空航天领域，以及导弹、热核聚变、激光武器、激光雷达、新型战斗机、主战坦克、军用高能量密度组件等，都离不开特种功能材料的支撑。

10.2　超 导 材 料

1911 年，荷兰科学家卡末林·昂纳斯首次在 4.2K 时发现水银的零电阻现象（即超导现象）。在接下来的几年他和他的学生相继发现了铟、锡和铅的超导现象。1986 年，柏诺兹和缪勒发现超导转变温度 T_c 在 30K 温区的高温铜氧化物超导体，为进一步发现在液氮温区的高温超导体开辟了道路。1987 年 2 月，朱经武、吴茂昆、赵忠贤等发现 $YBa_2Cu_3O_{7-\delta}$ 的 $T_c > 90K$，T_c 超过了液氢，解决了阻碍超导技术应用的瓶颈问题，使高温超导材料步入实用化阶段。

根据超导转变温度可将超导材料分为两类：一类是低温超导体（在液氢温区（4.2K）以下超导），如汞的 T_c 为 4.15K；另一类是高温超导体（液氮温区（77K）以上超导），如 $YBa_2Cu_3O_{7-\delta}$ 的 T_c 大于 90K。根据超导体内部磁场情况分为第 I 类超导体和第 II 类超导体。元素周期表中有 30 种元素具有超导电性，另外有 20 种在高压、电磁辐射和离子注入情况下显示出超导电性。在单质超导体中 Nb 的 T_c 最高，为 9.2K；金属铑的 T_c 最低，为 0.0002K。常见的合金超导体有 Nb-W、Nb-Ta、Ti-Zr、Nb-Zr 系列的二元合金，Nb-Zr 的 T_c 最高，为 10.2K。目前化合物超导体已经超过 6000 种，常见的化合物超导体有 AB 型、AB_2 型和 A_mB_n 型三大种类。常见的高温超导材料有 $YBa_2Cu_3O_{7-\delta}$ 和 MgB_2 等。

10.2.1　超导体的物理特性

1．零电阻

环境温度低至一定程度时材料的电阻突然消失的现象称为零电阻现象。零电阻是超导材料最诱人的特性之一。柯林斯在室温下将一个铅环放在磁场中，令磁力线垂直于环面，将温度降到超导转变温度以下撤去磁场，这时圆环中有电流产生，且这一电流持续了两年多并无明显的衰减。

2．完全抗磁性

完全抗磁性也称迈斯纳效应，即当一个超导体在较弱的磁场中冷却到超导转变温度以下时，磁力线会被排出，如图 10.1 所示。无论有无外加磁场，超导体内部的磁场强度恒等于零，这种现象称为迈斯纳效应。

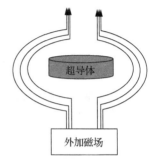

图 10.1　超导体的完全抗磁性

3．量子隧道效应

在无外加电压时被薄绝缘层隔开的两个超导体之间会有电流通过，即"电子对"能穿越薄绝缘层。电子穿越两块超导体之间薄绝缘层的现象称为量子隧道效应；而外加电压存在时超导体之间的电流反而消失，同时产生高频振荡现象。

10.2.2　实用化超导材料的特点

要想将超导材料真正应用到人们的生产和生活中，必须满足以下几个方面要求。

(1) 载流能力高。不同应用领域对超导材料的载流能力有不同的要求，一般而言在液氮温度下载流能力应大于 $10^4 A/cm^2$ 才能满足应用要求。

(2) 生产成本低。超导材料的价格主要取决于原材料和制备工艺，化学溶液提拉镀膜法可以减少原料的使用量，并降低工艺成本。因此化学溶液法是目前加快超导材料实用化进程的有力支撑。

(3) 损耗低。应用于交流电时超导材料会产生交流损耗，主要表现在磁滞损耗、涡流损耗以及耦合损耗，超导电缆损耗的主要部分是磁滞损耗。

(4) 安全稳定性高。超导材料内部存在大角晶界等晶体缺陷，当电流过大时，超导带材容易失超，产生大量的热量。因此高温超导带材的表面一般需沉积一层具有良好导电导热性能的金属材料，在失超时起到保护作用，提供安稳性能。

(5) 机械强度适当。超导材料大多属于具有一定脆性的陶瓷。在实际应用中超导带材需满足一定的机械强度。在制作超导电缆和超导限流器时，超导带材按一定的螺旋角度绞合在支撑体上，若机械强度不当，极易在制造过程中损坏超导带材，从而失去超导特性。

10.2.3　超导材料的应用

随着社会的进步和人民生活水平的提高，超导材料的需求会越来越大。超导材料在能源、交通、信息通信、高能物理、精密测量仪器、微波器件、生物医学、超导计算机、航空航天以及国防等方面有着相当可观的应用价值和战略意义，对国民经济的发展和人类生活水平的提高产生更大的推动作用。表 10.1 是高温超导材料的主要制备方法及其用途。

表10.1　高温超导材料的主要制备方法及用途

材料类型	主要制备方法	用途
薄膜	磁控溅射、脉冲激光沉积(PLD)、MOCVD、分子束外延(MBE)、离子束辅助沉积(IBAD)	超导量子干涉仪、约瑟夫森结转换器、红外探测器、微波谐振器
厚膜	丝网印刷技术、等离子喷镀法	集成电路、电流开关、电流引线和屏蔽
块材	干压法、冲击波法、锻压法、熔融织构生长(MTG)法	磁悬浮、磁轴承、屏蔽筒、永久磁体
线、带材	金属套管(PIT)法、金属芯复合线、裸线(带)	超导磁体、电机、电力传输线

1. 超导材料在能源领域的应用

目前高温超导材料在电能输送、存储和发电等方面应用较为广泛。

1)超导输电

自 20 世纪 90 年代以来，美国、日本、丹麦、中国和韩国等都相继开展高温超导电缆的研究，进行了额定通流、负荷转移、短路过载、耐压和模拟地下、过河等安装环境的性能试验。超导电线和超导变压器可把电力几乎无损耗地输送给用户。据统计，目前的铜或铝导线输电约有 15%的电能损耗在输电线路上，我国每年的电力损失达 1000 多亿 kW·h。若改为超导输电，节省的电能相当于新建数十个大型发电厂。另外，高温超导电缆一般埋设于土壤中或敷设于室内、沟道、隧道中，线间绝缘距离小，不用杆塔，占地少，基本不占地面上空间；受气候条件和周围环境影响小，传输性能稳定，可靠性高；具有向超高压、大容量发展的有利条件；体积小、重量轻、损耗低、传输容量大，可以实现低损耗、高效率、大容量输电。高温超导电缆的传输损耗仅为常规电缆的 3.3%。因此，高温超导电缆可以大大提高电力系统的总输配电效率，具有可观的经济效益。

2)超导储能

超导储能技术的原理是将电网剩余电能转换为电磁能储存在超导电感线圈中，需要时再转换为电能。若用导线绕制成电感线圈，由于导线的电阻，所储能量将很快变成热耗。与之相比，超导电感线圈无能耗，且储能密度高。超导储能长期无损耗，效率高，可达 95%以上；响应速度快；储能密度高，可以大大减小储能设备的体积，建造时不受地域限制；维护简单，不燃烧石油等燃料，无辐射，污染小，比较环保。表 10.2 列出了超导储能与水蓄能的区别。目前，美国已建造了一座 21MW·h 的超导储能工厂，这套装置既可高速运行(在 100s 内释放出 400MW 的电力，作为激光装置的电源)，也可低速运行(2h 内释放出 10MW 的电力)。

表10.2　超导储能与水蓄能的区别

比较因子	超导储能机组	抽水蓄能电站
效率	90%以上	60%～75%
建设时间	很短，可以数月计	很长，必须以数年计
能否进行模块化制造安装	能进行单元模块化设计制造	根据水资源条件单独设计制造
机组故障后引起的后果	单元机组容量小，故障后果小	单元机组容量大，故障后果大
对输电设备的要求	装在负荷附近，不加输电设备	离负荷较远，必须配置输电设备
建设成本/(元/kW)	5000	10000
技术成熟程度	已经使用	技术成熟

3）飞轮储能技术

飞轮储能技术是将电能转化为飞轮转动的动能储存起来的技术。美国波音公司和阿贡国家实验室合作研制的 5kW·h/100kW 等级的飞轮进行了整机安装调试实验，同时加工设计了 10kW·h 的飞轮转子，2007 年底完成了全部实验；日本 ISTEC 研究部门 2008 年开始对 10kW·h/400kW 等级飞轮系统中的磁悬浮轴承进行组装实验，同时加工设计 100kW·h 等级的飞轮定子；德国 ATZ 公司从 2005 年开始对 5kW·h/250kW 等级的飞轮进行研究。飞轮储能控制简单、储能密度和效率高、响应快、寿命长、绿色环保，后期运行维护成本非常低，是储能领域的一个新发展方向。

4）磁流体发电

火力发电对环境产生较大的热污染和大气污染。热污染指的是火力发电站运行中排出大量的冷却水，造成局部水域温度升高，从而导致水中生物的死亡，破坏生态平衡。磁流体-蒸汽联合电站由于热效率高，由冷却水排出的热量比普通火力发电站少 30%～50%，热污染大大减少。磁流体发电在燃烧中加入了一些电离电位低的钾、铯等碱金属化合物，与燃气中的硫反应形成 K_2SO_4 等，起到脱硫固硫作用，尾气中基本无 SO_2。

5）超导风力发电

风电可再生、无污染、成本低，很可能成为未来最经济、最洁净的能源。目前我国可开发的风能资源约 10 亿 kW，其中海上风能占 75%，拥有巨大的发展潜力。随着海上风机安装地点离海岸越来越远，需要超大型风机与之相匹配。2011 年，美国超导公司（AMSC）推出首台 10MW 高温超导风机。2012 年，中国东方电气集团有限公司开始与美国超导公司联合设计 5.5MW 的海上风机。超导风机的应用很好地解决了风机的大体积和重量问题。

2. 超导材料在环境治理中的应用

超导材料处理污水主要分为磁过滤法处理含磁性悬浮废水、铁氧体法处理不含铁磁性物质的含金属废水、磁种-混凝法处理不含金属的有机废水和污水磁化处理四种。由于高梯度磁分离器场强梯度很高，不仅强磁性微粒能被截留，弱磁性微粒也能被截留。炼钢厂烟尘中含有大量的 Fe_2O_3 微粒，经湿法除尘成为血红色废水，废水中悬浮大量 Fe_2O_3 微粒。这些废水均可用高梯度磁分离器和磁过滤器加以净化。对于含油类、无机悬浮物、色素和细菌的污水，投加絮凝剂产生矾花，同时投加磁种。对于没有磁性微粒的城市污水，进行磁化处理，COD_{Cr} 能降低 40%，BOD 能降低 30%～50%。

超导材料在磁分离中的应用主要是从非磁性固体、流体中分离或过滤出强磁性粗粒物料，如磁铁矿的富集和碎铁屑的分拣等。超导体可产生强磁场，超导磁分离可高速去除强磁性污染物；对于磁性较弱的污染物，超导磁滤可直接将其去除；对于弱磁性或非磁性污染物，可接磁种后高速去除，速度受磁种与污染物结合力的限制。超导磁分离可将弱磁矿物和磁化率更低的材料分离开来。

3. 超导材料在交通运输中的应用

超导磁悬浮列车是利用超导磁体使车体上浮，通过周期性地变换磁极方向而获取推进动力的列车。超导磁悬浮列车除速度快之外，还具有无噪声、安全、无震动、节约能源、控制技术简单的特点，有望成为 21 世纪交通工具的主力。2000 年，西南交通大学研制出了世界上第一辆载人高温超导磁悬浮列车。2015 年 4 月 16 日，日本东海旅客铁道株式会社发表公报称，该公司当天在山梨磁悬浮试验线利用"L_0 系"超导磁悬浮列车进行了高速运行试验，达到了载人行驶 590km/h 的世界最高速度。

另外，如果将超导电缆应用于铁路的馈电线路，可在无损耗条件下实现远距离输电，实现变电站的负荷均衡化；而且由于电压降低效应可削减变电站的设置数量。此外钢轮中的回流线路若采用超导电缆，可避免漏流入大地，解决了其真空绝热管蚀问题。

4. 超导材料在国防中的应用

超导技术在军事领域主要应用于超导扫雷、电磁炮和超导激光武器等。超导扫雷重量轻、体积小、机动性强，可进行大步拖曳扫雷，消除死区、剩磁小、目标信号特征弱、系统安全可靠。高温超导电机主要应用在新型驱逐舰、航空母舰、潜艇、战机及坦克。超导电机体积小、噪声低、效率高、重量轻、成本低，运用在舰艇中，可减小推进系统的体积，增加武器、燃料以及食物的携带量，大大提升舰艇的战斗力；并减少舰艇排水量，提高舰艇的隐蔽性和机动性，大大提高了舰艇生存率。2007 年，美国超导公司研制成功 36.5MW 舰船推进高温超导电机。

5. 超导材料在通信中的应用

目前超导材料在通信方面主要制备用于蜂窝电话基站、移动通信等领域的高温超导滤波器和用于通信、导航等领域的高温超导微带天线。采用超导滤波器后，由于信号损耗少，手机发射功率减少到原来的 1/2 左右，基站的接收灵敏度、范围、抗干扰能力、通话质量、掉线率、通信容量均得到显著改善。

6. 超导材料在医疗领域中的应用

目前超导材料在医疗中的应用主要是核磁共振，核磁共振对人体无游离辐射损伤；多个成像参数能提供丰富的诊断信息，使得医疗诊断对人体内代谢和功能的研究更加方便有效；通过调节磁场可自由选择剖面。对于椎间盘和脊髓，可作矢状面、冠状面、横断面成像，可以看到神经根、脊髓和神经节等。能获得脑和脊髓的立体图像；能诊断心脏病变；对软组织，如膀胱、直肠、子宫、骨、关节、肌肉等部位的软组织，有极好的分辨力。

超导磁体产生的强磁场可得到大量的磁化水，将其用于农业和医疗中，可提高农作物的新陈代谢、家畜的生长和存活率，还可用于治疗和防治人体中的许多疾病。目前，超导磁体在生物医学方面除了核磁共振成像技术之外，还有超导核磁共振波谱仪、功能成像技术、霍尔成像技术等。

10.3　磁 性 材 料

人们对磁学的研究早在 2000 多年以前就开始了，在公元前 3 世纪战国时期的《吕氏春秋精通篇》中就有"磁石召铁"的记载。到了战国末期韩非子就记录了关于司南的使用。而在欧洲关于磁石，传说是牧羊人 Magnes 在牧羊时因为鞋跟被山石所吸而发现的。随着科技的进步，磁性材料已经应用到各行各业。人们几乎每天都在享受着磁性材料的发展所带来的录音、录像、电视和通信等改变。

磁性材料分为软磁材料和硬磁材料两类。制作变压器铁心的硅钢片属于软磁材料。相对软磁材料而言，硬磁材料的品种更是多种多样，所有的动力机械和磁记录领域都属于硬磁的范畴。20 世纪 30 年代中期，主要使用高碳钢作为永磁材料；20 世纪 40～50 年代，出现了铝镍钴系永磁合金；20 世纪 60 年代，人们发明了钐钴合金；20 世纪 80 年代，又出现了钕铁硼永磁材料，它是稀土金属钕和氧化铁等的合金，由于具有优异的磁性能而称为"磁王"。钕铁硼材料具有极高的磁能积，从而使仪器、仪表、电声、电机、磁选、磁化等设备的小型化、轻量化、薄型化成为可能。

10.3.1　软磁材料

软磁材料具有初始磁导率和最大磁导率较高、剩余磁通密度较低、电阻率较高、饱和磁感应强度较高、矫顽力和铁损耗较小等特点。常见的软磁材料主要包括以下几类：

（1）铁系合金，如电工纯铁、硅钢、铁镍合金、铁铝合金、铁钴钒合金等；

（2）铁氧体，如 Cu-Zn 系列、Ni-Zn 系列和 Mn-Zn 系列铁氧体；

（3）非晶软磁，如金属玻璃 2605S2 和 2605SC；

（4）坡莫合金，如 Fe-78.5Ni、Fe-79Ni-5Mo 和 Fe-77Ni-2Cr-5Cu 等。

10.3.2　硬磁材料

硬磁材料又称为永磁材料，是指磁化过程有较大磁滞的一类磁性材料。硬磁材料具有较大的磁滞回线面积、极高的矫顽力和磁感应强度、较大的磁能积，已成为高技术领域发展的关键材料之一。常见的硬磁材料如表 10.3 所示。

表 10.3　常见的硬磁材料

分类	代表性材料	最大磁能积/(kJ/m^3)
磁钢	马氏体钢 9%Co	3.3
	马氏体钢 40%Co	8.2
铁铬钴合金	各向同性	12
	各向异性	28~43
稀土系	Sm_2Co_{17}	250
	$Nd_2Fe_{14}B$	450
	YCo_5	1200
	$LaCo_5$	4600
	$CeCo_5$	6700
铁氧体系	$SrFe_{12}O_{19}$ 高磁能积型	26.3~30.2
	$BaFe_{12}O_{19}$ 高磁能积型	28.6~31.8
	$SrFe_{12}O_{19}$ 高矫顽力型	20.7~26.3
	$BaFe_{12}O_{19}$ 高矫顽力型	19.9~23.9
	$BaFe_{12}O_{19}$ 各向同性型	7.96~10.3
铝镍钴系	铝镍钴 5	39.8~63.7
	铝镍钴 6	31.8
	铝镍钴 8	31.8
	Ticonal2000	47.7
有序硬化型合金	76.8Pt-23.2Co	71.64
	77.8Pt-22.2Fe	24.44
	86.75Ag-8.8Mn-4.45Al	0.64
	72Mn-28Al	27.86

分类	代表性材料	最大磁能积/(kJ/m^3)
Mn-Al-C 合金	69.5Mn-29.95Al-0.55C	62.09
	69.25Mn-30.24Al-0.51C	55.72
	72.1Mn-26.9Al-1C	71.64
	72.1Mn-26.78Al-1.12C	73.23

10.3.3　磁流体

　　磁流体是指吸附有关的表面活性剂的磁性微粒在载液中高度弥散分布而形成的稳定胶体体系，其实质是一种具有强磁性的流动液体。磁流体可在重力和电磁力的作用下长期保持稳定，不沉淀和分层。用于磁流体的磁性微粒是一种具有单畴结构的铁氧体、金属和铁的氮化物纳米级粉末。目前磁流体广泛应用在电子设备、仪表仪器、机电制造、石油化工和科学研究等方面。磁流体由纳米磁性颗粒、基液和表面活性剂组成。一般常用的磁流体以 Fe_3O_4、Fe_2O_3、Ni、Co 等作为磁性颗粒，以水、有机溶剂、油等作为基液，以油酸等作为表面活性剂防止团聚。1832 年法拉第率先提出有关磁流体力学问题。他根据海水切割地球磁场产生电动势的想法，测量泰晤士河两岸间的电位差，希望测出流速，但因河水电阻大、地球磁场弱和测量技术差，未达到目的。1937 年哈特曼根据法拉第的想法，对水银在磁场中的流动进行了定量实验，并成功地提出黏性不可压缩磁流体力学流动(即哈特曼流动)的理论计算方法。

　　由于磁流体具有液体的流动性和固体的磁性，磁流体呈现出许多特殊的磁、光、电现象，如法拉第效应、双折射效应和磁二向色性效应等。这些性质在光调制、光开关、光隔离器和传感器等领域有着重要的应用前景。磁流体在磁场的作用下形成丰富的微观结构，这些微观结构对光产生不同的影响，能在很大的程度上改变光的透射率和折射率，产生大的法拉第旋转、磁二向色性、克尔效应等。磁流体在磁场中的特性可以用在磁光开关、磁光隔离器、磁光调制器、粗波分复用器等。

　　磁流体制备方法主要有研磨法、解胶法、热分解法、蒸发法、放电法等。研磨法是把磁性材料和活性剂、载液一起研磨成极细的颗粒，然后用离心法或磁分离法将大颗粒分离出来，从而得到所需的磁流体。这种方法简便，但磁流体颗粒较大，很难得到 300nm 以下直径的磁流体颗粒。解胶法是将铁盐或亚铁盐在化学作用下产生 Fe_3O_4 或 $\gamma\text{-}Fe_2O_3$，然后加分散剂和载体，并加以搅拌，使其磁性颗粒吸附其中，加热后将胶体和溶液分开，得到磁流体。这种方法可得到较小颗粒的磁流体，且成本不高，但只用于非水系载体的磁流体的制作。热分解法是将磁性材料的原料溶入有机溶剂，然后加热分解出游离金属，再在溶液中加入分散剂后分离，溶入载体就得到磁流体。蒸发法是在真空条件下把高纯度的磁性材料加热蒸发，蒸发出来的微粒遇到由分散剂和载体组成的地下液膜后凝固，当地下液膜和磁性微粒运动到地下液中，混合均匀就得到磁流体。这种方法得到的磁流体微粒很细，一般粒径在 2～10nm 的粒子居多。放电法的原理与电火花加工相仿，是在装满工作液的容器中将磁性材料粗大颗粒放在 2 个电极之间，然后加上脉冲电压进行电火花放电腐蚀，在工作液中凝固成微小颗粒，把大颗粒滤去后加分散剂即可得到磁流体。

10.3.4　磁记录材料

磁记录是利用磁的性质进行信息记录的方式。在存储和使用的时候通过特殊的方法进行信息的输入与读出，从而达到存储信息和读出信息的目的。它主要包括磁记录材料、磁头材料、记录/重放系统和记录编码方式等部分。按照信息记录的方式，磁记录可以分为连续的模拟式记录(如录音和录像)和分立的数字式记录(如计算机记录数字)两种。磁记录的特点是记录和存储的密度高，容量大，速度较快，可多次使用，无易失性，抗干扰性强，使用寿命长，也无显著的"疲乏"、老化和变性现象，还可一步记录和实时重放，成本较低，维护简单。这些都使磁记录适宜于大量的生产和应用。

磁记录材料按物质状态分为粉末型和薄膜型两种；按结晶状况分为非晶型、单晶型、多晶型和人工晶格型四种；根据化学成分可以分为合金、氧化物、非氧化物。常见的有 MnBi 薄膜、MnBiCu 薄膜、石榴石薄膜、Tb-Fe 非晶薄膜、Tb-Fe-Co 非晶薄膜、石榴石/CrO_2 复合膜、MnAlGe 薄膜、Pt/Co 和 Pd/Co 人工晶格多层膜等。

10.3.5　磁性材料的应用

磁性材料独特的特性是其他材料所不能替代的，因此其应用也十分广泛。软磁材料主要是各类机械的电动机、发电机、变压器、自动驾驶仪、稳压器、地震仪、磁强计、水平扫描和垂直扫描变压器、无线电音频滤波器和调幅器、脉冲发生器磁存储、录音磁头、磁屏蔽、高精度电桥变压器、录音机磁头等。

硬磁材料主要应用在电流表、电压表、功率表、磁通计、检流计、流量计、磁罗盘仪、扬声器、录音机、磁控管、磁选机、磁推轴承等。另外，在石油管道上安装硬磁材料可防止石蜡在管道上凝聚；在锅炉的进水管上安装硬磁材料制成的磁水器，可使沉淀在炉壁上的水垢变得易于清除，达到延长锅炉使用寿命的目的；磁性人造眼睑可弥补人眼睑下垂的缺陷；利用小片硬磁材料进行穴位贴敷可治疗风湿性关节炎、高血压、中风等疾病。基于硬磁材料磁力作用原理的应用主要有选矿机、磁力分离器、磁性吸盘、磁密封、磁黑板、玩具、标牌、密码锁、复印机、控温计等，其他方面的应用还有磁疗、磁化水、磁麻醉等。

磁流体可于制备旋转轴的液态密封圈，因其完全柔软，可防震，无机械磨损，使用寿命长。磁流体制作仪表阻尼，可减小空气阻尼的黏滞摩擦，消除指针的摆动。另外，在选矿方面，磁流体也大有作为。宇宙飞船在太空飞行时，飞船油箱内的火箭发动机燃料处于失重状态，若在燃料中加入磁流体，即可保证在失重条件下燃料可连续流动和容易被泵抽吸与排出。利用磁场控制磁流体的运动可将其制备成药物吸收剂、治癌剂、造影剂、流量计等，还可用于生物分子分离等研究中。磁流体发电是将热能转换为电能，其基本原理是导体切割磁力线而产生感应电动势。不同的是磁流体发电中的导电流体代替了普通发电机中的金属导体。即当高温高速气流通过强磁场时，气流由于高温电离变成等离子导电流体，并切割磁力线而产生感应电动势和电能。目前，世界上主要研究燃烧矿物燃料的开环磁流体发电，燃煤磁流体联合循环等高效率、低污染、大功率发电的高新技术。其发电效率比传统的水力、火力、核能发电提高 50%～60%。1 个百万千瓦的磁流体发电厂，年节煤可达 100 万 t，造价仅为火力发电厂的 1/4。

铁氧体高分子磁性材料主要用于冰箱和冷库门的密封件、耳机和行程开关等。另外，以各种磁性材料制成的磁卡在生活和工作中应用更广泛，如金融行业的借记卡、信用卡、加油卡、有价证券卡、集资卡等；交通运输行业的公交卡、购票卡、高速公路卡、航空机票卡等；

通信行业的电话卡；管理行业的程序卡、原始凭证卡、调度卡、医疗卡、识别卡等；家庭电子烹饪机上的菜谱卡、门锁系统的钥匙卡等；会员卡、上班人员考勤记录卡、门禁卡；学生用的水卡、饭卡、图书卡等。

利用"绝热去磁"全新原理工作的磁冰箱，其制冷工作效率为常规气体制冷机的 2～4 倍，能耗低，可节电 50%。由于使用固体工质，故而体积小、重量轻，又无压缩机，很少有零件磨损和挤压现象。即使有运动部件，其转速也十分缓慢，故而省电、便于维护、寿命长、无振动和噪声，没有氟利昂对环境的污染，可保护臭氧层，称为绿色冰箱。

电子镇流器只需传统式镇流器 70%的电功率便能令荧光灯发出同样的光度。由于使用较小的磁性电感器，不需要启动器，可节能 30%，具有快速、重量轻、噪声低的特点，效率高达 65%～85%。不用水和色浆的磁性染色工艺就是利用磁力和分散染料升华作用的一种连续染色法，可用于染素色和图案印花。它无需水、溶剂和印花纸，且能耗大大减小。没有火患的安全灶——电磁炉，是一种新型"冷加热"电气灶具。这是通过高频交变磁场与铁锅相互作用来加热的，其热效率高，节省电力。

利用磁场制作的水泥具有松散、不结块的特点。磁场使水泥旋转，只要在水泥中添加一种可与水泥吸附在一起的铁磁材料，使之具有韧性和弹性。因无转动部件，磨损极小，耗能少。磁性水泥混凝土的形状和大小不受限制，具有良好的持久性，在水中和海洋工程方面，可用于磁性定位；在危险地区可制成磁性地段，便于检测；在路面上作磁性标记以引导盲人步行，使汽车通行无阻。

磁水器在锅炉和热交换系统中的使用不但提高了热效应，节约了能源，而且减少了管道和设备的除垢工作。根据美国商务部和国家标准局的资料，锅炉的水垢厚度为 0.4～9.6mm，平均效率损失为 4%～48%，每千升燃油浪费 40～480L。如果采用磁力除垢器或磁水器，可节约能源并提高维护保养水平。我国某油田用磁水器处理石油，使石油除蜡降黏，热洗周期由 12 天增加到 140 天，单井年节电达 1.4 万 kW·h，年节约天然气 1.8 万 m³，年增产原油 180t，多获利 2 万元。

将磁化节油减烟器、燃油增能器或磁力强化节能器用于以碳氢化合物(油、气)为燃料的燃烧设备中，其节能效果明显。例如，炼钢炉、锅炉、电站、各种发动机等设备均可装设此类节能器，令其燃料在使用之前进行磁化，使油、气分子键断裂雾化，使其充分燃烧，提高燃烧效率，从而省油、省气 5%～15%。由于燃烧室温度升高，发动机(引擎)输出增加，可防止积垢，可使 CO、NO$_x$ 等有害气体的排放降低 25%～65%，同时可使废气中的含尘量降低 25%～40%。在开采或炼制石油的输油管道中，采用此类设置，也可取得有利于油气输送、除蜡降黏的效果。

10.4　碳结构材料

碳是非金属元素，碳原子可与其他原子结合形成多种形式的共价键，即碳能以多种结构的形式广泛存在。人们常见的有金刚石和石墨两种形式，另外通过碳原子间不同的组合和结合方式，出现了无定形碳、富勒烯、玻璃碳、泡沫碳、碳纳米管和石墨烯等，图 10.2 为碳的多种存在形式。碳材料无处不在，目前广泛应用在航空航天、能源、环保、催化、交通、石油化工、化肥、农药、机械、材料、电子、医药等领域。

10.4.1　富勒烯

富勒烯是由碳组成的中空球形、椭球形、柱状或管状分子的统称。球形富勒烯又称巴基球；管状富勒烯也称碳纳米管或巴基管。富勒烯结构与石墨相似。1985 年英国科学家克罗托、柯尔和美国科学家斯莫利在氦气流中通过激光气化蒸发石墨的实验中，首次制备了由 60 个碳原子组成的球笼状 C_{60} 分子。除 C_{60} 外还有 C_{24}，C_{36}，C_{70}，C_{84}，$\cdots$，C_{540} 等。罗托、柯尔和斯莫利也因此获得了 1996 年的诺贝尔化学奖。

1. C_{60} 的结构与性质

C_{60} 是一个具有 32 面体的几何球形芳香分子，其结构示意图如图 10.3 所示。C_{60} 分子的对称性极高，通过每个 C 顶点的对称轴存在 5 个。相关计算表明，C_{60} 晶体结构受温度和压力的影响较大。C_{60} 是一种黑色的粉末，纯 C_{60} 为深黄色固体，密度为 $1.6 \sim 1.7 \text{g/cm}^3$，熔点在 700℃以上；易溶于 CS_2 和甲苯等溶剂；可压缩率为金刚石的 40 倍、石墨的 3 倍，是已知固体碳中弹性最好的一种。C_{60} 分子中存在电子共轭结构，使其具有良好的光学及非线性光学性能。C_{60} 为绝缘性材料，但通过金属掺杂可大大提高其导电性或变成超导体。C_{60} 分子极其稳定，可抗辐射和化学腐蚀，研究表明，在室温下纯 C_{60} 分解时间可达 2000 年以上。

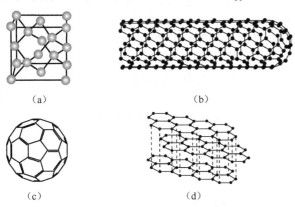

（a）　　　　　　　　　（b）

（c）　　　　　　　　　（d）

图 10.2　各种形式的碳结构

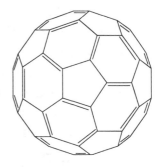

图 10.3　C_{60} 的分子结构示意图

2. 发展趋势及应用

目前制备富勒烯碳材料的方法主要包括电阻加热法、电弧法、热蒸发法、燃烧法、化学气相沉积法、电子束辐射法、激光蒸发法、火焰法、太阳能法、电离等离子体蒸发法和化学合成法等。其中电弧法是制备 C_{60} 和碳纳米管最常用的方法，然而由于电弧放电剧烈，产物中存在较多的碳纳米颗粒、无定形碳或石墨等杂质，纯度较低。工业生产中主要采用燃烧法生产富勒烯，将甲苯、苯在氧气中不完全燃烧，通过调节反应的压强和气体组分来控制 C_{60} 和 C_{70} 的比例。目前低成本化学合成技术已成为研究热点之一。

经过 30 多年的研究，富勒烯已广泛应用在电子、生物医药、太阳能电池、激光科学、大气污染控制工程和水处理领域。目前 C_{60} 主要应用在以下几个方面。

（1）生物医学。Tokuyama 等研究发现，核酸 C_{60} 对生物酶具有选择性的抑制作用，而对脱氧核糖核酸有选择性的剪切作用，且在光照条件下可抑制体外培养的人宫颈癌细胞的生长。Sijbensma 等指出，二酰胺基二酸二苯基 C_{60} 可降低人类免疫缺陷病毒（HIV）特异蛋白酶的活性，并抑制其生长。

(2)制备金刚石。Duclos 和 Nunez-Reguerio 采用快速和非等静水压的压缩法，在 20～25GPa 超高压下观测到固体 C_{60} 转变为金刚石相。Szwarc 等在超高压环境下利用结晶 C_{60} 合成了一种可划伤金刚石表面的新材料。

(3)制备超导材料。1991 年美国贝尔实验室对 C_{60} 薄膜进行 K 元素掺杂改性，制备出 K_3C_{60} 超导相，其超导转变温度为 18K。根据此思路，超导工作者先后发现 Rb_3C_{60}、Rb_2CsC_{60}、$RbCs_2C_{60}$、$RbTi_2C_{60}/C_{70}$ 超导体，其超导转变温度逐渐升高。

(4)制备复合材料。美国科学家将富勒碳与铁进行复合，制备成一种新的复合材料，其组织均匀、细密，具有较高的强度、延展性和优良的铸造性能，表面氧化和表面脱碳性能均优于其他铁合金，耐磨性较好，其宏观硬度可达 65HRC。

(5)光学方面的应用。Pekker 等在制备 $(KC_{60})_n$ 大尺度聚合结构的单晶纤维时发现它是一种典型的准一维金属，而这种材料对可见光透明，这种光学特性是一般的一维金属材料所不具备的。

10.4.2　碳纳米管

1991 年物理学家饭岛澄男利用高分辨电镜分析电弧法制备碳纤维中发现一种针状一维管状结构的碳单质材料，称为碳纳米管。碳纳米管长度可达 $1\mu m$～1mm，几万根碳纳米管合起来只有一根头发丝粗。碳纳米管是石墨管状晶体，是单层或多层石墨片围绕中心按一定的螺旋角卷曲而成的无缝纳米管，每层纳米管是一个由碳原子通过 sp^2 杂化与周围 3 个 C 原子完全键合后所构成的六边形平面组成的圆柱面。按其管壁层数可将碳纳米管分为单壁和多壁两种。单壁碳纳米管由一层石墨烯片组成。单壁碳纳米管典型的直径和长度分别为 0.75～3nm 和 1～$50\mu m$，又称富勒管。多壁碳纳米管含有多层石墨烯片，形状像同轴电缆。其层数为 2～50 不等，层间距为 0.34nm±0.01nm，与石墨层间距相当。多壁碳纳米管的典型直径和长度分别为 2～30nm 和 0.1～$50\mu m$。图 10.4 给出的是三种结构的碳纳米管。碳纳米管的形态与结构随制备工艺不同而不同。一般而言，电弧法制备的碳纳米管较直，层数较少；催化裂解法制备的碳纳米管大多弯曲、缠绕、层数较多。在电子辐射下，碳纳米管可转化为巴基葱。

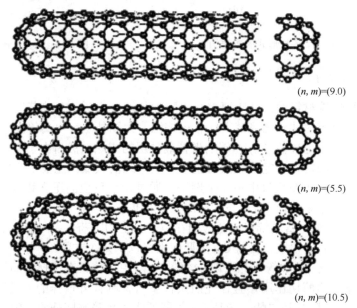

$(n, m)=(9.0)$

$(n, m)=(5.5)$

$(n, m)=(10.5)$

图 10.4　三种结构的碳纳米管

目前，碳纳米管的制备方法主要有电弧法(已用于工业化生产)、化学气相沉积法、激光蒸发法、等离子体法、增强等离子热流体化学蒸气分解沉积法、热解高分子法、离子(电子束)辐射法、催化裂解法和电解法等。

碳纳米管独特的结构使其具有许多优异的特性。碳纳米管的热导率和力学性能可与金刚石相比，其抗拉强度比钢高 100 倍(而重量仅为钢材的 1/7～1/6)，可弯曲性较好。碳纳米管的强度和韧性远高于任何纤维材料。碳纳米管化学性质稳定，不易与其他物质反应。碳纳米管是良好的导体，且载流能力高，能承受较大的场发射电流，使其在场发射领域具有较好的应用前景。

碳纳米管的结构决定了它具有独特的力学、物理、化学性质，广泛应用在工程材料、催化、吸附-分离、储能器件、无线电屏蔽材料、医学、各类仪器、军事等方面，如碳纳米管制成的给药系统、军事隐身材料、扫描探针显微镜的探针、储氢材料、催化加氢、催化合成氨、燃料电池、超级电容器、锂离子电池等。另外在环保方面，碳纳米管用于废水中有机污染物和重金属离子的吸附；NO、NO_2、NH_3 等大气污染物的低浓度监控探测；石油泄漏导致的溢油分离与回收等。

电化学电容器在移动通信、信息技术、电动汽车、航空航天和国防科技等方面具有极其重要和广阔的应用前景。例如，大功率的超级电容器对于汽车的启动、加速和上坡行驶极其重要。它可以大大延长蓄电池的使用寿命，提高电动汽车的实用性，对于燃料电动汽车的启动也是不可少的。鉴于双电层超级电容器的重要性，各工业发达国家都给予了高度重视。1996年欧共体制定了电动汽车超级电容器的发展计划。美国能源部也制定了相应的发展超级电容器的研究计划。我国清华大学的马仁志等采用催化裂解丙烯和氢气的混合气体制备碳纳米管原料，并通过添加黏合剂或经高温加压的工艺手段制备碳纳米管的固体电极，再加入硫酸水溶液作为电解质，成功地制备出超级电容器。

碳纳米管在电子领域应用非常广泛。例如，可作为导线、开关盒记忆元件应用于微电子器件。利用碳纳米管的量子效应，在分子水平上对其进行设计和操作，可以推动传统器件的微型化。另外，碳纳米管具有很好的导电性，可以避免因电极材料的电阻极化对电池性能产生不利影响。因此，采用碳纳米管作为负极材料有利于提高锂离子电池的放电容量、循环寿命和改善电池的动力学性能等。

碳纳米管的空腔管体可容纳生物特异性分子和药物，优良的细胞穿透性能使其作为载体运送生物活性分子及药物进入细胞或组织。原始的碳纳米管不溶于任何溶剂，而功能化修饰可改善碳纳米管的溶解性和生物相容性，故可携带蛋白、多肽、核酸和药物等分子，也可作为载体，在癌症治疗、生物工程和基因治疗等领域展现出令人瞩目的应用前景。

碳纳米管可作为生物传感器。碳纳米管是传感器件的关键部分，它们在制造过程中被直接或间接地集成到器件中。迄今为止，人们使用了从先进的微纳加工或者性质随特定生物活动而变化的感应元件，以及将信号传递给测量单元的转换元件。生物传感器的原理是使用碳纳米管来探测单个活细胞内的生物化学环境或探测单个生物分子。碳纳米管探针可以附着在细长的电极尖端进行电学、电化学和电生理学测量。

除了上述应用，由于碳纳米管的体积可以小到 $10^{-5}mm^3$，医生可以向人体血液里注射碳纳米管潜艇式机器人，用于治疗心脏病。一个皮下注射器能够装入上百万个这样的机器人。它们从血液里的氧气和葡萄糖获取能量，按编入的程序刺探周围的物质。如果碰上的是红细胞等正常的组织细胞，识别出来后便不予理会。当遇到沉积在动脉血管壁上的胆固醇或病毒时，就会将其打碎或消灭，使之成为废物通过肾脏排除。微型机器人可以使外科手术变得更为简单，不必用传统的开刀法，只需在人体的某部位上开一个极小的孔，放入一个极小的机械即可。这一切都是人眼所不能看到的。美国哈佛大学的 Lieber 等研制出一种微型纳米钳，有望成为科学家和医生操作生物细胞、装配纳米机械进行微型手术的新工具。

由于碳纳米管电子传输和结点处由温差导致的电位差对影响注入电子量的物质很敏感，非金属型碳纳米管在化学传感器领域里的潜在应用价值也引起了人们的兴趣，其主要优点是碳纳米管传感器尺寸非常小、灵敏度极高。目前需要解决的主要问题是如何区分混合物中的各种成分，并做出迅速响应。碳纳米管探头可用于扫描电镜和原子力显微镜。目前已有商业销售碳纳米管探头最大的优点是强度高、韧性好、使用寿命长。由于弯曲应力小，对试样损伤小，对比常规探头，碳纳米管探头电镜可获得更清晰的图像。

碳纳米管具有较大的比表面积，可以用作固体杂质的吸附剂。环境中存在的重金属(如铅、铜、铬、汞、镉、锌等)对各种生物都有危害作用。用硝酸氧化后的碳纳米管对这些重金属的单一和多元离子均有很强的吸附性能。另外科学家还用碳纳米管制成像纸一样薄的弹簧，用作汽车或火车的减振装置，可大大减轻车辆的重量。

碳纳米管作为充电电池材料用于笔记本电脑和手机等电子产品，大大提高电池的充电容量，电池的充电容量是一般充电电池的 3 倍；可大幅度延长电池的使用寿命。另外电池的重量大大降低，更有利于数码相机、笔记本电脑和手机等电子产品的小型化、轻量化和便携化。

利用碳纳米管材料制备纳米秤。美国、中国、法国和巴西科学家用精密的电子显微镜测量纳米管在电流中出现的摆频率时，发现可以测出纳米管上极小微粒引起的变化，从而发明了能称量 2×10^{-6}g 的单个病毒的"纳米秤"。这种世界上最小的秤为科学家区分病毒种类、发现新病毒作出了贡献。碳纳米管可制造人造卫星的拖绳。在航天事业中，利用碳纳米管制造人造卫星的拖绳，不仅可以为卫星供电，还可以耐受很高的温度而不会烧毁。

10.4.3　类金刚石薄膜

1971 年美国 Aiseuberg 等首先发表类金刚石薄膜的论文，从而引起了人们的广泛关注。随后，美国、苏联、日本等一些工业国家开展了大量的类金刚石薄膜的基础研究工作。类金刚石薄膜尽管在许多方面略逊于金刚石薄膜，但是和金刚石薄膜相比，类金刚石薄膜的制备温度低，可在室温下制备，这放宽了对衬底的要求，如塑料、玻璃等都可以作为衬底材料，另外类金刚石薄膜的制备成本低，设备简单，容易获得较大面积的薄膜。因此，类金刚石薄膜比金刚石薄膜有更高的性价比，并且在很多领域可以代替金刚石薄膜，从而引起了人们的极大兴趣。

1. 类金刚石薄膜的制备

目前制备类金刚石薄膜的物理方法主要有脉冲激光沉积法、弧光放电及磁过滤阴极电弧沉积法、离子束沉积法、磁控溅射和射频溅射沉积法、直流辉光放电等离子体化学气相沉积法、射频辉光放电等离子体化学气相沉积法等。这些方法均能沉积出质量较好的薄膜，但它们要求有较高的基底温度，或者沉积速率较低，不能大面积成膜，而且都是在气相条件下沉积，需要复杂的设备，价格昂贵。这些在一定程度上限制了类金刚石薄膜的进一步发展，不适合工业上批量化生产。化学方法主要包括液相电化学沉积法。液相电化学沉积法是一种电化学沉积法，它既是一种化学过程，又是一种氧化还原过程。电化学沉积法是一种电解方法镀膜的过程，它研究的重点是"阴极电沉积"。电化学沉积在有机溶剂的水溶液中通直流电，得到薄膜。而作为一种新兴的制备类金刚石薄膜的方法，液相电化学沉积法不但沉积温度低，试验装置简易，不受真空等条件的限制，消耗能量少，而且制备掺杂碳膜的掺杂源的选择范围宽，这些充分体现了这一技术的优越性。液相电化学沉积法具有如下优点：设备简单，显著降低投资和运行成本；镀膜过程在常温常压下进行，容易操控；平整表面和不规则表面均能大面积成膜，适宜工业化生产；对环境污染少，利于环境保护。

　　液相电化学沉积法主要分为高压液相电化学沉积和低压液相电化学沉积两部分。液相电化学沉积机理实质上是电解绝缘有机溶剂以获得非晶碳膜。即在电化学沉积过程中，通过高压直流电源在两极间施加一个强电场使电解液中的有机分子极化甚至电离，继而在电极表面发生电化学反应生成"碳碎片"，按晶体的岛状生长模式逐渐形成连续性薄膜。电化学反应是连续性的非平衡过程，由于电极被加热，其表面的温度和压力环境发生变化，在此特定的环境下这些"碳碎片"没有足够的条件形成石墨这种常温下稳定形式碳，而是形成一种非晶结构的碳，即类金刚石结构，这就是液相电化学沉积法制备类金刚石薄膜的基本机理。液相电化学沉积法制备类金刚石薄膜的装置原理图如图 10.5 所示。

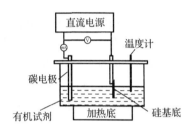

图 10.5　液相电化学沉积法制备类金刚石薄膜装置原理图

2. 类金刚石薄膜的应用

　　类金刚石薄膜具有许多优良的物理性质，如力学、电学、微电子、机械、光学、热学、声学、电磁学、医学等，所以广泛应用于各种保护涂层、耐磨涂层、机械器件零部件、光学窗口、磁存储器件、场发射器件及太阳能电池等。

　　1）力学领域

　　类金刚石薄膜具有很高的机械硬度和耐磨性能，这得益于薄膜中含有金刚石结构的 sp^3 键，薄膜中 sp^3 键含量越高，硬度越大。利用类金刚石薄膜的硬度及抗腐蚀性能，可以作为切削刀具、轴承、齿轮等易磨损机件的薄层及保护涂层。美国 Gillette 公司推出的镀有类金刚石薄膜的"MACH3"的剃须刀片，使剃须刀片更加锋利、舒适。类金刚石薄膜还可以作为磁介质保护膜。在磁盘、磁头或磁带表面涂覆很薄的类金刚石薄膜后，不但可以减小摩擦磨损，还可以延长磁记录介质的使用寿命。类金刚石薄膜具有良好的减摩特性和耐磨特性。研究表明，类金刚石薄膜在大气环境下表现出低的摩擦系数，且有很好的自润滑特性。类金刚石薄膜可以取代 TiN 薄膜，不断开发在航天等各方面的应用前景。

　　2）光学领域

　　类金刚石薄膜具有很好的光学性能，如良好的透光性（特别是在红外和微波频段的透光性）、宽的光学带隙和高的光学折射率，使类金刚石薄膜受到人们的广泛青睐。它不仅有红外增透作用，还有保护基底材料的功能。宽的光学带隙使得类金刚石薄膜在室温下有着较高的光致发光和电致发光特性，可实现在整个可见光范围内发光。因此，类金刚石薄膜也是一种很好的发光材料。此外，类金刚石薄膜与硅、锗等材料的折射率能较好地匹配，可用于一些窗口材料的增透保护、光学透镜等。类金刚石薄膜在红外线到紫外线的波长范围内具有很高的透过率，结合其硬度高、耐磨性好的特点，可作为红外窗口的保护膜。在铝基片表面分别沉积不同厚度的单层类金刚石薄膜、硅及锗涂层后，通过比较各自的性能发现单层类金刚石薄膜的光热转换效率最高。类金刚石薄膜具有良好的透光性和适于在低温沉积的特点，可作为由塑料和碳酸酯等低熔点材料组成的光学透镜表面的抗磨损保护层。

3）电学、微电子领域

类金刚石薄膜的绝缘性强、电阻率高、化学惰性高而且电子亲和力低，可用作新型的电子材料。将类金刚石薄膜用作光刻电路板的掩模，防止在操作过程中反复接触造成的机械损伤，所以类金刚石薄膜可以在超大规模集成电路的制造上发挥优势，在微电子领域有潜在的应用前景。

类金刚石薄膜具有高的电阻率和绝缘性，可作为光刻电路板的掩模，在规模集成电路制造中发挥优势。近年来，类金刚石薄膜在微电子领域的应用成为研究的热点。类金刚石薄膜具有较低的介电常数，且易在大的基底上成膜，成为新一代集成电路的介质材料。类金刚石薄膜的场发射性能成为近几年研究最多的方面，这源于其良好的化学稳定性，发射电流稳定，且不污染其他元器件。相关研究使用类金刚石薄膜在激光诱导反应离子刻蚀过程中作为单层掩模转移微细图形的技术。另外研究了类金刚石薄膜的刻蚀性能，证明该种薄膜在氧等离子体中刻蚀率很低，可以作为一种耐氧刻蚀的掩模材料在微电子器件加工过程中应用。此外，类金刚石薄膜在相对低的外电场下可产生较大的发射电流，这使得类金刚石薄膜可以应用于平板显示器领域。

4）机械领域

利用类金刚石薄膜的硬度及抗化学腐蚀性，可以将其用作刀具及机械部件的保护涂层。它具有低的摩擦系数和导热性，可以使机械零件在没有冷却和润滑的情况下运转良好，而不至于温度过高，因此可较好地应用在高温、高真空等不适于液体润滑的情形及要求清洁的环境中，适用于作为轴承、齿轮、活塞等易磨损机件的抗磨损镀层，尤其是作为刀具、量具表面的耐磨涂层。类金刚石薄膜用作刀具涂层，能延长刀具寿命，提高刀具边缘的硬度，缩短刃磨时间。类金刚石薄膜用作量具涂层，使其不易改变尺寸，防止划伤表面。类金刚石薄膜用作磁介质保护膜，极大地减小摩擦磨损和防止机械划伤，延长磁记录介质的使用寿命，而且类金刚石薄膜具有良好的化学惰性，使其抗氧化能力提高，稳定性增强。

5）声学领域

电声领域是金刚石和类金刚石薄膜最早应用的领域，重点是扬声器振膜。1986年日本住友公司在钛膜上沉积类金刚石薄膜，制作高频扬声器，使其高频响应达到30kHz；随后，爱华公司推出含有类金刚石薄膜的小型高保真耳机，频率响应范围为10～30000Hz；先锋公司和健伍公司也推出了涂覆类金刚石薄膜的高档音箱。

6）电磁学领域

随着计算机技术的发展，硬磁盘存储密度越来越高，这要求磁头与磁盘的间隙很小，磁头与磁盘在使用中频繁接触、碰撞产生磨损。为了保护磁性介质，要求在磁盘上沉积一层既耐磨又足够薄不致影响其存储密度的膜层。周坤遴等用IU-PCVD方法在硬磁盘上沉积了40nm的类金刚石薄膜，发现有Si过渡层的膜层与基体结合强度高，具有良好的保护效果，且对硬磁盘的电磁特性无不良影响；三谷力等在录像带上沉积了一层类金刚石薄膜，也收到了良好的保护效果。类金刚石薄膜在电子学上也极有应用前景。采用类金刚石作为绝缘层的

MIS 结构可用于电子领域的许多方面。例如，可用于光敏元件，在发光二极管区可作为反应速度快的传感器，或作为极敏感的电容传感器。类金刚石薄膜在电学上另一应用是作为场发射平板显示器的冷阴极材料。场发射平板显示器件是新一代性能优良的显示器件，含有类金刚石涂层的 FED 称为钻石场发射平板显示器，一般分为二极管型或三极管型。由于类金刚石涂层的氢化，类金刚石涂层表面具有负电子亲和势和化学稳定性，可以不会被氧化而长期工作，不存在时间效应，其功函数较低，且可以通过掺杂进行控制，所以它是制造场发射器件较为理想的材料。含氢的类金刚石涂层能增强金属尖的发射电流，而 N 的掺入更能增强这一效果。这是由于降低了涂层中 sp^3 键含量，从而降低了门限电场。

　　7) 医学领域

　　(1) 心脏瓣膜：郑昌琼等用 FR-FCVD 法在不锈钢和钛上沉积了厚 10μm 的类金刚石薄膜，除力学性能、耐蚀性满足要求外，生物相容性比不锈钢、钛明显改善；先在不锈钢表面沉积非晶硅，然后连续改变沉积条件，使沉积层从富硅逐渐变为富碳，最后在表面沉积类金刚石薄膜，这样可以进一步改善膜基结合强度，满足了人工心脏瓣膜的机械要求。类金刚石薄膜具有很好的细胞相容性和黏附性。羟基磷灰石具有很好的细胞相容性，它含有大量的羟基，能够和生物组织形成牢固的化学键。为了解决人工心脏瓣膜表面的凝血问题，可以在人工心脏瓣膜表面沉积细胞相容性类金刚石薄膜，再种植入体血管内皮细胞，经过培养生长一层血管内皮，达到完全抗凝的目的。最近，类金刚石已经开始逐步运用于医学假体和外科器械。类金刚石薄膜已经展示出和动物与人体细胞的优异的相容性，如人体粒细胞、人体胚胎肾脏细胞、老鼠成纤维细胞。

　　(2) 高频手术刀：目前高频手术刀一般用不锈钢制造，在使用时会与肌肉粘连并在电加热作用下发出难闻的气味。美国 ART 公司利用类金刚石薄膜表面能小、不润湿的特点，通过掺入 SiO_2 网状物并掺入过渡金属元素以调节其导电性，生产出不粘肉的高频手术刀推向市场，明显改善了医务人员的工作条件。

　　(3) 人工关节：很多人工关节由聚乙烯的凹槽和金属与合金(软合金、不锈钢等)的凸球组成。关节的转动部分接触界面会因长期摩擦产生磨屑，与肉体接触会使肌肉变质、坏死，导致关节失效。类金刚石薄膜无毒，不受液体侵蚀，涂覆于人工关节转动部位上的类金刚石薄膜不会因摩擦产生磨屑，更不会与肌肉发生反应，可大幅度延长人工关节的使用寿命。

　　另外，近年来许多实验都发现类金刚石薄膜具有很好的生物相容性，它对蛋白质的吸附率高，从多种途径促进材料表面生成具有活性的功能簇，减少血液的凝固，使生物组织和植入的人工材料和平相处。金属质的人工材料表面沉积类金刚石薄膜后不仅极大地改善了与生物组织的相容性，而且使植入部件的抗磨性能得到提高。实验表明在钛合金或不锈钢制成的人工心脏瓣膜上沉积类金刚石薄膜能同时满足力学性能、耐腐蚀性能和生物相容性要求，从而延长了这些部件的使用寿命。

第 11 章　电子信息材料

电子信息材料是指在微电子、光电子、新型元器件等基础电子信息产业中所使用的，能满足电子信息产业专门要求的一定规格的材料。它是电子信息产业发展的支柱，同时是随着电子信息产业的发展而逐步发展起来的一个重要分支。目前，电子信息材料产业的发展规模和技术水平已经成为衡量一个国家经济发展、科技进步和国防实力的重要标志，在国民经济中具有重要战略地位。特别是随着高新技术产业对新材料需求的增加，电子信息材料以每年20%～30%的速度增长。

11.1　概　　述

在自然界，宇宙中的射电源不停地向宇宙空间发射电波，这种电波是射电源存在的信息；花卉的应季荣衰是寒暑交替的信息；人们通过电视、电话、报刊等各种媒体，每时都在获取、加工、传递、利用大量的信息；通过天气预报获取气象信息，可以合理地安排生产、生活；在行政工作中，看材料、学文件是获取信息，作决策、批文件是处理信息，作指示是传递信息。可见，信息来源于客观世界，范围广大，具有一定的利用价值，可通过载体为人们所获知，用来指导人类认识世界、改造世界。

信息的表现形态很简单，主要是数据、文字、声音和图像。信息既非物质也非能量，却是构成世界的要素，是信息时代物质资源和人力资源之外的、关系到人民生活和国家安全的另一重要资源。进入 21 世纪，整个世界正飞速地经历着前所未有的关键性历史转折。在度过了农业革命、工业革命之后，人类也将迎来信息革命和知识经济时代。未来几十年，随着科学技术的持续快速发展以及人类生活水平的不断提高，实现人与信息的有效融合从而加速社会信息化是科技的一大发展趋势。微纳电子进入后摩尔时代，集成电路不断向纵深发展，对支撑其产业发展的材料也将提出更高的要求；计算机正面临体系结构的变迁，存储架构发生变革，类脑存储技术将应运而生。与此同时，更加智能的、便携式的、柔性的、环保节能的、可穿戴的或可植入人体的电子产品也将逐渐融入人们的生活。新系统、新算法、新材料，以及互联网、物联网、云存储/计算等一系列新技术将使人类生活发生翻天覆地的变化。

可以想象一下，以"类脑"技术为核心，以传感技术、物联技术、通信技术、能源技术、显示技术、全息技术、可穿戴技术以及精密驱动技术等为触角，人们可以在任意时间、任意地点进行即时的通信、交流、办公、管理、决策，家中的玻璃、镜面、墙面、台面等任何位置都会是信息操作与处理的平台。不久的将来，我们也都将拥有自己的芯片，就像现在的身份证。挥挥手就能自动锁门，摇摇头就能驾驶车辆，握握手就能传送文件，甚至毫不费力地追踪罪犯、定位逃犯、寻找目击证人和失踪人员。在金融领域，芯片一刷，就可以轻松支付，如果将个人数据(如护照信息等)装在里面，旅行也将会变得更加简便。

通信、计算机、信息家电与网络技术等现代信息产业的发展依赖于相应基础材料及其产品的支撑，信息材料由此产生。信息材料品种多、用途广、涉及面宽，主要包括：以单晶硅为代表的微电子材料，用于信息探测和传输的通信、传感材料，以磁存储和光盘存储为主的数据存储材料，以激光材料、柔性显示材料为代表的光电子材料等。

信息材料本身并不具备收集、存储、处理、传输和显示信息的功能，而是通过构成器件来实现各种功能，而这些器件又是以各种功能材料为主构成的，不同的器件使用不同的材料。因此，信息材料是指与信息技术相关，用于信息收集、存储、处理、传输和显示的各类功能材料。材料按照在器件工作过程中所起的作用，大致可以分为以下两大类：专用信息材料和通用信息材料。专用信息材料直接参与信息的收集、存储、处理、传输和显示等工作，并实现其中某一种信息功能。换言之，含有专用信息材料的信息功能器件都是基于专用信息材料在外界作用下发生某种独特的物理或化学变化来实现其专项信息功能的，如存储器、传感器、液晶材料、发光材料和光导纤维等。通用信息材料并不一定直接参与实现信息的收集、存储、处理、传输和显示等功能，但以它们为主构成的器件直接参与实现这些功能，信息材料本身是否发生某种物理或化学变化与信息器件实现其功能无直接关系，如半导体激光器材料、硅材料、封装材料和印制电路板材料等。

按照信息材料在信息技术中的功能，主要分为信息监测和传感材料、信息传输材料、信息存储和显示材料以及信息处理材料。

11.2　信息监测和传感材料

一般来说，获取信息主要使用探测器和传感器，目前的主要技术手段是光电子技术。信息获取材料主要为光电信息获取材料，其中最主要的是光电探测器材料。

11.2.1　探测器材料

根据工作原理的不同，探测器主要分为热探测器(thermal detectors)和光电探测器(photo detectors)。光电探测器是将光信号转换成电信号的一种器件，包括利用光电子发射效应的光电子发射型光电探测器(如光电倍增管)、利用热释电效应的热释电型光电探测器、利用温差电效应的热电偶型光电探测器(如热电堆)等。这些器件使用了各种材料，其中半导体材料制作的光电探测器一般具有响应速度快、量子效率高、体积小、质量轻、耗电少等优点，适合大批量生产。半导体材料制作的光电探测器无疑是最具活力的器件，目前利用各种半导体材料已制成从紫外、可见光到近、中、远红外各波段的光电探测器。

1. 红外探测器

1800 年，赫歇尔使用水银温度计在太阳光谱中发现了红外辐射，这种水银温度计便是最原始的热敏型红外探测器。第二次世界大战使人们认识到了红外技术在军事上的巨大潜力，开始重视发展红外技术，积极寻找新的材料和制作方法，先后涌现出硫化铅(PbS)、硒化铅(PbSe)、碲化铅(PbTe)、锑化铟(InSb)、碲镉汞(HgCdTe)、掺杂硅、铂硅(PtSi)等红外体材料及相应的探测器。

目前常用的红外探测器主要有光热型和光电型。光热型红外探测器利用的是红外辐射的热效应，来自目标和背景的红外辐射使光热型红外探测器温度提高，从而引起器件电阻、电容等物理量的变化，通过检测这些物理量的变化就能获得目标(由物体温度和发射率决定)的辐射强度。这类探测器工作时不需要制冷，因此也称为非制冷红外探测器。根据这类探测器采用的材料和检测的物理量不同,主要有微测热辐射计红外探测器和热释电非制冷红外探测器。典型的器件有氧化钒、非晶硅微测热辐射计红外探测器,以及钛酸锶钡热释电非制冷红外探测器。光电型红外探测器是利用红外辐射的光子效应,每一种红外辐射波长对应于不同量子的光子,当来自目标的红外辐射作用于红外探测器时,入射的红外光子引起红外探测器材料不同能级间电子或空穴的跃迁,发生跃迁的载流子在外(内)建电场作用下被收集成为电流或电压信号,从而完成对红外热辐射强度的度量。目前该类探测器主要有光导型、光伏型或两者的组合,光伏型又分为 PN 结型、肖特基结型、金属-半导体-金属型(MSM)等。典型的探测器有一代碲镉汞光导型长波红外探测器、二代碲镉汞光伏型平面探测器、肖特基结焦平面探测器、量子阱光导型红外探测器、锑化铟光伏型焦平面探测器等。目前合适的材料和器件主要有碲镉汞、量子阱和二类超晶格红外探测器,这三类材料在国际上已经成为第三代高性能红外探测器的最佳选择,也是目前世界各国竞相发展的红外材料和器件技术,其发展水平也决定了一个国家红外技术的发展水平。

2. 紫外探测器

紫外探测器是将紫外线信号转化为可探测的其他信号(如热信号和电信号)的器件。大体来说,可以将紫外探测器分为三大类:热探测器、感光探测器(photographic detectors)和光电探测器。热探测器通过材料吸收紫外线以后发生的温度变化来实现对紫外线的探测,由于具有灵敏度低、对波长选择性差等缺点,热探测器没有广泛应用。感光探测器通过单次曝光可以探测大量数据并实现信息储存。但是感光探测器也存在一些缺点,如灵敏度不高、响应与辐照强度不呈线性、探测效率低等。光电探测器可以将光信号转化为电信号实现探测,具有更高的灵敏度和响应度,并且有良好的线性响应性。

紫外光电探测器的发展主要分为 3 个阶段。第一阶段以紫外光电倍增管为代表,具有稳定性好、响应速度快、暗电流低、电流增益高等优点。虽然光电倍增管能实现高响应的紫外探测,但是光电倍增管需要大功率电源和阴极制冷,因此体积大、功耗大、价格高,并且需要在低温高电压下才能工作,必须使用光学窗口材料和滤光片,因此很不利于实际应用。第二阶段是 Si 基紫外探测器,对可见光抑制比较低,可靠性不高,必须要加装非常昂贵的滤波器才能减小或消除可见光或者红外线对探测结果的影响,有选择性地实现在紫外波段工作。再加上紫外线在 Si 材料表面受到强烈的吸收,入射深度较浅,故 Si 基紫外探测器的量子效率略低,并且 Si 材料抗辐照能力差,受滤波器较大体重的影响,其在航空航天等领域的应用受到限制。第三阶段是宽禁带半导体材料(禁带宽度大于 2.5eV)紫外探测器,采用宽禁带半导体(如 ZnO 基、GaN 基、SiC 及金刚石等)的紫外探测器为高性能紫外探测器的研究和应用开发注入了新的活力。

紫外波段的探测系统不仅不易受长波电磁干扰,可以在很强的电磁辐射环境中工作,并且具有很好的隐蔽性,它不是通过主动向外辐射电磁波的形式向目标发射探测信号而是通过被动接收紫外线辐射来辨认目标的,大大地避免了其本身位置的暴露。紫外探测技术在军事和民用的多个领域内都有着非常广泛的应用:在天文学方面,通过对外星体的紫外线辐射探查研究,可得恒星大气层的温度及存在的元素种类;在灾害天气预报方面,闪电发出光线中的紫外线成分和波形特征可以通过紫外探测器获得,从而可以准确地监测和预报灾害天气;在火灾预警方面,利用地面不存在日盲波段的辐射背景,紫外探测系统可以非常灵敏地探测并锁定户外的火种，以便精确确定发生火情的位置，并相应地予以处置；在海洋油污监测方面，油膜与海水对紫外线反射率差异十分明显，会引起紫外区荧光效应，利用这一效应，紫外探测器就可实时、准确地监测海上油污的扩散和泄漏的情况；在生物医学方面，利用紫外探测技术可直接看到皮肤病病变的细节，近几年已经在皮肤病诊断方面取得了突破的效果；紫外探测技术也可用来进行各种医学检测，如血液、微生物、癌细胞等的检测，检测结果不仅直观、清楚而且迅速、准确；紫外辐射也可用来杀死微生物与细菌，因此可以采用紫外探测器对食品医疗器械、药品包装、水的消毒等进行有效的监测。

11.2.2　传感器材料

传感器是测量系统中的一种前置部件，它将输入变量转换成可供测量的信号。传感器是信息采集系统、自动化控制系统中必不可少的前端单元和关键部件，目前应用于传感器的材料主要有半导体传感器材料、陶瓷传感器材料和光纤传感器材料。

1. 半导体传感器材料

各种传感器所测的量不同，可用的最重要的半导体材料也不相同。

力学量传感器包括压力、加速度、角速度、流量传感器等。在压力传感器中，单晶 Si 材料是最重要的，多晶 Si 材料也有过研究，正在研究的有 Si 基材料、纳米 Si 材料、SiC 材料和金刚石薄膜材料。热学量传感器主要是温度传感器，在温度传感器中最重要的材料是金属氧化物功能陶瓷材料；半导体材料只在有限的范围内应用，主要是单晶 Si 和单晶 Ge 材料；Si 二极管和三极管的某些参数也用于温度测量；现在也在研究多晶 SiC 和金刚石薄膜材料。磁学量传感器包括霍耳效应器件、磁阻效应器件和磁强计等，在磁学量传感器中金属是非常重要的材料，此外有半导体单晶 InSb、GaAs、InAs 材料，单晶 Si 和多晶 InSb 材料等。用 Si、Ge 材料制成的磁敏二极管和三极管是高灵敏的磁学量传感器。辐射量传感器包括光敏电阻、光敏二极管、光敏三极管、光电耦合器和光电探测器等，在这里，最重要的材料是Ⅲ-Ⅴ族和Ⅱ-Ⅳ族化合物半导体及其多元化合物，也有 Si、Ge 材料。化学量和生物量传感器用于测定气体或溶液中的化学或生物成分及浓度，在 Si 材料(作衬底)或器件(如金属-氧化物-半导体变容二极管或场效应晶体管)上沉积其他可以探测化学性质的材料，可以构成用于测定化学量和生物量的器件。

SiO_2 是一种具有正六面体结构的宽禁带氧化物半导体材料，有优良的压电性、压阻性、气敏性和温敏性，常用来制作传感器的敏感元件。SiO_2 薄膜传感器具有响应速度快、集成化程度高、功率低、灵敏度高、选择性好、原料低廉易得等优点，SiO_2 薄膜传感器有压电传感器、气敏传感器、压磁传感器、温度传感器、压阻传感器以及光电传感器。

新型导电复合材料是以硅橡胶作为基体材料，分别添加不同的碳系导电填料制备的导电复合材料——导电橡胶。这种导电复合材料既保持柔韧性，又分别具有压阻效应与电阻温度效应，可应用于制备复合式柔性触觉传感器。随着机器人技术发展，触觉传感器的研究引起了人们的更多关注。通过触觉可获知目标物体的形状、抓取目标物体时的夹持力、滑动及目标物体的表面温度等物理信息。复合式传感器有多个功能，即一个传感器可以检测两个或两个以上的参数。获取触觉测量信息必须使触觉传感器与物体接触，且接触面积越大，获取的信息量就越多。因此柔性触觉传感器也已成了近年来触觉传感技术发展的研究趋势。

Hafeman 等在 20 世纪初首次提出光电生物传感器这一概念。光电生物传感器是一种利用半导体的光电特性，通过检测反应体系中光电流或光电压的信号变化来求出检测物的量的传感装置。反应体系中光电流和光电压的变化一般来自检测体系中检测物质之间的化学反应变化，如物质浓度的改变和相应生物过程参数的变化(如 pH、F^-、O_2、CO_2、血糖和神经细胞活动电压等)。一般光电生物传感器是由光源、光敏物质、生物识别物质(如酶、抗体、抗原、微生物、细胞、组织和核酸等)与信号转换器(如电极、光敏管、场效应管、压电晶体等)和信号放大装置等部分组成的。光电生物传感器中，半导体材料是光电活性物质，一般半导体能带之间存在一定的带隙，带隙使半导体具有特殊的光电化学性质，当半导体吸收光受到激发后其价带电子可以吸收光进入导带，同时在价带中留下空穴从而产生光生电子空穴对。当电子空穴对分离后便能产生光电压，这样就会在外电路形成光电流。光电生物传感器中根据生物识别物质的不同，可划分为以下几类：酶传感器、微生物传感器、细胞传感器、组织传感器和免疫传感器。常见的半导体材料有 TiO_2、SnO_2、ZnO 等，半导体材料对光的吸收能力的提高一般是依靠染料敏化来实现的，为新型生物传感器的开发奠定基础，并且应用于生命科学、生物医学、材料学、环境化学中。借助染料敏化材料所获得的传感器响应灵敏度大大提高，降低了合成成本。

测试发现，水果在不同阶段释放出的气体的成分和量是不同的，整体看来，在果蔬腐烂之前先有乙醇的较大变化，H_2S 在果蔬腐烂过程中有一个峰值，乙烯只在果蔬腐烂后才较多地释放。以溶胶-凝胶法制备 SnO_2 和 In_2O_3 纳米晶粉体，以沉淀法制备 WO_3 粉体材料，经过掺杂及表面修饰技术研制出对低浓度乙烯、乙醇、H_2S 有较高灵敏度、较好选择性和较快响应恢复特性的旁热式管式元件。这些传感元件可为水果保鲜奠定基础。半导体气敏元件传感器是现代传感器的重要分支，具有很多优点，在工农业生产、环境保护以及社会生活很多方面都得到了广泛的应用。

1962 年 Clark 和 Lyons 首次提出酶电极学说，1967 年 Updike 和 Hicks 首次将葡萄糖氧化酶固定到氧电极上并测试了生物流体中葡萄糖的浓度，标志着葡萄糖酶传感器的诞生。在近50 年内，为提高葡萄糖传感器的性能，广大科学工作者进行了大量的探索和卓有成效的工作。Mahshid 等采用脉冲电沉积法制备了有序结构的 Pt-Ni-Co 三元合金纳米粒子，三元合金的电子效应和结构效应导致该合金纳米粒子修饰的无酶葡萄糖电极有很好的分析性能、高度的灵敏性和选择专一性，对葡萄糖含量的在线监测有很高的应用价值。Ramin 等将 70%的多壁碳纳米管(MWCNT)与 30%的氧化钌粉(RuO_2)和适量的矿物质油混合成复合电极(CPE)，即MWCNT-RuO_2/CPE 电极，该电极极大地提高了 RuO_2 的电催化活性。实验结果显示，该传感器对葡萄糖的电催化氧化具有很好的重现性和稳定性。

金属有机框架(metal-organic frameworks，MOF)是由金属离子(簇)与含氧或氮的有机配体通过自组装连接而成的具有周期性网状结构的晶体材料，其独特的光电特性及其他性质使它成为研制高性能化学传感器的重要敏感材料。MOF 具有丰富的多孔拓扑结构，当它与待测物相互作用时，如果其结构或性质发生变化能引起荧光或颜色变化，为开发基于 MOF 的光学传感器提供了有利条件。利用 MOF 材料大的比表面积和催化活性，可以改善电化学传感器的响应性能。Allendorf 等用微悬臂传感器监测了由吸附引起柔性 MOF 结构变化所产生的应力变化，他们试验了 HKUST-1 吸附乙醇和 CO_2 有较敏感的应力响应，而吸附 N_2 和 O_2 的应力变化很小，有望开发基于化学应力的气体传感器。MOF 材料的高比表面积以及可以调控的多孔结构尺寸与化学环境，为改进化学传感器的响应性能提供了新的机遇。MOF 材料的性质是影响传感器响应特性的关键性因素之一，虽然已报道的 MOF 传感器很多，但很多研究仍然停留在材料合成、结构与性质表征阶段，在实际应用中仍面临诸多挑战，如检测灵敏度、选择性等指标有待进一步提高等。

2. 陶瓷传感器材料

陶瓷传感器材料是高技术陶瓷中敏感陶瓷的一部分，是制作各类传感器的重要材料之一。陶瓷传感器与其他材料制成的传感器一样，也是感知和检测外界信息及其变化，并经功能转变为电信号输出的陶瓷元件，其中包括检测光、热、力、声等的物理传感器和识别化学物质并检测其量的化学传感器。

传感器陶瓷是一类具有敏感特性的单相或复合相多晶烧结的无机非金属材料。其结构主要由多晶相的晶粒、晶界、气孔相和偏析相等组成。一部分陶瓷的性质主要取决于晶粒的性质，如 PTC 热敏陶瓷；一部分气敏和湿敏陶瓷是多孔质烧结体，主要利用界面与表面的物理和化学吸附及电导性能。

温敏传感器用的陶瓷材料主要为各类电阻型材料，其中有 PTC、NTC 和 CTR。PTC 陶瓷为半导化的 $BaTiO_3$ 陶瓷，即通过掺杂施主杂质形成 n 型电导的半导体。施主杂质选择与 Ba^{2+} 离子半径相近而化合价高于二价的离子，如 La^{3+}、Sm^{3+}、Y^{3+} 等；亦可选择化合价高于四价而半径与 Ti^{4+} 相近的离子掺杂，如 Nb^{5+}、Ta^{5+} 等。用于温敏传感器的 NTC 陶瓷材料的种类很多，最早的过渡金属氧化物陶瓷材料属于低温型 NTC 陶瓷材料（<300℃），它们大多为 AB_2O_4 尖晶石结构型氧化物半导体陶瓷，是以 MnO、CoO、NiO、Fe_2O_3 和 CuO 为主要组分组合的二元或多元氧化物的混晶结构的陶瓷材料。中温型（300～600℃）NTC 温敏传感器陶瓷是由尖晶石结构的 $MgCr_2O_4$ 和钙钛矿结构的 $LaCrO_3$ 组成的二元系材料。高温型（>600℃）NTC 温敏传感器陶瓷以 ZrO_2 为基的萤石结构的固溶体陶瓷，加入 Y^{3+} 和 Ca^{2+} 等离子进行改性，利用其氧离子空位移动和温度的依赖关系制成。高温型 NTC 陶瓷温敏传感器的用途甚广，主要用于汽车排气检测和催化载体及热反应器的温度异常报警和温度监控，还可用于电炉、电熨斗、电炊具等家用电热器和气体炉灶、空调暖房机、工业高温设备以及航天飞行装置的高温部位的温度测量和监控。CTR 温敏陶瓷材料利用材料从半导体相转变到金属状态时电阻的急剧变化而制成。具有这种性质的材料是以 V_2O_5 为基础的半导体材料。自从开发以来，此种材料都掺杂各类氧化物（如 MgO、CaO、SrO、BaO、B_2O_3、P_2O_5、SiO_2、GeO_2、NiO、WO_3、MoO_3 或 La_2O_3 等）以改善性能，制得实用性材料。

陶瓷气敏材料用得较多的有 SnO_2、γ-Fe_2O_3、α-Fe_2O_3、ZnO、WO_3、ZrO_2、TiO_2 以及许多复合氧化物系统的陶瓷材料。SnO_2 气敏陶瓷传感器至今仍是应用最广和性能最优的一种，目前仍在进行大量研究工作，以对它改性或改变制作工艺方法提高性能。都市气体警报器和 CO 气体警报器大都仍然采用 SnO_2 气敏陶瓷材料。其他材料，如 NiO、CoO、TiO_2、ZrO_2、Ta_2O_5、$LaNiO_3$ 等，都存在稳定性问题，尚不能实用化。

3. 光纤传感器材料

光纤传感技术是伴随光导纤维及通信技术的发展而迅速发展起来的一种以光为信号载体、光纤为媒介、感知和传输外界信号（被测量）的新型传感技术。光纤传感器是将被测对象的状态转换成光信号来进行检测的光学传感器，光纤传感器可以分为 3 类：传感型、传输型、传感-传输型。光纤传感器与传统的各类传感器相比具有一系列独特的优点，如灵敏度高、耐高压、耐腐蚀、抗电磁干扰、绝缘性高、传输频带宽、动态范围大、光路可挠曲性、便于与中心计算机连接、体积小、重量轻、结构简单等。由于具有以上独特的优越性，光纤传感器在工业中的应用日益广泛。

布拉格光栅(flber bragg grating，FBG)传感器是目前应用较多的一种光纤传感器，它是通过调节单模光纤芯部的折射率而制成的，具有一切光纤的优点。此外，它能够用于局部测量、分布测量和绝对测量，并具有良好的线性关系。目前 FBG 传感器已用作内置传感器来跟踪或测量复合材料的内部应变。FBG 传感器自问世以来，以其独特的优势倍受人们的青睐。1990年 FBG 首次埋入环氧树脂复合材料中以及 1992 年首次埋入混凝土中以来，FBG 在航空航天复合材料/结构的健康监测中开始试用。将 FBG 粘贴于航空航天飞行器(如机身、机翼蒙皮)及发射塔表面或者埋入其内部，可构成分布式智能传感网络，实时监测飞行器及发射塔的应力、应变、温度及其结构内部损伤等健康状况。根据测量的结果，由驱动元件对结构状态进行相应的调整，从而保证飞行器的正常运行。2004 年，日本的 Toshimichi Ogisu 等利用压电陶瓷(PZT)驱动器/FBG 传感器，实现了对新一代航天器先进复合材料结构的损伤监测：利用PZT 驱动器发射弹性波，当在弹性波传播的方向存在损伤时，光强会衰减，波速会发生变化，利用快速响应和高精度的 FBG 传感器，可以探测出损伤。

11.3　信息显示材料

将各种形式的信息(如文字、数据、图形、图像和活动图像)作用于人的视觉而使人感知的手段称为信息显示技术。

随着人类步入信息社会，人们在社会活动和日常生活中随处可见各种显示，如广告显示、计算机屏幕显示、电视机图像显示以及电子数字手表、移动电话、笔记本电脑的字符和图形显示等。这些显示都是利用显示材料具有将不可见电信号转化成可视的数字、文字、图形、图像信号的特性来实现的。

一百多年前德国布朗发明了阴极射线管(cathode ray tube，CRT)，从此开始了光电显示。自 20 世纪 60 年代以来，集成电路技术使各种电子装置向小型化、轻量化、低功耗化、高密度化方向发展，使 CRT 相形见绌。这就促进了平板显示(flat panel display，FPD)技术的发展，其中较为突出的是液晶显示(liquid crystal display，LCD)技术的发展和应用。20 世纪 70 年代形成扭曲向列液晶显示(TN-LCD，TN：twisted nematic)产业，80 年代发展到超扭曲向列液晶显示(STN-LCD，STN：super twisted nematic)产业，90 年代发展到更高层次的薄膜晶体管有源矩阵液晶显示(TFT·AM-LCD，TFT·AM：thin film transistor active matrix)产业。近几年又开发了彩色等离子体显示板(Plasma Display Panel，PDP)，人们实现了梦寐以求的壁挂式电视。21 世纪初，由于普通 CRT 彩电等显示器无法满足高清晰度、数字化、平板化的要求，以及以 LED 为背光源的液晶显示器件的迅速发展，CRT、PDP、FED 等显示器退出历史舞台。自 2011年起，白光 LED 迅猛发展，进入照明领域，逐步挤占稀土节能灯市场，随着照明产业产品更新换代，灯用稀土三基色荧光粉产销量呈现急剧下降趋势。自 2012 年起，在白光 LED 背光源技术快速发展的影响下，在 LCD 面板中 CCFL 背光源用三基色荧光粉也退出了历史舞台。

11.3.1　白光 LED 用稀土发光材料

　　白光发光二极管(简称白光 LED)作为一种新型全固态照明光源,被视为 21 世纪的绿色照明光源(图 11.1)。白光 LED 照明具有三个最为重要的优点:节能,环保,绿色照明。同时白光 LED 还具有小型化、长寿命、平面化、可设计性强等优点,具有广阔的应用前景,深受人们的重视。稀土荧光粉对白光 LED 性能起着关键作用。白光 LED 要求荧光粉在更低能量的紫外、紫光,甚至蓝光激发下有较高的发光效率。因此,普通灯用荧光粉不适用,必须开发新型高效的白光 LED 用荧光材料。

图 11.1　白光 LED 景观树灯

　　目前最为常见的白光产生方式是蓝光芯片与黄色荧光粉组合产生白光,其原理是芯片发出的蓝光激发荧光粉发出黄光,黄光与蓝光为互补光,两者混合后获得白光。该方法的优点是结构简单,发光效率高,且技术成熟度高、成本相对较低;但其缺点是红光缺失,色温偏高,显色性不理想,难以满足低色温照明需要。因此,必须使用稀土荧光粉调整发光颜色、色坐标、显色指数、色温等。

　　目前主要使用的发光材料有:铝酸盐体系,黄粉 $(Y,Gd)_3Al_5O_{12}:Ce$;绿粉 $(Y,Lu)_3Al_5O_{12}:Ce$; $Y_3(Ga,Al)_5O_{12}:Ce$ 等;氮化物体系和氮氧化物体系,红粉 $M_2Si_5N_8:Eu^{2+}$(如 $(Sr,Ca)_2Si_5N_8:Eu$)、 $MAlSiN_3:Eu^{2+}$(M 为 Ca、Sr、Ba,如 $(Sr,Ca)AlSiN_3:Eu$)等;绿粉 β-塞隆:Eu;硅酸盐体系,橙红粉 $(Ba,Sr)_3SiO_5:Eu$,绿粉与黄粉 $(Ba,Sr)_2SiO_4:Eu$ 等。

11.3.2　真空紫外发光材料

　　PDP 具有分辨率高、响应快、色彩丰富、颜色稳定、视角宽,不产生有害的辐射,不易受外界磁场的影响;结构整体性能好,抗震能力强,可在极端条件下工作等优点。在 PDP 中惰性气体通常采用 Xe 或 Xe-He 混合气体,其主要发射波长位于真空紫外(VUV)波段,为 147nm,还有 130nm 和 172nm,惰性气体在电压的作用下发生气体放电,使惰性气体变为等离子体状态,放出紫外线,紫外线激发荧光粉,就发出各种颜色的光。

　　PDP 所用的荧光粉由红、绿、蓝三种荧光粉组成。目前实际应用的 PDP 荧光粉是:红粉为 $(Y,Gd)BO_3:Eu^{3+}$、绿粉为 $Zn_2SiO_4:Mn^{2+}$ 或 $BaAl_{12}O_{19}:Mn^{2+}$、蓝粉为 $BaMgAl_{10}O_{17}:Eu^{2+}$。但目前所使用的 PDP 荧光粉在 PDP 的高能量真空紫外线辐照下存在明显不足,如出现红色荧光粉色纯度较差、绿色荧光粉余辉时间偏长、蓝色荧光粉稳定性较差等问题。随着以 LED 为背光源的显示器件的迅速发展,PDP 也将退出舞台。

11.3.3　稀土闪烁晶体

　　在高能粒子(射线)作用下发出闪烁脉冲光的发光材料称为闪烁体。闪烁晶体是在高能粒子或射线作用下发出脉冲光的一种单晶态发光材料,在核医学成像、高能物理、安全检测、地质勘探、工业测控等领域有着广泛应用。核医学成像检测技术的发展和普及是近年来闪烁晶体产业发展的最大推动力。闪烁晶体按化学组成可分为氧化物型和卤化物型两类,其中很多重要的闪烁晶体都富含稀土元素。

三价铈离子(Ce^{3+})激活的稀土闪烁晶体因荧光寿命短、发光效率高而用于高端核医学影像设备——探测器的核心材料。稀土闪烁晶体中,Lu_2SiO_5:Ce(LSO:Ce)用于PET(正电子发射计算机断层扫描成像)和SPECT(正电子发射断层扫描成像);CeF_3和掺Ce^{3+}的材料(BaF_2:Ce、GSO:Ce、LSO:Ce、YAG:Ce、YAP:Ce、$LaBr_3$:Ce 等)在快闪烁体中占有极重要的位置。LSO:Ce是用于PET最佳的高效闪烁体。LYSO:Ce$((Lu,Y)_2SiO_5$:Ce)、用于中子探测的Cs_2LiYCl_6:Ce以及被誉为第四代闪烁晶体的$LaBr_3$:Ce等都是稀土闪烁晶体的典型代表。其中,$LaBr_3$:Ce是最近十几年来无机闪烁晶体领域的最大发现,它具有高光输出、高能量分辨率、快衰减等优异性质,综合性能几乎全面超越传统的NaI:Tl和CsI:Tl等晶体,因此一经面世便迅速成为闪烁晶体材料及相关应用领域的研究热点。$LaBr_3$:Ce特别适合PET等核医学成像设备对闪烁晶体的性能要求,在该领域具有很大的市场潜力,同时它可广泛应用于其他领域以有效改善相关仪器的探测水平。我国于2011年发射的嫦娥2号探月卫星上配备的最新γ射线探测仪即以$LaBr_3$:Ce晶体作为核心探测元件。

11.4　信息传输材料

从1876年电话的发明开始到20世纪60年代末,通信线路都是铜制导线,并且经历了从架空明线、对称电缆到同轴电缆的过程。我国采用的8管同轴电缆加上金属护套,每公里质量达4t多。有色金属和其他材料的消耗实在太大,使每话路公里成本甚高。1966年,英国标准电信研究所的华裔科学家高锟博士论证了石英玻璃光导纤维的传输损耗可降到20dB/km甚至更小的可能性。1970年,美国Corning玻璃公司成功地拉制出世界上第一根损耗低于20dB/km的单模石英光纤,成功为人类通信史揭开新的一页。20世纪80年代初,光纤的传输损耗在1.55μm时已降至0.2dB/km。作为传输媒体的二氧化硅系玻璃制成的光纤,每公里质量仅27g,减轻到同轴管的数千分之一。以二氧化硅系材料制成的光纤不仅不用消耗任何有色金属,而且质量极轻、传输损耗小、不受外界电磁干扰、保密性强。因此,从20世纪80年代中期起全世界范围内光纤通信开始走向实用化。21世纪起始,10Gbit/s的系统已经商品化,而最高速率超过Tbit/s的光纤通信实验室系统也已问世。世界上的光纤年产量达到6000万km以上。实际上,这是从电子通信到光子通信的一个飞跃,也是从铜材料到二氧化硅系材料的一个巨大飞跃。目前,全世界铺设的光纤总长度已超过2亿km,每根光纤的通信容量可以达到几千万甚至上亿条话路。

11.4.1　光纤概述

光导纤维简称光纤,是利用光的全反射原理制作的一种新型光学元件,是由两种或两种以上折射率不同的透明材料通过特殊复合技术制成的复合纤维。它可以将一种信息从一端传送到另一端,是让信息通过的传输媒介。在光导纤维内传播的光线,其方向与纤维表面的法向所成夹角如果大于某个临界角度,则将在内外两层之间产生多次全反射而传播到另一端。光在传输过程中没有折射能量损失,因而这种纤维可以通过各个弯曲之处传递光线而不必顾虑折射能量损失,这也是光纤的最大优点。光纤通信是目前最主要的信息传输技术。

光纤的直径一般为几微米至几十微米(称为纤芯)，由纤芯、包层和涂覆层组成(图 11.2)。

一般要求芯料的透光率高，在纤芯外面覆盖直径 100～150μm 的包层和涂覆层。包层的折射率比纤芯略低，并且要求芯料和涂料的折射率相差越大越好。两层之间形成良好的光学界面。在热性能方面，要求两种材料的线膨胀系数接近，若相差较大，则形成的光导纤维产生内应力，使透光率和纤维强度降低。另外，要求两种材料的软化点和高温下的黏度都接近。否则，会导致芯料和涂料结合不均匀，影响纤维的导光性能。

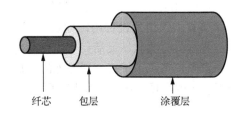

纤芯　　包层　　涂覆层

图 11.2　光纤结构示意图

11.4.2　光纤的分类

光纤按照传输模式分为单模光纤和多模光纤。这里的"模"就是指以一定的角度进入光纤的一束光线。多模光纤的中心玻璃芯一般比较粗(芯径为 50μm 或 62.5μm)，大致与人头发的粗细相当，可传多种模式的光。但多模模间色散较大，这就限制了传输数字信号的频率，而且随距离的增加会更加严重。例如，600MB/km 的光纤在传输 2km 时只有 300MB 的带宽了。因此，多模光纤传输的距离比较近，一般只有几千米，多用于相对较近区域内的网络连接。单模光纤的中心玻璃芯较细(芯径一般为 9μm 或 10μm)，只能传输一种模式的光。因此，其模间色散很小，适用于远程通信。

光纤按照成分可分为氧化物系统和非氧化物系统。氧化物系统的材料主要是氧化物玻璃，包括以 SiO_2 为主的石英系以及多种氧化物组分构成的多元系。石英系光纤不仅在原材料方面具有资源丰富、化学性能稳定等特点，在生产技术方面也是最先进的，具有极其优越的性能。石英系光纤传输性能相对比较高，以公共通信为主，广泛应用于各种通信系统。多元系光纤与石英系光纤相比，其特点是不需要复杂的制造工艺和设备，比较便宜，但是损耗比较大，传输距离较短，可用于装饰或者制作胃镜。非氧化物光纤材料主要有硫属化合物玻璃、卤化物晶体和塑料光纤。与氧化物光纤相比，非氧化物光纤都是由重离子组成的，而且熔点比较低，离子间的结合很弱，理论上硫属化合物和卤化物光纤在 2μm 以上的长波区域内光损耗比较低，在理论上可望达到超低损 0.1dB/km 以下。塑料光纤是用高度透明的聚苯乙烯或聚甲基丙烯酸甲酯(有机玻璃)制成的，制造成本低廉，相对来说芯径较大，与光源的耦合效率高，耦合进光纤的光功率大，挠曲性好，微弯曲不影响导光能力，配列、黏结容易，使用方便，成本低廉。但由于损耗较大，带宽较小，这种光纤只适用于短距离低速率通信，如短距离计算机网链路、船舶内通信等。目前以全氟化物的高分子为基本组成的氟化塑料光纤正在宽带局域网中逐步使用。

11.4.3　光纤的应用

光纤最广泛的应用是在通信领域。20 世纪 60 年代，激光的出现使得光通信获得迅速发展。激光方向性强、频率高，是光通信的理想光源。其光波频带宽，与电波通信相比，能提供更多的通信通路，可满足大容量通信系统的要求。例如，直径不到 0.1mm 的光缆理论上可以同时传送 100 亿路的电话、100 万路高质量的电视节目，且不受电磁干扰，信息损失也极小。另外，采用光纤可以大大节约成本。如 1kg 高纯度的石英玻璃可以拉制出上万千米的光导纤维，而制造 100km 的 1800 路电话的同轴电缆需要耗铜 12t、铅 50t，光缆的直径仅是同轴电缆的 1/250～1/50，其质量仅为后者的 1%。由于光纤体积小，质量轻，可沿电缆同孔敷设，节省了管道建设费用，如长途干线用光缆代替电缆，可节省 30%的费用。

光纤具有柔软、灵活、可以任意弯曲等优点，利用光纤制备的内窥镜可以帮助医生检查食道、直肠、膀胱、子宫、胃等处的疾病，如可以将光纤制备的内窥镜通过食道插入胃里，由光纤把胃里的图像传出来，医生就可以看见胃里的情形，然后根据情况进行诊断和治疗(图 11.3)。

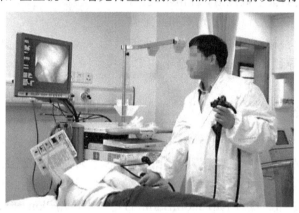

图 11.3　医用内窥镜——胃镜

利用光纤可以实现一个光源多点照明，如利用塑料光纤光缆传输太阳光作为水下、地下照明。光导纤维柔软，易弯曲变形，可制成任何形状，而且耗电少、光质稳定、光泽柔和、色彩广泛，是未来的最佳灯具，如果能与太阳能的利用结合起来将成为最经济实用的光源(图 11.4)。此外，光纤还可在易燃、易爆、潮湿和腐蚀性强的不宜架设输电线及电气照明的环境中作为安全光源，也可用作火车站、机场、广场、证券交易场所等大型显示屏幕以及防燃防爆灯等特种照明和警告装置等。

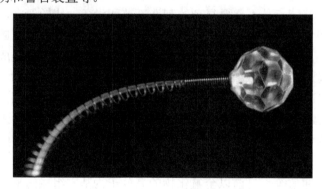

图 11.4　光纤安全照明灯

此外，在国防军事上可以用光纤来制成纤维光学潜望镜，装备在潜艇、坦克和飞机上，用于侦察复杂地形或深层屏蔽的敌情。在工业方面，利用光纤传输激光进行机械加工，还可制成各种传感器用于测量压力、温度、流量、位移、光泽、颜色、产品缺陷等，也可用于工厂自动化、办公自动化、机器内及机器间的信号传送、光电开关、光敏元件等。总之，光导纤维的特性决定了其广阔的应用领域，光纤可广泛地应用在工业、国防、交通、通信、医学和宇航等各个领域。

11.5　信息存储材料

随着人类社会的进步和信息技术的飞速发展，不断产生的大量信息呈爆炸式增长。信息技术在经历了以计算为中心的主频时代和以信息传输与交换为中心的网络时代后，已经进入了以数据存储和安全备份为中心的信息存储时代。

11.5.1　信息存储的概念

信息是有一定含义和特定价值的数据。信息可以沿空间传递，称为通信、传输等。同时它需要沿时间传递，称为记忆、存储等。可见，信息存储的本质就是"跨越时间进行信息传递的过程"。

11.5.2　信息存储技术

传统的信息存储技术主要包括磁存储、光存储、半导体存储以及各种新型存储器及其相应的存储设备。目前流行的存储主要产品，磁存储器有磁带、软磁盘、硬磁盘、磁卡以及相应的读写设备；光存储器有各种光盘(CD 系列、DVD 系列等)、磁光盘及相应的光盘机(驱动器)；半导体存储器有随机存储器(SRAM、DRAM)、只读存储器(掩模 ROM、E2PROM、闪存等)、基于闪存的便携式移动闪存盘及各种闪存卡等；新型固体存储器如磁性随机存储器(MRAM)、铁电存储器(FRAM)等。信息存储技术的另一个重要构成是存储系统，由于网络的普及应用，传统的单机存储演变为多机、多存储介质形式的集中系统管理，构建安全的网络存储系统，使存储网络化，从而使信息存储的"量"和"质"都发生了革命性的变化。存储系统主要有便携式海量存储系统、档案存储系统、网络存储系统等。

11.5.3　磁存储及磁存储材料

磁存储就是将一切能转变成电信号的信息(如声音、图像、数据以及文字等)通过电磁转换，记录和存储在磁记录介质上，并可以重复输出的存储技术。磁存储的发展已有 100 多年的历史，1898 年丹麦 Polsen 在圆柱上缠绕了一根钢丝，钢丝在只有一个头的两极片之间移动，以此来记录和接收声音，这便是最早的录音电话机。1941 年粉末涂覆的磁带磁存储技术问世。20 世纪 70 年代以来，人们发明了新型磁存储材料及磁头材料，发展了磁存储技术，确立了磁泡存储器作为中等存储容量、性能稳定的存储器的主导地位。

磁存储器一般由磁头、磁存储介质、电路和伺服机械等部分组成。其中磁头和磁存储介质是磁存储器的核心部分。磁存储的模式主要分为水平存储模式、垂直存储模式以及杂化存储模式。这三种存储模式的磁存储系统都包括存储介质、换能器、传送介质装置以及匹配的电子线路等基本单元。

磁头是电磁转换器件，磁头按功能可分为记录磁头(写入信息)、重放磁头(读出信息)和消磁磁头(抹除信息)三种。记录磁头的作用是通过导线把记录信号电流转变为磁头缝隙处的记录磁化场。重放磁头的作用正好相反，当磁头经过磁介质时，磁化器区域就会在磁头导线上产生相应的电流，即把已记录信号的存储介质磁层表露磁场转化为线圈两端的电压(即重现电压)，经电路的放大和处理，将信号还原成可以识别的信息重现出来。消磁磁头的作用是把信号从存储介质上抹去，也就是说，使磁层从磁化状态返回退磁状态。为了降低价格、减小体积，经常由同一个磁头完成读、写和消磁三种功能。

磁存储介质也是磁存储器的核心部件之一。磁存储介质要具有适当高的磁矫顽力、较高的饱和磁化强度、高矩形比、陡直的磁滞回线等性能。同时磁层表面要均匀、光洁。磁性粉料要有好的分散取向性，磁性薄膜材料要有好的成膜工艺。粉料颗粒涂布型和金属或氧化物薄膜型是目前主要的磁存储介质材料。

1. 磁头材料

磁头在磁记录发展进程中经历了三个重要的飞跃阶段，即体型磁头—薄膜磁头—磁阻磁头。体型磁头是磁记录中沿用很长时间的一种磁电转换元件。它的核心材料是磁头的磁芯。为了减小涡流损耗，最初的磁头磁芯由磁性合金叠加而成。磁性合金具有高的磁化强度，不受磁饱和效应制约，从而能产生强的记录磁场。薄膜磁头的主要优点是工作缝隙小、磁场分布陡和磁迹宽度窄，故可提高记录速度和读出分辨率。磁阻磁头主要利用电阻的相对变化来读出磁带的信息。磁阻磁头具有高灵敏度、高分辨率、输出与磁带速度无关等优点，但它只能读出不能写入，且需要足够大的电流或偏置磁场才能驱动。用于磁电阻读出的磁头材料应具有最小的磁致伸缩系数。

磁头材料由软磁材料构成，它具有高磁导率 μ、高饱和磁化强度 B_s、低矫顽力 H_c、高磁稳定性、高力学强度、高电阻率等特点。体型磁头通常使用的磁芯材料是以 Fe-Ni 为基的软磁合金，如坡莫合金(Fe-Ni-Mo-Mn)、Fe-Al 合金和 Fe-Al-B 合金。这些合金的 H_c 在 1.2～4A/m，B_s 在 0.8～1.0T。为了提高磁头的高频性能，开发了铁氧体磁头，其材料分两大系列：Mn-Zn 铁氧体和 Ni-Zn 铁氧体。由于它们的耐磨性能好，适于制作视频磁头。在铁氧体磁芯间隙中沉积一层软磁合金薄膜，从而提高了记录磁场强度，称为薄膜感应(TFI)磁头。Ni-(Co,Fe) 系列的铁磁合金是沿用至今的磁阻磁头材料，磁阻的各向异性是铁磁磁阻材料的特征，磁阻器件要求在微小磁场下有大的磁阻变化。在高密度磁记录要求磁阻磁头有更大的信号输出和更高的灵敏度时，适逢发现了巨磁阻(giant magneto-resistance，GMR)效应材料，使磁记录如虎添翼。继发现巨磁阻效应后，1994 年又报道了巨磁阻抗(giant magneto-impedance，GMI)效应。

2. 磁存储介质材料

磁存储介质由永磁材料构成，具有适当高的矫顽力 H_c、高的饱和磁化强度 M_s、高的剩磁比、高的稳定性。目前应用的磁存储介质材料主要有：铁氧体磁存储材料，如 $\gamma\text{-Fe}_2\text{O}_3$ 等；金属磁膜磁存储材料，如铁-钴(Fe-Co)合金膜等；钡铁氧体($\text{BaFe}_{12}\text{O}_{19}$)系垂直磁存储材料等。如今人们广泛使用的磁带、磁盘、磁卡就属于磁存储介质。

11.5.4　光存储及光存储材料

光存储最早的形式"缩微照相"是从 20 世纪初开始的，它一度成为文档资料长期保存的主要方式。20 世纪 60 年代初出现激光后，因为激光全息技术能实现三维图像存储，并具有更大的存储容量，激光全息技术受人瞩目。但是，由于不能进行实时数据存取，并不能和计算机联机，因此不能与磁存储相比。光盘存储技术是 20 世纪 70 年代研究成功的，发展到 80 年代，它便在声视领域内促成激光唱片(包括声响唱片(CD)和激光视盘(LD))和激光唱机产业的兴起。

与磁存储技术相比，光盘存储技术具有以下特点：①存储寿命长，只要光盘存储介质稳定,一般寿命在 10 年以上,而磁存储的信息一般只能保存 3～5 年;②非接触式读、写和擦(目前光盘机中光头与光盘间有 1～2mm 的距离),光头不会磨损或划伤盘面,因此光盘可以自由更换;③信息的载噪比(CNR)高,可达 50dB 以上,而且经多次读写不降低,因此光盘多次读出的音质和图像的清晰度是磁带与磁盘无法比拟的;④信息位的价格低,是磁记录的几十分之一。目前,光盘存储技术还有它的不足之处,如光盘机(或称驱动器)比磁带机或磁盘驱动器要复杂一些,因此还较贵。光盘机的信息或数据传输速率比磁盘机低,平均数据存取时间在 20～100ms。

光盘存储是利用激光在光盘表面的局部点发生反射或不反射来实现 0 或 1 的二进制数据读取的。这个局部点的反射或不反射状态是通过改变材料的物理性质来实现的,而这种物性变化也必须通过物理的方式才能实现,即使在掉电状态下也不会发生信息丢失的现象。因此,光存储与其他存储方式相比具有节能和长期保存的优点。光盘经历了 CD、DVD 和 BD 三代产品,其记录密度在不断地提高。提高密度的方法是靠缩小会聚到光盘上的光点尺寸实现的。三种规格的光盘光点(S)的直径分别为 2.11μm、1.32μm、0.58μm,存储容量分别为 0.7GB、4.7GB、25GB。光盘包括只读式光盘、可录式光盘、一次写入型光盘、可擦写式光盘等多种类型。

光存储介质的性能对光盘的工作性能和功能具有决定性的影响。一种性能优良的光存储介质应该具备与所采用的激光相适应的光学性能(反射率、折射率、吸收系数等),能够形成清晰而稳定的记录点,并具有对记录、擦除的响应快,记录信息稳定性好,保存寿命长等优点。

1. 只读式光盘

光盘一般由基板(多采用聚碳酸酯)、反射层(一般为 Au)和保护层组成(图 11.5)。CD-ROM 都用复制生产。先用激光刻录机将音频/视频信号调制的激光束刻录在涂有光刻胶的基板上,经过曝光、显影、脱胶等过程,制成具有凹凸信号结构的正像母盘。然后利用蒸发和电镀技术,制成金属负像母盘。

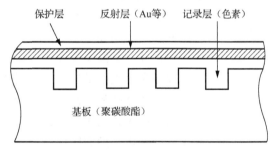

图 11.5　光盘结构示意图

最后用注塑法或光聚合法在金属母盘上复制光盘。光盘基板材料一般采用聚甲基丙烯酸甲酯、聚碳酸酯和聚烯类非晶材料。读出时,激光照射在凹坑上,利用凹坑与周围介质反射率的差别就可以读出信息。

2. 一次写入型光盘

在 20 世纪 70 年代开发的一次写入型光盘(WORM)是采用熔点较低的无机材料(如元素硒、碲、金属铋等无机物)作为记录层的,利用激光光束的烧蚀(ablative)作用,形成坑点,实现信息记录。这种光盘记录层反射率较低,不能与只读光盘兼容,无法在 CD-ROM 驱动器上读出,所以应用范围较小。

3. 可擦写式光盘

可擦写式光盘材料有两种:相变光存储材料和磁光存储材料。

相变光盘的记录层是由半导体合金相变材料构成的。在激光的作用下，记录材料发生晶相和非晶相之间的可逆相变，导致材料反射率、折射率等物理性质发生相应的可逆变化，实现信息的记录。相变光盘一般为五层结构，在刻有伺服槽的透明基片上，采用溅射工艺依次沉积下介电材料层、相变合金记录层、上介电材料层、反射层和保护层。介电材料层除了可以隔绝空气，使记录层避免氧化外，还可以改善记录层对激光能量的吸收。相变光盘的工作过程是：在记录信息之前，首先进行初始化处理，用激光对盘面均匀照射，使记录层处于均一的结晶态。记录信息时，用高功率激光束照射记录层，照射点在激光作用下发生熔化，然后快速冷却，形成非晶态的记录点。由于该点的反射率与周围仍处于晶态部分的反射率具有明显差异，所以当用低功率激光照射记录点和周围区域时，其反射光产生差异，利用这种差异就可以完成信息的读出。采用功率较低、脉冲较宽的激光照射此非晶态区域，该区域又会变为晶态，这就实现了信息的擦除。

相变光存储材料主要分为 Te(碲)基、Se(硒)基和 InSb(铟锑)基合金 3 大类。Te 基合金具有合适的光学、热学和晶化性质，一直被认为是最有发展前途的可逆相变光存储材料之一。在二元、三元系合金中，以 Ge-Sb-Te 三元合金的性能最为理想。这种材料除具有反射率对比度大、写擦次数多和寿命长等优良的光存储性能外，还具有写擦速度快的优点，最短写擦脉冲宽度只有 $30\sim50\text{ns}$，对实现相变光盘高速直接重写功能和提高光盘的数据传输速率非常有利。在 Se 基合金相变材料中，In-Se-Tl-Co 四元合金也是一种能够高速直接重写的相变材料。其最短擦除时间为 60ns，写擦次数高达 10^6 次，预计寿命(150℃)在 10 年以上。主要缺点是含有剧毒元素 Tl，而且写入功率过高。InSb 基合金中的四元 In-Sb-Te-Ag 合金由于晶态的反射率较高，写入功率较低，抹除响应特性好，被认为是一种应用前景良好的相变光盘材料，已成为 DVD-RAM 的首选存储材料之一。

磁光存储与磁存储的不同主要在于存储读出信号所用的传感元件是光头而不是磁头，磁光存储的基本原理是利用热磁效应改变记录点的磁化方向实现信息的存储。磁光存储方式有居里点存储和补偿点存储两种。磁光盘的记录、擦除和读出的主要过程是：将聚焦激光束照射到磁化方向单向规则排列的垂直磁光膜的某一点，该点温度升高，超过居里温度时，磁化强度为零，激光作用终止，随着照射点温度下降和所施加的偏磁场的作用，在该点恢复方向与偏磁场一致的磁化，实现了信息的记录。若在激光的作用下，改变偏磁场的方向，则可将记录的信息擦除。读出信息主要利用法拉第效应和克尔效应。对应不同方向的磁化，旋转角的方向相反，从而导致反射光强度的变化，利用这种变化就可以读出记录信息。实用化的磁光盘一般采用克尔效应进行读出。

磁光存储材料主要分为：①MnBi 等 Mn 基多晶薄膜，这种材料的优点是磁光克尔角大，但 B_s 较低，读出信号小，而且存在不稳定的缺点，目前仍在进行研究。②石榴石系单晶薄膜，YIG($Y_3Fe_5O_{12}$)等石榴石薄膜材料的优点是在短波长时的磁光效应大，读出信号幅度高，有优良的抗氧化、抗辐射性能，适合于军事、航天等恶劣环境使用，缺点是对激光的吸收小，反射小，写入灵敏度低，对基片要求高(需使用耐高温的玻璃或 GGG 衬底)，所以制造成本高。③稀土-过渡金属(RE-TM)非晶薄膜，这种非晶态合金的成分可以连续变化，能够在较大范围内调节薄膜的磁性能；重稀土-过渡金属(HRE-TM)非晶薄膜，如 TbFeCo、GdTbFe 等，具有居里温度低、无晶界噪声、单轴各向异性大、矫顽力高等优良性能，是目前实用化磁光盘普遍采用的材料。④新型高密度磁光记录材料，包括轻稀土-过渡金属(LRE-TM)非晶薄膜、

Co/Pt 系多晶成分调制薄膜以及非线性磁光效应材料。

11.5.5　全息存储及全息存储材料

全息存储是利用光的干涉，在记录材料上以全息的形式记录信息，并在特定条件下以衍射形式恢复所存储的信息的一种超高密度存储技术。全息即物体的全部信息，包括物光波的强度分布和位相分布。

全息记录原理与全息照相原理相同，但具体方法却有差异。一是数据不是放在底片上，而是放在具有光折射特性的材料里，一块如小糖块大小的介质上含有上千页(一页相当于一张底片)，每一页可包含几百万比特信息。二是使用物光的方式不一样。全息存储在写入操作中，激光器输出的一束激光被分成两束，其中一束被扩束后作为参考光投射到记录介质上；另一束激光被扩束后经过被记录物体表面的漫反射作为物光也投射到记录介质上。物光用以携带数据，它被扩大到能够完全照射在整个立体光调制器(SLM)上。SLM 其实就是一个 LCD 壁板，它以亮的和暗的像素阵列用整页的方式显示所要存储的二进制数据，物光穿过 SLM 后，有的点亮，有的点暗，也就是携带了该页的数据。然后，物光同参考光在介质内起作用，把整页的数据都变成干涉条纹图样，整页的数据便通过干涉图样存放在介质中。读出数据时，只要用参考光照射存储介质，同其内部干涉图样起衍射作用便可还原先写进去的亮的和暗的像素(分别表示 1 和 0)构成的图像，落在电荷耦合器件(CCD)构成的读取阵列上。于是，便可读出整页的数据。

常见全息存储材料有卤化银乳胶、重铬酸盐明胶、铌酸锂(LiNbO₃)晶体、光致变色材料以及光致高分子。

卤化银乳胶是全息领域应用最早的记录材料，其显著优点是感光灵敏度高、分辨率高和信噪比高。但用于全息记录时获得的衍射效率偏低，而且需要经过湿法显影处理。卤化银乳胶已不能满足使用者越来越高的要求，尤其是它在全息领域的应用受到很大的限制。

重铬酸盐明胶拥有很好的全息存储能力，利用其记录信息时，它很少吸收和散射光，在介质内可以形成很大的折射率变化，制成尽可能厚的全息图，衍射效率接近100%。重铬酸盐明胶拥有理想的全息存储特性，20 世纪 70 年代初已广泛应用于制作高质量的位相型全息图。但它在自然环境中不稳定、从曝光到显影阶段光敏层的变形问题没有解决、感光度不高、光谱敏感区有限，这些都限制了它的广泛应用。

铌酸锂晶体是一种无机光折变材料，通常可做成几毫米厚甚至厘米量级，记录的全息图的选择角可以仅有百分之几度，因而可以在同一体积中记录大量的全息图而观察不到显著的串象噪声。铌酸锂晶体容易长成大尺寸的光学质量优良的晶体，且其写入和灵敏度可以受掺杂浓度与外加电压的控制，用于全息存储材料的缺点是灵敏度相当低，制作工艺复杂，不利于市场化。

光致变色材料利用记录材料在光子作用下发生化学变化而实现信息存储，常用的光致变色材料有螺吡喃、吡咯俘精酸酐、二芳乙烯、偶氮苯等有机物。光致变色材料具有无颗粒特征，分辨率仅受记录波长的限制。此外，若记录光功率足够强，则不必采用干法或湿法显影，只需光照就可以在原位记录或擦除全息图。光致变色材料的主要缺点是灵敏度较低，响应速度慢。

光致高分子作为全息存储材料是基于其具有光致聚合效应，具有灵敏度高、分辨率高、衍射效率高、光谱响应宽、加工简便、存储稳定等优点，是一种比较理想的全息记录材料，受到了人们极大的重视，成为研究和开发的热门。光致高分子常用单体有丙烯酸甲酯、丙烯酸三溴苯酯、缩乙二醇双丙烯酸酯等。常用的光敏聚合引发剂有羰基化合物、偶氮化合物、有机硫化物、氧化还原体系、感光色素类等，如安息香、偶氮二异丁、硫醇类、核黄素、花菁类色素等。为提高光致高分子材料的力学物理性能、衍射效率和灵敏度，常在高分子中加入成膜树脂，如明胶、聚乙烯醇、聚苯乙烯、纤维素乙酸丁酯等。

11.6　信息处理材料

改变世界是需要思维的，就像人类具有大脑思维，当遇到困难时，需要思考、处理、解决问题。先要产生信息的源泉、收集信息、存储信息，当然最重要的就是处理已得到的信息。压电、热电材料发挥着独特的处理信息的功能，让世界好像充满鲜活的血肉之躯，充满智慧、良好的思维去改变自己。

1. 压电陶瓷在信息处理方面的应用

压电陶瓷在信号转换方面的应用包括电声换能器和超声换能器。电声换能器主要应用于拾音器、送话器、受话器、扬声器、蜂鸣器等音频范围的电声器件；超声换能器主要应用于超声切割（图11.6）、焊接、清洗、搅拌、乳化以及超声显示等频率高于20kHz的超声器件。

图11.6　超声切割机

压电陶瓷在发射和接收方面的应用包括水声换能器和超声换能器。水声换能器主要应用于水下导航定位、通信和探测的声呐，超声探测，鱼群探测和传声器等；超声换能器主要应用于探测地质结构、油井固实程度、无损探伤和测厚、催化反应、超声衍射、疾病诊断等各种工业用的超声器件。

压电陶瓷在信号处理方面的应用包括滤波器、放大器和表面波导。滤波器主要包括通信广播中所用的各种分立滤波器和复合滤波器，如彩电中的频率滤波器，雷达、自控和计算机系统所用的带通滤波器，脉冲滤波器等；放大器主要包括声表面波信号放大器以及振荡器、混频器、衰减器、隔离器等；表面波导包括声表面波传输线。

2. 热电材料在信息处理方面的应用

热电材料的用途主要有热电发电和热电制冷两个方面。热电发电利用的是塞贝克效应，可以利用温差发电，表现为利用钢铁厂、化工厂等工业高温设备的余废热发电，但热电发电目前仍然停留在千瓦级示范系统的研制，尚未实现规模化的工业应用。热电制冷利用珀尔帖效应，可以制造热电制冷机，热电制冷在信息技术领域的应用有红外探测器、激光器、计算机芯片冷却等。

第12章　生物医用材料

12.1　概　　述

12.1.1　生物医用材料的概念

生物医用材料是用于生物系统疾病的诊断、治疗、修复或替换生物体组织或器官，增进或恢复其功能的材料。其中生物系统包括细胞、组织、器官等，医学领域的应用则包括对疾病的诊断、治疗、修复或替换生物体组织或器官，增进或恢复其功能等。生物医用材料本身不是药物，其作用不必通过药理学、免疫学或代谢手段实现，其治疗途径是与生物机体直接结合并产生相互作用，但有时为了使生物医用材料更好地发挥其功能，也会将其与药物结合。生物医用材料有合成材料和天然材料；有单一材料、复合材料以及活体细胞或天然组织与无生命的材料结合而成的杂化材料。生物医用材料是材料科学领域中正在发展的多种学科相互交叉渗透的领域，其研究内容涉及材料科学、生命科学、化学、生物学、解剖学、病理学、临床医学、药物学等学科，同时涉及工程技术和管理科学的范畴。

人类利用生物医用材料的历史十分悠久。在约公元前 3500 年，古埃及人就利用棉花纤维、马鬃制作缝合线缝合伤口，用柳树枝和象牙来修补受损的牙齿，墨西哥的印第安人则使用木片修补受伤的颅骨。在中国和埃及的墓葬中就发现了公元前 2500 年的假牙、假鼻、假耳。公元 600 年，玛雅人用海贝壳制作具有珠光的牙齿，在外观上甚至已经达到了如今所要求的骨整合水平。尽管当时人们极度缺乏材料学、生物学、医学方面的相关知识，但这并不妨碍人们利用身边的某些天然材料来治愈伤口、解决人体生理或解剖功能丧失的问题。从 16 世纪开始，金属材料在骨科领域得到大量应用，1588 年，人们利用黄金板修复颚骨。1775 年，金属材料用来固定体内骨折。1851 年，硫化天然橡胶制成的人工牙托和颚骨问世。在这一时期，生物医用材料的发展非常缓慢，一方面受到当时自然科学理论水平和工业技术水平的限制，另一方面与医生、科学家、工程师之间缺少合作有关，当患者的生命受到严重危害时，往往依靠医生单打独斗，凭借自己来解决问题。进入 20 世纪中期以后，随着医学、材料学(尤其是高分子材料学)、生物化学、物理学的迅速发展，高分子材料、陶瓷材料和新型金属材料不断涌现，如聚羟基乙酸、聚甲基丙烯酸羟乙酯、胶原、多肽、纤维蛋白、羟基磷灰石、磷酸三钙、形状记忆合金等，这些材料主要由材料学家研究设计，因此许多材料并不是专门针对医用而设计的，在临床应用过程中可能存在生物相容性问题，例如，最初的血管植入物材料聚酯纤维(俗称涤纶)就来源于纺织工业，会与血液发生生物反应而导致血管阻塞。但不可否认的是，这些新材料的出现推动了生物医用材料的发展，各种性能的材料可以满足不同的临床需求，也为各种人工器官的研制奠定了基础。20 世纪 80 年代后，人类开始将生物技术应用于生物医用材料的研制，将特定组织细胞"种植"于一种生物相容性良好的、可被人体逐步降解吸收的生物医用材料上，形成细胞-生物医用材料复合物，其中生物医用材料不断降解并为细胞的增长繁殖提供三维空间和营养代谢环境，而细胞经过繁殖逐渐形成新的具有与自身功能和形态相应的组织或器官，最终实现对病损组织或器官在结构、形态和功能等方面的重建，达到永久替代。

12.1.2　生物医用材料的分类

生物医用材料及其制品种类繁多，是由不同学科的科学家从各自的研究侧面而形成的现象，有多种分类方法。通常情况下，可根据材料属性、功能、来源、使用部位等分类。

1. 按材料属性分类

按材料的组成和性质分为医用金属材料、医用高分子材料、医用无机材料和医用复合材料。

(1)医用金属材料。金属材料最早应用在医学领域中，主要包括不锈钢、钴基合金、钛及合金、钽及合金等。医用金属材料广泛应用于人工假体、人工关节、医疗器械、内固定材料等。

(2)医用高分子材料。医用高分子材料是生物医用材料中最为活跃的领域。自20世纪40年代高分子学说建立以来，高分子材料得到迅速发展，并以其优良的物理化学性能应用到医学的各个领域。按其来源分为天然高分子材料和合成高分子材料。天然高分子材料如多糖类、蛋白类，合成高分子材料如聚氨酯、聚乙烯、聚乳酸、聚四氟乙烯、聚甲基丙烯酸系列等，用于人体器官、组织、关节、药物载体等。

(3)医用无机材料。无机材料虽然发展历史久远，然而广泛应用在医学领域中，还是在近30年，主要为生物陶瓷，包括氧化物陶瓷、磷酸盐陶瓷、生物玻璃、碳等。根据在生物机体中引起的组织反应和材料反应，分为惰性生物陶瓷(如氧化铝生物陶瓷)、表面生物活性陶瓷(如磷酸钙基生物陶瓷)、可降解生物陶瓷(如β-磷酸三钙陶瓷等)。

(4)医用复合材料。医用复合材料从广义上讲是不同种材料的混合或结合，克服单一材料的缺点，可获得性能更优的材料。其分类按基材分为高分子基、陶瓷基、金属基等；按增强体形态和性质分为纤维增强、颗粒增强、生物活性物质充填等；按生物体内材料与组织反应分为近于生物惰性医用复合材料、生物活性医用复合材料和可吸收生物医用复合材料。

2. 按材料功能分类

(1)血液相容性材料。一切与血液接触的材料应不致血栓形成和与血液不发生相互作用，主要包括聚氨酯/聚二甲基硅氧烷、聚苯乙烯/聚甲基丙烯酸羟乙酯、含聚氧乙烯链的高分子、肝素化材料、尿酶固定化材料、骨胶原材料等，应用于人工血管、人工心脏、血浆分离膜、血液灌流用吸附剂、细胞培养基材等。

(2)软组织相容性材料。对于与生物机体组织非结合性的材料，如软性隐形眼镜片，要求材料对周围组织无刺激性和毒副作用；对于结合性的材料，如人工食道，要求材料与周围组织有一定黏结性，不产生毒副反应。此类材料包括聚硅氧烷、聚酯、聚氨基酸、聚甲基丙烯酸羟乙酯、改性甲壳素等。它主要用于人工皮肤、人工气管、人工食道、人工输尿管、软组织修补材料等。

(3)硬组织相容性材料。硬组织相容性材料主要用于生物机体的关节、牙齿及其他骨组织，包括生物陶瓷、生物玻璃、钛及合金、钴铬合金、碳纤维、聚乙烯等。

(4)生物降解材料。生物降解材料是一类在生物机体中，在体液及其酸、核酸作用下，材料不断降解，被机体吸收，或排出体外，最终所植入的材料完全被新生组织取代的天然或合成的生物医用材料，包括多肽、聚氨基酸、聚酯、聚乳酸、甲壳素、骨胶原/明胶等高分子材料。β-磷酸三钙则属于生物陶瓷降解材料。主要用于吸收型缝合线、药物载体、愈合材料、黏合剂以及组织缺损用修复材料。

(5)高分子药物。高分子药物是一类本身具有药理活性的高分子化合物，可以从生物机体组织中提取，也可以通过人工合成、基因重组等技术获得天然生物高分子的类似物，如多肽、多糖类免疫增强剂、胰岛素、人工合成疫苗等，用于治疗糖尿病、心血管病、癌症以及炎症等疾病。

3. 按材料来源分类

(1)自体组织，如人体听骨、血管等替代组织。

(2)同种异体器官及组织，用于器官移植。

(3)异种器官及组织，如动物骨、肾替换人体器官。

(4)天然生物材料，如动物骨胶原、甲壳素、纤维素、珊瑚等。

(5)合成材料，如各种合成的新型材料。

4. 按使用部位分类

(1)硬组织材料，包括骨、牙齿用材料。

(2)软组织材料，包括软骨、脏器用材料。

(3)心血管材料，包括心血管以及导管材料。

(4)血液代用材料，包括人工红细胞、血浆等。

(5)分离、过滤、透析膜材料，包括血液净化、肾透析以及人工肺气体透过材料等。

12.2　生物医用金属材料

生物医用金属材料用于整形外科、牙科等领域。由它制成的医疗器件植入人体内，具有治疗、修复、替代人体组织或器官的功能，是生物医用材料的重要组成部分。

生物医用金属材料是人类最早利用的生物医用材料之一,其应用可以追溯到公元前400～前300年，那时的腓尼基人就已将金属丝用于修复牙缺失。1546年纯金薄片用于修复缺损的颅骨。直到1880年成功地利用贵金属银对患者的膝盖骨进行缝合，1896年利用镀镍钢螺钉进行骨折治疗后，才开始了对生物医用金属材料的系统研究。20世纪30年代，钴铬合金、不锈钢和钛及合金相继开发成功并在齿科和骨科中得到广泛的应用，奠定了生物医用金属材料在生物医用材料中的重要地位。70年代，NiTi形状记忆合金在临床医学中的成功应用以及金属表面生物医用涂层材料的发展，使生物医用金属材料得到了极大的发展，成为当今整形外科等临床医学中不可缺少的材料。虽然近20年来生物医用金属材料相对于生物医用高分子材料、复合材料以及杂化和衍生材料的发展比较缓慢，但它以高强度、耐疲劳和易加工等优良性能，仍在临床上占有重要地位。目前，在需承受较高荷载的骨、牙部位仍将其视为首选的植入材料。最重要的应用有骨折内固定板、螺钉、人工关节和牙根种植体等。

生物医用金属材料要在人体内生理环境条件下长期停留并发挥其功能，其首要条件是材料必须具有相对稳定的化学性能，从而获得适当的生物相容性。迄今为止，除医用贵金属、钛、钽、铌、锆等单质金属外，其他生物医用金属材料都是合金，其中应用较多的有不锈钢、钴基合金、钛合金、镍钛形状记忆合金和磁性合金等。

1. 医用不锈钢

医用不锈钢为铁基耐蚀合金，是最早开发的生物医用合金之一，以其易加工、价格低廉而得到广泛的应用，其中应用最多的是奥氏体超低碳 316L 和 317L 不锈钢。医用不锈钢在骨外科和齿科中应用最为广泛。

医用不锈钢可用于人工关节和骨折内固定器械，如人工全髋关节、半髋关节、膝关节、肩关节、肘关节、腕关节、踝关节及指关节；各种规格的皮质骨和松质骨加压螺钉、脊椎钉、骨牵引钢丝、哈氏棒、鲁氏棒、人工椎体和颅骨板等，这些植入件可替代生物体因关节炎或外伤损坏的关节，应用于骨折修复、骨排列错位矫正、慢性脊柱矫形和颅骨缺损修复等。

在齿科方面，医用不锈钢广泛应用于镶牙、齿科矫形、牙根种植及辅助器件，如各种齿冠、齿桥、固定支架、卡环、基托等；各种规格的嵌件、牙列矫形弓丝、义齿缺损修复等。

在心血管系统，医用不锈钢广泛应用于各种植入电极、传感器的外壳和合金导线，可制作不锈钢的人工心脏瓣膜；各种临床介入性治疗的血管内扩张支架等。

医用不锈钢在其他方面也获得了广泛的应用，如用于各种眼科缝线、固定环、人工眼导线、眼眶填充等；还用于制作人工耳导线、各种宫内避孕环和用于输卵管栓堵等。

2. 医用钴基合金

最早开发的医用钴基合金为钴铬钼(Co-Cr-Mo)合金，其结构为奥氏体。它以优良的力学性能和较好的生物相容性，尤其是优良的耐蚀、耐磨和铸造性能得到广泛应用。其耐蚀性比不锈钢强数十倍，硬度比不锈钢高 1/3。因此，医用钴基合金适合制作人工关节、义齿等磨蚀较大的医用器件。

医用钴基合金和医用不锈钢是生物医用金属材料中应用最广泛的两类材料。相对医用不锈钢而言，前者更适合于制造体内承载苛刻、耐磨性要求较高的长期植入件，其品种主要有各类人工关节及整形外科植入器械，在心脏外科、齿科等领域均有应用。

3. 医用钛及其合金

20 世纪 40 年代以来，随着钛冶炼工艺的完善，以及钛良好的生物相容性得到证实，钛和钛合金逐渐在临床医学中获得应用。1951 年已开始用纯钛作接骨板和骨螺钉。钛及钛合金的密度较小，为 4.5g/cm^3，几乎仅为不锈钢和钴基合金的 1/2，其比强度高，弹性模量低，生物力学相容性较好；生物相容性、耐腐蚀性和抗疲劳性能都优于不锈钢和钴基合金。因此，从 20 世纪 70 年代中期钛及钛合金开始获得广泛的医学应用，成为最有发展前景的生物医用材料之一。

钛和钛合金主要应用于整形外科，尤其是四肢骨和颅骨整复，是目前应用最多的生物医用金属材料。在骨外科，钛和钛合金用于制作各种骨折内固定器械和人工关节。其特点是弹性模量比其他金属材料更接近天然骨、密度小、质量轻。但钛合金耐磨性能不好，且存在咬合现象，因此，用钛合金制造组合式全关节需注意材料间的配合。在颅脑外科，微孔钛网可修复损坏的头盖骨和硬膜，能有效保护脑髓液系统。钛合金也可制作颅骨板用于颅骨的整复。在口腔及颌面外科，纯钛网作为骨头托架已用于颌骨再造手术，制作义齿、牙床、托环、牙桥和牙冠等，在口腔整畸、口腔种植等领域也有良好的临床效果。在心血管方面，纯钛可用来制造人工心脏瓣膜和框架。在心脏起搏器中，密封的钛盒能有效防止潮气渗入密封的电子元器件。此外，一些用物理方法刺激骨生长的电子装置也采用钛材。

4. 医用贵金属

医用贵金属是指金(Au)、银(Ag)、铂(Pt)及其合金的总称，具有稳定的物理和化学性质，抗腐蚀性优良，表现出生物惰性，通过合金化可对其物理、化学性能进行调整，满足不同的需求。由于它们的导电性能优良，常用于制作植入式的电极或电子检测装置。

(1)金及金合金。主要用于口腔牙齿的整牙修复。纯金质软，应用受到限制。为了提高强度，降低成本，开发出以金银铜三元合金为基础的金合金，其成分为：Au95.8%～62.4%，Ag2.4%～17.4%，Cu1.6%～1.54%，此外，还添加少量钯(Pd)、铂(Pt)、锌(Zn)。随着金含量的降低及银、铜含量的增加，金合金的抗拉强度由 250MPa 提高至 813MPa，维氏硬度也由 52 提高至 255。金及金合金除主要用于口腔科外，在颅骨修复及植入电极电子装置方面也有临床应用。

(2)银及银合金。纯银具有优异的导电性能，可用于制作植入型的电极或电子检测装置。但银最重要的临床应用是与汞合金形成汞齐，用作口腔充填材料。汞齐又称银汞合金，是将银、铜、锡合金粉与汞通过研磨或强烈振动发生反应而形成的一种合金，其成分中银含量占40%～70%。银合金粉除了按其中铜含量分为低铜银合金粉、高铜银合金粉外，还可按生产工艺特点分为车屑银合金粉、雾化球形银合金粉和急冷喷甩微晶银合金粉 3 种，后者是我国独立研制出的一种高铜高性能银合金粉。生产和开发银汞合金主要应防止有害的游离汞出现，减少对人体的危害，同时减少银含量，降低成本。

(3)铂及铂合金。铂是唯一能抗氧化直到熔点的金属，抗腐蚀性能优异，在室温下除王水外，几乎不与任何化学试剂反应，呈生物惰性。在铂中添加金、钯、铑、铱等元素，可使其具有美丽素雅色泽，并具有最好的抗腐蚀性和加工性。常用的铂合金有铂铱合金、铂金合金、铂银合金等。铂及其合金制造的微探针广泛应用于神经系统检测，如神经修复装置、耳蜗神经刺激装置、横隔膜神经刺激装置、视觉神经装置和心脏起搏器电极等。

5. 医用钽、铌、锆材料

钽是较早(1903 年)用作外科植入的材料，表面可生成氧化钝化膜，从而具有良好的化学稳定性、抗腐蚀性和生物相容性。钽的密度为 $16.6g/cm^3$，弹性模量为 186～191GPa，冷加工钽的抗拉强度为 400～1000MPa，断后伸长率为 1%～25%，显微硬度为 1200～3000MPa，经退火处理的钽变软，抗拉强度为 200～300MPa，断后伸长率为 20%～50%，显微硬度为800～1100MPa，可加工成板、带、箔丝材，用于制造接骨板、颅盖骨、骨螺钉、夹板、缝合针等外科植入器件。钽除可用于修补骨缺损外，钽丝、钽网、钽箔可用于缝合神经、肌腱、肌肉和血管。钽还可镀在血管支架表面，明显提高血管支架的抗血栓性，这种镀钽的血管金属支架已商品化，广泛应用于心血管病的治疗。美国 ASTM 标准对钽的化学组成作了严格的规定。

铌与钽具有极相似的化学性质，密度为 $8.5g/cm^3$，耐蚀性强，生物相容性优良。铌的弹性模量为 103～116GPa，冷加工后的抗拉强度为 300～1000MPa，显微硬度为 1100～1800MPa，铌退火后的抗拉强度为 275～350MPa，断后伸长率为 10%～25%，显微硬度为 600～1100MPa。铌的临床应用与钽相似，如修复颅骨和用作骨髓内钉等。

锆和钛同属ⅣB族元素，具有相似的组织结构和化学性质。锆的密度为 $6.49g/cm^3$，抗拉强度为 931MPa，具有良好的耐蚀性、生物相容性和冷加工性能。锆可取代钛在临床上应用，但因其价格较贵，应用受到限制。

6. 医用形状记忆合金

自从美国 Read 等于 1951 年发现 Au-Cd 合金具有形状记忆效应以来，迄今已发现十几种形状记忆合金，其中镍钛(NiTi)合金以其奇特的形状记忆效应、超弹性及优良的耐磨、耐蚀性和组织相容性而在临床医学中得到广泛的应用。我国的医用 NiTi 形状记忆合金研究始于 20 世纪 70 年代末，80 年代初完成生物相容性评价和临床试验，1985 年以后开始临床应用。记忆合金有单程、双程和全程记忆三种。单程记忆回复力大；双程记忆同时有高温和低温的形态，温度升降可逆地反复；全程记忆即加热时为高温相形状，冷却时则形成与高温相形状相同但方向相反的现象。

医用 NiTi 形状记忆合金成分为 Ti 44%~46%，Ni 54%~56%，其力学性能明显优于 316L 不锈钢，耐磨性也优于不锈钢和钴基合金，兼有高的耐蚀性。NiTi 形状记忆合金的形状记忆恢复温度为 36℃±2℃，接近人体的体温。低于逆转变温度时，延性高，在 70~140MPa 应力下发生塑性变形；在逆转变温度以上时又可变坚硬，这种奇妙的性能使它在医学中获得了许多应用。

NiTi 形状记忆合金的形状恢复温度与人体体温基本一致，应用十分方便。例如，前列腺增生导致尿道狭窄、闭锁，治疗相当困难，用 NiTi 形状记忆合金尿道支架(丝直径 0.5mm、管径 5mm、螺距 0.3mm)在无须住院的情况下，门诊一次性置入均获得正常排尿效果，操作简便，只需向尿道内注入适量的冰水，支架即可变软，置入和取出方便，患者痛苦小。除此之外，NiTi 形状记忆合金还可用作其他人体内血管、腔囊或管状器官的支承、扩张架或栓塞器、夹等。

在整形外科中 NiTi 形状记忆合金用于制作脊椎侧弯症矫形器械、人工颈椎椎间关节、加压骑缝钉、人工关节、髌骨整复器、颅骨板、颅骨铆钉、接骨板、髓内钉、髓内鞘、接骨超弹丝、关节接头等。在口腔科中它用作齿列矫正用唇弓丝、齿冠、托环、颌骨固定等。随着研究和开发的深入，其应用领域将会不断扩大。

7. 医用磁性合金

医用磁性合金包括两种类型：一种是永磁体(硬磁体)；另一种是软磁体，它们在临床医学中扮演着不同的角色。医用磁性合金按照应用场所的不同可分为体内用磁性合金和体外用磁性合金。前者要求磁性合金有较好的生物相容性及耐生理腐蚀性，包括永磁体和软磁体，主要应用于口腔义齿固位，肠道和食道吻合，治疗尿失禁、矫正骨和脊柱畸形，制作无缝合伤口恢复器械等；后者一般只要求有较强的磁性，为永磁材料，对生物相容性和耐蚀性要求不高，主要按中医理论，用于磁穴疗法。

医用磁性合金的研究方向除了向提高生物相容性、耐蚀、耐磨等生物学和力学性能发展，就磁学性能而言，主要有两个发展方向：一是更强的磁性，其重要指标为高的矫顽力和磁能积；二是优良的软磁合金，其重要指标为较低的矫顽力和较高的磁导率。

12.3　生物医用高分子材料

生物医用高分子材料指用于生理系统疾病的诊断、治疗、修复或替换生物体组织或器官，增进或恢复其功能的高分子材料。其研究领域涉及材料学、化学、医学、生命科学。虽已有 40 多年的研究历史，但蓬勃发展始于 20 世纪 70 年代。随着高分子化学工业的发展，出现了大量的医用新材料和人工装置，如人工心脏瓣膜、人工血管、人工肾用透析膜、心脏起搏器，以及骨生长诱导剂等。近十年来，由于生物医学工程、材料科学和生物技术的发展，生物医用高分子材料及其制品获得越来越多的医学临床应用。

制备生物医用高分子材料的原材料来源广泛，大致可以分为天然高分子材料、合成高分子材料两类。目前已开发并投入使用的生物医用高分子材料的原材料分类列于表 12.1。

表 12.1　生物医用高分子材料的原材料分类

原材料		举例
天然高分子	多糖类	纤维素、淀粉、壳聚糖等
	蛋白质	胶原、明胶、白蛋白等
	特殊组织	羊膜、肠线、猪皮等
合成高分子	非吸收性	硅橡胶、聚氨酯、聚甲基丙烯酸甲酯、聚四氟乙烯、聚乙烯、聚丙烯、聚苯乙烯、聚酰胺、聚乙烯醇、聚乙二醇等
	吸收性	聚乙醇酸、聚乳酸、聚己内酯、聚羟基丁酸、聚碳酸酯、聚酸酐、聚氨基酸等

医用材料在使用中会和人体组织发生直接或间接的接触，材料性质与人体健康有着十分密切的关系。因此对它们提出了许多特殊要求。体外医用材料，由于只限于体表接触，一般要求它们无毒、无刺激，不会引起皮肤过敏或产生癌变，材料在消毒过程中不会发生变质等。体内使用的医用材料，通常会与体内的组织、细胞或血液等长时间接触，因而除满足上述条件外，还必须满足组织相容性、耐生物老化或生物降解性、血液适应性。

12.3.1　人工脏器

近年来，人们十分重视人工脏器的研究，在美国每年有上百万个人工器件植入患者体内，如人工心脏、人工心脏瓣膜、人工肾、心脏起搏器等。

1) 人工心脏

心脏病、癌症和脑血管病已成为威胁人类生命的三大疾病，而心脏病为首位。世界每年有数百万人死于心脏病。对严重心脏病的治疗，一是移植他人的心脏，二是移植人工心脏。由于他人心脏来源困难，成功的可能也较小，人们寄希望于人工脏。图 12.1 为用钛和高分子材料制成的 AbioCor 人工心脏。美国 FDA 批准此类装置为"过渡移植"装置，而非永久性植入装置。此设备是气动的，压缩空气使聚氨酯橡胶球式泵腔张合，帮助输送血液，球囊外包金属钛壳，在钛壳和球囊与血液接触的表面栽植了聚酯纤维。通过手术将

图 12.1　AbioCor 人工心脏

此设备安置在左心室顶部(入血口)和主动脉(出血口)之间,压缩空气管从胸腔和腹部引出。

2) 人工心脏血泵

人工心脏的关键组成是血泵。制作血泵的材料有加成型硅橡胶、甲基硅橡胶、聚氨酯、聚醚聚氨酯、聚四氟乙烯织物、聚酯织物、聚硅氧烷和聚氨酯的嵌段共聚物等。临床上认为最好的应当是具有微相分离结构的聚氨酯嵌段共聚物,以及引入亲水高分子的微相亲水疏水分离的聚氨酯嵌段共聚物。但聚氨酯长期植入后会引起血液中钙沉积,钙化易引起泵体损伤,这个问题目前并未彻底解决。

3) 人工心脏瓣膜

人工心脏瓣膜一般由支持框架、底部转轮圈和活门三个主要部件组成。支持框架和底部转轮圈要求有一定的强度,一般用金属制造,但必须覆盖高分子抗凝血材料,即用形成内膜的涤纶或聚四氟乙烯织物包覆金属才可能实现。活门材料要求有相当好的耐磨性和抗老化性能,而且尽可能轻。聚四氟乙烯和硅橡胶是较合适的活门材料。

4) 人工肾

人工肾就是利用高分子材料或生物活性物质承担透析过滤和解毒作用,代替肾脏使血液中代谢的有毒物质排出体外或转化为无毒物质。人工肾根据其功能可以分为 3 种类型:透析型、过滤型和吸附型。其中透析型占绝大部分。

5) 人工胰脏

人工胰脏是以移植的异体或动物胰岛为基础开发的生物学新材料。胰岛是胰脏内分泌胰岛素的细胞群,胰岛分泌的胰岛素是控制糖尿病的重要激素。为了避免排异反应,人工胰脏所用的活性胰岛表面覆盖一层高分子膜,这层膜能允许胰岛素向膜外渗透,阻止淋巴细胞、巨噬细胞和抗体进入膜内而引起免疫排异损伤,起到免疫隔离膜的作用。已研制成功并埋入人体的有空心微粒型、盒式扩散型人工胰脏,近年来又开发了中空纤维型人工胰脏,其性能更好。

12.3.2　修复用高分子材料

由于先天、疾病或意外受伤等,有许多人的外貌等方面受到不同程度的损伤,给日常生活带来影响。用高分子材料修复可以减轻或消除他们的烦恼。例如,硅橡胶具有与软组织类似的弹性,可用来代替肌肉和软骨,用来矫正塌鼻或损伤、修补外耳缺损、修补下颚等均取得很好的效果。硅橡胶还可以用于胸部整容,可以达到外形逼真的效果。常用的修复用高分子材料还有以下几种。

1) 人工角膜和隐形眼镜

角膜是眼球的重要部分。由于角膜上没有血管,需要通过泪液从空气中获得氧气。因而,制备人工角膜和隐形眼镜的材料需能透光、透氧和具有较好的亲水性。用于制造人工角膜或隐形眼镜的材料有硬质和软质两种。硬性接触眼镜用透光性好的聚丙烯酸酯类树脂制成,如有机玻璃。缺点是透氧性和吸湿性较差,所以不允许带着睡眠,以减少对角膜的损伤。改进产品有甲基丙烯酸硅烷酯。软性接触眼镜是用亲水性高分子的水凝胶制成的,水凝胶是一种类似于果冻的含水高分子材料。常用亲水性高分子有聚甲基丙烯酸羟乙酯、聚乙烯吡啶等,这种镜片可以紧贴角膜,比硬片舒适。但透氧率仍不高,睡觉前仍需取出,浸在专门的消毒水中,以防细菌生长。比较先进的是可以连续佩戴 30 天不用摘、不用洗的抛弃型隐形眼镜,由美国博士伦公司推出。镜片的材料由硅橡胶和亲水性塑料混合而成，透氧性和吸湿性均较好。由于采用了特殊工艺，镜片表面是亲水性的。

2）人工皮肤

人工皮肤的主要作用是防止水分和体液从创面蒸发或流失，预防感染和肉芽上皮细胞逐步成长，促进治愈。因此对人工皮肤的主要要求是：有类似皮肤的柔软性、润滑性、透湿性；与创面组织能贴紧，具有相容性，但治愈后又易脱落；防止创面水分和体液损失，并具吸收渗出液的特性，无毒，无刺激，不引起免疫反应，易于消毒和保存。临床常用两种形式：一种是织物型；另一种是薄膜型。织物大多采用尼龙、聚酯、聚丙烯纤维织成丝状织物，上面再涂布硅橡胶或聚氨基酸；薄膜材料一般是聚乙烯醇、聚氨酯、硅橡胶、聚乙烯、聚四氟乙烯多孔膜等。由硅橡胶和尼龙复合制成的人工皮肤，已较成功用于三度烧伤。在硅橡胶或复合硅橡胶膜上加上多孔胶原软骨素，或微孔甲壳素复合膜、多肽膜与尼龙丝绒复合膜等，均具有许多优点，超过单纯的高分子材料。

3）牙科材料

当细菌蛀蚀牙齿引起牙体缺损时，就会形成龋齿。龋齿早期治疗主要是对蛀牙直接填充修补，所用的材料称为牙冠充填材料。含亲水基、芳香基的聚丙烯酸酯类是修补龋齿的主要材料。其优点是体积收缩小，修补牢固，不易脱落，色泽与牙齿相似。PMMA 常用来制作假牙或牙托材料。在牙托基表面涂上硅橡胶成为吻合的软衬垫，不仅增加了舒适感，而且提高了咀嚼能力。具有高抗冲击性能的聚砜可作为种植牙材料。

12.3.3　高分子医疗用品

1）一次性医疗用品

一次性医疗用品有注射器、输液袋、输液管、医用手套、导管等。为了保证使用安全，必须使用医用级塑料，因为它们不含有对人体有害的添加剂。这些用品制成后，在使用前按规定应进行消毒。以医用导管为例。它是一种高分子材料制成的中空的管子，长度约 1m，直径约 3mm，外形同普通的橡皮管差不多，都是诊断疾病和进行非切开性手术治疗的重要器材，如心脏导管、呼吸导管等。心脏导管主要用于心脏病的诊察和治疗；呼吸导管可以帮助患者呼吸，抽取呼吸道中的痰等；食道导管是常用的食道给药和消化道手术后患者饮食的工具等。通用一次性高分子医疗用具的种类和材料见表 12.2。

表 12.2　通用一次性高分子医疗用具的种类和材料

种类	材料	特性
输液器、输液袋	软质聚氯乙烯、聚丙烯、聚乙烯等	柔软性、密闭性
输血管、输血袋	软质聚氯乙烯、聚丙烯、聚乙烯等	血液相容性
导管(营养导管、血液导管、尿道导管)	软质聚氯乙烯、聚乙烯、聚氨酯、尼龙、聚四氟乙烯、天然橡胶等	柔软性、血液相容性
注射器	聚丙烯、苯乙烯/丁二烯共聚体、聚(4-甲基戊烯)、天然橡胶等	透明性、高强度
口罩、工作服	聚乙烯或聚丙烯无纺布	价格低廉、使用方便

2）医用绷带

骨折的外科治疗最常用的方法是用绷带和夹板把骨折的部位包扎起来，然后用石膏作进一步的固定，以保证骨折的部位不会移动。石膏固定的时间通常为一个月以上，这样才能使骨头愈合。患者用这种传统的治疗方法所要承受的痛苦是可想而知的，特别是炎热的夏季，石膏包裹部位的汗水不能排泄，常常会引起炎症。

新型的高分子绷带材料是在纱布上浸渍了由异氰酸酯封端的聚氨酯预聚体制成的，平时在铝箔复合薄膜制成的包装袋中密封保存。使用时，将这种材料先在水中浸润，然后一层层缠在患者需要固定的部分。在水的作用下这些预聚体很快反应，生成聚氨基甲酸酯，并形成交联结构。柔软的纱布会变得同铁板一样硬。这样就把骨折的部位固定起来了。由于医用纱布织得非常疏松，纱与纱之间有很大的空隙，使空气容易流通，体内的汗液也容易散发。因此使用这种绷带患者不再有闷热的感觉。不仅如此，这种自硬化绷带重量轻、厚度小，也利于患者肢体的移动。

12.3.4　高分子药物缓释放与送达体系

药物必须定时服用，如抗生素药物必须每隔 4 小时服用，这是因为药物在血液里要达到一定浓度才能有疗效。而通常人在服用药后，数十分钟内血液中药物含量会迅速达到最大值，甚至短时间超过中毒浓度，对人体造成毒副作用。另外，由于肾脏的排泄作用，药物在血液中的浓度又很快下降，并低于治疗的有效浓度，于是必须再次服药。

将药物包裹在高分子膜或微胶囊中，药物通过膜两侧的浓度差和渗透压差而缓慢释放到体内，可以达到最佳疗效。例如，用聚甲基丙烯酸甲酯膜对药片进行包衣后，它们能使所包裹的药在很长时间里定量释放。

微胶囊是一种粒径为 $1 \sim 1000 \mu m$ 的高分子微球，里面包裹药物。将避孕药用硅橡胶制成微胶囊可以直接植入子宫，药物则会缓慢释放，有效期达三年之久。由于药物不会流失到其他部位，所以以毒副作用很小。

12.4　生物医用无机材料

生物医用无机材料是生物医用材料的重要组成部分，在人体硬组织的缺损修复及重建已丧失的生理功能方面起着重要的作用。尽管此类材料的研究起步较晚，且仍然存在各种问题，但由于具有良好的物理、化学及生物学相容性能，在短短的十几年间已取得了大量的研究成果，但是，迄今为止仍没有一种材料能完全满足人体的生理功能要求。本章重点介绍研究比较成熟和临床使用比较广泛的生物医用无机材料，目的是通过对前人工作的了解进而开拓新的思路，开发出新型的生物医用无机材料，以满足人们生活水平不断提高的需要。

无机材料很早就用于人体，近十年以来，由于世界各国认识到研究开发生物医用无机材料的重要性，加大资金投入，使更多的材料应用于临床。1808 年，人们已将陶齿用于镶牙。1892 年 Dreesman 发表了第一例临床报告，使用的是熟石膏，作为骨的缺损填充材料，但由于微细的硫酸钙晶体具有大的比表面积，在许多情况下，石膏消耗(或者从损伤处清洗掉)很快，以致不能起作用。1963 年，Smith 报道发展了一种陶瓷骨替代材料，它是一种多孔铝酸盐材料。J.Klawitter、S.Hulbert、L.Hench 等均为此类研究的开拓者，他们研究了生物组织在多孔材料中的生长过程、界面反应以及围绕植入物的组织行为等，有些研究成果和研究方法仍具有一定的指导作用。20 世纪 60～70 年代是生物陶瓷材料研究比较活跃的一个时期。多孔氧化铝陶瓷、玻璃碳和热解碳、羟基磷灰石陶瓷，以及单晶氧化铝陶瓷等的出现和临床应用取得了良好的效果。

针对临床应用中提出的很多问题，如大部分材料是生物惰性材料，与人体骨组织完全不同，不能与骨组织结合等，1969 年美国佛罗里达大学的 L.Hench 教授成功地研究了一种生物玻璃，可用于人体硬组织的修复，能与生物体内的骨组织发生化学结合，从而开创了一个崭新的生物医用材料研究领域——生物活性材料，它具有良好的生物相容性，人体组织可长入并同其发生牢固的键合。20 世纪 70 年代以后，人们对可吸收陶瓷进行了大量研究。开创性的工作是由 Smith 进行的，Driskell 则进行了深入的研究。Driskell 等报道了 β-Ca$_3$(PO$_4$)$_2$ 多孔陶瓷植入生物体后，能被迅速吸收，并发生了骨置换，因此有人称为可吸收陶瓷，按照国外有关文献的报道，有些学者将其翻译为生物降解陶瓷。Bahn、Radentz 和 deGroot 等曾报道了它们的一些成功应用。李世普教授等自 20 世纪 70 年代末开始，历经十几年的研究，研制成功 β-Ca$_3$(PO$_4$)$_2$ 复合型降解陶瓷，就其降解速率及降解机理进行了深入的研究，成功地应用临床。

目前，随着纳米材料与技术的发展，又一类生物医用材料——纳米生物医用无机材料正在引起人们的重视。尽管无机材料有自身的缺点，但也明显表现出许多优良特性。生物医用无机材料的研究与临床应用，已从短期的替换和填充，发展成为永久性牢固植入，从生物惰性材料发展到生物活性材料、生物降解材料及多相复合材料。现在生物医用无机材料已广泛用于人工牙齿(根)、人工骨、人工关节、固定骨折用的器具、人工眼等。生物医用无机材料的研究方兴未艾，它在未来的生物医用材料中必将占有重要位置。但是，生物医用无机材料由于脆性大，易折断，与人体硬组织的结构差异很大，加上研究涉及面广，技术难度大，在几个大的类别形成之后尚未出现新的材料，因此，生物医用无机材料的发展有待于创新和突破，需要多学科的交叉结合，各领域工作者共同努力。

12.4.1 生物医用无机材料的分类

1. 按照生物医用无机材料的成分和性质分类

(1)生物陶瓷材料，如单晶和多晶氧化铝陶瓷、羟基磷灰石陶瓷等。

(2)生物玻璃材料，如 45S5 玻璃。

(3)生物玻璃陶瓷，如已商品化的 DICOR 玻璃陶瓷和 IPS/Empress 玻璃陶瓷等。

(4)生物医用无机骨水泥，如 α-TCP 骨水泥。

(5)生物复合无机材料，如羟基磷灰石与 β-TCP 形成的复合材料、碳纤维增强无机骨水泥等。

2. 按照生物医用无机材料的来源分类

(1)天然生物矿物，如钙化的贝壳及珍珠等。

(2)合成的生物医用无机材料，大部分材料属于这一类，如 β-TCP 人工骨等。

(3)生物卫生材料，是经处理的天然生物矿物，无机类的生物衍生材料较少，如冻干的骨片。

3. 按照临床用途分类

(1)肌肉-骨骼系统用的无机材料，如热解碳纤维等。

(2)软组织用的无机材料,如用作跟腱的碳纤维等。

(3)骨科、牙科使用的无机材料,如磷酸钙陶瓷、生物玻璃及 A-W 玻璃陶瓷等。

(4)心脏、血管使用的无机材料,如血管用碳质材料。

(5)药物释放载体材料,如 β-TCP 陶瓷、磁性微珠等。

(6)临床诊断及生物传感器无机材料,如陶瓷温度传感器材料、羟基磷灰石经皮装置等。

4. 按照生物环境中发生的生物化学反应水平分类

(1)生物惰性医用无机材料,包括氧化铝陶瓷、热解碳、氧化锆陶瓷、二氧化硅陶瓷等。

(2)生物活性医用无机材料,包括羟基磷灰石陶瓷、生物玻璃 45S5、生物活性玻璃陶瓷等。

(3)生物降解医用无机材料,包括可溶性铝酸钙陶瓷、β-TCP 陶瓷等。

(4)纳米生物医用无机材料,如纳米 Fe_2O_3、羟基磷灰石超微粉等。

以上分类方法都有各自的侧重点,由于从不同角度出发,因此同一种材料按不同分类方法属于不同的类别。为了研究的系统性,还有不同的分类方法,如医用钙磷生物材料是生物医用无机材料的一大类别,按成分可以分为羟基磷灰石(HAP)、β-TCP 陶瓷以及双相磷酸钙(BCP)。按起源,HAP 可以分为陶瓷 HAP、珊瑚 HAP、骨提取 HAP。这样分类后,就可以进行比较研究,从而对其临床应用特性进行科学的解释,找到更合理的材料设计方法。

随着生物医用材料以及其他学科的发展,将会提出新的更合理的分类。这是生物医用材料研究者的一个课题。本节按照第四种分类方法对主要的生物医用无机材料进行介绍和论述。

12.4.2　生物惰性医用无机材料

生物惰性医用无机材料主要是指化学性能稳定、生物相容性好的无机材料。生物惰性医用无机材料有氧化物陶瓷、非氧化物陶瓷、碳质材料、惰性生物玻璃陶瓷以及长石类陶瓷等。这些材料在体内能耐氧化、耐腐蚀,不降解,不变性,也不参与体内代谢过程,它们与骨组织不能产生化学结合,而是被纤维结缔组织膜所包围,形成纤维骨性结合界面。

从材料结构上看,生物惰性医用无机材料比较稳定,分子中的化学结合力比较强;具有比较高的机械强度和耐磨损性能,可用于制作人工关节、人工骨和口腔种植材料,主要有高纯氧化铝陶瓷、玻璃陶瓷、多孔氧化铝陶瓷、一般氧化铝陶瓷和高纯热解碳。

12.4.3　生物活性医用无机材料

生物活性是指生物医用材料与骨组织之间的键合能力。生物活性医用无机材料从广义上讲又称为生物活性陶瓷,在体内有一定溶解度,能释放对机体无害的某些离子,能参与体内代谢,对骨质增生有刺激或诱导作用,能促进缺损组织的修复,显示生物活性,如生物玻璃、羟基磷灰石、生物活性玻璃陶瓷等。这类材料中或含有磷灰石,或与体液反应之后所产生的磷灰石能与骨结合为一体,形成骨性结合界面,或含有能与人体组织发生键合的羟基(—OH)等基团。这种结合属于化学性结合,因此其强度高,稳定性好。对于不同的生物活性陶瓷,其化学性结合的机理也不同,下面分别进行叙述。

1970 年,美国佛罗里达大学的 L.Hench 教授开发的 45S5 生物玻璃成功地用于人体硬组织的修复,它能与生物体内的骨组织发生化学结合,这种生物活性玻璃是基于人骨成分设计的。自此以后,世界各国都加强了这方面的研究工作。

羟基磷灰石是人体和动物骨骼的主要无机成分。因此研究羟基磷灰石材料，是目前国内外生物医用材料领域的主要课题之一。羟基磷灰石研究的历史很长，早在 1790 年，Werner 用希腊文字将这种材料命名为磷灰石。但直至 1926 年，Bassett 用 X 射线衍射方法对人骨和牙齿的矿物成分进行分析，认为其无机矿物很像磷灰石。从 1937 年开始，McConnell 发表了大量磷灰石复合物晶体化学方面的文章。到 1958 年，Posner 和他的同事对羟基磷灰石的晶体结构进行了细致的分析。我国于 20 世纪 80 年代开始研究羟基磷灰石，武汉理工大学、四川大学、山东工业陶瓷研究设计院、航空航天部六二一研究所、北京大学口腔医学研究所、华南理工大学、中国科学院上海硅酸盐研究所等单位都成功地研制出羟基磷灰石陶瓷，并进行了许多临床应用研究。在各种生物材料会议，如 1996 年加拿大举行的第五次世界生物材料大会，1997 年成都举行的第三届远东生物材料会议上仍然有相当数量的文章是有关羟基磷灰石制备、物理化学性能、生物学性能及临床应用方面的研究。

为了推动羟基磷灰石陶瓷材料在我国的临床应用，武汉理工大学根据 ISO、ASTM 标准对其进行了 9 项 11 种生物学试验，包括遗传毒性试验（Ames 试验和微核试验）、细胞毒性试验、植入试验（长期和短期骨和肌肉植入试验）、热原试验、溶血试验、急性毒性试验、过敏试验、刺激试验和慢性毒性试验。结果表明这种材料对生物组织无毒、无刺激、不致过敏反应、不致畸、不致突变和不致溶血，适合于体内长期植入。上海第二医科大学（现合并为上海交通大学医学院）选择了五项试验，包括细胞毒性试验、热原试验、急性全身毒性试验、溶血试验以及植入试验，得到了同样的结果，证明羟基磷灰石材料对生物体无毒性、无刺激性、无变性、坏死等异常反应。四川省生物医学材料监测中心以四川大学的羟基磷灰石陶瓷为主要试验材料，选择了一组试验项目作为生物学评价，其中包括细胞毒性试验、溶血试验、刺激试验、急性全身毒性试验、过敏试验、热原试验、致突变试验和长期组织埋植试验，试验结果表明羟基磷灰石材料具有良好的生物相容性。

由于羟基磷灰石陶瓷具有良好的化学稳定性和生物相容性，能与骨形成紧密的结合，大量的生物相容性试验证明它无毒、无刺激、不致过敏反应、无致畸、无致突变、不致溶血，不破坏生物组织，并能与骨形成牢固的化学结合，是一种很有应用前景的人工骨和人工口腔材料。

羟基磷灰石烧结体的强度和弹性模量都比较高，但断裂韧性小；随烧结条件的不同，力学性能波动很大，并且会在烧结后的加工过程中引起很大程度的降低。因此，最初只是利用其生物活性，将它用于一些不受力的部位。例如，将致密烧结羟基磷灰石制成颗粒用于齿槽骨的填充或制作成多孔状的材料用于颚骨、鼻软骨的支撑，以便它们的功能恢复，以上应用都得到良好的临床效果。另外，羟基磷灰石作为致密烧结体也用于人工听小骨（图 12.2），得到与生物玻璃相同的效果。武汉工业大学经理论推导设计研制的人工听小骨能恢复人的听觉功能，其表面为微孔结构，孔径为 5～30μm，构造、质量、弹性模量以及与人体组织的结合强度与人骨接近，产品质量轻、机械阻抗小，通过添加一定量的添加剂，改善羟基磷灰石陶

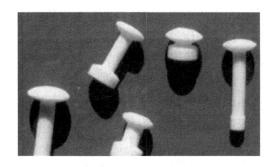

图 12.2　人工听小骨

瓷的机械强度，达到了模拟人类听觉效果的目的。通过与氧化铝(Al_2O_3)陶瓷听小骨的临床对比发现，植入氧化铝陶瓷听小骨后，患者的听力在整个语言频率区提高的幅度小于植入羟基磷灰石陶瓷听小骨的情况，且随着音频的提高，氧化铝陶瓷听小骨系统提高听力的衰减幅度远远大于植入羟基磷灰石陶瓷听小骨的系统，通常在音频大于 2000Hz 时，氧化铝陶瓷听小骨系统提高听力的能力开始出现较大的衰减，而羟基磷灰石陶瓷听小骨系统一般在 4000Hz 以上才开始明显地衰减。临床应用表明其结构特点与缺损骨组织基本相同，在体内不缩不胀、不溶解、不吸收；力学性能适当，不起理化变化；与周围组织结合好，术后患者气导语言频率(500、1000 和 2000Hz)平均提高 15dB 以上者占 86.4%，总有效率为 93.7%，经 1～8 年的跟踪调查，取得了令人满意的临床疗效及改善听力的效果。

20 世纪 80 年代中期，人们进行了受力部位的实验。1984 年日本在人工齿根方面进入了实用阶段，植入颚骨后几个月，托牙就附着在牙根上，由于牙根承受的主要是压应力，这对陶瓷材料而言是比较有利的。在使用人工齿根时，为了防止齿根与牙龈之间进入杂菌，牙龈挨着牙根紧密生长是非常重要的，而羟基磷灰石烧结体在这方面与天然齿根有相同的效果，长期的临床结果证明羟基磷灰石烧结体与骨组织和牙龈组织具有很好的生物相容性，结合紧密。但羟基磷灰石烧结体的断裂韧性很低，因此无法用于门牙的齿根或承受较大力量的部位。

羟基磷灰石还用于牙膏添加剂，它能吸附葡萄聚糖，防止牙龈炎，同时羟基磷灰石能吸附蛋白质、氨基酸和体液，经十几年的临床研究，羟基磷灰石牙膏能有效地防治牙龈炎和牙槽炎。1980～1981 年 Aoki 等对一组小学生进行了对比临床实验，牙龈炎的防治率平均为 26.42%，有效地阻止牙龈炎和脓溢。

为了克服生物玻璃在力学上的缺点，人们进行了含磷灰石和硅灰石结晶的玻璃研究，在保持生物活性玻璃与骨组织良好键合优点的同时，其力学性能也得到了提高。通常将生物活性玻璃陶瓷也称为生物活性微晶玻璃，它是一种多相复合材料，含有一种以上的结晶相及玻璃相。含有磷灰石或磷酸三钙微晶，或在生理环境下生成羟基磷灰石表面层的微晶玻璃都称为生物活性玻璃陶瓷，它具有不同程度的表面溶解能力，易被体液浸润，生物相容性好，植入骨内能直接与骨结合，是新一代的人体硬组织修复材料，已成为生物医用陶瓷的重要分支。

12.4.4　生物降解医用无机材料

长久以来，生物医用无机材料领域的研究人员将生物降解材料列入生物活性材料一类，对于生物降解无机材料的观点也有不同看法，因为生物活性玻璃、生物活性水泥、羟基磷灰石等在植入动物体内后也发现材料有部分的溶解吸收，而且在这类材料的组成中都含有能与人体正常的新陈代谢途径进行置换的钙、磷元素，或含有能与人体组织发生键合的羟基等基团，由此促使了生物降解陶瓷的发展，国内首先进行这一研究的是武汉工业大学的李世普教授，且得到了国家自然科学基金的资助，经过十多年的研究已取得了系列研究成果。

生物降解或生物可吸收陶瓷材料植入骨组织后，材料通过体液溶解吸收或被代谢系统排出体外，最终使缺损的部位完全被新生的骨组织所取代，而植入的生物降解材料只起到临时支架作用。在体内通过系列的生化反应一部分排出体外，另一部分参与新骨的形成。Driskell 等在 1972 年研制出多孔 β-TCP 材料；1977 年用 β-TCP 制成骨移植材料；1978 年 β-TCP 开始用于骨填充的临床；deGroot 在 1981 年用 β-TCP 做骨再生实验。近来由于组织工程在生物医用材料领域的开展，人们发现 β-TCP 是组织工程中很好的支架材料。

β-TCP 具有良好的生物相容性和生物降解性能，成为理想的骨移植材料，用于修复因创伤、肿瘤或骨病等原因所致的骨缺损。武汉工业大学和同济医科大学(现称华中科技大学同济医学院)在动物实验的基础上，自 1989 年开始将材料用于临床。郑启新等首先将多孔 β-TCP 陶瓷人工骨用于修复良性肿瘤或瘤样病变手术刮除后所致骨缺损。

β-TCP 陶瓷是一种能够用于修复人体骨组织缺损、替代自体骨或同种异体骨、异种骨移植的人工生物材料，它可解决骨填充材料来源有限、难以满足需要的困难，同时避免同种异体骨或异种骨移植时所产生的排异性和传染疾病。但是 β-TCP 陶瓷只能用于不受力部位，这限制了它的应用范围。组织工程在生物医用材料领域的应用，为 β-TCP 陶瓷的进一步开发应用展示了光明的前景。

生物降解医用无机材料的研究从某种意义讲是实现从无生命到有生命过程的一种有益的探索。从材料设计的角度有新的突破，不再局限于替换，而是作为一种临时支架，诱导骨组织的再生，最终变成生命的有机体。但临床应用表明，它仍然不能用于受力部位的修复。因此，生物医用无机材料的发展还需要广大科学工作者不断的努力，特别是需要不断提出新的材料设计思想和新的观念。事实证明，只依靠某一种材料的研究尚不能解决临床中提出的各种问题，只有多学科交叉，利用各种材料的优点，克服各自的不足，将各种材料进行复合，才能满足临床的需要。

12.4.5　纳米生物医用无机材料

纳米微粒是指颗粒尺寸为纳米量级的超细微粒，一般在 1～100nm，有人称为超微粒子，也有人把超微粒子划为 1～1000nm。纳米微粒是肉眼和一般显微镜看不到的微小粒子。大家知道，血液中红细胞直径为 6000～9000nm，一般细菌(如大肠杆菌)长度为 2000～3000nm，引发人体疾病的病毒尺寸一般为几十纳米。因此，纳米微粒的尺寸比红细胞小，也比细菌小，和病毒大小相当或略小些。当小粒子尺寸进入纳米量级(1～100nm)时，其本身具有量子尺寸效应、小尺寸效应、表面效应和宏观量子隧道效应，因而展现出许多特有的性质，在催化、滤光、光吸收、医药、磁介质及新材料等方面具有广阔的应用前景。但是纳米粒子在生物学方面的效应尚未揭示出来。目前的应用仅仅限于细胞分离、药物载体、细胞染色等利用其尺寸小于体内细胞的特点。1992 年 Aoki 在 HAP 纳米颗粒(又称 HAP 微晶)的体外细胞培养实验中发现，它对正常细胞活性无影响。1994 年 Kano 用 HAP 微晶吸附抗癌药物的细胞培养实验中发现，用作空白对照的 HAP 微晶对癌细胞的生长具有抑制作用。1994 年武汉工业大学开始 HAP 微晶抑癌作用的研究。

纳米生物医用无机材料的研究主要包括三个方面：一是系统地研究纳米生物医用无机材料的性能、微结构和生物学效应，通过和常规材料对比，找出其特殊的规律；二是发展新型的纳米生物医用无机材料；三是进行应用研究，开创新的产业。纳米生物医用无机材料将会在生物医用材料领域开辟一个崭新的研究课题，目前，关于这方面的研究基本上还是一片空白，需要研究的问题很多，人们尚存在一些疑虑、一些看法，同样，也给生物医学材料研究者更多的机会。任何一个发现，任何一个突破都会带来巨大的社会和科学价值。著名科学家钱学森预言纳米材料和技术将会是 21 世纪科技发展的重点，会是一次技术革命，从而也是一次产业革命。

纳米生物医用无机材料的研究才刚刚起步，有很多未知的东西需要我们去探索，如无机纳米粒子与癌细胞的作用机理、纳米粒子的生物学效应等仍不清楚。已有的工作表明这种研究具有较大的理论意义和应用前景。如果在某些方面能有所突破，无疑将是对生物医用材料发展的一个重大贡献和促进。

12.5　生物医用复合材料

生物医用复合材料是由两种或两种以上不同材料复合而成的生物医用材料，它主要用于人体组织的修复、替换和人工器官的制造。

复合材料的概念来源已久，复合材料这个词本身就包括了最古老的和最新型的材料。天然竹子是一种用硅胶增强的纤维素天然材料，这种组成使竹子成为一种冲击强度很高的硬质材料。木材为纤维状的纤维素细胞与一种天然高分子构成的天然复合材料。人体的骨骼也是由人体胶质蛋白与无水矿物质构成的一种纤维增强复合材料。生物医用复合材料的概念也正是随着生物医学和材料科学的发展逐步形成与发展起来的。

在长期的临床应用中，传统的生物医用金属材料和高分子材料与人体组织的亲和性差，长期植入人体，会从金属材料中溶出金属离子，从高分子材料中溶出残留的未反应单体，对人体组织构成一定的危害。而陶瓷材料由于材料本身的脆性只能用于骨缺损填充，而不适于用在人体受力较大的部位。因此单一的生物医用材料都不能很好地满足临床应用的要求。利用不同性质的材料复合而成的复合材料，不仅兼具组分材料的性质，而且可以得到组分材料不具备的新的特性。人体不同部位的组织具有不同的结构和性能，生物医用复合材料的研究为获得结构和性质类似于人体组织的生物医用材料开拓了一条广阔的途径。随着复合材料科学技术的进展，生物医用复合材料已成为生物医用材料研究和发展中最活跃的领域。

生物医用复合材料的种类繁多，目前尚无统一的分类方法，而且分类的方法有多种。下面根据复合材料的三要素分类如下。

(1) 按基体材料分类，有陶瓷基生物医用复合材料、高分子基生物医用复合材料、金属基生物医用复合材料。

(2) 按材料植入体内后引起的组织材料反应分类，有近于生物惰性医用复合材料、生物活性医用复合材料和生物降解医用复合材料。

(3) 按增强体的形态和性质，分为纤维增强生物医用复合材料和颗粒增强生物医用复合材料。

复合材料一般由基体与增强体组成，它属于多相材料范畴，复合材料不仅能保持其原组分的部分优点，而且可产生原组分所不具备的特性。医用高分子材料、金属和合金以及生物陶瓷既可作为生物医用复合材料的基体，又可作为其增强体或填料。常用的基体有医用高分子材料，包括可生物降解和吸收的高分子材料；医用碳素材料、生物玻璃、玻璃陶瓷和磷酸钙基生物陶瓷等生物陶瓷材料；医用不锈钢、钛基合金、钴基合金等医用金属材料。常用的增强体有碳纤维、不锈钢和钛基合金纤维、生物玻璃陶瓷纤维、碳化硅晶须等纤维增强体；氧化锆、磷酸钙基生物陶瓷、生物活性玻璃陶瓷等颗粒增强体。

纤维增强生物医用复合材料是以纤维为增强体而形成的一类生物医用复合材料，作为增强体的纤维有碳纤维和其他陶瓷纤维、玻璃纤维、金属纤维和高分子纤维，基体材料主要是医用高分子材料和生物陶瓷等。纤维在基体中起组成成分和骨架作用，基体起黏结纤维和传递力的作用，纤维的性能、纤维在基体中的含量与分布以及与基体的界面结合情况对复合材料的力学性能影响较大。纤维增强生物医用复合材料由于结构与人体组织非常相似，因此具有较大的发展潜力。

颗粒增强医用复合材料主要是掺入一种或多种无机化合物颗粒的陶瓷基、高分子基生物医用复合材料。掺入的颗粒分布在基体中或作为增强体，或作为添加材料填充在骨架之中增进生物材料的生物学性能。颗粒的增强效果与粒子在复合材料中所占的体积分数、分布的均匀程度、颗粒的大小与形状等因素有关。常用的颗粒有氧化锆 (ZrO_2)、氧化铝 (Al_2O_3)、氧化钛 (TiO_2) 等氧化物颗粒和羟基磷灰石等生物活性陶瓷颗粒。

12.5.1　生物无机与无机复合材料

生物无机材料又称为生物陶瓷材料，由于其无毒副作用，与生物组织有良好的亲和性、生物相容性、耐腐蚀和耐磨性，越来越受到重视。目前，生物体内近似生物惰性材料、生物活性材料、生物降解材料已应用于人体硬组织(如骨和齿)的替换、修补，与金属、高分子材料相比，显示出其特有的生物学性能，但生物无机材料的脆性使其应用受到限制。

生物无机与无机复合材料常以氧化物陶瓷、非氧化物陶瓷、生物玻璃、生物玻璃陶瓷、羟基磷灰石、磷酸钙等材料为基体，以某种结构形式引入颗粒、晶片、晶须或纤维等增强体，通过适当的工艺，改善或调整基体的性能。目前常见的生物无机与无机复合材料主要有生物陶瓷与生物陶瓷复合材料、生物陶瓷与生物玻璃复合材料、生物活性涂层无机复合材料。

12.5.2　生物无机与高分子复合材料

现代科学技术的发展为生物医用材料的开发与研制提供了必备的条件，许多人工假体、矫形物以及其他各种修复材料已成为临床诊治不可缺少的材料。生物无机与高分子复合材料的出现和发展是生命科学与材料科学研究进展的必然产物，也是人工器官和人工修复材料、骨填充材料开发与应用的必然要求。

研究发现，几乎所有的生物体组织都是由两种或两种以上的材料所构成的。例如，人体的骨骼、牙齿就可看作由胶原蛋白、多糖基质等天然高分子构成的连续相和弥散于基质中的羟基磷灰石晶粒复合而成的复合材料，其组成与比例的变化不仅能改变其力学性能，也可改变其功能。生物无机与高分子复合材料的特点是利用高弹性模量的生物无机材料增强高分子材料的刚性，并赋予其生物活性，同时利用高分子材料的可塑性增进生物无机材料的韧性。这一类材料主要用于人体硬组织的修复与重建。

生物无机与高分子复合材料的研究与开发目前还处于研究阶段，用于临床的复合材料较少。但这类复合材料易于模拟自然骨的结构与组成，可根据材料植入部位或置换的要求进行材料的设计，合理调配高分子材料的种类与制备方法，满足临床需求。例如，采用羟基磷灰石与可降解高分子材料复合制成的复合型人工骨，植入体内后，高分子逐渐被降解、代谢，同时人体组织长入，与羟基磷灰石结合形成一种与天然骨类似的骨修复材料，因此该复合材料具有很好的应用前景。目前常见的生物无机与高分子复合材料主要有生物活性陶瓷-天然生物高分子复合材料、生物活性陶瓷-生物高分子复合材料、生物玻璃-生物高分子复合材料以及碳纤维增强复合材料等。

12.5.3　生物无机与金属复合材料

陶瓷-金属复合材料是由一种或多种陶瓷相与金属或合金组成的多相复合材料。美国标准试验方法(ASTM)陶瓷与金属复合材料研究委员会将陶瓷-金属复合材料定义为一种由金属或合金与同一种或多种陶瓷相组成的非均质的复合材料。复合材料的性能取决于金属的性能、陶瓷的性能、两者的体积分数、两者的结合性能及相界面的结合强度。生物无机与金属复合材料从广义上讲是一种陶瓷-金属复合材料,但作为生物医用材料应用的陶瓷-金属复合材料主要为金属基无机涂层的材料。

作为生物医用材料,金属材料占有极其重要的地位。金属材料具有较好的综合力学性能和优良的加工性能,国内外较早地将其作为人体硬组织修复和植入材料。但金属材料与肌体的亲和性、生物相容性较差,在体液中存在易释放的有害离子向肌体组织中游离产生腐蚀等问题,对人体组织和器官产生不良影响,限制了金属材料作为生物材料的应用。生物无机材料具有良好的耐腐蚀性、优良的生物相容性,尤其从 20 世纪 70 年代羟基磷灰石生物陶瓷材料问世以来,生物陶瓷材料越来越受到人们的青睐,目前已在整形外科、齿科等领域得到广泛使用。但陶瓷材料强度低、韧性差,在生理环境中易疲劳破坏。在金属基体上采用不同的工艺方法进行生物陶瓷涂层,充分发挥两类材料的优点,近十几年来该类复合材料越来越引起生物医学材料学界的重视,生物医用涂层材料的研究日趋活跃,其应用也更为广泛。

生物陶瓷涂层材料的基体一般要求为具有高强度、高韧性、低密度的金属及合金,如不锈钢、钛及钛合金、钴铬钼合金、钴铬合金等。生物无机涂层材料根据其生物活性,可分为生物惰性和生物活性涂层两类。

第13章 智能材料

13.1 概　述

1. 智能材料的概念与范畴

智能材料的构想源自仿生，目标是要获得具有类似生物材料的结构及功能的"活"材料系统，它能够感知外界环境的刺激或内部状态所发生的变化，通过材料自身的信息处理和某种反馈机制，能实时地改变材料自身一个或多个性能参数，做出恰当的响应，和变化后的环境相适应。有些功能材料可以感知环境变化或执行某种驱动指令，但是其自身不具备信息处理和反馈机制，不具备顺应环境变化的自适应性，称为机敏材料，它是智能材料的低级形式。智能材料则具有顺应环境条件变化的一些特性，如信息选择性，结构和功能候补性，行为开关性，以及自诊断、自修复、自增强等。

一般认为，智能材料应具备感知、处理和驱动三个基本要素。由于现有的单一均质材料通常难以具备多功能的智能特性，因此往往需要两种或几种材料的复合，构成一个智能材料体系。这是复杂材料体系的复合，它的设计、制备、加工及结构和性能表征均涉及材料科学中最前沿的领域，集中反映和代表了材料科学的最高水平和最新发展方向。

2. 智能材料的分类

智能材料是最近几年才出现的新型功能材料，它的研究呈开放和发散性，涉及化学、物理学、材料学、计算机、海洋工程和航空等领域，其应用范围广阔，目前常按组成智能材料的基材来划分为：①金属系智能材料，主要指形状记忆合金，是一类重要的执行器材料，可用其控制振动和结构变形；②无机非金属系智能材料，主要包括压电陶瓷、电致伸缩陶瓷、电(磁)流变体等；③高分子系智能材料，主要包括智能凝胶、药物控制释放体系、压电高分子、智能膜等。

有些智能材料(如形状记忆材料)，既可以是金属系形状记忆合金，又可以是形状记忆陶瓷，也可以是形状记忆高分子，既有磁致伸缩合金，也有磁致伸缩陶瓷。因此，也有从智能材料的自感知、自判断、自执行的角度出发，分为：①自感知智能材料，用于传感器；②自判断智能材料，用于信息处理器；③自执行智能材料，用于驱动器。

13.2　智能压电材料

压电材料的主要功能是把机械能转换成电能，反之亦然，这种特性可以使其应用在智能材料中。

13.2.1　压电陶瓷

目前压电陶瓷的应用日益广泛，所应用的压电陶瓷大致可分为压电振子和压电换能器两大类。压电振子主要利用振子本身的谐振特性，它要求压电、介电、弹性等性能稳定，机械品质因数高；压电换能器主要将一种能量形式转换成另一种能量形式，它要求机电耦合系数和品质因数高。压电陶瓷的主要应用如下。

1. 压电陶瓷变压器

压电陶瓷变压器与传统的电磁变压器相比，在结构、制造材料和升压原理上截然不同，具有高效率(转换效率为 90%)、无需芯及铜线绕制、不怕短路、不怕高压击穿、不怕受潮、不怕电磁扰动、体积小、质量轻、结构简单等优点。

压电陶瓷变压器目前应用于家用电器到高科技军工产品的各个领域，例如，安全系统中的电警棍、防盗网、提款箱、运钞车、保险柜等；电源供应系统中的 CRT 和 EL 映像管、冷阴极管、霓虹灯管、激光或 X 射线管、高压静电喷涂、高压植绒、雷达显像管等；包括汽车与机车点火系统、锅炉点火系统在内的点火系统中的高压脉冲点火；其他方面如影印机、激光打印机、传真机、静电产生器、医疗器材、空气清新机、臭氧消毒柜、军事和航天设备等。具体应用压电陶瓷变压器的产品有 PCT 便携式计算机 LCD 消光电源、TCB-1 型压电陶瓷变压器高低压稳压电源、JHT-2 型 PCT 压电陶瓷极化台、TDF-1 型压电陶瓷变压器复印机高压电源、TCD-1 型压电陶瓷变压器雷达高压电源、PCB-1 型压电陶瓷变压器便携式 He-Ne 激光光源、LZ-100 型 He-Ne 激光血管内照射治疗仪等。

2. 高位移的新型压电制动器

自从发明压电制动器特别是多层压电制动器以来，其应用日益扩大，特别是在精密定位方面。这种制动器的典型用途包括线型制动器、往复运行和空腔泵、开关、扬声器、压力计、振动器、喷水器和接收器、光偏转器、继电器、减噪和减振器件以及智能系统。特别是弹珠式制动器在汽车工业上有很大的应用潜力，它可用作传感器和减振器元件、阀门的开关元件，还可以用到其他要求尺寸小、响应快的场合。有人已将其成功地应用于光扫描器、高密度记忆存储驱动器等。

3. 医用微型压电陶瓷传感器

压电超声换能器很久以前就用于医疗设备，其应用领域很多。随着科学技术的不断发展，人们开始研制新型仪器。美国科学家研制出一种微型压电陶瓷传感器，它比人的头发还要细小，可以帮助医生探测患者的心脏附近(如冠状动脉)具有潜在致命危险的胆固醇的累积情况。使用时，将这种十分细小的传感器插入动脉血管并通过微细光缆输送到心脏部位，利用高频超声和这种传感器来诊断有生命危险的胆固醇堵塞部位的位置和厚度，为在血管内采用激光外科手术将其清除铺平道路。

4. 用于主动减振和降噪的压电器件

压电材料自身具有的正逆压电效应使其成为挠性结构主动分布控制中检测器与执行器的理想材料。用于这方面较为重要的压电材料有 PZT 和 PVDF。与前者比较，PVDF 具有频率响应宽、易与声阻抗匹配、力学强度高、柔韧性好、质量轻并且耐冲击、容易制成大面积膜、价格低廉等优点。作为一个带有压电检测器和执行器的梁，底部的压电层(作检测用)感应梁的位移并产生相应的电压，将这一电压按照一定的控制规律乘以放大系数并反馈到上部的压电执行器，压电执行器受到电压的作用而产生机械振动。如果反馈电压转换了 180℃ 的相位，这种振动就会抵消梁的振动，从而达到减振降噪的目的。上述分布检测器和执行器装置由于具有自我监测与自我调节能力而称为智能结构，现已应用于潜艇外壳、飞机舱以及发射航天器舱的减振降噪。

13.2.2 压电高分子

压电高分子通常为非导电性高分子材料，从原理上讲不包含可移动电子电荷。然而，在某些特定条件下，带负电荷的引力中心可以被改变。不导电特性可以用两个重要的物理特性来描述：一个是介电常数，它描述了在电场中的极化性；另一个是自发极化强度矢量，它在无电场时存在，极化性可以被机械压力或温度变化束改变，前者称为压电效应，后者称为热电效应。较为典型的压电/热电高分子的例子是拉伸并极化的聚偏氟乙烯(PVDF)及其共聚物——PVDF-TrFE(trifluoroethylene)。这些材料在机械式传感器(如压力、加速度、振动和触觉传感器等)、声传感器和红外辐射传感器等领域应用广泛。具有高自发极化强度的非导电性材料称为驻极体，可以用于电容型声传感器(麦克风)。电子束极化聚四氟乙烯(PTFE)可以称为目前最好的高分子驻极体。由于具有高偶极矩的分子的吸附作用，或者由于膨胀，在许多高分子材料中可以探测到介电常数的变化。

1. PVDF 压电塑料

PVDF 是一种晶态高分子。由于其分子链容易规整排列，具有较高的结晶度，在一般情况下，呈 α-晶相，不显示压电性，只有将 α-晶相的 PVDF 在特定的条件下进行单向拉伸至原有长度的 4~5 倍，使 PVDF 呈 β-晶相时，才显示压电性。

PVDF 压电薄膜较其他压电材料具有以下优点：①柔软性好；②工艺性好，加工方便，容易制得大面积介电性好的制品；③介电常数小，因而电压输出常数大；④音响阻抗小，与水和人体等匹配好；⑤机械共振的敏锐度小，能获得衰减好的短脉冲，因而对超声波的分解能力强；⑥绝缘性和耐电压性好，能输送高电压。

2. 芳香族聚脲压电塑料

人们已经发现大量的压电、热释电和铁电材料，其中有无机晶体、陶瓷和高分子等。例如，石英、PZT、TCS、PVDF 以及 PVDF-TrFE，最近尼龙的压电和铁电性也有报道。无机材料虽然压电常数大，但难于成膜。现有的有机材料虽然易加工，但压电性能较差，又有热稳定性不理想的不足。最近芳香族聚脲薄膜的研究给高分子材料克服这一不足带来了希望。这种聚脲高分子的硬质芳香族环状分子骨架和尿素链—NHCONH—偶极子之间的强烈氢键相互作用，使它成为一种温度特性以及压电和热释电综合性能非常好的材料。

13.2.3 压电复合材料

由热塑性高分子与无机压电材料所组成的压电材料称为压电复合材料，又称复合型高分子压电材料。其特征是兼有无机压电材料的优良压电性和高分子压电材料的优良加工性能，而且不需要进行拉伸等处理，即可获得压电性，而这种压电性在薄膜内无各向异性，故在任何方向上都显示出相同的压电性。

压电陶瓷/高分子复合材料是近年兴起的一类新型压电材料，其优异的性能受到人们的广泛关注。作为驱动器材料时，它的激励功率小、响应速度快；作为传感材料时，其中的 3-0 连通型、3-1 连通型和 3-3 连通型压电复合材料的性能都优于压电陶瓷和压电高分子。更重要的是它具有良好的可设计性，其柔顺性也是压电陶瓷无法比拟的。目前，这类压电材料已经在很多领域得到了重要的应用，随着其制备工艺的发展和性能的提高，其应用领域将不断扩大，且必将成为压电陶瓷和压电高分子的理想替代材料。

典型的压电复合材料有 $BaTiO_3$/PVDF 压电复合材料、PZT/PVC 压电复合材料、PZT/尼龙 1010 与环氧树脂压电复合材料等。

13.3　智能磁致伸缩材料

材料在外加磁场作用下尺寸和体积发生改变的效应称为磁致伸缩效应，具有磁致伸缩效应的材料称为磁致伸缩材料。目前，国内外磁致伸缩材料主要有三大类：金属与合金磁致伸缩材料、铁氧体磁致伸缩材料和稀土金属间化合物磁致伸缩材料(磁致伸缩是传统磁致伸缩材料的近百倍，故又称稀土超磁致伸缩材料)。其中以稀土超磁致伸缩材料的研制开发最为成功，特别是铽镝铁磁致伸缩合金(Terfenol-D)的研制成功，更是开辟了磁致伸缩材料的新时代，成为稀土磁功能材料继稀土永磁材料之后的第二次重要突破。目前稀土超磁致伸缩材料已广泛应用于各种尖端技术和军事技术中，对传统产业的现代化产生了重要的作用。

13.3.1　智能磁致伸缩合金

1. 超磁致伸缩合金

磁致伸缩的大小以相对伸缩 $l=\Delta L/L$ 表示，l 称为磁致伸缩系数。超磁致伸缩合金 $(Tb_xDy_{1-x}Fe_{2-y})$ 是近期迅速发展起来的高技术新型功能材料，其磁致伸缩系数 l 最高可达到 2400×10^{-6}，而传统的磁致伸缩材料的 l 均很小；随后发现的电致伸缩材料其 l 也只在 $100\times10^{-6}\sim600\times10^{-6}$。因此这种材料称为超磁致伸缩材料(giant magnetostrictive material，GMM)。

GMM 在室温下具有磁致应变值巨大、机械能-电能转换效率高、能量密度高、产生应力大、响应速度快、可靠性高、驱动方式简单等特点，由此对传统的电子信息系统、制动系统、传感系统、振动系统等的结构产生革命性的变化，特别是使高精度宽范围调节的位移与定位系统、低频大功率高可靠性声呐系统等成为可能。GMM 的每一项应用都蕴涵着重要的高技术创新。GMM 器件的性能已证明优于目前的压电陶瓷换能材料，其应用前景广阔。

GMM 和压电陶瓷材料主要利用电能、磁能、机械能的有效转换效率，构成众多先进的应用器件，如声/水声学器件、力学器件(制动器、执行器等)、电子器件(传感器、信号器等)、电磁执行器件(合闭执行器、电控执行器)、换能器件(超声换能器、声换能器)等。近年来，随着 GMM 的不断开发应用、生产技术的不断完善和突破、原材料成本的降低，此材料的市场价格大幅度降低，已形成了代替压电陶瓷的强大势头。

GMM 同时具有能量转化和传感的功能。当材料在磁场作用下发生尺寸的变化时，即可将磁能(可由外绕线圈通过电流产生)转换为机械位移(机械能)，利用这个特性可制成精密位移制动器，其特点是精度高(微米级)、反应速度快(微秒级)、产生的力大；若给 GMM 棒材施加一个交流磁场，则棒产生振动和声波，利用该性质可以制作振动频率在音频范围内 (20Hz～16kHz)的扬声器和水声换能器，也可以制作振动频率超过音频(大于 16kHz)的超声换能器，其最大的特点是功率远远大于传统压电陶瓷和传统磁致伸缩换能器，但可靠性比压电陶瓷高得多。GMM 同时具有压磁效应——磁致伸缩的逆效应，即在外力作用下材料磁化状态发生变化，因此可制成传感器。将传感和制动功能通过计算机有机地结合起来，就形成了智能结构或智能系统，可以感知力、位移、振动、声、磁等，进而根据需要做出响应，因而GMM 是一种重要的智能材料，该材料的应用面非常广。

20 世纪 80 年代以来美国每年有 80～90 项有关此材料器件应用的专利，目前已开发了 1000 多种应用器件，应用面涉及航空航天、国防军工、电子工业、机械工业、石油工业、纺织工业、农业和民用。这些应用大大促进了相关产业的技术进步，例如，大功率 GMM 换能器对油井处理，可降低石油黏度，改善流动特性，大大提高石油产量；在超大规模集成电路领域，使用该材料制作精密定位系统，使集成电路容积成几十倍增加，体积大大缩小，对电子工业将产生深刻的影响。在科技发展日新月异的 21 世纪，GMM 的重要性将越来越突出，应用将迅速扩大。

2. 铁镍基高温磁致伸缩合金

对二元铁镍基高温合金，当镍含量为 40%～65%，特别是 50%～60%时，该合金具有较大的饱和磁致伸缩系数。此外，当铁镍合金中镍含量约为 15%时，合金也具有较大的饱和磁致伸缩系数，但此时合金的居里温度偏低，不适合高温下使用。

3. $Fe_{81}Ga_{19}$ 磁致伸缩合金

Fe-Ga 合金（Galfenol）是近年来发现的一种新型磁致伸缩材料，该合金相结构非常复杂，与制备工艺、成分、热处理方式密切相关。目前，Fe-Ga 磁致伸缩合金单晶和取向多晶的制备手段很多，用改进的 Bridgman 法，通过控制晶体的生长速度，在 2mm/h 的生长速度下得到[100]轴向取向的单晶，在施加轴向压力条件下，饱和磁致应变可达到$(200～300)\times10^{-6}$。然而单晶的生长成本较高，并且其室温的力学性能不如多晶，因此希望能够制备出具有较好磁致伸缩性能的取向多晶。

以 22.5mm/h 的慢速晶体生长获得了近似[100]织构的 Fe-27.5%Ga 多晶棒材，其饱和磁致应变达到了 271×10^{-6}。采用铜模铸造的方法获得 $Fe_{81}Ga_{19}$ 取向多晶，在 280K 测得其饱和磁致应变为 80×10^{-6}。

4. TbDyFe 超磁致伸缩合金

$Tb_{0.3}Dy_{0.7}(Fe,M)_{1.95}$(M=Al,Mn,B) 超磁致伸缩合金（简称 TbDyFe 合金）具有优异的磁致伸缩性能，在航空航天、声呐、机器人等领域有广阔的应用前景。

5. 其他

除上述几种智能磁致伸缩合金外，还有其他同种已开发的磁致伸缩合金，如 $Dy_{0.65}Tb_{0.25}Pr_{0.1}Fe_x$ 磁致伸缩合金、多晶稀土-铁系超磁致伸缩合金、稀土超磁致伸缩合金等。

13.3.2 电致伸缩陶瓷

电致伸缩是一个二次方效应，应变正比于极化强度的平方，比例系数称为电致伸缩系数（Q_{11}）。一般固体电介质都能产生电致伸缩效应。大量研究表明，弛豫型铁电体具有良好的电致伸缩性。研究较多、性能良好的电致伸缩材料主要有 PMN 基、PLZT 基和 PZN 基陶瓷材料。电致伸缩陶瓷材料具有位移迟滞较小、应变大、位移重复性好、无需极化、不老化及热膨胀系数低等优点。但该材料具有较大的介电常数。性能随温度变化大，因此最好在温度变化范围小的场合使用。

1. PMN 电致伸缩陶瓷

以铌镁酸铅($Pb(Mg_{1/3} \cdot Nb_{2/3})O_3$，PMN)为基本组分的陶瓷是一种具有明显扩散相变特征的弛豫铁电体，在电场驱动下具有显著的电致伸缩效应，是重要的电致伸缩材料，但和其他电致伸缩陶瓷材料一样，其电致应变特性与温度密切相关。

2. PZN-PT-PMN 电致伸缩陶瓷

具有弥散相变特征的铅系复合钙钛矿型材料($Pb(Zn_{1/3} \cdot Nb_{2/3})O_3$，PZN)，其电致应变大、介电常数高，是一类广泛应用的微位移器陶瓷，Jang 等还研究 $PMN-PbTiO_3$(PT)二元系以及 $PMN-PT-Ba(Mg_{1/3} \cdot Nb_{2/3})O_3$ 三元系材料电致伸缩及介电特性，但在实际应用时，存在大应变和高温稳定性的折中选择问题。

3. PLZT 电致伸缩陶瓷

PLZT 电致伸缩陶瓷的电致伸缩系数为 $Q_{11}=3.14×10^{-2}m^4/C^2$，$Q_{12}=-1.08×10^{-2}m^4/C^2$。BLTZ 材料与现有的电致伸缩材料相比，具有不含铅元素、无毒、生产设备投资少、成本低、应变大、滞后效应小等优点。它可以代替目前所有含铅的电致伸缩材料，用于制造数十微米以下的微位移电控器件、多位镜、高灵敏 AC 干涉膨胀仪等各种光学器件，还可以代替目前所用的压电材料制成微小位移调制器。它的用途广泛，生产安全、设备简单、成本低，是目前理想的电致伸缩材料。

13.4　智能形状记忆材料

形状记忆材料是 20 世纪 70 年代开发的功能材料，目前已成为一种重要的智能材料，主要作为执行器件。其中形状记忆合金(Shape Memory Alloy，SMA)已广泛地用在建筑、航空航天、军事和医学等领域，形状记忆陶瓷应用在自适应结构和装置，形状记忆高分子在医学领域日益得到广泛应用。近年来形状记忆材料的研究和应用受到研究人员的重视。

13.4.1　形状记忆合金

形状记忆合金是研究最早的一种材料，1932 年 Chang 和 Read 第一次观察到形状记忆效应。形状记忆合金在经历温度过程时可以恢复到某种特定的形状。在较低温度下，这类材料可以发生塑性形变，当暴露在较高温度下时，可以恢复形变前的形状。某些金属仅在加热过程显示形状记忆效应，称为单程形状记忆特性，而有的金属在加热和冷却时都显示形状记忆效应，称为双程形状记忆特性。

形状记忆合金具有广泛的用途。利用其自由形变的特性，可以制成某些零件，安放到难以达到的部位后通过加热使之恢复形状，完成装配。利用有限形变的特性，可以制成连接部件。Raychem 公司使用 CuZnAl 形状记忆合金生产圆柱连接部件，其直径略大于将要连接的金属管，连接后经过加热，管直径收缩，由于金属管限制了形状记忆合金的形变，产生很大的应力，把金属管紧密地结合起来，强度远高于焊接工艺。

形状记忆合金可以作为执行器件。在某些场合下，形状记忆合金可以在一定场合施加应力或位移，通常是循环位移。BetaPhase 公司生产的电路板接线槽采用了 NiTi 形状记忆合金部件作为夹紧弹簧。当电路板在工作状态时，散发的热量使形状记忆合金部件夹紧；当冷却时，弹簧可以较容易地变形，电路板又可以容易地拔出来。

根据同样的原理，CuZnAl 形状记忆合金也在此领域得到应用。例如，配有 CuZnAl 执行器的防火安全阀，当发生火灾时可以自动关闭有毒或可燃气体的管道。

形状记忆合金还应用于控制领域。由于形状记忆效应发生于一个温度区，而不是一个温度点，有可能通过控制形状记忆合金有限恢复，达到精确控制位移的目的。BetaPhase 公司发明了一个装置，通过阀控制流体的流量，由形状记忆合金部件控制阀的开关。通过精确加热形状记忆合金部件，可以准确地控制阀的开关量。实验证明该技术控制位移可以精确到0.25mm。

很多产品利用形状记忆合金的伪弹性。已商品化的一种眼镜架，采用伪弹性的 NiTi 形状记忆合金材料，以吸收外力造成的变形而不影响镜架。在医学上，采用 NiTi 形状记忆合金材料的牙齿矫正器早已普遍使用。NiTi 形状记忆合金材料可以迅速地矫正牙齿的错误位置。

NiTi 形状记忆合金材料具有特殊的性质，如良好的抗腐蚀性和生物相容性、可以制成极小的尺寸、既具有良好的弹性又具有足够的强度，因此在生物医学上有其他材料不可替代的广泛用途。

虽然无法预言 NiTi 形状记忆合金材料将来的用途，但是发展方向还是明显的。材料的价格将不断下降而用量将不断上升，所以探索廉价的替代合金材料将是重要的研究方向。对三元合金的研究将改善目前二元合金的性能。材料设计和材料剪裁的研究将可能针对需要制备出适合特殊应用场合的材料。

采用形状记忆合金材料制备小型而稳定的线圈，只需通很小的电流加热，可以承受多次重复冲击，这将是全新的执行器系列，这类执行器价格低廉，可靠性高，将有巨大的市场潜力。

近年来发展的铁基形状记忆合金对传统的远程有序、马氏体相变理论和形状记忆效应的必需条件提出了挑战。FePt、FePd 和 FeNiCoTi 在热处理过程中发生马氏体相变和形状记忆效应，然而 FeNiC、FeMnSi 和 FeMnSiCrNi 并非远程有序，也没有经过相变过程，同样显示了良好的形状记忆效应。这一类合金的特征在于依靠应力诱变马氏体而产生形状记忆效应，有着比较大的滞后曲线，一般可恢复形变小于 4%。虽然还未确定这类材料的商业用途，可是它开辟了新的形状记忆合金材料研究领域。

13.4.2 形状记忆陶瓷

无机物和陶瓷化合物中同样存在位移和马氏体相变，在相变过程中伴随着体积的变化，产生形状记忆效应。陶瓷材料形状记忆效应的产生可以归结为黏弹性恢复机理和可逆马氏体相变恢复机理。形状记忆陶瓷主要用于自适应结构，如空间光学望远镜、Habble 空间望远镜、日冕仪等，此外，还有希望用作能量储存执行元件。

典型的形状记忆陶瓷有黏弹性形状记忆陶瓷、马氏体形状记忆陶瓷、铁电性形状记忆陶瓷、铁磁性形状记忆陶瓷等。

13.4.3　形状记忆高分子

1975 年，Toyoichi Tanaka 第一次发现高分子的形状记忆效应，温度或溶剂的微小变化会导致凝胶的剧烈溶胀，体积发生甚至上百倍的变化。

目前，形状记忆高分子的研究集中于对水凝胶的研究。水凝胶具有在水溶液中溶胀的特性，研究集中在水凝胶对温度或 pH 微小变化的快速响应，也有研究者研究水凝胶对离子强度、溶剂、压力、应力、光强度、电场或磁场的响应。此外，有文献报道水凝胶对化学触发剂(如纤维素)的响应。

温度场小到 1℃ 的变化可以使凝胶体积发生上百倍的变化，排出内部 90% 的水分。某些凝胶不发生体积变化，而是发生物理性质变化。高分子凝胶的这些特性发展出一系列基于凝胶的执行器、阀、传感器、药物定时释放系统、机器人人工肌肉、光阀、分子分离系统等。

温度响应 N-异丙基丙烯酰胺(IPAAm)凝胶可用于智能药物定时释放系统，通过温度的控制达到释放药物的目的。改变共聚物可以控制凝胶的相转变温度和热敏性，R. Yoshida 等研究了凝胶收缩的力学过程，对其表面进行改性作为药物释放开关，并研究了释放机理。

典型的智能水凝胶是两种高分子形成的接枝高分子网状结构：一种是聚丙烯酸(PAA)，具有生物黏结性和 pH 响应特性；另一种是聚氧化丙烯(PPO)和聚氧化乙烯(PEO)的三嵌段高分子，顺序为 PEO-PPO-PEO。这种接枝高分子在加热到 37℃ 时形成凝胶，而简单地混合两种高分子不会发生凝胶化。接枝高分子的凝胶化是影响其性能的决定因素，Hoffman 发现凝胶化不仅延长了药物扩散出高分子基体的时间，也减缓了基体溶解速率，这也是影响药物释放的一个重要因素。

1982 年首次报道了凝胶对电场的响应。1995 年，Steven 在凝胶内部置入铁磁性物质，在磁场作用下，铁磁性物质产生热效应，升高了凝胶温度，触发凝胶的溶胀效应，使凝胶体积膨胀或收缩，当撤销磁场作用时，凝胶冷却并恢复原状。

铁磁性物质的置入方法一般有三种：第一种是把小镍针直接插入凝胶内；第二种是在小镍片外包附聚乙烯醇，并与高分子单体混合均匀，然后凝胶化；第三种是采用铁磁性流体(纳米磁性粒子分散在溶剂中)作为溶剂，进入凝腔体内。前两种方法制备的凝胶可以用于药物输送系统、人工肌肉，以及工业。

13.5　智 能 流 变 体

13.5.1　电流变体

电流变学是研究分散体系在电场的作用下黏度、弹性模量和屈服应力等发生突变的一门学科。电场对分散体系的结构和流变性质的影响称为电流变效应。具有电流变效应的分散体系称为电流变体(简称 ER 流体)。电流变效应的特点是迅速、可逆、易于控制以及可调范围宽。电流变学起源于人们早期对电黏效应的探索和研究。

电流变体也称电场致流变体，是指在低介电常数的液体中，加入一定尺寸、具有较高介电常数的颗粒，使其成为悬浮液或分散液。在电场作用下，该体系的表观黏度大幅度增加，甚至转变为不可流动的固体，这种转变过程速度快(其对电场的反应时间在毫秒级)且具有可逆性。电流变体的这种特性使之成为一种新型智能材料，将它用于自动控制体系中，作为电子控制和机械执行系统的连接纽带，可实现动力的高速传输和准确控制。

1. 电流变材料在动力传动装置中的应用

电流变体为新一代电-机耦合系统提供了良好的接口，利用这一性质设计出了新一代传动离合器、制动器等，与传统的产品相比，具有质量轻、灵敏度高、响应快、噪声小、能耗低、易于实现电子和微机控制等一系列突出的优点。

1）电流变液力耦合装置

电流变液力耦合装置是根据电流变效应设计出的一种新型液力耦合装置，它是靠主、被动件之间的电流变材料的剪切作用来传递动力的。通过施加电压、改变电流变体的黏度，即可改变主、被动件之间传递的力或力矩。此离合器利用电流变材料的"液-固"之间瞬时可逆变化的特点，不仅避免了普通液力耦合装置中常见的冲击载荷和噪声，而且具有结构简单、无磨损和操作方便的优点。

电流变液力耦合装置有两种类型：一种是同轴圆柱体形的；另一种是平行盘式的。将电流变体充满在两个圆筒或平板之间，当不加电场时，电流变材料呈液态，主动件和被动件可以相对自由旋转，几乎不传递扭矩。当在主、被动件之间施加一个电场时，电流变材料变稠，从而在主、被动件之间传递力矩。

2）电流变马达

电流变马达分为直线马达和旋转马达两种，都是基于相变原理工作的。由于电流变材料具有快速的"固-液"转变特性，因此相变的工作频率大大增加。

电流变直线马达的工作原理如图13.1所示，它由两个电流变"开-合"离合器和用于控制两个离合器间距离的具有电控伸缩特性的压电陶瓷材料组成。通过控制两个电流变离合器的开合和压电陶瓷的伸缩及其工作频率，可使其沿直线以不同的速度前进或后退。电流变旋转马达的工作原理与直线马达类似。

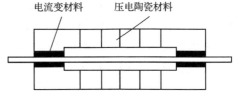

图13.1 电流变直线马达的工作原理

2. 电流变材料在阀控液压伺服驱动系统中的应用

利用电流变材料快速的"固-液"变化特性，人们对场控液压装置进行了大量的研究，在液压系统中电流变材料最典型的应用就是电流变液压阀，它可通过调控电场强度来快速改变液压阀的开合状态。1992年，Brooks设计一种能提供频率在0～2kHz、推力为26kN的电流变阀控驱动装置。1997年，Kondoh和Yutaka设计了一种微型三通阀，其尺寸为12mm×12mm×12mm，当电场强度在0～5kV/min变化时，可提供0.35MPa的压力变化量。

3. 电流变材料在机器人技术中的应用

1）机器人臂杆位置精密控制

工业机器人臂杆位置控制一般是利用伺服电动机的编码盘进行半闭环控制，这种方法无法对末端执行件的位置进行精确控制。因此人们尝试利用直接测得的臂杆位置信号进行全闭环控制。但由于机器人臂杆、驱动系统的柔性大，很难采用上述方法对机器人臂杆进行控制。1999年，Takesue和Naoyuki设计了一种基于电流变材料的具有可控阻尼的机器人臂杆结构。在机器人臂杆位置控制中，通过调控臂杆的阻尼特性参数，提高机器人臂杆位置闭环控制的精确度。

2）机器人指类接触力的控制

机器人在完成抓取动作时，经常会因为抓取力控制不好而导致被抓取物滑脱或被抓坏。1998 年，Li Tiejun 利用电流变材料研制了一种具有半主动特性的柔性机器人手指，可通过改变电场强度调节电流变材料的阻尼性能，以保证机器人指端与被抓物体之间的接触力大小合适。

4. 电流变材料在振动控制中的应用

电流变材料在振动控制中的应用一般归入半主动控制中。半主动控制可视为可控的被动控制，它所需的外部能量很小。半主动控制既具有主动控制的控制范围宽、适应性强的优点，又具有被动控制执行机构响应速度不足的特点，而使其应用范围受到限制。基于电流变材料的振动控制系统，利用电流变材料对电信号上千赫兹的响应频率，极大地提高了振动控制执行机构的响应速度。目前其他任何机械式系统都无法做到这一点。这样，可使它完全由计算机来直接控制，迅速地改变系统对外界干扰的响应，从而达到抑制振动的效果。

由电流变材料制成的振动控制结构大部分是各种形式的阻尼器，但在特定的条件下它也可以提供弹性力作为控制力施加于被控结构上，工作方式主要有节流式、剪切式和挤压流动式。

1）节流式

节流式就是指电流变材料通过相对静止的正负电极的间隙时，由于节流的作用在电极的两端形成压力差，这个压力差可由施加的电场强度来调节，再利用转换机构将压力差转化为力或力矩，作为控制力施加于振动体上来抑制振动。典型结构如图 13.2 所示。ER 节流阀通过改变电极间电场强度控制两个空腔间的压力差来调节阻尼力 f_d。类似的结构有很多。节流式的优点是输出力或力矩较大、功率消耗小；缺点是它的零电场阻尼力较大、阻尼的调节范围受到限制、内压过高及密封要求严格。

2）剪切式

剪切式就是指电流变材料位于两个相对平行移动或旋转的电极间，由克服电流变材料剪切应力所产生的阻力作为控制力，施加于被控制对象。它的典型结构如图 13.3 所示。

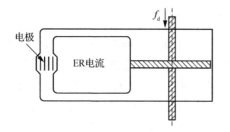　　　　　　　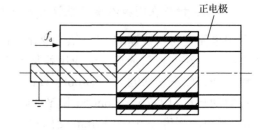

图 13.2　节流式电流变材料控制系统的结构　　　　图 13.3　剪切式电流变材料控制系统的结构

3）挤压流动式

在振动控制结构中，除了节流式和剪切式，近年来还出现了一种挤压流动式 ER 阻尼器。电流变材料处于两电极之间，当两电极相互靠近时电流变材料被压缩，当两电极相互分开时电流变材料处于拉伸状态。正负电极可以一端固定（阻尼式），也可以都是活动的（振动隔离式）。

挤压流动式 ER 阻尼器的使用条件是振动的幅度不是很大（小于正负电极间最大距离）。挤压流动式 ER 阻尼器可提供的最大应力是剪切式 ER 阻尼器的 10 倍。图 13.4 是它的一种典型结构简图。在圆柱形弹性橡胶壳体内，多个电极平行排列。由弹性橡胶壳体提供静态初始负载，电极间的电流变材料提供阻尼力 f_d，阻尼力是施加于正负电极间电场强度的函数。它可用于机动车辆发动机的振动隔离座等场合。

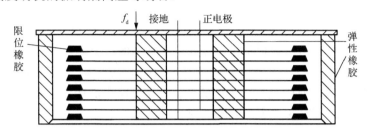

图 13.4　挤压流动式电流变材料控制系统的结构

另外一种采用挤压流动式的 ER 阻尼装置就是可控的挤压 ER 薄膜阻尼器。其结构类似于传统的薄膜阻尼器，多用于旋转机械装置上。采用挤压 ER 薄膜替代油膜后，通过调控电场强度使阻尼器在不同的振动模态下都可处于最佳阻尼值。

将电流变材料用于悬臂梁的振动控制中，已有大量的学者进行了研究，大部分采用三明治式的层合梁结构。它将电流变材料作为一种黏弹性材料层置于两个采用金属铝制成的弹性层之间。该多层结构采用电压控制的方法可以很方便地调节层合梁的有效阻尼和弯曲刚度。

5. 电流变材料在机械制造加工系统中的应用

1）在超精加工中的应用

1999 年，Hidenori Shinno 提出了在超精定位工作台的滑动导轨上安装电流变材料阻尼器的设计方案，通过调控电场强度，可以使外界的干扰在极短的时间内消除。实验中装有电流变阻尼器的工作台定位精度达到 2mm。

2）在切削颤振在线抑制中的应用

基于通过在线改变切削系统动态特性来抑制颤振这一新的控制策略，利用电流变材料设计了一种具有在线可调动态特性的智能化镗杆，通过连续小范围地改变镗削系统固有频率，成功地实现了切削颤振的在线抑制。

详细的镗杆结构如图 13.5 所示。正电极 2 为薄壁钢圈、支撑套 1 与正电极 2 相对的部分作为电流变材料的负极（也就是接地），两电极间隙为 0.5mm。正电极 2 与镗杆 5 间有绝缘套 4，电流变材料的密封靠 2 个 O 形圈 3 来保证。采用激振器对镗杆激振测试表明，当电场强度在 0～2000V/min 变化时，镗杆固有频率有近 30Hz 的变化量。

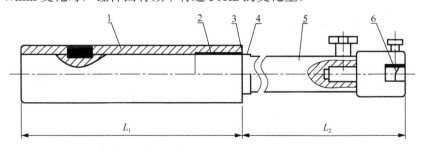

图 13.5　智能化镗杆结构

L_1-镗杆悬伸长度；L_2-镗杆装卡长度；1-支撑套；2-正电极；3-O 形圈；4-绝缘套；5-镗杆；6-镗刀

颤振是切削系统的自激振动,是切削过程中产生的动态切削力引起的切削系统的共振。利用智能化镗杆动态特性可控的特点,可通过颤振预报来在线改变切削系统的动态特性,达到避开系统共振、抑制颤振的效果。

6. 其他

除了以上几方面的应用,学者正在积极地研制新型的电流变体,如酚醛树脂电流变体、酮醛树脂盐类电流变体、γ-Fe_2O_3/聚丙烯酸锂复合微粒电流变体、壳聚糖电流变体、氧化聚西夫碱/硅油电流变体、含双噻唑基高分子电流变体、聚吡咯电流变体、聚苯胺电流变体、液晶型电流变体、二氧化硅/淀粉复合颗粒电流变体等。

13.5.2　磁流变体(液)

磁流变液(magnetorheological fluids,MR 流体)是在外加磁场作用下流变特性发生急剧变化的材料。它的基本特征是在强磁场作用下能在瞬间(毫秒级)从自由流动的液体转变为半固体,呈现可控的屈服强度,而且这种变化是可逆的。磁场对磁流变液的黏度、塑性和黏弹性等特性的影响称为磁流变效应(magnetorheological effect)。磁流变液是当前智能材料研究范畴的一个重要分支,在汽车、机械、航空、建筑、医疗等领域具有广泛的应用前景。

1. 磁流变液的分类和特性

根据组成和性能的不同,可将磁流变液分为四种类型。

1) 微米磁性颗粒-非磁性载液型磁流变液

这是一种经典型磁流变液,采用微米尺寸的顺磁或软磁材料的颗粒和低磁导率的载液。它具有较强的磁流变效应,屈服强度可达 50~10kPa。使用最多的磁性颗粒是羰基铁粉。磁流变液的颗粒体积分数一般为20%~40%,有的高达50%。颗粒直径一般在 0.1~100μm,典型值为 3~5μm。对载液的要求是温度稳定性好,非易燃,且不会造成污染,可作为载液的液体有硅油、矿物油、合成油、水和乙二醇等。为确保颗粒的悬浮稳定性,并增加整个磁流变液的流变学性质,一般需要使用添加剂,如加入各种表面活性剂(如油酸)或保护性胶体物质(如硅胶、硅氧化物等),防止磁性颗粒沉淀及不可逆转的海绵状絮凝。

2) 纳米磁性颗粒-非磁性载液型磁流变液

研制的纳米磁流变液是用30nm的铁氧体粉分散溶于非磁性载液中制成的非胶体悬浮液。它具有与铁磁流体几乎完全相同的组成,但为了提高磁流变效应,Kormann 等对颗粒直径、颗粒表面层等都作了适当改进。它具有非常好的沉淀稳定性,在中等磁场强度(0.2T)作用下,屈服强度可达 4kPa。

3) 非磁性颗粒-磁性载液型磁流变液

这种磁流变液是用微米级的非磁性颗粒(如 40~50μm 的聚苯乙烯或硅石颗粒)分散溶于磁性载液(如铁磁流体)中制成的悬浮液。虽然铁磁流体作为载液仅具有微小的磁流变效应,但是微小的磁性颗粒形成的链式聚集可与较大的非磁性颗粒结合为类凝胶网状体系,从而加强磁流变效应。但是,这种悬浮液的磁流变效应仍较低。

4) 磁性颗粒-磁性载液型磁流变液

这种磁流变液是用微米级的磁性颗粒分散溶于磁性载液(如铁磁流体)中制成的悬浮液。磁性载液加强了磁性颗粒间的作用力,从而增强了磁流变效应。Cinder 用 1~10μm 的磁性颗粒分散于铁磁流体中制成磁流变液,当体积分数为 50%时屈服强度超过 200kPa。

2. 磁流变液的性能与应用

研究磁流变液的性能及其影响因素对于研制和应用磁流变液具有重要指导意义。优质磁流变液应具有的性能特征是：沉淀稳定性好、易于再分散、动屈服强度高、零场黏度低、响应时间快、工作温度范围宽等。

与电流变液相比，磁流变液具有很多优点，其中最主要的是磁流变液中外加磁场就可发生固化，如果采用电磁铁，只需要数伏至十几伏的电压就可获得所需要的磁场，这使磁流变液使用起来更安全，设计磁流变液器件首先要把在特性表征过程中所获得的流变模型转换成工程设计工具。磁流变器件的核心器件是磁流变液节流阀，其功能相当于一个可控的液压流阻。当流体流过节流阀且在流体的垂直方向施加外磁场时，其表观黏度系数改变。作为智能材料，磁流变液在自适应结构中意义非凡，对各种构件的智能化起到决定性作用。将流体复合置于结构件中，通过改变磁场来调节流体的应力，从而改变整个结构的刚度、强度，做到自动调节。一般说来，在电流变体应用的众多场合(如离合器、减振器等)都可以转为磁流变体的应用，不再需要为产生大电场而使用高压直流电源，可降低设备成本，易于控制，更有效。

最通用和直观的磁流变器件是磁流变阀。可通过改变器件临界界面的外磁场来控制压力降和磁流变液的流动。机电工业中磁流变液可广泛应用于磁液驱动装置、磁性轴承、传感器、机械手、热能转换装置以及实现磁密封、磁润滑等。其效果均强于常规适用的磁性流体。磁流变液在工程中具有广泛的应用前景。以磁流变液为基础设计制造的各种流量阀，有可能取代现有的各种阀。新的液压阀结构简单，不需要精密的机加工，没有相对运动部件，成本低、寿命长，流量和压力可以直接用计算机发出信号来控制，是一种真正的、完全的数字阀，而现在世界上最先进的数字磁阀还不是完全真正的数字阀。利用磁流变液可以生产出新型的密封装置以与目前的橡胶密封、磁性流体密封相竞争。利用磁流变液可以制出模型可控阻尼器、减振器、可控离合器等性能优良的新型零部件，易于实现电子和微机控制，且灵敏度高，响应时间短。磁流变液流动性能好，可达较高的场强，工作温度范围宽，稳定性好，并有抗冲击和振动的稳定刚性，适合于制成感应式倾角传感器，为现代测量技术的发展找到了制造高性能一次转换传感器的理想材料。磁流变液作为机加工冷却液，可利用磁场将它引导到一些普通冷却液难以到达的切削区，对切削难加工材料零件有重大意义。利用磁流变液可以设计体积小、响应快、动作灵敏、直接用微机控制的活动关节。

磁流变液的出现及其应用研究给许多领域带来了全新的变革，是实现机电一体化的很有前途的发展方向，是一项具有挑战性的新型技术。尽管磁流变液的研究开展较晚，但已经取得了快速发展，国外已有产品推出，且广泛应用于航空航天、电子、化工、能源、仪表、医疗等诸多领域。磁流变液的合成和应用研究在我国尚刚刚起步，研究工作任重道远，需国内科研工作者的不懈努力。

13.5.3 电磁流变体

ER 流体是指其流变性能在外加电场作用下发生变化的流体。目前主要是指黏度随外加电场强度的增加而急剧增大，在足够大的电场强度下失去流动性而固态化的一类流体。ER 流体作为一种能够对外加电场的刺激做出迅速(10^{-3}s)可逆反应的新型机敏材料，可用于开关、传动、制动、离合器和减振等，在汽车工业、液压和液封、机器人制造、航空航天等领域呈现出广阔的应用前景。

与 ER 流体相对应,MR 流体即在外加磁场作用下表观黏度(或剪切应力)随外加磁场的增加而增大的流体,目前有关 MR 流体的研究相对较少,但 MR 流体可以获得比 ER 流体高得多的剪切应力,因此 MR 流体的研究同样具有重大意义。

将具有 ER 流体效应和 MR 流体效应的材料复合起来,可制得既具备 ER 流体效应又具备 MR 流体效应的复合微粒,将其分散于液体介质中即可得到电磁流变体(EMR 流体)。EMR 流体可集 ER 流体的快速响应特性和 MR 流体的高剪切应力于一体,从而克服目前 ER 流体剪切应力较低、MR 流体响应速度慢的不足,同时可获得电磁场的流变协同效应,因而具有重大的研究和开发应用价值。

电磁流变体由固体微粒悬浮分散于液体介质中形成,其流变性质既随外加电场变化,又随外加磁场变化,具体地,其黏度或剪切应力随外加电场或磁场的增加而增大,在足够高场强下固态化失去流动性,从而表现出一定的屈服强度,外场去掉后它又可迅速恢复到原来的状态。电磁流变体的这种快速可逆变化使其在开关、离合器、汽车减振、制动、传动、液压及机器人等机电控制方面呈现出广阔的应用前景,因而成为目前国际学术界新的研究热点之一。

1. 电磁流变装置的工作模式

电磁流变体的应用与电/磁流变(ERF/MRF)装置的工作模式有关,ERF/MRF 装置的工作模式有流动模式(固定极板式、阀式)、剪切模式(离合器式)和挤压模式(压缩式)以及这三种基本模式的任意组合,不同的工作模式对应不同的应用范围。

(1)在流动模式下,ERF/MRF 被限制在电/磁极之间,在压力差作用下产生流动,而流动阻力则通过外场强度来控制。流动模式装置的实例有液压阀、阻尼器(减振器)和驱动器。

(2)在剪切模式下,两极间有相对运动(移动或转动),这种运动使 ERF/MRF 处于剪切状态,通过改变外场可连续改变剪切应力——剪切率的特性。剪切式装置的例子包括离合器、制动器、夹紧与锁定装置、阻尼器和复合构件。

(3)在挤压模式下,两极移动方向几乎与磁场方向平行,ERF/MRF 处于交替拉伸、压缩状态,并发生剪切。虽然两极的位移量较小(几毫米以下),但产生的阻力很大。挤压模式应用在一些振动阻尼器上。

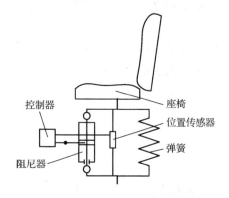

图 13.6　ERF/MRF 阻尼器用于大型载货
汽车驾驶员座椅半主动减振系统

2. ERF/MRF 装置的应用

(1)ERF/MRF 阻尼器可广泛用于各种振动控制系统,具有阻尼大、电功率消耗小等特点。美国 Lord 公司制造的 MRT 直动式阻尼器采用单杆活塞缸结构,已用于大型载货汽车驾驶员座椅半主动减振系统(图 13.6),适当调节反馈控制系统的参数,消除共振并保持良好的高频隔离性能,提高乘坐舒适感。

(2)ERF/MRF 装置可用于制动与离合。美国 Lord 公司制造的旋转式制动器是一种可控回转阻力、结构紧凑、运行平稳、功耗较低的器件,已用于自行车式和台阶攀登式健身机。制动器与速度反馈装置连接，可实现控制扭矩，从而迫使练习者保持希望的目标速度。

（3）MRF 抛光装置可用于精密加工。MRF 抛光是一种用磁场辅助的流体动力抛光技术。其加工对象主要是玻璃、陶瓷和塑料等非磁性材料，它可克服传统抛光技术的某些限制，不仅能纠正光学元件的形状误差和很小的微观不平度，且加工中不会产生表面损伤。

（4）MRF 液压阀可用于液压系统。MRF 可以作为液压系统的工作介质，在 MRF 液压阀（转换器）的控制作用下，完成驱动器（执行装置）的动作，在这种系统下液压阀是一种无移动元件的比例控制阀，它主要由装有线圈、铁心、导磁体及连接入口、出品并穿过导磁体的流体通道等元件构成。当 MRF 流经磁流变阀门时，磁场作用于 MRF，导致流经阀门时的阻力增大，因而可减慢或停止液体的流动。相比之下，传统的液压比例阀既昂贵，又易磨损。

（5）除以上应用之外，ERF/MRF 装置还可应用于密封、可控复合构件、气动执行装置运动控制系统、柔性装置、机械手臂控制等方面。

13.6　智　能　凝　胶

智能凝胶的发现始于 1975 年。麻省理工学院物理系的田中丰一和同事在研究可吸收大量溶剂而溶胀的凝胶和交联高分子时，发现在一块透明的聚丙烯凝胶的冷却过程中，凝胶内部会逐渐模糊，直到完全不透明，温度恢复时凝胶又恢复透明状态。目前智能凝胶已进入市场，研究者正在尽最大的可能研究智能凝胶的机理，改善其特性和性能。

智能凝胶是高分子智能材料的重要研究方向，是分子链经交联集合而成的三维网络或互穿网络与溶剂（通常是水）组成的体系，与生物组织类似。交联结构使之不溶解而保持一定的形状；渗透压使之溶胀达到体积平衡。此类高分子凝胶可因溶剂的种类、盐浓度、pH、温度不同以及电刺激和光辐射不同而产生体积变化，有时出现相转变，网孔增大，网络失去弹性，凝胶相区不复存在，体积急剧溶胀（数百倍变化），并且这种变化是可逆的、不连续的。

凝胶可以按各种方式来分类，根据来源可分为天然凝胶与合成凝胶；根据高分子网络里所含的液体可分为水凝胶和有机凝胶；根据高分子交联方式可以分为化学凝胶与物理凝胶等。在这些凝胶中，水凝胶是最常见也是最重要的一种。绝大多数的生物内存在的天然凝胶以及许多合成高分子凝胶均属于水凝胶。

电解质凝胶具有一系列独特的性质。例如，在电场中，电解质凝胶显示出相当于半导体材料的电导率，同时能将电能转换成机械能；电解质凝胶可以将机械能转化成电能；电解质凝胶能吸附带相反电荷的表面活性剂；可通过在高分子链的侧链路上导入具有结晶能力的官能团得到带有规则构造的凝胶，等等。

由于智能凝胶具有以上性质，其用途如下：凝胶的溶胀收缩循环可用于化学阀、吸附分离、传感器和记忆材料；网孔的可控性主要适用于智能性药物释放体系（DDS）和人体角膜；利用该循环提供的动力可以设计"化学发动机"或人工肌肉。

13.7　智能光导纤维

20 世纪 80 年代以来，在碳纤维或有机纤维/树脂基复合材料中埋入光纤传感系统已成为世界智能材料研究领域的重要课题。这一技术是实现集成型智能材料的核心，受到了各国政府及军队的高度重视，并不断取得突破性进展。目前，航空航天领域中先进复合材料的应用日益广泛，并有代替钛铝合金的趋势。

目前已研发的光纤传感器有马赫-泽德(Mach-Zehnder)干涉型传感器、迈克尔逊(Michelson)干涉型传感器、法布里-珀罗(Fabry-Perot)光纤传感器、布拉格光栅式光纤传感器等，这些光纤传感器都有结构紧凑、与基体材料的兼容性好、对电磁干扰不敏感、传感精度高、可多路传输及实现分布式测量等特点，也有各自的特点。

随着智能材料实用化进程的推进和对智能材料性能要求的扩展，今后将不断有新型特种光纤开发出来，其性能应适于光纤传感器系统嵌埋在复合材料中使用。这一特殊环境对光纤尺寸、物理性能、工作模式都有明显影响，预计将来，智能光导纤维将向以下方向发展：光纤和器件一体化、与建筑材料复合形成智能结构、特种光纤研究等。

13.7.1　玻璃光纤

1. 石英玻璃光纤

随着光纤在通信、传感、过程控制、光谱分析及激光传送等各个领域中的广泛应用，各类光纤制品已大步走进我们生活、工作的各个方面。在各种光纤制品中，纯石英玻璃光纤以性能良好、适用性广而在光纤制品中独占鳌头。

1) 纯石英玻璃光纤

纯石英玻璃光纤具有易与光源耦合、有效波长范围宽、传输效率高等性质。根据不同的用途，它可应用于以下几个方面。

(1) 工业用光纤。纯石英玻璃光纤与工业激光器配套，用于热处理、打孔、切割、焊接等。

(2) 医用光纤。用纯石英玻璃光纤可制成内窥镜中的激光手术刀，它纤细灵巧，可使医生方便准确地对人体内部进行治疗；同时，在体外的激光治疗中，纯石英玻璃光纤也有重要的应用，如体外照射、体外穴位照射等。

(3) 测量传感用光纤。这类纯石英玻璃光纤制品广泛应用于高温、高电磁场及放射环境，也可用于刑侦中的指纹提取。

此外，还有光谱分析用光纤、印刷业用光纤等，以及尚未开拓的领域。

2) 稀土掺杂石英玻璃光纤

稀土掺杂石英玻璃光纤具有很好的激光特性，通过不同的掺杂，可控制低损耗窗口的波长位置，提供新的光通信波长。掺稀土离子光纤激光器具有阈值功率低、增益高、泵浦只需简单的半导体激光器和工作时无须冷却的优点，用它制成的光学放大器和波长可调的激光器是目前半导体激光器件不可比拟的。掺Er^{3+}的光纤激光器具有双稳态现象，可制成光学储存、开关及放大器件。光纤激光器在测试领域能发挥很大的作用，它可作为OTDR测量中高功率可调波长的信号源，以及光纤陀螺仪中的带宽源和色散能量仪的可调光源。

稀土掺杂石英玻璃光纤还可用于制备光纤传感器和滤波器，利用它的光吸收与温度呈线性关系的特点，制成分布型温度传感器。稀土掺杂石英玻璃光纤吸收带十分陡，稍微偏离即进入低损耗区，可制成小型、低损耗、具有极高抑制能力的滤波器。

稀土掺杂石英玻璃光纤还可制作非线性光纤器件，以及环形共振器、偏振器等十分有用的光纤器件。

3）Nd-YAG 激光传输石英玻璃光纤

Nd-YAG 激光传输石英玻璃光纤是较早应用于医疗和材料加工领域的石英玻璃光纤，它的优点是波长在近红外区，容易实现光纤传输。

2. 氟化物玻璃光纤

氟化物玻璃光纤主要是指由重金属氟化物玻璃熔融拉制的光纤。氟化物玻璃光纤在可见光到中红外波段具有极高的透过性，它在 $3\mu m$ 左右的理论损耗可降至 $10^{-3}dB/km$，是实现远距离无中继站通信最有希望的超低损耗光纤材料。近年来，各国相继开展了超低损耗氟化物玻璃光纤的研制，使光纤最低损耗降至 $0.7dB/km$（长度 $30m$），长度数百米、最低损耗为 $10dB/km$ 左右的氟化物玻璃光纤的制备技术已趋成熟。这些氟化物玻璃光纤有独特的性能，虽无法直接用于光通信系统，但在光纤传感器、纤维激光器、能量传输、图像传递等方面得到广泛应用。

目前已研发的氟化物玻璃光纤可用于高功率激光传输、光纤传感器、测温、气体和液体分析、光纤维激光器、红外成像等领域。

3. 硫系玻璃光纤

硫系玻璃是指以元素周期表中VIA 族的硫、硒、碲三元素为主要成分的玻璃。硫系玻璃光纤与其他透红外的玻璃（如卤化物玻璃、多晶玻璃等）光纤相比，具有透红外性能好、力学强度高、耐化学性能好、生产成本低的特点，因而可应用于激光传输、热成像、传感器、放大器的激光器、光学计算机的光学系统部件、军事上的红外对抗系统等。

13.7.2　塑料光纤

塑料光纤也称高分子光纤（plastic optical fiber，POF），它是由导光芯材料与包层包覆成的高科技纤维。

塑料光纤是 20 世纪 60 年代后期由美国杜邦公司开始进行研究的，初期由于受当时技术条件的限制，塑料光纤的损耗较大、寿命较短，传输性能和物理化学性能等也不够稳定，仅限于传光、传像、照明等一般性应用。

随着光纤新材料、新型光纤结构以及新理论、新技术等的不断开发及应用，塑料光纤的传输损耗不断降低，带宽和传输距离也大幅度提高，短距离数据传输系统已成为塑料光纤最具增长潜力的应用领域。

目前，塑料光纤作为短距离通信网络的理想传输介质，可以实现智能家电的联网，如家用 PC、HDTV、电话、数字成像设备、家庭安全设备、空调、冰箱、音响系统、厨用电器等联网，达到家庭自动化和远程控制管理，提高生活质量；可实现办公设备的联网，如计算机联网，可以实现计算机并行处理、办公设备间数据的高速传输，可大大提高工作效率，实现远程办公等。

在低速局域网中，用 SI 型塑料光纤可实现速率小于 100Mbit/s、100m 的数据传输；用小数值孔径塑料光纤可实现速率为 150Mbit/s、50m 的数据传输。

塑料光纤在制造工业中可得到广泛的应用，通过转换器，塑料光纤可以与 RS232、RS422、100Mbit/s 以太网以及令牌网等标准协议接口相连，从而在恶劣的工业制造环境中提供稳定、可靠的通信线路；能够高速传输工业控制信号和指令，避免因使用金属电缆线路时受电磁干扰而导致通信传输中断的危险。

　　塑料光纤质量轻且耐用，可以将车载、机载通信系统和控制系统组成网络，将微型计算机、卫星导航设备、移动电话、传真等外部设备纳入机车整体设计中，旅客还可通过塑料光纤网络在座位上享受音乐、电影、视频游戏、购物以及 Internet 等服务。

　　在军事通信上，塑料光纤正在被开发用于高速传输大量的保密信息，如利用塑料光纤质量轻、可挠性好、连接快捷、便于随身携带的特点，用于士兵穿戴式的轻型计算机系统，并能够插入通信网络下载、存储、发送、接收重要任务信息，且在头盔显示器中显示。

第14章 新型建筑材料

14.1 概 述

传统建筑材料主要包括烧土制品(如砖、瓦、玻璃类等)、砂石、胶凝材料(如石灰、石膏、水玻璃、镁质胶凝材料及水泥等)、混凝土、钢材、木材和沥青七大类。在科学技术相当发达的今天,传统建筑材料已越来越不能满足建筑工业的要求,有特殊功能和效用的一类建筑材料即新型建筑材料应运而生。

新型建筑材料是相对传统建筑材料而言的,具有传统建筑材料无法比拟的功能。广义上说,凡具有轻质、高强和多功能的建筑材料,均属新型建筑材料。行业内对新型建筑材料的范围进行了明确的界定,即新型建筑材料主要包括新型墙体材料、新型防水和密封材料、新型保温隔热材料和新型装饰装修材料四大类。

建筑材料决定了建筑形式和施工方法。新型建筑材料的出现,可促使建筑形式的变化、结构方法的改进和施工技术的革新。理想的建筑应使所用材料能最大限度地发挥其效能,并能合理、经济地满足各种建筑功能要求。因此,新型建筑材料选用总的原则有以下几点。

(1)按建筑物类别选用。先掌握所建建筑物是工业建筑、民用建筑,还是特殊建筑物,然后参照相关标准和规范确定所用材料的性能指标。

(2)按建筑功能选用。搞清所选材料是用作结构材料、围护材料,还是功能材料,然后参照相关标准和规范确定所需材料。

(3)按材料性质选用。掌握预选建筑材料的性质,使得选用材料的主要性能指标除必须满足建筑功能要求外,还要兼顾其他性能。

(4)按经济条件选用。从材料的供给、运输、贮存及施工条件考虑经济性,同时需考虑维护费用和耐久性要求。

14.2 新型墙体材料

新型墙体材料是指除黏土实心砖以外的具有节土、节能、利废、较好物理力学性能,适应建筑产品工业化/施工机械化、减少施工现场湿作业、改善建筑功能等现代建筑业发展要求的墙体材料。新型墙体材料一般具有保温、隔热、轻质、高强、节土、节能、利废、保护环境、改善建筑功能和增加房屋使用面积等一系列优点,其中相当一部分品种属于绿色建材。新型墙体材料可通过先进的加工方法,制成具有轻质、高强、多功能等适合现代化建筑要求的建筑材料。近年来,随着国家对建筑节能的重视及建筑行业自身可持续发展的要求,新型墙体材料得到快速发展。"十二五"规划纲要对新型墙体材料提出的发展重点是生产出砌块建筑板材和多功能复合一体化产品,轻质化、空心化产品,石膏板、复合保温板、硅酸钙板、外装饰挂板、蒸压加气混凝土板及各类多功能复合板等产品,高强度、高孔洞率、高保温性能的烧结制品及复合保温墙体材料。

　　新型墙体材料有诸多传统材料所不具备的优点，尤其在绿色、环保、节能方面更是突出，有些甚至是废物回收利用而得，这些优点都是当今低碳社会所要求的，但是这些材料在应用过程中也遇到了诸多问题，众多新型墙体材料保温隔热性能不佳，同时墙体容易产生裂缝或空鼓脱落等弊病，这些都值得我们深思。要想新型墙体材料走得更远，我们应该在引入国外先进技术的同时加大自主开发力度，提高墙体材料标准，淘汰落后墙体材料，在节能减排的新形势下，把墙体材料更新这场仗将打得更精彩、更广泛、更彻底。

　　从建筑结构来讲，墙体是建筑的最重要组成部分，也是关系建筑物性能和使用寿命的关键因素，而新型墙体材料的使用在很大程度上促进建筑节能，减轻建筑物自重，对于房屋结构设计以及提高建筑经济性具有重要的意义。新型墙体材料具有构造新、性能好、功能全的特点，使建筑物具备节能保温、舒适美观、安全耐久的功能，也便于进行现代化的施工。墙体材料节能包括自身的隔热保温功能，新建墙体材料应当也必须使用保温、隔热效果好的新型墙体材料，具备节土、节能、利废、无污染的功能。新型墙体材料应以"因地制宜、保护耕地、节能利废、提高质量"为原则，以提高经济效益、社会效益和环境效益为宗旨，用节能、节土、利废的隔热保温新型墙体材料替代实心黏土砖和落后的墙体材料，并按照建筑节能标准设计建造房屋，既节约材料生产能源，又节约房屋采暖能源，同时节约耕地，利用废渣改善环境，这是保护土地、保护环境、节约能源、贯彻可持续发展的一项重要举措，是一件功在当代、利在千秋的大事。新型墙体材料主要有加气混凝土块、陶粒砌块、小型混凝土空心砌块、纤维石膏板、新型隔墙板，这些都以煤灰、煤矸石、石粉等废料为主要原料，具有质轻、隔热、隔声的作用。这样的材料既减少了环境污染，又降低了大量生产成本。

　　新型墙体材料在我国发展的历史较短，只是在近几年才得到快速发展。由于处在发展的初期，因此产品的品种多而杂，规格参差不齐，性能上的差异也很大。一些产品已有了国家标准或行业标准。新型墙体材料的品种有近20种，但新型墙体材料产品的名称和归类还缺乏规范化。现在人们往往是按照新型墙体材料的形状及尺寸来进行分类的，即将新型墙体材料分为板材、砌块和砖三大类。板材可分为条板、薄板与复合板，砌块可分为实心砌块和空心砌块，砖可分为实心砖和空心砖，如图 14.1 所示。本章介绍新型墙体材料(包括砌筑材料和建筑板材)的主要品种、规格、技术性质和应用技术，重点介绍新型建筑板材，它是向建筑结构现代化、施工技术现代化和营建速度现代化前进的重要材料，是执行国家制定的墙体改革方针的关键材料。由于篇幅有限，这里只能选择有代表性的产品加以介绍。

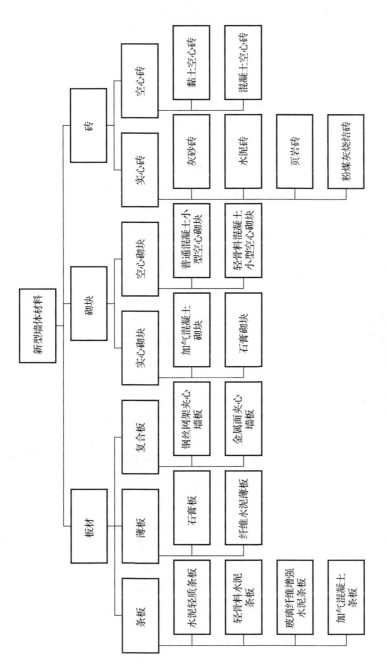

图 14.1　新型墙体材料的分类

14.2.1 砌墙砖

砌墙砖是房屋建筑工程中的主要墙体材料，具有一定的抗压和抗弯强度，外形多为直角六面体，其公称尺寸多为 240mm×115mm×53mm。我国传统的砌墙砖以普通烧结黏土砖为主，为了满足节土、节能、利废的需要，普通烧结黏土砖将逐渐被新型砌墙砖所取代。新型砌墙砖的主要品种有各种空心砖、新型非黏土实心砖、多孔砖等。

1. 非黏土实心砖

为了改变生产烧结黏土砖所造成的土地资源和燃料的浪费，可利用粉煤灰、煤矸石、页岩为原料经过烧结或不经烧结直接经养护得到砌墙用实心砖，不仅节省了大量土地资源、燃料，还充分利用了多种工业废渣，达到废物利用和环保节能效果。

烧结非黏土实心砖是指制砖原料主要不是使用黏土，而是以煤矸石、页岩或粉煤灰为主要原料经焙烧而成的一类烧结普通砖，常见品种包括烧结煤矸石砖、烧结页岩砖、烧结粉煤灰砖以及烧结装饰砖。烧结装饰砖是指以上述制砖原料经焙烧而成用于清水墙或带有装饰面用于墙体装饰的砖。此外，在一些地区还有使用当地金属矿山的尾矿砂烧制的烧结尾矿砖。从建筑节能角度看，烧结非黏土实心砖并不是未来砌墙砖产品的发展方向。但其生产工艺相对简单，设备投资少，基本利用原有的烧结黏土实心砖设备即可生产，且粉煤灰、煤矸石等工业废渣消耗量大。根据我国国情，尤其在经济欠发达地区的广大农村，在一段时间内，还不可能很快取消生产烧结非黏土实心砖。但尽快提高我国制砖企业的生产装备和技术水平，逐步以烧结多孔砖和空心砖取代烧结非黏土实心砖，才是今后我国烧结砖的发展方向。

2. 空心砖

烧结空心砖(图 14.2)以黏土、页岩、煤矸石等为主要原料，经过原料处理、成型、烧结制成。空心砖的孔洞总面积占其所在砖面积的百分数称为空心砖的孔洞率，一般应在 40%以上。孔的尺寸大而数量少，孔洞的展布方向与大面平行。由于空心砖主要用于填充墙和隔断墙，只承受自重而无须承受建筑的结构荷载，因此，其大面抗压强度和条面抗压强度要求比较低，主要用于非承重部位。空心砖和实心砖相比，可节省黏土、节约燃料、减轻运输质量、减轻制砖和砌筑时的劳动强度。生产烧结多孔砖和空心砖可节约黏土 25%左右，节约燃料 10%～20%。用空心砖砌墙比实心砖砌墙可减轻自重 1/4～1/3，提高工效 40%，降低造价 20%，并改善了墙体热工性能，加高建筑层数。正是由于以上优点，空心砖发展十分迅速，成为普通砖的发展方向。

图 14.2　烧结空心砖

3. 多孔砖

烧结多孔砖是以黏土、页岩、煤矸石或粉煤灰等为主要原料，经过原料处理、成型、烧结而制成的。多孔砖的孔洞率等于或大于 25%，孔洞为圆形或非圆形，孔的尺寸小而数量多。孔洞的分布与大面垂直，这种结构形态决定了其高的抗压强度，故主要用于建筑的承重结构。主要品种可分为烧结黏土多孔砖、烧结页岩多孔砖、烧结煤矸石多孔砖、烧结粉煤灰多孔砖以及用于清水墙带有装饰面用于墙体装饰的烧结装饰多孔砖。同样，多孔砖与实心砖相比具有可节约黏土等制砖原材料、节省烧砖能耗、提高劳动生产率、减少运输费用、提高砌筑效率、节约砌筑砂浆等一系列优点，并且多孔砖的建筑具有良好的保温隔声性能。鉴于其具有众多优良性能，多孔砖在新型墙体材料中发展迅速。

免烧多孔砖是指以砂和石灰为主要原料，允许掺入颜料和外加剂，经坯料制备、压制成型、高压蒸汽养护制成的，属于蒸压灰砂砖的一种。具体性能指标同免烧空心砖。

14.2.2　墙用砌块

砌块是用于砌筑的、形体大于砌墙砖的人造块材。它是一种新型墙体材料，可以充分利用地方资源和工业废渣，并可节省黏土资源和保护环境，具有生产工艺简单、原料来源广、适应性强、制作及使用方便、可改善墙体功能等特点，因此发展较快。砌块的分类方法很多，若按用途可分为四大类：承重用实心或空心砌块、彩色或壁裂混凝土装饰砌块、多功能砌块和地面砌块。按材料分，有混凝土小型砌块、人造骨料混凝土砌块、硅酸盐砌块、加气混凝土砌块和复合砌块等，其中以混凝土小型砌块产量最大、应用最广。按产品主规格尺寸，可分为大型砌块(高度大于 980mm)、中型砌块(高度为 380～980mm)和小型砌块(高度为 115～380mm)。砌块高度一般不大于长度或宽度的 6 倍，长度不超过高度的 3 倍，根据需要也可生产各种异形砌块。目前，我国各地生产的小型空心砌块品种主要有普通水泥混凝土小型空心砌块(占全部产量的 70%)、天然轻骨料或人造轻骨料(包括粉煤灰陶粒、黏土陶粒、页岩陶粒、膨胀珍珠岩等)小型空心砌块、工业废渣(包括煤矸石、窑灰、粉煤灰、炉渣、煤渣、增钙渣、废石膏等)小型空心砌块，后两种占全部产量的 25%左右。此外，我国还开发生产了一些特种用途的小型空心砌块，如饰面砌块、铺地砌块、护坑砌块、保温砌块、吸声砌块和花格砌块等。

14.2.3　轻质隔墙板

轻质隔墙板(图 14.3)是用轻质材料制成的、外形尺寸(宽×长×厚)为 600mm×(2500～3500)mm×(50～60)mm 的、用作非承重的内隔断墙的一种预制条板。这种条板具有密度小、价格低廉及施工方便等特点。近十几年来随着多层住宅和高层建筑的迅速发展，为了减轻结构自重和提高施工效率，以及满足大开间房屋建筑日益发展的需要，用作内隔断墙的轻质条板也十分迅速地发展起来。轻质隔墙板按其构造分为实心隔墙板、空心隔墙板和复合隔墙板三种。空心隔墙板用料省、成本低，主要用于工业和民用建筑的非承重内隔墙和活动房屋等，已经得到广泛应用。实心隔墙板和复合隔墙板则主要用于分户隔断和公用建筑的隔断。

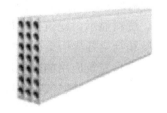

图 14.3　轻质隔墙板

轻质隔墙板按其用途分为分室隔断用条板和分户隔断用条板两种。分户隔断用条板较厚，对其强度及隔声性能要求也较高；而分室隔断用条板则较薄，主要用于厨房、卫生间等户内分室隔断，其用量较大。

14.2.4　复合墙体

随着建筑材料科技的发展和节能的需要，墙体由单一材料向复合材料发展，即采用具有特殊性能的材料和合理的结构复合而成一板多功能的墙体——复合墙体。复合墙体由不同功能的材料分层复合而成，因而能充分发挥各种功能材料的功效。它在预制的墙板中占有很大的比例。复合墙体用材料主要有保温隔热材料和面层材料。

1) 保温隔热材料

保温隔热材料种类繁多，基本上可归纳为无机和有机两大类。无机保温隔热材料主要有岩棉、矿渣棉、玻璃棉、炉渣、膨胀矿渣、水淬炉渣、泡沫混凝土、加气混凝土、陶粒混凝土及其制品、膨胀珍珠岩及其制品、硅酸盐制品等。有机保温隔热材料主要有聚苯乙烯、木丝板、刨花板、软木、锯末、稻草板等。无机类中以岩棉、矿渣棉和玻璃棉制品，以及膨胀珍珠岩为主。由于其体积密度小、热导率小、耐热、防火性能好、原料丰富、便宜，因此许多国家在复合墙体中使用这类材料。有机类中以泡沫塑料制品为主，目前在复合墙体中经常用的有聚苯乙烯泡沫塑料、聚氨酯泡沫塑料、泡沫酚醛树脂等。除了上述常用的保温隔热材料外，各国还使用一些无机和有机复合的保温隔热材料。例如，日本有采用以无机纤维作芯材的；瑞士有采用木屑、无机微粒和密实纤维材料的复合制品作芯材的。另外，外贴泡沫塑料板的复合保温隔热材料，使用以聚苯乙烯粒料作为轻骨料的轻混凝土作为保温隔热材料的也不少。

2) 面层材料

面层材料分非金属和金属两大类。非金属类的面层材料有钢筋混凝土板、石棉水泥板、纤维水泥板（包括玻璃纤维增强水泥板、矿渣棉水泥板、高分子纤维增强水泥板、碳纤维增强水泥板等）、塑料板、木质板等。许多国家也大量采用木质材料作为复合墙体的面层，木质材料包括木板、三合板、硬质纤维板（如热压制板）、水泥刨花板、木纤维板、削片板、厚纸板及木屑板等。近年来，西方许多工业发达国家都相继建成高效率的水泥刨花板生产线，如美国以泡沫塑料为芯层的复合墙体很多就是以水泥刨花板为面层材料的。金属类的面层材料一般有钢板、彩钢板、铝合金板和镀锌铁皮，如日本的高层建筑外围护结构通常采用冷轧薄钢板。近年来出现的彩色压型钢板和搪瓷钢板则以其新颖、美观的特点而备受瞩目。

14.2.5　节能型墙体材料

随着经济的发展和人民物质生活水平的提高，城乡建筑迅速增加，建筑耗能的问题日益突出。资料显示，建筑行业能耗占到了全社会总能耗的 40%～50%。建筑节能问题已越来越被政府和社会各界所重视，"建设节约型社会"已成为当今社会广泛关注的一个重要主题。因此，要满足建筑应用的需要，将新型墙体材料的发展与提高建筑性能和改善建筑功能结合起来，因地制宜地发展节能型墙体材料。

1. 植物纤维墙体材料

植物纤维墙体材料是由秸秆、谷糠、锯末等植物纤维添加其他原料经特殊工艺合成的轻体、高强、防火、防水、保温、隔声的新型墙体材料。现已推出系列产品，包括植物纤维外墙保温板、植物纤维内墙隔板、植物纤维防火保温屋面板和植物纤维大跨度楼板等。由于具有资源循环利用、利废再生、环保节能、廉价高效和工厂化生产、干式拼装施工、规模化建设等特点，它将在大力提倡生态环境型建筑和环保节能型建筑的今天获得广阔的发展空间。

植物纤维墙体材料的特点主要表现在以下几个方面：①绿色环保。植物纤维墙体材料为农林废弃的秸秆（玉米秸秆、稻草、麦秸）、谷糠、锯末等配以储量广大的几种石性矿粉化合而成。利用农林废弃物生产建材，在很大程度上解决了广大农村收割季节大量焚烧秸秆引起的严重空气污染问题。②节能利废，可实行清洁化施工。工地施工是干式施工，施工现场避免了泥水砂浆、灰土尘埃的污染，根本上解决了施工现场的全工期、大面积的污染问题；同时由于在施工中不使用大型机械，基本上消除了施工机械的噪声污染，而且用电、用水很少，节能效果突出。以六层四单元砖混住宅楼为例，普通施工完成需要水 4 万 t 以上，用电 50 万 kW·h 以上，而植物纤维建筑只需 100t 水和 6000kW·h 电即可。③节约土地。既不毁地(田)取土作为原料，又可延长建筑物的使用年限。④可再生利用。产品达到其使用寿命后，拆除的建筑废弃物可打碎后再利用而不污染环境。

植物纤维来源广泛，可分为棉纤维、麻纤维、棕纤维、木纤维、竹纤维、草纤维。而用于墙体材料的植物纤维主要来源于木材、竹材和谷壳、秸秆、棉秆、高粱秆、甘蔗渣、玉米芯、花生壳等农林废弃物。目前，利用农林废弃物生产的主要墙体材料包括麦秸均质板、纸面草板、植物纤维水泥板、麦秸人造板和秸秆镁质水泥轻质板等。

2. 相变储能墙体材料

相变储能材料在发生相变的过程中，可以吸收环境的热(冷)量，并在需要时向环境释放出热(冷)量，从而达到控制周围环境温度的目的，由于相变物质在其物相变化过程(熔化或凝固)中可以从环境吸收或放出大量热量，同时保持温度不变，具有多次重复使用等优点，将其应用于建筑节能领域不但可以提高墙体的保温能力，节省采暖能耗，而且可以减小墙体自重，使墙体变薄，增加房屋的有效使用面积，因此相变储能技术是实现建筑节能的重要途径。相变储能墙体材料是通过向传统墙体材料中加入相变材料制成的具有较高热容的轻质墙体材料，具有较大的潜热储存能力。用相变储能墙体材料构筑的建筑围护结构可以降低室内温度波动，提高舒适度，使建筑供暖或空调不用或者少用能量，提高能源利用效率，并降低能源的运行费用。因而它具有广阔的应用前景。

相变储能材料根据其相变形式、相变过程可以分为固-固相变、固-液相变、固-气相变和液-气相变材料；由于后两种相变方式在相变过程中伴随大量气体，使材料体积变化较大，因此，尽管它们有很大的相变焓，但在实际应用中很少选用。因此，固-固相变材料和固-液相变材料是重点研究的对象。按照相变温度，相变材料大致分为高温相变材料、常温相变材料和低温相变材料。按照其化学成分，相变材料可分为无机相变材料、有机相变材料(包括高分子类相变材料)和复合相变材料。

相变储能墙板根据不同的建材基体可以分为三类：一是以石膏板为基材的相变储能石膏板，主要用作外墙的内壁材料；二是以混凝土材料为基材的相变储能混凝土，主要用作外墙材料；三是用保温隔热材料为基材，来制备高效节能型建筑保温隔热材料。相变储能墙板不改变传统墙体材料原有的作为建筑结构材料而承受荷载的功能，同时具有较大的蓄热(冷)能力。它能够吸收和释放热(冷)能，能用标准生产设备生产，在经济效益上具有竞争性。

采用了相变储能墙体的房间，在夏天，当白天室内温度高于相变温度时，相变储能墙体中的 PCM 发生相变，熔化，吸收室内多余的热量，从而降低了房间空调冷负荷，相应地减少了空调系统的初期投资和运行维护费用；当夜间温度下降到相变温度以下时，PCM 发生相变，相变储能墙体将白天储存的热量释放出来。由于采用相变储能材料，围护结构的热惰性增大，因此提高了室内环境的热舒适性；还可以充分利用自然能源(太阳能和夜间冷风)，实现空调和采暖负荷的"削峰填谷"，降低空调和采暖设备的开启频率，实现真正意义的建筑节能。

14.3　新型防水和密封材料

14.3.1　概述

建筑工程的防水是建筑产品使用功能中一项很重要的内容,关系到人们居住的环境和卫生条件、建筑物的寿命等。防水工程的质量在很大程度上取决于防水材料的性能和质量。随着社会进步和时代发展,建筑物整体结构发生变化,建筑物防水构造设计也趋于多样化,要求使用质量好、使用年限长、施工方便、没有污染、功能型等防水材料,从而促进了新型防水材料的发展。

防水材料是指能够防止雨水、地下水与其他水渗透的建筑结构的重要组成材料。在结构中主要起防潮、防渗、避免水和盐分对建筑物的侵蚀,保护建筑构件的作用。

建筑工程的防水技术按其构造做法可分为两大类,即结构构件自身防水和采用不同材料的防水层防水。结构构件自身防水,主要是依靠建筑物构件(如底板、墙体、楼顶板等)材料自身的密实性及某些构造措施(如坡度、伸缩缝等),也包括辅以嵌缝油膏、埋设止水环(带)等,起到结构构件能自身防水的作用。采用不同材料的防水层防水,则是在建筑构件的迎水面或背水面以及接缝处附加防水材料制成的防水层,以达到建筑物防水的目的。这种做法可分为两种,一种是刚性材料防水,如涂抹防水砂浆,浇筑掺有外加剂的细石混凝土或预应力混凝土等;另一种则是柔性材料防水,如铺设各种防水卷材、涂布各种防水涂料等。

近年来开发的一批新型建筑防水材料具有耐候性好、抗拉强度高、伸长率大、使用温度范围广、可以冷施工、减少环境污染等特点。

14.3.2　防水卷材

防水卷材的品种较多,性能各异。但无论何种防水卷材,要满足建筑防水工程的要求,均必须具备以下性能:①耐水性,指在水的作用和被水浸润后其性能基本不变,在压力水作用下具有不透水性,常用不透水性、吸水性等指标表示。②温度稳定性,指在高温下不流淌、不起泡、不滑动,低温下不脆裂的性能,即在一定温度变化下保持原有性能的能力,常用耐热度、耐热性等指标表示。③机械强度、延伸性和抗断裂性,指防水卷材承受一定荷载、应力或在一定变形的条件下不断裂的性能,常用拉力、抗拉强度和断后伸长率等指标表示。④柔韧性,指在低温条件下保持柔韧性的性能。它对保证易于施工、不脆裂十分重要,常用柔度、低温弯折性等指标表示。⑤大气稳定性,指在阳光、热、臭氧及其他化学侵蚀介质等因素的长期综合作用下抵抗侵蚀的能力,常用耐老化性、热老化保持率等指标表示。新型防水卷材的分类如图 14.4 所示。

应充分考虑建筑的特点、地区环境条件、使用条件等多种因素,结合材料的特性和性能指标来选择各类防水卷材。

高分子改性沥青防水卷材是以合成高分子改性沥青为涂盖层,纤维织物或纤维毡为胎体,粉状、粒状、片状或薄膜材料为覆盖面材料制成的可卷曲片状防水材料。高分子改性沥青防水卷材克服了传统沥青防水卷材温度稳定性差、伸长率小的不足,具有高温不流淌、低温不脆裂、抗拉强度高、伸长率较大等优异性能,且价格适中,在我国属中低档防水卷材。常见的有 SBS 改性沥青防水卷材、APP 改性沥青防水卷材、PVC 改性焦油沥青防水卷材、再生胶改性沥青防水卷材等。此类防水卷材按厚度可分为 2mm、3mm、4mm、5mm 等规格,一般单层铺设,也可复合使用。根据卷材的不同性质可采用热熔法、冷黏法、自黏法施工。

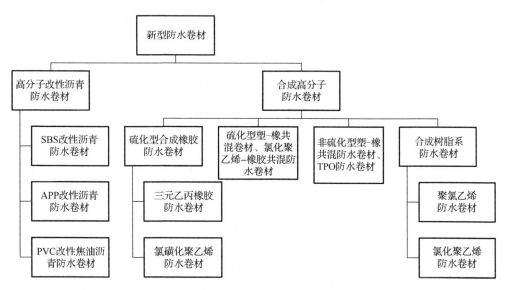

图 14.4　新型防水卷材的分类

　　合成高分子防水卷材是以合成橡胶、合成树脂或它们两者的共混体为基料,加入适量的化学助剂和填充料等,经混炼、压延或挤出等工序加工而制成的可卷曲片状防水材料,其中又可分为加筋增强型与非加筋增强型两种。该类防水卷材具有抗拉强度和抗撕裂强度高,断后伸长率大,耐热性和低温柔性好,耐腐蚀、耐老化等一系列优异性能。它彻底改变了沥青基防水卷材施工条件差、污染环境等缺点,是值得大力推广的新型高档防水卷材。目前多用于高级宾馆、大厦、游泳池、厂房等要求有良好防水性的屋面、地下等防水工程。根据主体材料的不同,合成高分子防水卷材一般可分为合成橡胶型、合成树脂型和塑-橡共混型三大类,常见的有三元乙丙橡胶防水卷材、聚氯乙烯防水卷材、氯化聚乙烯防水卷材、氯化聚乙烯-橡胶共混防水卷材等。此类卷材按厚度分为 1.0mm、1.2mm、1.5mm、2.0mm 等规格,一般单层铺设,可采用冷黏法或自黏法施工。

14.3.3　防水涂料

　　防水涂料是一种以高分子合成材料为主体,在常温下呈无定型液态,经涂布能在结构物表面结成坚韧防水膜的物料的总称。防水涂料成膜后的防水涂膜具有良好的防水性能,能形成无接缝的完整防水膜,特别适合于各种复杂、不规则部位的防水。它大多采用冷施工,不必加热熬制,减少了环境污染,改善了劳动条件,并且施工方便、快捷。此外涂布的防水涂料既是防水层的主体,又是胶黏剂,因而施工质量易保证、维修也简便。只是采用刷涂时,防水涂膜的厚度较难保持均匀一致。目前,我国防水涂料一般按涂料类型和涂料成膜物质的主要成分分类。按涂料成膜物质的主要成分,可分成合成树脂类、橡胶类、橡胶沥青类和沥青类等。按涂料类型,可分为溶剂型、水乳型和反应型,不同介质的防水涂料的性能特点见表 14.1。

表 14.1　溶剂型、水乳型和反应型防水涂料的特点

项目	溶剂型防水涂料	水乳型防水涂料	反应型防水涂料
成膜原理	通过溶剂的挥发、高分子材料链的接触、缠结等过程成膜	通过水分子的蒸发，乳胶颗粒靠近、接触、变形等过程成膜	通过预聚体与固化剂发生化学反应成膜
干燥速度	干燥快，涂膜薄而致密	干燥较慢，一次成膜的致密度较低	可一次形成致密的较厚的涂膜，几乎无收缩
储存稳定性	储存稳定性较好，应密封储存	储存期一般不宜超过半年	各组分应分开密封存放
安全性	易燃、易爆、有毒，生产、运输和使用过程中应注意安全，注意防火	无毒、不燃，生产和使用比较安全	有异味，生产、运输和使用过程中应注意防火
施工情况	施工时应通风良好，保证人身安全	施工较安全，操作简单，可在较为潮湿的找平层上施工，施工温度不宜低于 5℃	施工时需现场按照规定配方进行配料，搅拌均匀，以保证施工质量

　　防水涂料的品种很多，各品种之间的性能差异也很大，因此广泛适用于工业与民用建筑的屋面防水工程、地下室防水工程和地面防潮、防渗等。无论何种防水涂料，其性能都由以下几个指标来衡量：①固体含量，指防水涂料中所含固体比例。由于涂料涂刷后靠其中的固体成分形成涂膜，固体含量与成膜厚度及涂膜质量密切相关。②耐热度，指防水涂料成膜后的防水涂膜在高温下不发生软化变形、不流淌的性能。它反映防水涂膜的耐高温性能。③柔性，指防水涂料成膜后的防水涂膜在低温下保持柔韧性的性能。它反映防水涂料在低温下的施工和使用性能。④不透水性，指防水涂膜在一定水压(静水压或动水压)和一定时间内不出现渗漏的性能，是防水涂料满足防水功能要求的主要质量指标。⑤延伸性，指防水涂膜适应基层变形的能力。防水涂料成膜后必须具有一定的延伸性，以适应由温差、干湿等因素造成的基层变形，保证防水效果。应考虑建筑的特点、环境条件和使用条件等因素，结合防水涂料的特点和性能指标选择防水涂料。

14.3.4　建筑密封材料

　　建筑密封材料是嵌填于建筑物的接缝、门窗框四周、玻璃镶嵌部及建筑裂缝等，能起到水密、气密性作用的材料，主要用于建筑屋面、地下工程及其他部位的嵌缝密封防水，在自防水屋面中也可配合构件板面涂刷防水涂料，以取得较好的防水效果。

　　建筑密封材料可分为不定型密封材料和定型密封材料两大类(表 14.2)。前者指膏糊状材料，如泥子、各类嵌缝密封膏、胶泥等；后者指根据工程要求制成的带、条、垫状的密封材料，如止水条、止水带、防水垫、遇水自膨胀橡皮等。本节主要介绍不定型密封材料。

表 14.2　建筑密封材料的分类及主要品种

分类	类型		主要品种
不定型密封材料	非弹性密封材料	油性密封材料	普通油膏
		沥青基密封材料	橡胶改性沥青油膏、桐油橡胶改性沥青油膏、石棉沥青泥子、苯乙烯焦油油膏
		热塑性密封材料	聚氯乙烯胶泥、改性聚氯乙烯胶泥、塑料油膏、改性塑料油膏
	弹性密封材料	溶剂型密封材料	丁基橡胶密封膏、氯丁橡胶密封膏、氯磺化聚乙烯橡胶密封膏、丁基氯丁再生胶密封膏、橡胶改性聚酯密封膏
		水乳型密封材料	水乳丙乙烯密封膏、水乳氯丁橡胶密封膏、改性 EVA 密封膏、丁苯胶密封膏
		反应型密封材料	聚氨酯密封膏、聚硫密封膏、硅酮密封膏
定型密封材料	密封条带		铝合金门窗橡胶密封条、自黏性橡胶、水膨胀橡胶、PVC 胶泥墙板防水带
	止水带		橡胶止水带、嵌缝止水密封胶、无机材料基止水带、塑料止水带

近几年来，随着化工建筑材料的发展，建筑密封材料的品种也在不断增多，除以往的塑料油膏、橡胶改性沥青油膏、桐油橡胶改性沥青油膏外，又出现了许多性能优良的高分子嵌缝密封材料，如丙烯酸密封膏、聚氨酯密封膏、聚硫密封膏和硅酮密封膏等。

14.3.5　刚性防水、堵漏止水材料和灌浆材料

刚性防水材料包括外加剂防水混凝土和防水砂浆及刚性防水涂层两类，主要包括 UEA 型混凝土膨胀剂、有机硅防水剂、M1500 水性渗透型无机防水剂、永凝液(DPS)、无机铝盐防水剂、高分子水泥防水砂浆、高分子水泥防水浆料等。我国使用的堵漏止水材料和灌浆材料包括无机防水堵漏材料、环氧树脂/水泥基渗透结晶型防水材料、丙烯酸盐灌浆材料、聚氨酯灌浆材料。

14.3.6　特种防水材料

(1)喷涂聚氨酯硬泡体防水保温材料。喷涂聚氨酯硬泡体防水保温材料首先在美国和德国等发达国家得到广泛应用，在美国有应用该产品 25 年不漏的工程实例。国内目前以江苏久久防水保温隔热工程公司、厦门富晟防水保温技术开发有限公司、烟台同化防水保温工程有限公司、北京三利防水保温工程有限公司、一山聚氨酯(上海)有限公司等为骨干企业，在基层上多次喷涂该产品一定厚度后可达到防水保温一体化的效果。

(2)膨润土防水材料。膨润土是一种天然纳米防水材料，现在国内已应用钠基膨润土开发出止水条、防水板、防水毯及 NT 无机防水材料，应用于地下防水、市政、人工湖、垃圾填埋场等工程，均取得了良好的防水效果。

(3)金属防水材料。金属防水材料主要用于种植屋面、车库顶层种植层，可达到抗根刺的效果。

(4)丝光沸石硅质密实防水剂等无机防水材料。

(5)喷涂聚脲防水涂料。

14.4　新型建筑装饰材料

有建筑就有建筑的装饰装修，从早期的用石灰粉刷墙壁，用油漆涂刷柱子，至当今的新型高档次装饰装修，已历经了几千年的发展。近年来建筑业的蓬勃发展，人民生活水平的不断提高，有力地带动了建筑装饰材料产业的发展，也为建筑装饰业提供了更多、更好、更实用的装饰材料。

建筑装饰材料一般是指内外墙面、地面、顶棚的饰面材料，用它作为主体结构的面材能大大地改善建筑物的艺术形象，使人们得到舒适和美的享受。装饰材料常兼有绝热、防火、防潮、吸声、隔声等功能，起保护主体结构、延长建筑物寿命的作用，因此，它是房屋建筑中不可缺少的一类材料。有的宾馆、影剧院、高级住宅用于装修上的费用达建筑费的 30%，甚至更高。

建筑装饰材料虽然是建筑材料大家庭中的一个成员，但它的主要属性是装饰功能或美学功能，人们更多的是从质感、观感、健康等方面来认识它。与其他建筑材料如防水材料、保温材料、管道材料、结构材料等的物理力学性能属性有着明显的区别，这种区别和差异是很

重要的，影响对材料的评价、组织、使用以及经营方式等方面的问题。例如，装饰装修效果是比较抽象和理念性的东西，一般难以用数量表示，可比性较弱，并且与评价者的个体、时代、文化等有关，而物理、力学性能则有严格的量化表述，可比性很明显。还有一点，装饰材料的好坏优劣，同样的人在不同的时期可以有完全不同的看法和认定，即使是一种被认为很美的东西，用久了也会觉得不美，一些并不是很美的东西，由于有一定的奇特性，也会胜于看起来比它美的东西，装饰材料的生命力就在于它的多样性。

由于建筑装饰材料的品种繁多，而且各种材料都逐步向多功能、多用途方面发展，很难按十分明晰的分类方法进行分类。如果按材料的使用场所(地)，可分为三大类，即天花(吊顶)材料、地面材料、墙面(柱)材料；如果按照材料的属性，又可分为建筑装饰陶瓷、建筑装饰玻璃、金属装饰材料、装饰塑料、装饰砂浆和混凝土、建筑装饰石材、建筑装饰木材等、生态建筑装饰材料。

14.4.1　建筑装饰陶瓷

我国的陶瓷生产历史悠久，从河南出土的彩陶证实，五千多年前的新石器时代，我们的祖先已能制造陶器。唐朝以前的陶瓷都是单彩，唐朝之后才由黄、红、绿配出彩釉，统称唐三彩。宋朝是我国陶瓷业发展的盛期，当时中国陶瓷中心在浙江，宋代五大名窑，包括官窑、哥窑、钧窑、汝窑、定窑，其中就有两窑(官窑和哥窑)在浙江。当时陶瓷的技术工艺水平已处于很高的水准，成为我国对外交流和贸易的重要商品之一。但在建筑陶瓷方面，我国发展相对较慢。在 20 世纪 20~30 年代，随着泰山砖瓦、德胜窑业、西山窑业等企业的建立，中国才开始自己制造现代意义上的建筑陶瓷(陶瓷墙地砖)。发展至 1949 年，全国陶瓷墙地砖产量仅 $2310m^2$，1980 年全国产量为 1261 万 m^2，至 2002 年全国产量占世界总产量(59 亿 m^2)的 35.6%，至 2003 年全国产量已达 32.5 亿 m^2，远远超过意大利和西班牙。随着我国城市化进程的加快、中小城镇建设的快速发展、农村住房的改善、人民生活水平的提高，对高品质建筑装饰陶瓷的需求还会不断增加。

建筑装饰陶瓷是指用于建筑物墙面、地面及卫生设备等的各类陶瓷制品。建筑陶瓷以其坚固耐久、色彩艳丽、防火防水、耐磨耐蚀、易清洗、维修费用低等特点，成为现代建筑工程的主要装修材料之一。其主要品种有外墙砖、内墙砖、地砖、陶瓷锦砖、陶瓷壁画等。在现代建筑装饰工程中，应用最广泛的建筑陶瓷制品是陶瓷墙地砖。墙地砖是釉面砖、地砖和外墙砖的总称，一般均为炻质面砖。地砖包括锦砖(马赛克)、梯沿砖、铺路砖和大地砖等，外墙砖包括彩釉砖和无釉砖。

14.4.2　建筑装饰玻璃

随着现代科学技术的发展和建筑对玻璃使用功能要求的提高，建筑用玻璃已不仅仅满足采光和装饰的功能，而且向控制光线、调节温度、保温、隔声等各种特殊方向发展，兼具装饰性与功能性的玻璃新品种不断问世，从而为现代建筑设计提供了更大的选择性。例如，平板玻璃已由过去单纯作为采光材料，向控制光线、调节热量、节约能源、控制噪声，以及降低结构自重、改善环境等多功能方向发展，同时用着色、磨光等方法提高装饰效果。玻璃是以石英砂、钠碱、石灰石和长石等在 1550~1660℃的高温下熔融，并经拉引成型、退火而成。目前常见的成型方法有垂直引上法、水平拉引法、压延法、浮法等。玻璃属于无定形非结晶体的均质同向材料，其主要化学成分为二氧化硅、氧化钠、氧化钙、氧化镁，有时还有氧化钾等。玻璃按化学成分可分为钠玻璃、钾玻璃、铝镁玻璃、铅玻璃、硼硅玻璃和石英玻璃等。玻璃按功能可分为一般平板玻璃(普通平板玻璃)，高级平板玻璃(浮法玻璃)，热、声、光控制玻璃(镀膜玻璃、磨砂玻璃、吸热玻璃、压花玻璃、中空玻璃等)，安全玻璃(钢化玻璃、夹层玻璃、夹丝玻璃)，装饰玻璃(彩色玻璃、压花玻璃、密花玻璃、刻蚀玻璃、玻璃锦砖、辐射玻璃等)和保温玻璃(玻璃纤维、玻璃纤维毡或板、泡沫玻璃)等。

14.4.3　金属装饰材料

在建筑装饰工程中，应用最多的金属材料是铝合金、铜及铜合金、钢材、钛锰合金等装饰材料。

纯铝材质软、强度低，不适于建筑工程使用，因此常在纯铝中加入适量的镁、铜、硅、锰、锌等合金元素，从而制得各种铝合金，强度大幅度提高。铝合金既保持质量轻的特点，又具有更优良的物理力学性能，除用于装修外，还能用于建筑结构。

在普通钢材基体中添加多种元素或在基体表面上进行艺术处理，可使普通钢材成为一种金属感强、美观大方的装饰材料，在现代建筑装饰中越来越受到关注。例如，柱子外包不锈钢，楼梯扶手采用不锈钢管等。目前，建筑装饰工程中常用的钢材制品主要有不锈钢钢板与钢管、彩色不锈钢板、彩色涂层钢板、彩色压型钢板、镀锌钢卷帘门板及轻钢龙骨等。

纯铜由于表面氧化生成的氧化铜薄膜呈紫红色，故常称紫铜。纯铜具有较高的导电性、导热性、耐蚀性及良好的延展性、塑性，可碾压成极薄的板(紫铜片)，拉成很细的丝(铜线材)，它既是一种古老的建筑材料，又是一种良好的导电材料。在现代建筑装饰中，铜材仍是一种集古朴和华贵于一身的高级装饰材料，可用于宾馆、饭店、机关等建筑中的楼梯扶手、栏杆、防滑条。有的西方建筑用铜包柱，可使建筑物光彩照人、美观雅致、光亮耐久，并烘托出华丽、高雅的氛围。除此之外，还可用于制作外墙板、执手、把手、门锁、纱窗。在卫生器具、五金配件方面，铜材也有着广泛的应用。纯铜由于强度不高，不宜制作结构材料，而且纯铜的价格高，工程中更广泛使用的是铜合金(即在铜中掺入锌、锡等元素形成的铜合金)。铜合金既保持了铜的良好塑性和高抗腐蚀性，又改善了纯铜的强度、硬度等力学性能。铜合金的种类很多。根据传统的分类方法，铜合金可分为黄铜(铜锌合金)、青铜、白铜(铜镍合金)和紫铜(有氧化铜薄膜的纯铜)四类。根据铜合金使用时的状态或成型方法，又可将其分为铸造铜合金和变形铜合金。常用的铜合金有黄铜、青铜等。

14.4.4　装饰塑料

装饰塑料是指用于室内装饰装修工程的各种塑料及其制品。目前，用于建筑装饰的塑料制品很多，几乎遍及室内装饰的各个部位，最常见的有塑料墙纸和墙布、塑料地板、塑料门窗等。

塑料墙纸又称塑料壁纸，是由基底材料(纸、麻、棉布、丝织物、玻璃纤维)涂以各种塑料，再经过印花、压花或发泡处理等多种工艺而制成的一种墙面装饰材料。塑料墙纸强度较好、耐水可洗、装饰效果好、施工方便、成本低、性能优越，目前广泛用作内墙、天花板等的贴面材料。

塑料地板是发展最早、最快的建筑装修塑料制品，其装饰效果好，色彩图案不受限制，仿真效果好，施工维护方便。20 世纪 70 年代，塑料地板就在西欧及美国、日本等发达国家得到广泛应用。我国进入 20 世纪 80 年代后，塑料地板也投入了批量生产。按所用树脂可分为聚氯乙烯塑料地板、聚丙烯塑料地板和氯化聚乙烯塑料地板三大类。目前，绝大部分塑料地板属于第一类。按地板外形分为塑料块状地板和塑料卷材地板。塑料块状地板便于运输和铺贴，内部含有大量填料，具有价格低廉、耐烟头灼烧、耐污染、耐磨性好、损坏后易于调换等特点；塑料卷材地板生产效率高、成本低、整体性强、装饰效果好，且保温、隔声、弹性好、步感舒适。

塑料装饰板是以树脂材料为基材或浸渍材料，经一定工艺制成的具有装饰功能的板材。

14.4.5 装饰砂浆和混凝土

在装饰工程中，常用白水泥、彩色水泥配成水泥色浆或装饰砂浆，或制成装饰混凝土，用于建筑物室内外表面装饰，以材料本身的质感、色彩美化建筑，有时也可以用各种大理石、花岗石碎屑作为骨料配制成水刷石、水磨石等来作为建筑物的饰面。

14.4.6 建筑装饰石材

石材具有美观的天然色彩和纹理、优异的物理力学性能、超长的耐久性，是其他材料所难以替代的。石材广泛应用于建筑及其他工业领域，现已成为重要的高级建筑装饰材料之一。建筑装饰石材包括天然石材和人造石材两大类。天然石材是指从天然岩石中开采出来，并经过简单加工的块材或板材的总称。这种石材不仅具有较高的强度、硬度、耐磨性、耐久性等性能，而且经过表面加工处理后可以获得优良的装饰性。人造石材是通过人工制造，使材料具有如天然石材一样或相似装饰性的一种材料。这种材料无论是在加工生产、使用范围方面，还是在装饰效果、价格性能方面，都显示出极大的优越性，是一种具有发展前途的装饰材料。

14.4.7 建筑装饰木材

木材是人类最先使用的建筑材料之一，举世称颂的古建筑之木构架巧夺天工，为世界建筑独树一帜。北京故宫、祈年殿都是典型的木建筑殿堂。木材历来广泛用于建筑物室内装修与装饰，如门窗、楼梯扶手、栏杆、地板、护壁板、天花板、踢脚板、装饰吸声板、挂画条等，它给人以自然美的享受，还能使室内空间产生温暖、亲切感。时至今日，木材在建筑结构、装饰上的应用仍不失其高贵、显赫的地位，并以它特有的性能在室内装饰方面大放异彩，创造了千姿百态的装饰新领域。由于高科技的利用，木材在建筑装饰中又添异彩；目前，由于优质木材受限，为了使木材自然纹理之美表现得淋漓尽致，人们将优质、名贵木材旋切薄片，与普通材质复合，变劣为优，满足了消费者对天然木材喜爱的心理需求。木材作为既古老又永恒的建筑材料，以其独具的装饰特性和效果，加上人工创意，在现代建筑的新潮中，为我们创造了一个个自然美的生活空间。木材的装饰效果特点主要是：纹理美观；色泽柔和；富有弹性；防潮、隔热、不变形；耐磨、阻燃、涂饰性好。建筑装饰木材主要应用到地板和墙面上，可以分为建筑装饰用木地板和建筑装饰用墙体木材。

14.4.8 生态建筑装饰材料

现代室内设计的发展日新月异，室内空间呈现出多流派、丰富多彩的繁荣态势。随着我国人民生活水平和环境质量的不断提高，对建筑装饰材料提出了更高的要求。目前广泛使用的传统建筑装饰材料虽能起到美化室内环境的作用，但其功能比较单一，甚至有些材料在使用过程中释放出有害气体，危害人体健康。因此，采取高新技术制造多功能、有益于人体健康的生态建筑装饰材料是今后重要的发展方向。生态建筑装饰材料又称绿色建筑装饰材料、环保建筑装饰材料和健康建筑装饰材料，是指利用清洁生产技术，少用天然资源和能源，大量使用工业或城市固态废弃物生产的无毒、无污染、无放射性、有利于环境保护和人体健康的装饰材料。

14.5　新型建筑涂料

涂料是指能均匀涂敷于物体表面，在一定条件下能与物体表面黏结在一起形成连续性涂膜，从而对物体起到装饰、保护或使物体具有某种特殊功能的材料。早期的涂料以天然油脂和天然树脂为主要原料，故称为油漆。现在广泛采用各种高分子合成树脂作为涂料的原料，而且涂料产品的品种和性能都发生了根本的变化。因此，习惯将以天然油脂、树脂为主要原料经合成树脂改性的涂料称为油漆，将以合成树脂为主要原料的涂料称为涂料。建筑涂料是提供建筑物装修用的涂料总称。一般来讲，涂覆于建筑内墙、外墙、屋顶、地面等部位所用的涂料称为建筑涂料。与其他装饰材料相比，涂料具有如下特点：①适用范围广，能应用于不同材质的物质表面装饰。②能满足不同性能的要求，故品种繁多、用途各异。③生产、施工操作方便。宜用较简单的方法和设备作业，即可在物件表面得到较为理想的涂膜。④能很方便地维护和更新。⑤涂膜装饰和保护作用受到限制，使用寿命和维修周期较短。

建筑涂料一般由基料、颜料、填料、溶剂及助剂等组分经过溶解、分散、混合而成。组分不同，在涂料中所起的作用也不同，据此，建筑涂料的组成又可分为主要成膜物质、次要成膜物质及辅助成膜物质三大类。其中主要成膜物质是指基料，次要成膜物质是指颜料和填料，辅助成膜物质是指溶剂和助剂。

建筑涂料的生产工艺主要包括基料制备，颜料、填料的研磨与分散，涂料配制，过滤，称量及包装五个过程。

装饰功能、保护功能、特种功能、改善和调节建筑物的使用功能是建筑涂料的四大功能。

建筑涂料品种繁多，为了便于掌握各种涂料的特征，需要进行分类。由于分类的依据不同，因此有多种分类方法。在此，主要介绍几种常用分类方法。按建筑物的使用部位，可将建筑涂料分为外墙涂料、内墙涂料、地面涂料、顶棚涂料及特种涂料等。按主要成膜物质的化学成分，可将建筑涂料分为有机涂料、无机涂料及有机-无机复合涂料三大类。按照主要成膜物质，可将建筑涂料分为聚乙烯醇系建筑涂料、丙烯酸系建筑涂料、氯化橡胶外墙涂料、聚氯酯建筑涂料和水玻璃及硅溶胶建筑涂料等。按使用功能，可将建筑涂料分为防火涂料、防水涂料、防腐涂料、防霉涂料、防结露涂料、杀虫涂料、抗静电涂料、保温隔热涂料、吸声隔声涂料、弹性涂料、耐温涂料、防锈涂料、耐酸碱涂料等。此外，建筑涂料按涂膜厚度及形状可分为薄质、厚质、平壁状、砂粒状和凹凸立体花纹涂料(即复层涂料)；按涂料溶剂类型可分为溶剂型涂料、水溶型涂料、乳液型涂料及粉末型涂料等。

14.5.1　外墙涂料

外墙涂料是指用于建筑物或构筑物外墙面装饰的建筑涂料，是建筑涂料家族中的重要一员。其主要功能是装饰和保护建筑物的外墙面，使建筑物外观整洁靓丽，与环境更加协调，从而达到美化城市的目的，同时起到保护建筑物、提高建筑物使用的安全性和延长其使用寿命的作用。外墙涂料要求装饰性好，具有良好的耐候性、耐水性和抗老化性，并且耐污染、易清洗。目前，就世界涂料市场而言，外墙涂料年增长速度为 7%，远高于涂料行业 5% 的平均增长速度。从区域角度讲，欧洲、美国等发达国家和地区建筑外墙采用高级涂料装饰的已经占了 90%，日本高层建筑采用外墙涂料的约占 80%，泰国外墙涂料也已占到其装饰市场总量的 50%。与许多发达国家相比，我国的外墙涂料应用率极低，还达不到 20%。但近几年，我国涂料增长速度加大，采用外墙涂料进行建筑装修也已经为越来越多的地方所接受，而且北京、上海、江苏等地方政府更明确规定高层建筑必须使用外墙涂料进行装修。由于外墙涂料直接暴露在大自然，经受风、雨、日晒的侵袭，故要求涂料有耐水、保色、耐污染、耐老化以及良好的附着力，同时具有抗冻融性好、成膜温度低的特点。

外墙涂料按照装饰质感分为以下四类：①薄质外墙涂料。质感细腻、用料较省，也可用于内墙装饰，包括平面涂料、沙壁状涂料、云母状涂料。②复层花纹涂料。花纹呈凹凸状，富有立体感。③彩砂涂料。用染色石英砂、瓷粒云母粉为主要原料，色彩新颖，晶莹绚丽。④厚质涂料。可喷、可涂、可滚、可拉毛，也能制出不同质感花纹。

14.5.2　内墙涂料

随着国民经济的增长及人民生活水平的提高，人们越来越重视家居环境装修，内墙普遍采用涂料美化。内墙涂料就是用于建筑物内墙面装饰的建筑涂料。一般说来，外墙涂料均可用于内墙。但由于使用环境和要求与外墙不同，因此外墙涂料中一般不用的水溶性涂料也可用于内墙，而无机硅酸盐类涂料一般不用于内墙。

内墙涂料的主要功能是装饰及保护室内墙面，因此要求涂料应色彩丰富，具有一定的耐水性、耐刷洗性和良好的透气性，同时要求涂料耐碱性良好，涂刷施工方便，维修重涂容易。此外，由于人对内墙涂层的装饰效果是近距离观察，故要求内墙涂层应质地平滑、细腻、调和。

目前常用的内墙涂料主要包括溶剂型内墙涂料、乳胶型内墙涂料和水溶型内墙涂料。

14.5.3　地面涂料

地面涂料就是用于建筑物的室内地面装饰的建筑涂料。建筑物的室内地面采用地面涂料作为饰面是近年来兴起的一种新材料和新工艺，与传统地面相比，虽然有效使用年限不长，但施工简单，用料省，造价低，维修更新方便。

溶剂型地面涂料是以合成树脂为基料，加入颜料、填料、各种助剂及有机溶剂而配制成的一种地面涂料。该地面涂料涂刷在地面上以后，随着有机溶剂挥发而成膜硬结。国内早期曾采用氯乙烯水泥地面涂料、苯乙烯地面涂料装饰室内地面。目前国内应用较多的为聚氨酯-丙烯酸酯地面涂料。国外丙烯酸硅地面涂料应用在室外地面装饰。

合成树脂厚质地面涂料是由环氧树脂、聚氨酯、不饱和聚酯等合成树脂为基料，加入颜料、填料及助剂等配制而组成的。通常采用刮涂施工方法涂刷于地面，形成的地面涂层，称为无缝塑料地面或塑料涂布地板。这类涂料常呈双组分固化形式，涂层通过固化交联化学反应而成膜。涂膜性能很好，有一定的厚度与弹性，脚感舒适，可与塑料地板媲美，是国内近年发展起来的一种室内地面装饰材料。其主要品种有环氧树脂厚质地面涂料、聚氨酯弹性地面涂料、不饱和聚酯地面涂料等。

高分子水泥地面涂料是以水溶性树脂或聚丙烯酸乳液与水泥一起组成有机与无机复合的水性胶凝材料，掺入填料、颜料及助剂等经搅拌混合而成的，涂布于水泥基层地面上能硬结形成无缝彩色地面涂层。这类涂料所用的树脂价格相对低廉，而且加入大量水泥，因而原材料成本比聚氨酯、环氧树脂等地面涂料低，十分适合新老住宅水泥地面的装饰。其主要品种有聚乙烯醇缩甲醛水泥地面涂料和聚醋酸乙烯水泥地面涂料等。

14.5.4　特种涂料

除用于建筑物的内、外墙涂料和地面涂料外，还有许多其他类型的建筑涂料。这些涂料除对建筑物有装饰作用外，还具有某些特殊功能，如防火功能、杀虫功能、隔声功能等。这些能满足建筑领域某些特殊功能的涂料称为特种建筑涂料，也称为功能性建筑涂料。

14.5.5　新型环保涂料

1. 新型水性环保涂料

水性涂料可以减少挥发性有机化合物(VOC)，具有低污染、工艺清洁的优点，属于环保型涂料，这是溶剂型涂料所不具有的，因此世界各工业发达国家都很重视水性涂料的开发。同时由于水性涂料用原材料及制造工艺学的发展和进步，一些很难解决的问题(如水性涂料中的黏度变化问题、厚涂的烘烤型水性涂料的"爆泡"问题)有所突破，进一步加快了水性涂料的发展速度。

国外的环保涂料已经绝大多数使用水性涂料，只有很少比例的溶剂型涂料。有关资料表明，2008 年水性工业涂料的应用水平为 38%～45%，年均增长速度为 8%～9%。其中用量最多的是建筑涂料市场，约占 1/2 以上，其次是汽车、仪器设备防腐、木制品等方面。目前水性涂料发展迅猛，特别是水性工业涂料需求最为迫切，我国工业涂料的年需求量在 170 万 t 左右，其中可由水性工业涂料替代的达 100 万 t。

水性环保建筑涂料以水为分散介质和稀释剂，与溶剂型和非水分散型涂料相比较，最突出的优点是分散介质水无毒无害、不污染环境，同时具备价格低廉、不易粉化、干燥快、施工方便等优点。常见的水性环保建筑涂料类型主要有水性聚氨酯涂料、水性环氧树脂涂料、水性丙烯酸树脂涂料等。

2. 自清洁涂料

由于纳米颗粒尺寸微小，根据纳米材料的表面效应，将其添加到涂料中后，可使涂层在紫外线和氧的作用下具有某种自清洁能力，如分解某些有机物等。目前，对 TiO_2 自清洁纳米涂料研究得较多。通常情况下涂料表面的污染主要是吸附空气中悬浮的灰尘和有机物造成的，这种吸附在初期主要是由静电力造成的静电吸附和范德瓦耳斯力造成的物理吸附。自清洁涂层受到紫外线照射后，纳米 TiO_2 涂膜表现出超亲水性能，在涂膜表面形成化学吸附水和物理吸附水，吸附水有利于消除涂层表面的静电，消除静电力。自清洁涂层表面形成的羟基是亲水的，当雨水滴落在涂层表面时，表面羟基与水之间形成氢键，氢键的作用力要远大于范德瓦耳斯力，因此水取代灰尘吸附于涂层表面，表面上原来吸附的灰尘被剩余的水带走，而表面很难被水带走的有机吸附物在纳米 TiO_2 的光催化作用下分解，形成水、二氧化碳和可以被水带走的小分子物质，从而达到幕墙表面自清洁的目的。

3. 抗菌杀菌涂料

抗菌杀菌涂料可以使材料表面的抗菌成分及时通过接触来杀菌或抑制材料表面的微生物

繁殖，进而达到长期杀菌的目的。与传统的化学、物理杀菌相比，这种抗菌方式具有长效、广谱、经济、方便等特点。抗菌杀菌涂料机理如下：抗菌材料中的活性离子可激活空气或者水中的氧，产生羟基自由基及活性氧离子自由基，这两种自由基具有极强的化学活性，能与细菌和多种有机物发生反应，可以破坏 DNA 双螺旋结构，从而破坏微生物细胞的 DNA 复制，使其新陈代谢紊乱，起到抑制或杀灭细菌的作用；活性离子还可吸附在细胞膜上，阻碍细菌对氨基酸、尿嘧啶等营养物质的吸收，从而抑制细菌的生长。

第15章　新能源材料

能源工业是国民经济的基础产业，也是技术密集型产业。新能源是相对煤、石油、天然气等常规能源而言的能源形式，如水能、核能、风能、太阳能、生物质能、地热能、潮汐能等。新能源的发展水平是一个国家和地区高新技术发展水平的体现，是当今国际政治、经济竞争的战略制高点。新能源的开发和利用必须依靠新材料，这种新材料就是新能源材料，它包括储能器件材料和能量转换器件材料。本章就储氢材料、新型二次电池材料、太阳能电池材料和燃料电池材料等作简要介绍。

15.1　概　　述

新能源材料是指实现新能源的转化和利用以及发展新能源技术中所要用到的关键材料，是发展新能源的核心和基础。一些新能源材料的发明催生了新能源系统，一些新能源材料的应用提高了新能源系统的效率，新能源材料的使用直接影响着新能源系统的投资与运行成本。因此，现在的主要任务是改善已有材料的性能，开发新的环境友好材料。目前的研究热点和技术前沿包括高容量储氢材料、锂离子电池材料、质子交换膜燃料电池和中温固体氧化物燃料相关材料、薄膜太阳能电池材料等。

15.1.1　世界能源状况与面临的挑战

1. 能源需求不断增加

能源按其形成方式可分为一次能源和二次能源。一次能源包括以下三大类：来自地球以外天体的能量，主要是太阳能；地球本身蕴藏的能量，海洋和陆地内储存的燃料、地球的热能等；地球与天体相互作用产生的能量，如潮汐能。二次能源是经过提纯和精炼而得到的能源(如电能、汽油、柴油等)。能源按其循环方式可分为不可再生能源(化石燃料，如煤、石油、天然气等)和可再生能源(如风能、水能、太阳能、地热、生物质能、氢能、化学能源等)。能源按环境保护的要求可分为清洁能源(又称绿色能源，如太阳能、氢能、风能、潮汐能等)和非清洁能源。

(1)太阳能。太阳能是人类最主要的可再生能源。太阳每年输出的总能量为3.75×10^{26}W，到达地球的能量大约是其能量的 22 亿分之一，即有 1.73×10^{17}W 到达地球范围内，其中辐射到地球陆地上的能量大约为8.5×10^{16}W。这个数量远大于人类目前消耗的能量的总和，相当于1.7×10^{18}t 标准煤。

(2)氢能。氢能是未来最理想的二次能源。氢以化合物的形式储存于地球上最广泛的物质中，如果把海水中的氢全部提取出来，总能量是地球现有化石燃料的 9000 倍。

(3)核能。核能是原子核结构发生变化放出的能量，核能释放包括核裂变和核聚变。核裂变所用原料铀 1g 就可释放相当于 30t 煤的能量，而核聚变所用的氘仅仅用 560t 就可能提供全世界一年消耗的能量。海洋中氘的储量可供人类使用几十亿年，同样是取之不尽、用之不竭的清洁能源。

(4) 生物质能。生物质能目前占世界能源消耗量的 14%。估计地球每年植物光合作用固定的碳可达到 $2×10^{12}t$，含能量 $3×10^{21}J$，地球上的植物每年生产的能量是目前人类消耗矿物能的 20 倍。

(5) 化学能源。化学能源实际是直接把化学能转变为低压直流电能的装置，也称电池。化学能源已经成为国民经济中不可缺少的重要组成部分，同时将承担其他新能源的储存功能。

(6) 风能。风能是大气流动的动能，是来源于太阳能的再生能源。估计全球风能储量为 $10^{14}MW$，如果有千万分之一被人类利用，就有 10^7MW 的可利用风能，这是全球目前的电能总需求量，也是水力资源可利用量的 10 倍。

(7) 地热能。地热能是来自地球深处的可再生热能。全世界地热资源总量大约 $1.45×10^{26}J$，相当于全球煤热能的 1.7 亿倍，它是分布广、洁净、热流密度大、使用方便的新能源。

(8) 海洋能。海洋能是依附在海水中的可再生能源，包括潮汐能、潮流、海流、波浪、海水温差和海水盐差能。估计全世界海洋能的理论再生量为 $7.6×10^7MW$，相当于目前人类对电能的总需求量。

(9) 可燃冰。可燃冰是天然气的水合物。它在海底的分布范围占海洋总面积的 10%，相当于 4000 万 km^2，它的储量够人类使用 1000 年。

(10) 海洋渗透能。在江河的入海口，淡水的水压比海水的水压高，如果在入海口放置一个涡轮发电机，淡水和海水之间的渗透压就可以推动涡轮发电机来发电。海洋渗透能是一种十分环保的绿色能源，它既不产生垃圾，也没有二氧化碳的排放，更不依赖天气的状况，可以说是取之不尽，用之不竭。在盐分浓度更大的水域里，渗透发电厂的发电效能会更好，如地中海、死海、中国的大盐湖、美国的大盐湖。据挪威能源集团的负责人巴德·米克尔森估计，利用海洋渗透能发电，全球年度发电量可以达到 16000 亿 $kW·h$。

能源与人类社会的生存和发展休戚相关，人类社会的发展伴随着能源消费的增加。表 15.1 是 $2006~2016$ 年世界一次能源的消费量。

表 15.1 2006~2016 年世界一次能源消费量

| 地区 | 一次能源消费总量/10^6t 油当量 | | | | | | | | | | | 年均增长率/% | |
	2006 年	2007 年	2008 年	2009 年	2010 年	2011 年	2012 年	2013 年	2014 年	2015 年	2016 年	2016 年	2006~2016 年
全球	11266.8	11626.6	11783.8	11601.4	12169.9	12455.3	12633.8	12866.0	12988.7	13104.9	13276.2	1.3	1.7
北美洲	2824.1	2866.5	2819.2	2689.7	2777.8	2778.6	2724.3	2795.9	2821.2	2792.4	2788.9	-0.1	-0.1
中南美洲	567.8	593.9	613.2	606.0	641.7	665.4	680.9	696.7	704.1	710.4	705.3	-0.7	2.2
欧洲及欧亚大陆	3023.6	3017.7	3022.2	2839.8	2952.6	2937.9	2936.3	2900.6	2838.3	2846.6	2867.1	0.7	-0.6
中东地区	592.2	625.6	667.6	690.3	734.2	750.3	780.8	812.4	840	874.6	895.1	2.3	4.0
非洲	334.8	347.9	369.5	373.4	388.9	388	402.9	415.4	427.9	433.5	440.1	1.5	2.6
亚太地区	3924.3	4175.0	4292.1	4402.2	4674.7	4935.1	5108.6	5245	5357.2	5447.4	5579.7	2.4	3.4

纵观全局，2016 年的能源消费增长依旧缓慢——这是连续第三年能源需求增长等于或小于 1%——远小于过去十多年我们习以为常的快速增长。除此之外，由于能源需求缓慢增长与

燃料向低碳化持续转型的共同作用，2016 年能源消费产生的碳排放预计会连续第三年无明显增长——相比于过去的增长趋势，这是一个巨大的进步。

2. 能源消费仍以矿物能源为主

今天，世界能源仍以矿物能源(煤、石油、天然气等)为主。例如，2014 年、2015 年、2016年的矿物能源在总的能源消费中所占的比例分别为 86.3%、85.9% 和 85.5%。国际应用系统分析研究所(IIASA)曾预测到 2030 年矿物能源在总的能源消费中所占的比例是 79.6%。

3. 能源结构发生变化

人类能源消费的另一个趋势是能源结构的变化。这种变化一方面反映出人类能源技术的进步，另一方面反映出产业结构和社会生活的变化。能源消费结构是指原油、原煤、天然气、核能、水力发电和再生能源等商品消费量在一个国家或地区的比例，用百分数(%)表示。表 15.2 是世界一次能源消费结构的变化(经四舍五入)。

表 15.2　世界一次能源消费结构

年份	一次能源消费总量/10^6t 油当量	一次能源结构中的份额/%						清洁能源%
		原油	天然气	原煤	核能	水力发电	再生能源	
2005	10724.2	36.1	23.5	27.8	6.0	6.3		
2006	11266.7	35.8	23.7	28.4	5.8	6.3		
2007	11626.6	35.6	23.8	28.6	5.6	6.4		
2008	11783.8	34.8	24.1	29.2	5.5	6.4		
2009	11601.5	34.8	23.8	29.4	5.5	6.6		
2010	12170.0	33.6	23.8	29.6	5.2	6.5	1.3	13.0
2011	12455.3	33.4	23.8	29.7	4.9	6.5	1.7	13.1
2012	12633.8	33.1	23.9	29.9	4.5	6.7	2.0	13.2
2013	12866.0	32.9	23.7	30.1	4.4	6.7	2.2	13.3
2014	12988.8	32.6	23.7	30.0	4.4	6.8	2.5	13.7
2015	13104.9	33.1	24.0	28.8	4.4	6.7	2.8	13.9
2016	13276.2	33.3	24.1	28.1	4.4	6.8	3.2	14.4

从表 15.2 可见，2015 年世界一次能源消费总量为 13104.9×10^6t 油当量，其中原油消费占比 33.1%，原煤消费占比 24.0%，天然气消费占比 28.8%，清洁能源消费占比 13.9%。2016 年世界一次能源消费总量为 13276.2×10^6t 油当量，其中原油消费占比 33.3%，比 2015 年增长1.8%；原煤消费占比 28.1%，比 2015 年增长 -1.4%；天然气消费占比 24.1%，比 2015 年增长1.8%；清洁能源消费占比 14.6%，比 2015 年增长 19.1%。

2015 年，中国能源消费总量为 43 亿 t 标准煤，比 2012 年增长 6.9%，年均增幅为 2.3%，比 2005~2012 年的年均增幅低 4.1 个百分点，能源消费量增长放缓。其中，煤炭消费量在 2013年达到 42.4 亿 t 之后，2014 年和 2015 年分别降至 41.2 亿 t 和 39.6 亿 t，分别比上年下降 3.0%和 3.7%。2015 年，石油消费约 5.5 亿 t，比 2012 年增长 15.1%；天然气消费 1930 亿 m^3，增长 28.9%；电力消费 5.6 万亿 kW·h，增长 13.9%。从能源消费构成来看，煤炭消费比例明显降低，清洁能源比例提高，能源消费结构不断优化。2015 年煤炭消费占 64.0%，比 2012 年下降 4.5 个百分点；石油消费占 18.1%，比 2012 年提高 1.1 个百分点；天然气消费占 5.9%，比 2012 年提高 1.1 个百分点；一次电力及其他能源消费占 12%，比 2012 年提高 2.3 个百分点；清洁能源消费共占 17.9%，比 2012 年提高 3.4 个百分点。2016 年中国能源消费总量 43.6 亿 t 标准煤，比 2015 年增长 1.4%。煤炭消费量下降 4.7%，原油消费量增长 5.5%，天然气消费量增长 8.0%，电力消费量增长 5%。煤炭消费量占能源消费总量的 62.0%，比 2015 年下降 2.0 个百分点；水电、风电、核电、天然气等清洁能源消费量占能源消费总量的 19.7%，上升 1.8 个百分点。

4. 矿物能源面临枯竭

世界矿物能源可开采年数预测不断下降，如表 15.3 所示。

表 15.3　世界矿物能源储量、产量及其可开采年数预测

项目	石油	天然气	煤炭	铀
确认储量	1368 亿 t	1380000 亿 m^3	10392 亿 t	低品位铀约 139 万 t，高品位铀约 61 万 t
1992 年产量	6800 万 t	21600 亿 m^3	46.5 亿 t	2.7 万 t(不包括社会主义国家)
按 1992 年需求，预计可开采年数	46	64	219	74
按 2000 年需求，预计可开采年数	25	56		
按 2010 年需求，预计可开采年数	15			

5. 矿物燃烧造成环境污染

一次能源里的矿物燃烧时释放出的二氧化硫、一氧化碳、二氧化碳、氮氧化物、3,4-苯并芘、烟尘等将造成环境污染，有害于人类和自然环境。例如，1930 年的马斯河谷烟雾事件，就是因为比利时马斯河谷工业区里有炼油厂、金属厂、玻璃厂等许多工厂，河谷上空出现了很强的逆温层，致使 13 个大烟囱排出的烟尘无法扩散，空气中二氧化硫浓度很高，并且可能含有氟化物。几种有害气体同煤烟粉尘对人体综合作用，对人体造成严重伤害。一周内有 60 多人丧生，其中心脏病、肺病患者死亡率最高，许多牲畜死亡。图 15.1 为 1930 年的马斯河谷烟雾污染图片。

图 15.1　1930 年的马斯河谷烟雾污染

可见，非可再生能源的储量有限，而且排放的烟雾有害于人类和自然环境。因此，为了

社会的可持续发展，新能源，尤其是可再生绿色新能源急需得到发展。

15.1.2　新能源与材料

1. 新能源

新能源是相对于常规能源而言，以采用新技术和新材料而获得的，在新技术基础上系统地开发利用的能源，如太阳能、风能、海洋能、地热能等。与常规能源相比，新能源生产规模较小，适用范围较窄。常规能源与新能源的划分是相对的，以核裂变能为例，20 世纪 50 年代初开始把它用于生产电力和作为动力时，被认为是一种新能源，到 80 年代世界上不少国家已把它列为常规能源。太阳能和风能被利用的历史比核裂变能要早许多个世纪，由于还需要通过系统研究和开发才能提高利用效率、扩大使用范围，所以还是把它们列入新能源。联合国曾认为新能源和可再生能源共包括 14 种能源：太阳能、地热能、风能、潮汐能、海水温差能、波浪能、木柴、木炭、泥炭、生物质转化、畜力、油页岩、焦油砂及水能。

2. 新能源材料

新能源材料是指实现新能源的转化和利用以及发展新能源技术中所要用到的关键材料，是发展新能源技术的核心和新能源应用的基础。从材料学的本质和能源发展的观点看，能储存和有效利用现有传统能源的新型材料也可以归属为新能源材料。新能源材料覆盖镍氢电池材料、锂离子电池材料、燃料电池材料、太阳能电池材料、反应堆核能材料、发展生物质能所需的重点材料、新型相变储能和节能材料等。

新能源材料是在环保理念推出之后引发的对不可再生资源节约利用的一种新的科技理念，新能源材料是指新近发展的或正在研发的、性能超群的一些材料，它们具有比传统材料更为优异的性能。

1）超导材料

有些材料当温度下降至某一临界温度时，其电阻完全消失，这种现象称为超导电性，具有这种现象的材料称为超导材料。使超导体电阻为零的温度称为临界温度（T_c），超导电性和抗磁性是超导体的两个重要特性。

超导材料最诱人的应用是发电、输电和储能。利用超导材料制作发电机的线圈磁体，可以将发电机的磁场强度提高到 5 万～6 万 Gs，而且几乎没有能量损失。与常规发电机相比，超导发电机的单机容量提高 5～10 倍，发电效率提高 50%。超导输电线和超导变压器可以把电力几乎无损耗地输送给用户。据统计，目前的铜或铝导线输电，约有 15% 的电能损耗在输电线上，在中国每年的电力损失达 1000 多亿 kW·h，若改为超导输电，节省的电能相当于新建数十个大型发电厂。高速计算机要求在集成电路芯片上的元件和连接线密集排列，但密集排列的电路在工作时会产生大量的热量，若利用电阻接近于零的超导材料制作连接线或超微发热的超导器件，则不存在散热问题，可使计算机的运算速度大大提高。超导磁悬浮列车的工作原理是利用超导材料的抗磁性，将超导体磁悬浮列车悬浮在磁场上方。例如，已运行的日本新干线列车、上海浦东国际机场的高速列车等就是利用了磁悬浮技术。

2）能源材料

能源材料主要有太阳能电池材料、储氢材料、固体氧化物电池材料等。太阳能电池材料是新能源材料，IBM 公司研制的多层复合太阳能电池，转换率高达 40%。氢是无污染、高效的理想能源,氢的利用关键是氢的储存与运输,美国能源部的全部氢能研究经费中大约有 50% 用于储氢技术。氢对一般材料会产生腐蚀,造成氢脆及其渗漏,在运输中也极易爆炸,储氢材料的储氢方式是材料与氢结合形成氢化物,当需要时加热放氢,放完后又可以继续充氢。目前的储氢材料多为金属化合物。固体氧化物燃料电池的研究十分活跃,关键是电池材料,如固体电解质薄膜和电池阴极材料,还有质子交换膜型燃料电池用的有机质子交换膜等。

3)未来的几种新能源材料

(1)波能:即海洋波浪能,是一种取之不尽、用之不竭的无污染可再生能源。据推测,地球上海洋波浪蕴藏的电能高达 9×10^4 TW。近年来,在各国的新能源开发计划中,波能的利用已占有一席之地。尽管波能发电成本较高,需要进一步完善,但目前的进展已表明了这种新能源潜在的商业价值。日本的一座波能发电站已运行 8 年,电站的发电成本虽高于其他发电方式,但对于边远岛屿来说,可节省电力传输等投资费用。美国、英国、印度等国家也已建成几十座波能发电站,且均运行良好。

(2)可燃冰:是一种甲烷与水结合在一起的固体化合物,它的外形与冰相似,故称可燃冰。可燃冰在低温高压下呈稳定状态,冰融化所释放的可燃气体相当于原来固体化合物体积的 100 倍。据测算,可燃冰的蕴藏量比地球上的煤、石油和天然气的总和还多。

(3)煤层气:煤在形成过程中由于温度及压力增加,在产生变质作用的同时释放出可燃性气体。从泥炭到褐煤,每吨煤产生 68m³ 气;从泥炭到肥煤,每吨煤产生 130m³ 气;从泥炭到无烟煤,每吨煤产生 400m³ 气。科学家估计,地球上煤层气可达 2000Tm³。

(4)微生物发酵:世界上有不少国家盛产甘蔗、甜菜、木薯等,利用微生物发酵,可制成酒精,酒精具有燃烧完全、效率高、无污染等特点,用其稀释汽油可得到乙醇汽油,而且制作酒精的原料丰富,成本低廉。据报道,巴西已改装乙醇汽油或酒精为燃料的汽车达几十万辆,减轻了大气污染。此外,利用微生物可制取氢气,以开辟能源利用的新途径。

(5)第四代核能源:当今,世界科学家已研制出利用正反物质的核聚变来制造出无任何污染的新型核能源。正反物质的原子在相遇的瞬间灰飞烟灭,此时,会产生高当量的冲击波以及光辐射能。这种强大的光辐射能可转化为热能,如果能够控制正反物质的核反应强度,来作为人类的新型能源,那将是人类能源史上的一场伟大的能源革命。

本章节仅介绍新能源材料中的储氢材料、新型二次电池材料、太阳能电池材料、燃料电池材料及应用。

15.2　储 氢 材 料

氢能是人类未来理想的能源,具有能量密度高(1kg 氢燃烧放出的热量是 1kg 汽油的 3 倍、1kg 煤的 4 倍);清洁无污染(燃烧产物是水,不污染环境),是最清洁的二次能源;资源丰富(水中含氢量达 11.1%)等特点。存在的问题主要是存储难,气态储存要用很重的高压气瓶;液态储存既要消耗大量的能量又有与空气混合引起爆炸的危险,储氢材料的发现、发展及应用促进了氢能的开发与利用。

15.2.1　储氢材料的定义和分类

1. 储氢材料的定义

能以物理或化学方式可逆地吸收和释放氢气的材料称为储氢材料。物理法是指储氢物质与氢分子之间只有纯粹的物理作用或物理吸附,包括高压压缩储氢、深冷液化储氢、活性炭吸附储氢等。化学法是指储氢物质与氢分子之间发生化学反应，生成新的化合物，具有吸收或释放氢气的特性。

2. 储氢材料的分类

储氢材料主要可分为物理吸附类材料、金属合金材料、复合化学氢化物材料、液态有机储氢材料等。

物理吸附类材料主要是将氢气通过范德瓦耳斯力可逆地吸附在高比表面积多孔材料上，不发生氢分子解离。这类材料包括碳基材料(石墨、活性炭、碳纳米管)及其衍生物(如石墨插层化合物 KC_{24}、CsC_{24} 等)、无机多孔材料(如沸石分子筛)和金属有机骨架化合物等。这类材料具有储氢方式简单、吸放氢容易等优点。实验证明，这类材料大多只能在−196℃左右有足够的储氢密度，在常温常压下其吸氢量很低，因而用途有限，商业应用前景黯淡。

金属合金，特别是轻金属合金，是目前研究较多的储氢材料之一。储氢的基本原理是储氢材料先与氢气生成氢化物，然后氢化物在一定条件下放出氢气。镍氢电池的开发即金属氢化物储氢材料的成功案例。$LaNi_5$ 是最早被发现的稀土系储氢材料，也是储氢合金中性能较好的一类材料。$LaNi_5$ 的优点是吸放氢速度快、易活化、不易中毒、平衡压适中和滞后小，缺点是在吸放氢过程中晶胞变形过大、易于粉化、储氢密度低和成本高。

复合化学氢化物材料主要由轻质的碱金属与碱土金属(如 Li、Na、K、Al 等)与 B、N 等非金属元素组成，如铝复合氢化物、硼氢化物、氨硼烷、氨基氢化物等。此类材料理论储氢量高，但材料储氢的可逆性较差，且常伴有副反应发生，因此无法得到应用。氨硼烷(NH_3BH_3，Ammonia Borane，AB)的理论储氢量(19.6%)远高于美国能源部 2015 年的技术指标(6.5%)，是储氢量最高的复合化学氢化物储氢材料之一。对于 AB 的实际应用，最大的障碍是其再生技术，因为 AB 脱氢反应因反应条件不同可形成不同的脱氢产物。

液态有机储氢材料最早由 Sultan 等于 1975 年提出，主要利用液态芳香族化合物作为储氢载体，如苯(理论储氢量 7.19%)、甲苯(理论储氢量 6.18%)、萘环等。这类材料通常利用分子自身的不饱和键与氢在一定条件下发生催化加氢反应，利用其逆过程实现催化脱氢。液态有机储氢材料储氢量较高、性能稳定、安全性高、原则上可同汽油一样在常温常压下储存和运输，具有直接利用现有汽油输送方式和加油站构架的优势。然而，目前研究最多的苯、甲苯等液态有机储氢材料脱氢温度均在 300℃以上，远高于燃料电池的工作温度，催化脱氢过程有副反应发生，导致氢气不纯，且脱氢动力学速度也不能满足需要。

利用储氢材料的可逆吸放氢性能及伴随的热效应和平衡压特性，可以进行化学能、热能和机械能等能量交换，具体可以用于氢的高效储运、电池的负极材料、高纯氢气的制备、热泵、同位素的分离、氢压缩机和催化剂等，从而形成一类新型功能材料。其中金属氢化物镍二次电池的商业化是储氢材料研究成果最有经济价值的突破。

15.2.2 典型储氢材料及其应用

根据氢吸收/释放的原理，在一定的温度、压力下，储氢合金能够像海绵一样吸收氢，并在挤压状态下释放氢。金属间化合物通过化学键结合能吸收并保留大量的氢原子，目前已开发出的具有实用价值的金属氢化物合金包括 AB_5 型稀土系合金、AB_3 和 A_2B_7 型稀土镁基合金、AB_2 型拉夫斯相合金、镁系非晶态合金和钛钒系多相合金。金属与氢之间的简化反应模型如图 15.2 所示。其固态吸放氢过程包含如下几步。

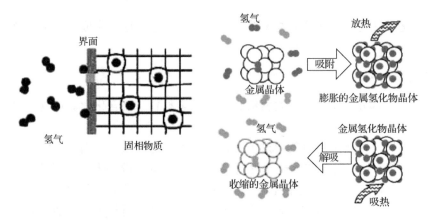

图 15.2　金属与氢之间的简化反应模型

(1)吸氢：物理吸附-化学吸附-界面反应-扩散-氢化物形成。

(2)放氢：氢化物分解-扩散-界面反应-重组解吸-气态氢。

2003 年日本国家综合产业技术研究所 Takeich 等首先提出了轻质混合高压储氢罐(hybrid hydrogen storage vessel)的概念，如图 15.3 所示，该混合储氢罐由轻质高压罐和储氢合金反应床联合构成。高压罐是铝-碳纤维复合材料罐，储氢合金采用的是 $LaNi_5$ 体系。将金属氢化物装入高压罐内，通过调整储氢合金的装入比例来调整混合容器的体积和质量储氢密度。

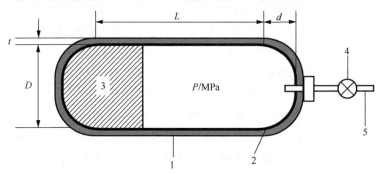

图 15.3　轻质混合高压储氢罐示意图

1-碳纤维-环氧树脂层；2-铝层；3-储氢合金；4-阀门；5-导氢管

高压储氢、液化储运、金属氢化物储氢三种方式比较满足商用要求。高压储氢技术比较成熟，其体积储氢密度低，安全上有一定的不足。液态储氢是一种较好的储氢方法，储氢密度高，但能耗较大，设备复杂。金属氢化物储氢方式体积储氢密度高，安全性好，但是质量储氢密度低。高压金属氢化物复合储氢技术能够克服以上不足，获得较为理想的储氢性能。

电解水制氢，将氢气储存并通过燃料电池发电进入电网。图 15.4 为风力发电氢化物储能原理图。我国也在推动风能/太阳能＋电解制氢＋燃料电池的电力系统。2012 年，中国移动通信集团有限公司结合风能、太阳能、氢能的电力自给式绿色通信基站在河北廊坊投入运行。绿色通信基站的能源体系把风能和太阳能作为主要的能源供应。2014 年，由中国节能环保集团有限公司牵头组织实施的"风电直接制氢及燃料电池发电系统技术研究与示范主题项目"获得科技部国家高技术研究发展计划(863 计划)先进能源技术领域的项目立项。2015 年，国家电网有限公司开始建设风电制氢储能小型示范站。

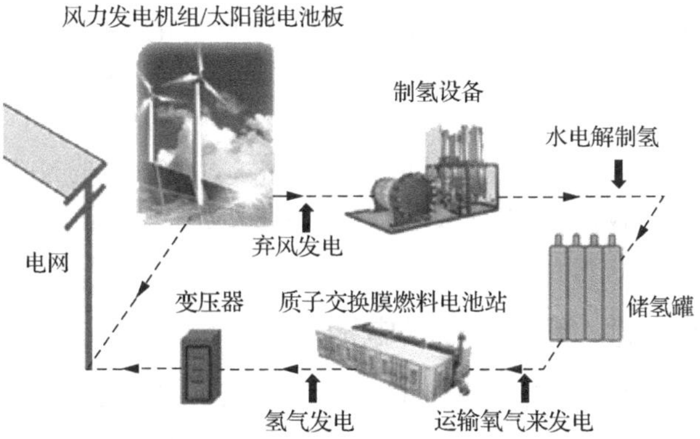

图 15.4　风力发电氢化物储能原理图

15.3　新型二次电池材料

二次电池又称为充电电池或蓄电池，是指在电池放电后可通过充电的方式使活性物质激活而继续使用的电池。20 世纪 90 年代初问世并迅速获得高速发展的新型二次电池体系包括采用储氢合金为负极的金属氢化物镍(Ni/MH) 二次电池和锂离子(LiB) 二次电池，由于它们不含有有毒物质，所以又称为绿色电池。

15.3.1　Ni/MH 二次电池(简称 Ni/MH 电池)

1970 年 van Vucht 首先发现 LaNi$_5$ 合金具有良好的可逆储氢性能，随后开展了这种储氢合金用作 Ni/MH 电池负极材料的应用研究。1984 年，Willems 研究发现，LaNi$_5$ 合金中的 Ni 被 Co 部分取代，La 的少部分被 Nd 取代，即 La$_{0.8}$Nd$_{0.2}$Ni$_{2.5}$Co$_{2.4}$Si$_{0.1}$ 合金，其晶型结构虽然与 LaNi$_5$ 保持一致，但合金吸氢后晶胞体积膨胀率却由原来的 24.3%下降到 14.6%，合金抗粉化性能提高，储氢合金电极材料的长期循环稳定性得到改善。1988 年，Ogawa 研究认为，解决储氢合金电极材料的商业化途径之一可通过降低 Co 含量，并用混合稀土取代单一的 La 和 Nd。Ogawa 的研究工作促进了 Ni/MH 电池的商业化进程，目前厂家生产的 Ni/MH 电池多采用 Mm$_x$(Ni$_{3.55}$Mn$_{0.4}$Al$_{0.3}$Co$_{0.75}$) 或与其相近的合金组成，合金电化学储氢比容量达 320mAh/g 左右。2000 年，松下电池公司开发的方形 6.5Ah Ni/MH 动力电池被丰田汽车公司的新型混合动力汽车所采用。我国在国家 863 计划的支持下，几家单位联合攻关，研制出我国第一代 AA 型 Ni/MH 电池，并于 1992 年在广东省中山市建立了国家高技术新型储能材料工程开发中心和 Ni/MH 电池中试生产基地，有力地推动了我国储氢材料和 Ni/MH 电池的研制及其产业化进程。

目前生产 Ni/MH 电池所用的储氢负极材料有 AB$_5$ 型合金和 AB$_2$ 型合金两种。欧洲、亚洲及美国的大多数电池厂家在生产 Ni/MH 电池中都采用 AB$_5$ 型混合稀土系储氢合金作为负极材料。该类合金的比容量一般为 280～330mAh/g，易于活化，可以采用一般拉浆工艺制造电极，在电池中配合泡沫镍正极，不仅可以达到高的比容量指标，而且可使电池月自放电率低于 25%，循环寿命超过 500 次。美国 Ovonic 公司则采用 AB$_2$ 型 Ti-Zr-V-Ni-Cr 系储氢合金材料研制大容量电动汽车电池，其电化学比容量可达 360～400mAh/g。但该种类型的合金存在初期活化比较困难、电池的负极制造操作比较复杂、自放电率较高、高倍率放电性能不如 AB$_5$ 型合金的性能等问题。中国已研制成功 2200～2600mAh 的 SubC 型 Ni/MH 电池，在 6C～7C 放电条件下，仍可输出近 2200mAh 的电量。这种电池已投放市场，产量不断增加。中国也针对电动自行车和电动摩托车发展的要求，研制了 7Ah 的 D 型电池和 10～20Ah 的方形电池，并投入试用。此外，针对电动车辆的要求，我国还在研制和开发 80～100Ah 的方形电池和电池组件(6V、12V 组件)。

为了在手机和笔记本电脑中与锂离子电池竞争市场，小型化是 Ni/MH 电池发展的趋势之一；发展高功率和大容量 Ni/MH 电池技术，使之能够应用于混合电动车也是 Ni/MH 电池发展的趋势之一。

15.3.2　锂离子二次电池(简称锂离子电池)

锂是金属中最轻的元素，且标准电极电位为-3.045V，是金属元素中电位最负的元素。此外，锂离子可以在 TiS_2 和 MoS_2 等嵌入化合物晶格中嵌入或脱嵌。锂离子电池是分别用两个能可逆地嵌入与脱嵌锂离子的化合物作为正负极材料构成的二次电池(图 15.5)。

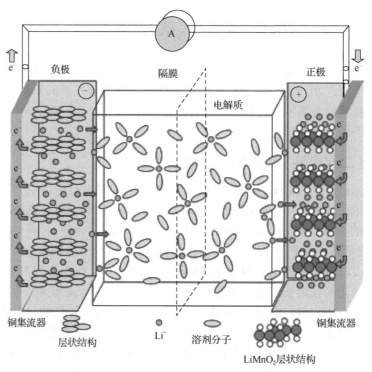

图 15.5　锂离子电池工作原理示意图

1980 年，M.Armand 提出了摇椅式二次锂电池的设想，二次锂电池由正极、负极、隔膜和电解质构成，其正、负极材料均能够嵌脱锂离子。它采用一种类似摇椅式的工作原理，充放电过程中 Li^+ 在正负极间来回穿梭，从一边"摇"到另一边，往复循环，实现电池的充放电过程。20 世纪 80 年代初期，Goodenough 提出了 $LiMO_2$(M=Co，Ni，Mn)化合物，这些材料均为层状化合物，能够可逆地嵌入和脱出锂，后来逐渐发展成为二次锂电池的正极材料，这类材料的发现改变了锂源为二次电池负极的思想。日本索尼公司通过对碳材料仔细的研究，1990 年宣布成功开发出了以碳作为负极的二次锂电池，于 1991 年 6 月投放市场。后来，这种二次锂电池称为锂离子电池。

在伊拉克战争和阿富汗战争中美军均曾使用小型无人侦察机，其中美国航空环境公司研制的"龙眼"(Dragon Eye)无人机最为著名的是它具有全自动、可返回和手持发射等特点，其动力电源即锂离子电池。2011 年，该公司又研制出新一代"蜂鸟"(Hummingbird)侦察机，长度仅 16mm，每小时可飞行 11mi(1mi=1.609km)，并可对抗 5mi/h 的风力，质量还不及 1 枚 AA 电池的质量，其动力来源也为锂离子电池。2009 年，欧洲空中客车公司首次引入由 Saft 公司提供的锂离子电池系统，作为空客 A350 型飞机的启动和备用电源；波音公司最先进的波音 787 型客机，其主电池及辅助动力装置(APU)电池也采用锂离子电池(图 15.6)。2013 年 1 月 7 日，日本航空公司一架波音 787 型客机机身后部的辅助动力装置电池发生过热导致起火，不仅电池及其外部壳体严重损坏，泄漏的电解质和产生的炽热气体使得半米以外的飞机机体结构也受到损坏。仅仅 9 天之后，另一架全日空航空公司的波音 787 型客机在即将达到巡航高度时，也因电池故障紧急降落，所幸机上 129 名乘客和 8 名机组人员安全逃生。调查发现，该架飞机机身前部驾驶舱下电子舱内的主电池过热烧毁，壳体损坏严重(图 15.7)。可见，大容量高功率锂离子电池在航空领域具有非常广阔的应用前景，但安全问题已成为制约其在该领域发展的瓶颈，亟待解决。

（a）"龙眼"无人机　　　　　　（b）"蜂鸟"侦察机　　　　　　（c）波音 787 型客机

图 15.6　锂离子电池动力电源飞机示例

我国自 20 世纪 80 年代初期开始进行锂离子电池的研发工作。2004 年，我国的锂离子电池产量达到 8 亿只，在全球市场份额猛增至 38%，仅次于日本。到 2013 年，我国的锂离子电池产量已达到近 47.68 亿只。在航天应用领域，目前国内空间用圆形锂离子电池的比能量为 110～140W·h/kg；在电池地面寿命试验方面，高轨卫星达到了 15 年寿命水平，低轨卫星 30% 达到 5 年寿命水平。在电动汽车领域，万向集团为上海世博会提供了电动汽车和混合动力汽车用锂离子电池。在电网储能技术领域，2011 年 2 月，我国第一个兆瓦级电池储能电站——南方电网 10MW 级电池储能电站在深圳并网成功(图 15.8)，待其全部投产后，将成为世界上最大的锂离子电池储能电站。

图 15.7 烧毁的波音 787 型客机锂离子电池　　　　图 15.8 南方电网 10MW 级电池储能电站

15.4　太阳能电池材料

　　太阳能是一种储量极其丰富的可再生能源，有取之不尽、用之不竭、安全环保等优点。太阳能的有效利用方式有光-热转换、光-电转换和光-化学转换三种方式，太阳能的光电利用是近些年来发展最快、最具活力的研究领域。

　　由于半导体材料的禁带宽度(0～3.0eV)与可见光的能量(1.5～3.0eV)相对应，所以当光照射到半导体上时，能够被部分吸收，产生光伏效应，太阳能电池就是利用光伏效应制成的。太阳能光伏发电的最核心的器件是太阳能电池，而太阳能电池已经经过了 160 多年的漫长发展历史。

15.4.1　太阳能电池工作原理

　　当太阳能电池受到光照时，光在 N 区、空间电荷区和 P 区被吸收，产生电子空穴对。由于从太阳能电池表面到体内入射光强度呈指数衰减，在各处产生光生载流子的数量有差别，沿光强衰减方向将形成光生载流子的浓度梯度，从而产生载流子的扩散运动。PN 结及两边产生的光生载流子就被内建电场分离，在 P 区聚集光生空穴，在 N 区聚集光生电子，使 P 区带正电，N 区带负电，在 PN 结两边产生光生电动势(图 15.9)。上述过程通常称为光生伏打效应或光伏效应，因此，太阳能电池也称光伏电池，其工作原理可分为三个过程：首先，材料吸收光子后，产生电子空穴对；然后，电性相反的光生载流子被半导体中 PN 结所产生的静电场分开；最后，光生载流子被太阳能电池的两极所收集，并在电路中产生电流，从而获得电能。

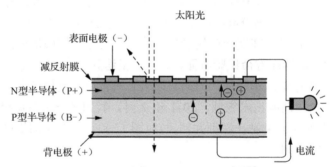

图 15.9　太阳能电池的发电原理图

15.4.2　太阳能电池发展简介

　　自 1954 年贝尔实验室发明了第一块太阳能电池至今，基于各种材料的太阳能电池相继问世，主要包括硅基太阳能电池(单晶硅、多晶硅薄膜、非晶硅薄膜)、化合物薄膜太阳能电池(CdTe、GaAs、CIGS 等)、有机太阳能电池、染料敏化太阳能电池以及无机-有机杂化太阳电池(如钙钛矿电池)等。

　　1958 年美国信号部队制成 N/P 型单晶硅光伏电池，这种电池抗辐射能力强，这种性能对太空电池很重要。1959 年 Hoffman 电子实现可商业化单晶硅电池，效率达到 10%，卫星探险家 6 号发射(共用 9600 片太阳能电池列阵，每片 2cm^2，共 20W)。1963 年 Sharp 公司成功生产光伏电池组件，日本在一个灯塔安装 242W 光伏电池阵列，在当时是世界最大的光伏电池阵列。1972 年尼日尔一所乡村学校安装一个硫化镉光伏系统，用于教育电视供电。1973 年美国特拉华大学建成世界第一个光伏住宅。1977 年世界光伏电池产量超过 500kW，D.E.Carlson 和 C.R.Wronski 在 W.E.Spear 的 1975 年控制 PN 结的工作基础上制成世界上第一个非晶硅 (a-Si) 太阳能电池。1980 年三洋电气公司利用非晶硅电池率先制成手持式袖珍计算器，接着完成了非晶硅组件批量生产并进行了户外测试。1981 年名为 SolarChallenger 的光伏动力飞机飞行成功。1983 年世界太阳能电池产量超过 21.3MW，名为 SolarTrek 的 1kW 光伏动力汽车穿越澳大利亚，20 天内行程达到 4000km。1999 年世界太阳能电池产量超过 201.3MW，美国 NREL 的 M.A.Contreras 等报道铜铟锡 (CIS) 太阳能电池效率达到 18.8%，非晶硅太阳能电池占市场份额 12.3%。2004 年世界太阳能电池产量超过 1200MW，德国 Fraunhofer ISE 多晶硅太阳能电池效率达到 20.3%。到目前为止，商业化单晶硅太阳能电池的转换效率能达到 19.3%，多晶硅能达到 17.8%。

1958 年我国开始研制太阳能电池。1980～1990 年，我国引进国外太阳能电池关键设备、成套生产线和技术。2005～2006 年，我国的太阳能电池组件产量在 10MW/年以上，我国成为世界重要的光伏工业基地之一。

太阳能行业的迅速发展首先是因为制造技术有了很大改进。过去制造太阳能电池常用的半导体材料是 Si、CdS、GaAs 等晶体，其中用 GaAs 制成的太阳能电池光电转换效率高达 25% 以上，但因成本很高，限制了它的应用。20 世纪 70 年代以后，人们开始采用廉价的非晶硅材料制造太阳能电池，探索新的制造技术。近年来，基于纳米技术的新一代太阳能电池得到了大力发展。其中，染料敏化太阳能电池由于原料成本低廉、制作工艺简单、对环境友好、光电转换效率较高而受到了广泛关注。但其光电转换效率在提高到 12% 时遭遇瓶颈，此后发展较为缓慢。2013 年，Burschka 等采用两步沉积法制备钙钛矿薄膜，使得光电转换效率达到了 15%。随后，新的制备方法 (如气相沉积) 带来了光电转换效率的进一步提高。2015 年，Jeon 等利用一步法制备钙钛矿薄膜，制得的电池光电转换效率达到了 20%。

15.4.3　太阳能电池材料及其应用

1. 硅太阳能电池 (silicon solar cells，SSC)

硅太阳能电池无疑是太阳能电池市场的主体，硅基 (单晶硅、多晶硅) 太阳能电池的市场份额占太阳能电池市场的 80% 以上。

在硅太阳能电池中，单晶硅太阳能电池的光电转换效率最高，技术也最为成熟。多晶硅太阳能电池一般采用低等级的半导体多晶硅，或者专门为太阳能电池使用而生产的铸造多晶硅等材料。与单晶硅太阳能电池相比，多晶硅太阳能电池成本较低，而且光电转换效率与单晶硅太阳能电池比较接近，因此，多晶硅太阳能电池是未来地面应用发展的方向之一。一般商品多晶硅太阳能电池组件的光电转换效率为 12%～14%。商品多晶硅太阳能电池的产量占硅太阳能电池的 50% 左右。它是太阳能电池的主要产品之一。

2. 化合物半导体薄膜太阳能电池 (compound semiconductor thin-film solar cells，CSTFSC)

化合物半导体薄膜太阳能电池本质上是一个半导体二极管，其光吸收和能量转换的主体结构是半导体 PN 结面，它利用光伏效应把光能转化为电能。常见的化合物半导体薄膜太阳能电池材料有具有闪锌矿结构的Ⅱ-Ⅵ族化合物半导体材料碲化镉(CdTe)、Ⅲ-Ⅴ族化合物半导体材料砷化镓(GaAs)、Ⅰ-Ⅲ-Ⅵ族化合物半导体材料铜铟镓硒(CuInGaSe，CIGS)以及硒化亚锗(GeSe)材料。

碲化镉具有与太阳能光谱相匹配的禁带宽度(约 1.45eV)，可以高效率(99%以上)地吸收阳光中大于禁带宽度的辐射能，其吸收系数比硅材料高 100 倍，碲化镉属于直接跃迁型，成本低、易制备，化学稳定性好，其理论光电转换效率可达 28%，是化合物半导体薄膜太阳能电池材料的最优选择之一。截至 2017 年，碲化镉组件全球总装机量超过 4GW，全球 10 座大型地面电站中有 6 个采用了碲化镉薄膜组件，电池光电转换效率已经达到了 22.1%(图 15.10)。

图 15.10　碲化镉薄膜太阳能电池

砷化镓半导体材料的禁带宽度为 1.42eV，正好为太阳光的高吸收值，是极佳的太阳能电池材料。砷化镓的主要特点有：光电转换效率高(单结的理论效率为 27%，而多结的理论效率超过了 50%)；光吸收效率高，可制成超薄型太阳能电池；具有较好的耐高温性，对热不敏感；抗辐射性能优越；可用于多结叠层太阳能电池。因此，砷化镓薄膜太阳能电池常运用于航天领域，为神舟十号提供电能的太阳帆板采用的就是我国自主研发生产的砷化镓薄膜太阳能电池，其光电转换效率为 27.5%。2015 年，国电光伏有限公司通过自主研发的独特工艺，制备出砷化镓柔性薄膜太阳能电池，其光电转换效率达到 34.5%，是目前已报道的光电转换效率最高的薄膜太阳能电池，且该电池的制造成本比传统的砷化镓电池降低了 50%以上，可广泛运用于航空设备、移动电子设备、可穿戴设备、物联网设备，为设备提供性价比最佳的可持续能源动力。汉能集团于 2015 年 4 月 16 日在湖北武汉市黄陂区临空产业园投资建设 10MW 砷化镓薄膜太阳能电池研发制造基地，该项目成为目前全世界产量最大的砷化镓薄膜太阳能电池生产基地。2017 年 8 月，汉能集团正式牵手奥迪汽车公司开发太阳能动力车，将砷化镓薄膜太阳能电池技术首次直接运用于汽车，为汽车制造厂商提供完整高效的车用清洁电力系统解决方案，实践绿色创新发展理念。

CIGS 薄膜太阳能电池光吸收系数较大，禁带宽度为 1.02eV，理论光电转换效率可达 25%～30%。CIGS 薄膜太阳能电池能吸收可见光至红外线区域的光谱，且具有带隙可调、温度系数较低、光谱响应良好、弱光性能较好、晶粒尺寸大、能量偿还时间短、原材料消耗少、输出电流大以及抗干扰/耐辐射能力强、工作寿命长等特性。2017 年 8 月，杭州锦江集团投资达 80 亿元的 CIGS 薄膜太阳能电池项目在泰州新能源工业园开工建设。

GeSe 因原料储量大，毒性低，同时禁带宽度合适(1.14eV)、光吸收系数大($>10^4 cm^{-1}$)、迁移率高($128 cm^2/(V \cdot s)$)等特性，非常适合用于制作新型薄膜太阳能电池，其理论光电转换效率可达 30%以上。

3. 有机太阳能电池(organic solar cells，OSC)

OSC 是新型第三代太阳能电池技术，具有成本低、质量轻、可折叠等优点，近年来成为研究热点。1986 年，柯达公司的邓青云博士创造性地加工了具有双层结构的 OSC，该太阳能电池采用四羧基的一种衍生物(PV)作为受体，酞菁铜(CuPc)作为给体，组成的双层膜作为吸光活性层，得到了大于 1%的光电转换效率。这一成功的思路为 OSC 开拓了新的研究方向，从此以后，OSC 逐渐成为学术界的研究热点。

　　OSC 是将太阳能转化为电能的半导体器件(图 15.11)。太阳光照射于电池器件，其中的活性层吸收太阳能，电子受激发从最高已占轨道跃迁到最低未占轨道，而在最高已占轨道形成空穴；该电子空穴对仍然相互束缚，称为激子；因此激子是出现部分极化的中性粒子。激子在给体(受体)中扩散，部分激子在湮灭前到达给体与受体的界面，在内建电场的作用下克服电子空穴对之间的束缚力而实现激子的解离，形成正、负电荷。正、负电荷分别沿着给体和受体形成的三维贯穿的纳米通道到达阳极和阴极，被电极收集后形成光电流。

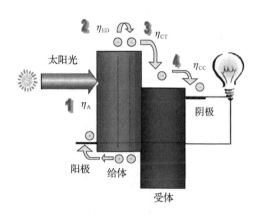

图 15.11　OSC 的工作原理示意图

　　OSC 根据性质主要有三种类型，分别是单质结类型、异质结类型以及利用染料敏化的特征所实现的特殊类型。实际应用的 OSC 材料有有机小分子的太阳能电池材料、有机大分子的太阳能电池材料、经过混合形式处理的导电介质 D-A 体系以及有机无机杂化体系。

　　4. 染料敏化太阳能电池(dye-sensitized solar cells，DSSC)

　　DSSC 是众多太阳能电池中的一种，它是可以利用一些光敏材料，模仿植物中叶绿素的光合作用，最终将太阳能(光能)转化为电能的一种新型太阳能电池。它具有生产成本低、制作工艺简单、原材料来源丰富以及环保等优点，称为第三代太阳能电池。DSSC 由光阳极、电解质和光阴极三部分组成。其中阳极是以导电玻璃为基底制备的浸有染料的纳米 TiO_2 薄膜，电解质一般是含有氧化还原电对的溶液，光阴极一般是镀有铂的导电玻璃。当太阳光照到 DSSC 上时，染料分子吸收入射光，被激发，基态电子跃迁到激发态；不稳定的激发态染料分子快速地将电子注入 TiO_2 导带中，激发态的染料成为氧化态的染料；注入导带的电子迅速在导电玻璃上富集，经由负载对外做功，产生电流，并被对电极吸收；氧化态的染料分子与电解质溶液中的负离子发生氧化还原反应，得到电子而被还原回基态，这样染料得以再生，电解质溶液中的负离子被氧化而后被吸附到对电极上，并在铂的催化作用下得到电子而被还原成原本的负离子，从而完成了整个电路的循环及染料和氧化还原电对的再生。

　　5. 钙钛矿太阳电池(perovskite solar cells，PSC)

　　广义上说的 PSC 属于 DSSC 的一种。2009 年，日本桐荫横滨大学宫坂力教授率先将碘化铅甲胺和溴化铅甲胺应用于 DSSC，获得了最高 3.8%的光电转换效率，这一研究被认为是 PSC 研究的起点。PSC 一般由透明导电玻璃、电子输运层(包括致密层和多孔层)、钙钛矿吸收层、空穴传输层以及金属对电极层(背电极)5 部分组成。钙钛矿吸收层在光照下吸收光子，其价带电子跃迁到导带，接着将导带电子注入 TiO_2 的导带，再传输到透明导电玻璃，同时，空穴传输至空穴传输层，从而电子空穴对分离，当接通外电路时，电子与空穴的移动将产生电流。

目前，PSC 的光电转换效率已达到 20.8%，性能已超过了多晶硅太阳能电池。但是它面临着稳定性差的问题，这严重阻碍了其商业化进程。

太阳能电池应用的范围十分广泛。首先，太阳能电池可以应用到航天航空高科技领域上，如火星探测器机遇号和勇气号的主要能源就是太阳能电池；其次，这种电池可以在工业中广泛应用，如各种气象观测站和公路信号灯等(图 15.12 和图 15.13)，它们不受时间和地域限制的特点给使用者带来了方便。除此之外，太阳能电池也能在我们生活中得到应用，如在手机、计算机和服装上都能得到应用。图 15.14 为中国火星车，火星车装有 4 个"大翅膀"——太阳能电池板，火星车的能源获得就依靠它。

图 15.12　气象观测站用太阳能板　　　　　　图 15.13　太阳能交通信号灯

图 15.14　中国火星车

15.5　燃料电池材料

燃料电池(fuel cell)的概念是 1839 年 G. R. Grove 提出的，它是一种将存在于燃料与氧化剂中的化学能直接转化为电能的发电装置，能在等温下直接将储存在燃料和氧化剂中的化学能高效(50%~70%)而与环境友好地转化为电能，是一种把燃料和电池两种概念结合在一起的装置。它是一种电池，但不需用昂贵的金属而只用便宜的燃料来进行化学反应。燃料电池是将化学能连续不断地转化成电能的电化学装置，只要不断供给燃料，就能不断产生电能，是继水力发电、火力发电和核能发电之后的第四种发电方式，也是最为环保、可靠的发电方式。

由于在反应过程中，燃料电池具有能量转换效率高、噪声低、污染低等优点，称为"21 世纪能源之星"。

　　燃料电池的工作原理与化学电源一样，如图 15.15 所示。燃料电池是由阴极、阳极、电解质等基本单元组成的，且都遵循电化学原理。电极是提供电子转移的场所，阳极进行燃料(如氢)的氧化过程；阴极进行氧化剂(如氧等)的还原过程。导电离子在将阴、阳极分开的电解质内迁移，电子通过外电路做功并构成电的回路。燃料电池的工作方式与常规的化学电源不同，更类似于汽油、柴油发电机。它的燃料和氧化剂不是储存在电池内，而是储存在电池外的储罐中。当电池发电时，要连续不断地向电池内送入燃料和氧化剂，排出反应产物，同时要排除一定的废热，以维持电池工作温度恒定。燃料电池本身只决定输出功率，储存的能量则由储罐内的燃料与氧化剂的量决定。

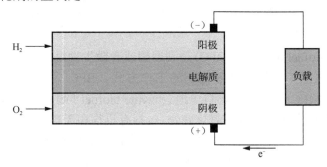

图 15.15　燃料电池的工作原理

15.5.1　燃料电池的分类

　　燃料电池可按电解质分为碱性燃料电池、磷酸型燃料电池、熔融碳酸盐型燃料电池、固体高分子型燃料电池、固体氧化物型燃料电池及生物燃料电池。

　　碱性燃料电池(alkaline fuel cell，AFC)以氢氧化钠或者氢氧化钾的水溶液作为电解质，氢气作为燃料，纯氧作为氧化剂，工作温度在 50~200℃。AFC 一般使用碳载铂作为催化剂，发电效率在 60%~70%。AFC 只能使用纯氢作为燃料，加上碱性电解质的腐蚀性强，导致电池寿命短。这两点限制了 AFC 的发展，开发至今 AFC 仅成功地运用于航天或军事领域。

　　磷酸型燃料电池(phosphoric acid fuel cell，PAFC)以磷酸为电解质，氢气作为燃料，可用空气作为氧化剂，发电效率在 40%~45%。由于磷酸在低温时离子电导较低，所以 PAFC 的工作温度在 100~200℃。与 AFC 不同，PAFC 允许燃料气和氧化剂中 CO_2 的存在，可使用由天然气等矿物燃料经重整或者裂解的富氢气体作为燃料，但其中 CO 的含量不能超过 1%，否则会使催化剂中毒。PAFC 目前的技术已经成熟，千瓦级的发电装置已进入商业化推广阶段。

　　熔融碳酸盐型燃料电池(molten carbonate fuel cell，MCFC)以熔融的碳酸钾或碳酸锂为电解质，工作温度在碳酸盐熔点以上(650℃左右)。由于电池在高温下工作，因此不必使用贵金属催化剂。MCFC 具有内部重整能力，可使用 CO 和 CH_4 作为燃料，发电效率在 50%~65%。然而熔融碳酸盐具有腐蚀性，而且易挥发，导致电池寿命较短。目前 MCFC 已接近商业化，试验电站的功率达到兆瓦级。

　　固体高分子型燃料电池(solid polymer fuel cell，SPFC，又称为质子交换膜型燃料电池，proton exchange membrane fuel cell，PEMFC)以具有质子传导功能的固态高分子膜为电解质，以氢气和氧气分别作为燃料和氧化剂，发电效率在 45%~60%。与 AFC 一样，PEMFC 也需要使用铂等贵金属作为催化剂，并且对 CO 毒化非常敏感。PEMFC 的工作温度在 80℃左右，可在接近常温下启动，激活时间短。电池内唯一的液体为水，腐蚀的问题较小。PEMFC 是目前备受关注的燃料电池之一，被认为是电动车和便携式电源的最佳候选，制约其商业化的主要问题是质子交换膜以及催化剂等材料价格高昂。

固体氧化物型燃料电池(solid oxide fuel cell，SOFC)是以金属氧化物为电解质的全固态结构电池，工作温度在 800～1000℃。通常以 YSZ 为电解质，NiYSZ 金属陶瓷为阳极，掺杂 Sr 的 $LaMnO_3$ 为阴极。由于电池为全固态结构，其外形具有灵活性，可以制成管式和平板式等形状，并且避免了电解质流失和腐蚀等问题。高温运行使得燃料可以在电池内部进行重整，理论上可以使用所有能够发生电化学氧化反应的气体作为燃料。此外，SOFC 的高温余热可以回收或者与热机组成热电联供发电系统，发电效率可达 80%。然而较高的工作温度对电池的制造成本以及长期运行的稳定性带来了很大挑战，因此降低工作温度是未来 SOFC 的主要研究方向。

生物燃料电池(biofuel fuel cell，BFC)是利用酶或者微生物组织作为催化剂，将燃料的化学能转化为电能的电池。根据生物催化剂的工作方式，BFC 又可以分为微生物燃料电池(microbial fuel cell，MFC)和酶生物燃料电池(enzyme biofuel fuel cell，EBFC)。MFC 利用产电微生物(主要是细菌)在厌氧条件下氧化底物(包括有机物和无机物)释放电子和质子，通过导线将电子传递至阴极，因此在外电路中就形成了电流，而质子通过质子交换膜进入阴极，与电子和氧气结合生成水。实现 MFC 功能的关键是在厌氧条件下氧化电子供体，并将电子传递到阳极上。MFC 的优点是可以利用多种物质进行产电，操作条件温和而无污染，能长期产生电流，且成本较低，缺点是输出功率密度低。EBFC 是将酶先从生物体中提取出来，在阳极区，葡萄糖作燃料、酶作催化剂的条件下，葡萄糖失去电子被氧化，产生的电子通过电子转移中间体由酶传给电极，再通过外电路到达阴极区，而质子则通过电解质扩散到阴极。在阴极区，阳极产生的电子通过外电路到达阴极，再通过介体由电极传给酶，在酶的催化作用下，氧化剂 O_2 被还原，得到电子，与质子结合生成水。EBFC 的缺点是酶容易失活，长期放置后使用的稳定性差。其优点是酶催化剂的选择性较好，具有一定的活性，孤立酶相对容易固定。

15.5.2　燃料电池材料及应用

1911 年，英国植物学家 Potter 把酵母或大肠杆菌放入含有葡萄糖的培养基中进行厌氧培养，其产物能在铂电极上显示 0.3～0.5V 的开路电压和 0.2mA 的电流，生物燃料电池的研究由此开始。1950 年以后，美国空间科学研究考虑人类在太空进行飞行时，需要处理飞行中所产生的生活垃圾，并且要将飞行中所产生的生活垃圾转化为电能，继而开发一种以飞行中生活垃圾为原料的生物燃料电池。

20 世纪 60 年代，美国通用电气公司设计生产的 PEMFC 首次成功应用于美国 NASA "双子星"项目计划。60 年代末到 70 年代初，研究的热点是可植入人体的心脏起搏器或人工心脏等人造器官电源的生物电池。90 年代初，我国也开始了这项研究。从 20 世纪 90 年代起，美国能源部投入了近 7 亿美元的资金以支持燃料电池的研制和推广使用。在此期间，美国通用汽车公司着手研究 PEMFC 在汽车领域方面的应用并取得重大突破，并于 1995 年成功将其应用在无污染汽车上。在 2000 年的悉尼奥运会上，通用汽车公司就推出了用液氢作燃料的"氢动一号"燃料电池汽车作为运动场上用车，最高速度达 140km/h。索尼公司在 2007 年 8 月使用生化酶作为催化剂，成功地将碳水化合物转换为电能并输出，开发了一种新型的酶生物燃料电池。两年后，索尼公司在国际氢燃料电池展上，展示了喝"可乐"的生物燃料电池(图 15.16)。2014 年 11 月，日本丰田汽车公司发布了首款量产的氢燃料电池汽车 Mirai，其续航里程达到 650km，综合性能已与燃油汽车相当，并于 2014 年 12 月起在日本上市销售。我国政府非常重视燃料电池技术的发展，同时我国是从事燃料电池研究较早的国家之一。"十五"期间，我国共投入 24 亿元成立 863 计划重大专项支持 PEMFC 电动汽车技术研究。在 2008 年北京奥运会期间，由中国科学院大连化学物理研究所、清华大学、同济大学及上海神力科技有限公司等共同研发的 150kW 的 PEMFC 大客车实际投入使用。2015 年，上海汽车集团推出了荣威 750 PEMFC 汽车，续航里程为 300～400km。2016 年，我国首个国家级氢能及燃料电池实验室建设工作启动，年产能 5000 辆氢能汽车整车生产基地在广东云浮竣工投产，首批量产的 28 辆氢能城市公交车在佛山、云浮两市运行(图 15.17)，打造了氢能产业化的全国性样本。

图 15.16　索尼展示的用葡萄糖发电的
生物燃料电池

图 15.17　云浮市飞驰新能源汽车有限公司生产的氢能公交车

第 16 章　生态环境材料

16.1　概　　述

16.1.1　生态环境材料的概念

20 世纪 90 年代初，以日本东京大学山本良一教授为首的国际材料科研工作者提出一个新的概念——生态环境材料。这种材料既要具有良好的使用性能，又要考虑自然资源的有限性和尽量降低废弃物的排放量，且在材料的提取、制备、使用、废弃及再生的整个过程中都尽可能减少对环境的影响。生态环境材料的出现是现代文明社会的理智抉择，也是人类当前和未来发展的必由之路。

生态环境材料是指同时具有优异的使用性能和优良的环境协调性，或能改善环境的材料。环境协调性是指对资源和能源消耗少，对环境污染小和循环再生利用效率高。生态环境材料并不是一种完全独立的材料种类，也不全是高新技术材料，有许多传统材料本身就具有生态环境材料的特征或可以发展成生态环境材料。

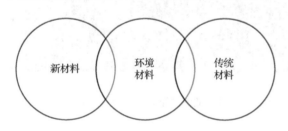

图 16.1　环境材料与其他材料的关系

生态环境材料包括经改造后的现有传统材料和新开发的环境材料两大类。判别生态环境材料的标准随科学技术的进步而发展或变化。环境材料不隶属于传统材料或新材料，而部分传统材料和新材料却隶属于环境材料，三者的关系如图 16.1 所示。

生态环境材料应具备以下几个特征：①先进性，能为人类开拓更广阔的活动范围和环境，发挥其优异性能。②与环境相协调，使人类的活动范围同外部环境协调，减轻地球环境的负担，使枯竭性资源完全循环利用。在材料的生产环节中资源和能源的消耗少，工艺流程中采用减少温室效应气体的技术，废弃后易于再生循环。③舒适性，使活动范围中的人类生活环境更加繁荣、舒适，人们极乐于接受和使用。另外，生态环境材料还应具有节约能源和资源、可重复使用与循环再生、结构可靠、化学性质稳定、生物安全性高、有毒有害替代、环境清洁、治理功能。关于生态环境材料的先进性、舒适性，不同人有不同理解，只是一个定性的标准。因此，生态环境材料的特征可以概括为功能性、经济性和环境协调性等。

生态环境材料的研究进展将有助于解决资源短缺、环境恶化等一系列问题，促进社会经济的可持续发展，并已逐渐兴起了全球性的生态环境材料的研究、开发和实施热潮。

生态环境材料的设计思路是在传统材料研究所追求优异使用性能的基础上，充分考虑资源的有限性和尽可能降低环境负担等因素，采取有效措施，使材料具有能够再生循环利用的特性，从材料的设计阶段开始，就把材料的使用性能同保护地球生态环境、保障生活环境的舒适性充分结合起来。

16.1.2　生态环境材料的分类

生态环境材料是材料发展过程中的新概念，种类繁多，分类方法也不统一。根据其在解决环境工程问题中所起的作用，可将其分为环境净化材料、环境修复材料和环境替代材料。从与生物循环系统的关系考虑，生态环境材料分为两大类，即能利用自然循环的材料和不能利用自然循环的材料。根据用途，生态环境材料可分为工业生态材料、能源生态材料、相容性材料、生物及医用材料、农业生态材料、渔业生态材料、林业生态材料、抗辐射材料。根据其功能不同，生态环境材料可分为净化材料、低消耗材料、吸波材料、抗辐射材料、相容性材料、吸附催化材料、传感材料、生物及医用材料、可降解材料等。表 16.1 是各类生态环境材料及代表。

表 16.1　各类生态环境材料及代表

生态环境材料	分类	典型代表
环境相容材料	纯天然材料	木材、竹材、石材、淀粉、纤维素、杜仲胶、天然漆
	仿生材料	仿蛛丝材料、仿植物材料、仿贝壳珍珠层材料、人工关节和脏器等
	绿色包装材料	绿色包装袋、金属包装材料、无氟化包装材料等
	生态建材	无毒装饰材料、环境相容性涂料、水性涂料、保健抗菌陶瓷、空气净化陶瓷
可降解材料	—	生物降解塑料、可降解无机磷酸盐
可再循环制备和使用的材料	—	再生纸、再生塑料、再生金属、再生橡胶
环境工程材料	环境修复材料	治理大气污染的吸附、吸收和催化转化材料，治理水污染的沉淀、中和、氧化还原材料，土壤修复材料，矿山修复材料
	环境净化材料	过滤、分离、消毒、杀菌材料，替代氟利昂的制冷剂材料
	环境替代材料	工业和民用的无机磷化学品材料，用竹、木等代替环境负荷较大的结构材料，生态肥料，生态农药

16.1.3　生态环境材料的评价机制

能否将环保的理念真正引入材料科学与工程学，关键在于环境负荷的具体化、指标化、定量化，进而评价生态环境材料及材料在其生命周期内的环境问题。目前通常采用环境协调性评价，也称为生命周期评价(LCA)，这是对产品系统在整个生命周期中的输入、输出和潜在的环境影响的汇编与评价。LCA 又称为从摇篮到坟墓的评价方法。图 16.2 是材料产品生命周期的主要阶段。目前美国、日本和德国已采用 LCA 方法研究了包装材料、建筑材料等。

LCA 最早出现在 20 世纪 60 年代末，1969 年可口可乐公司委托美国中西部资源研究所对饮料瓶从原材料采掘到废物处理的全过程进行定量分析，称为资源与环境分析，导致可口可乐公司将长期使用的玻璃瓶改为塑料瓶。1989 年荷兰国家居住、规划与环境部针对末端治理环境政策，相应提出要对产品整个生命周期所有阶段进行管理的环境政策。1990 年 8 月国际环境毒理学与化学学会发表了 LCA 方法论，提出了 LCA 三要素，构筑了 LCA 的基本框架。同年国际环境毒理学与化学学会首次主持召开了有关 LCA 的国际研讨会，在该会上首次提出

LCA 的概念。1998 年由国家 863 计划支持了我国第一个材料的环境协调性评价研究课题,该课题由北京工业大学、重庆大学、北京航空航天大学、清华大学、四川大学和西安交通大学等多家高校和科研院所联合完成,与国内一些主要的材料企业合作,对我国几大类基础材料进行了全面的 LCA。

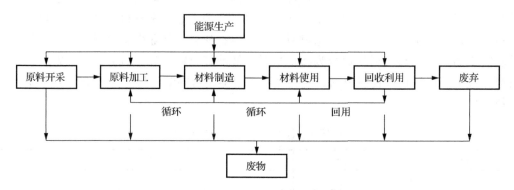

图 16.2　材料产品生命周期的主要阶段

生态环境材料的研究从某种意义上讲是在材料的环境协调性与材料的使用性能之间寻找合理的平衡点,如图 16.3 所示。LCA 的基本框架和要素主要包括:①目的与范围的确定。确定应用目标、研究深度、研究范围、调查研究方法、要调查清单分析项目、数据类型、数据质量要求。②清单分析。分析任务(收集数据,处理数据,制出清单分析表),确定清单分配原则。③影响评估。主要包括定性影响评估方法和定量影响评估方法。④结果讨论。讨论 LCA 采用方法是否符合 ISO1404 标准,采用方法在科学和技术上是否合理,采用的数据是否适宜和合理,结构讨论是否反映了原定的限制范围和研究目标,研究报告是否明晰和前后一致。LCA 方法中最具代表性的是输入输出法,图 16.4 是输入输出法的示意图。

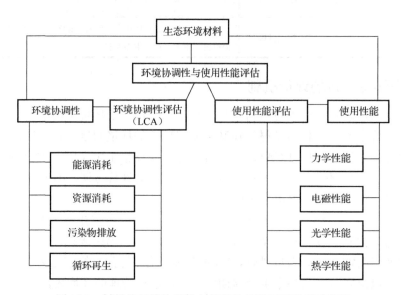

图 16.3　材料的环境协调性与使用性能的平衡关系示意图

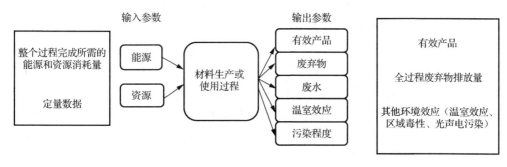

图 16.4　输入输出法的示意图

由于 LCA 过程中要对环境负荷数据进行采集、分析和建模，并要进行大量相关的基础数据来支撑，工作量较大，后来 LCA 科研工作者就研发了 LCA 软件，建立了 LCA 数据库。在 LCA 分析中，需要一些基本的生命周期清单分析数据，如与能源、运输和基础材料相关的清单分析数据。对于一般的研究小组或中小型的企业，如果要从产品生命周期的原材料开采阶段开始评估，其工作量巨大而难以完成。故不断积累评估数据，并将这些数据建成数据库，在 LCA 研究中是非常重要的工作。这些数据库的功能在于将生命周期清单分析所获取的相关数据供其他同类产品在生命周期评价时进行参考。

16.2　环境相容材料

16.2.1　生态建材

生态建材是指在生产、使用、废弃和再生循环过程中与生态环境相协调的一类建筑材料。生态建材采用最少的资源、消耗最少的能源、最小或无环境污染、具有最高的循环再生效率、使用性能较好。它是相对于传统建材而言的一类新型建材，它对人体和周围环境都无害，具有健康、安全、环保的特点。生态建材不是单独的一种建材种类，是对建材附加了环保的标识、可促进社会经济可持续发展的环境相容性建材。目前发展的生态建材主要有生态水泥、抗菌陶瓷、生态混凝土及生态玻璃等。

1. 生态水泥

生态水泥通过回收利用工业废渣或城市垃圾进行加工，以充分发挥各种废弃物的潜力，最大限度地激发其活性，来生产无公害的水硬性胶凝材料，又称绿色水泥、健康水泥和环保水泥。生态水泥在生产过程中尽量减少能源消耗，降低水泥的烧成温度等。

在生态水泥生产过程中，最早利用的是冶金废渣，冶金废渣的化学元素通常是 $CaO\text{-}SiO_2\text{-}Al_2O_3$ 体系，可用来代替黏土和石灰，可以节约自然资源。此外，冶金废渣一般是经过高温和冷却处理的，其中有较多的玻璃态物质以及相应的生态物质，这些物质可以促使熟料煅烧过程中提前产生液相。在冶金废渣中，还存在少量的 Mg、S 和 F，在煅烧的过程中可以充当矿化剂，提高生料的易烧性，降低熟料的烧成温度，从而提高熟料的质量。对高炉矿渣和钢渣与石灰进行配比后，然后在 1350℃下煅烧制得生态水泥。

另外，利用城市污泥也能制备生态水泥。研究显示，污泥中含有的化学成分和水泥成分相似，利用污泥制备生态水泥不仅实现了对资源的充分利用，还能消除城市污泥对环境带来的污染。浙江大学开发了一种新型干法水泥生产线来无害化处置和资源化利用污泥的技术，该技术对湿污泥直接在水泥生产过程中进行协同处置，对污泥含水率没有上限要求，不需要新增烘干设备，投资省，污泥处理量大，处理成本低，没有二次污染，节省能源和资源。

矿渣水泥、粉煤灰水泥和复合水泥等生态水泥具有以下性质：①干缩性较大，有泌水现象；②耐热性较好，水化热低；③抗硫酸盐类侵蚀能力和抗水性较好；④在蒸汽养护中强度发展较快；⑤抗冻性较差，在潮湿环境中后期强度增进率较大；⑥早强较低、凝结时间长（尤其是低温环境下）。这些生态水泥主要应用在地下、水下工程，以及经常受高水压的工程、蒸汽养护工程、大体积混凝土工程等。

生态水泥的主要生产工艺类似传统普通水泥生产工艺，但由于原料采用的是废弃物，因此增加了重金属回收预处理系统，这样可以防止烧制过程中原料分解的二噁英再合成，避免二次污染。生态水泥采用回转窑生产工艺，可使废弃物原料在高温环境中停留足够长的时间，让废弃物能够完全分解，这样就不会产生不完全燃烧产物和有害气体污染大气。

2. 抗菌陶瓷

抗菌陶瓷是指在卫生陶瓷的釉中或釉面上加入或在其表面浸渍、喷涂、滚印上无机抗菌剂，从而使陶瓷制品表面的致病细菌控制在必要的水平之下的抗菌环保自洁陶瓷。抗菌材料可分为有机抗菌材料、无机抗菌材料和自然抗菌材料等。

载银抗菌陶瓷是把含有 Ag^+ 的无机物加入陶瓷釉料中，通过适当的烧成制度制备抗菌釉，从而制成抗菌陶瓷制品。微量的 Ag^+ 进入菌体内部，破坏了微生物细胞的呼吸系统及电子传输系统，引起了活性酶的破坏或氨基酸的坏死。另外，细菌和病毒接触到 Ag^+ 时，这些离子会进入微生物体内，引起其蛋白质的沉淀并破坏其内部结构，从而杀死细菌和病毒等。与此同时，利用 Ag^+ 的催化作用，可将氧气或水中的溶解氧变成具有抗菌作用的活性氧。载银抗菌陶瓷毒性小、抗菌性能好。

光触媒钛系抗菌保健陶瓷又称光催化性抗菌陶瓷，由在基础釉中加入 TiO_2，或在普通卫生陶瓷表面采用高温溶胶-凝胶法被覆 TiO_2 膜制备而成。光催化性抗菌陶瓷具有净化、白洁、杀菌功能。其作用机理是 TiO_2 等光触媒剂是一种半导体，在大于其带隙含有紫外线的光照射条件下，TiO_2 等光触媒剂不仅能完全降解环境中的有害有机物，生成 CO_2 和 H_2O，而且可除去大气中低浓度的氮氧化物和含硫化合物 H_2S、SO_2 等有毒气体。另外，光照下生成的过氧化氢和氢氧基团具有杀菌作用，即在紫外线的作用下，TiO_2 可以杀灭细菌。光催化性抗菌陶瓷正是因为陶瓷表面涂有 TiO_2 薄膜而起到抗菌的作用。同时可以在 TiO_2 中掺杂银系离子以提高其抗菌功效。银系离子加入后，一方面可为钛系半导体提供中间能量，提高光的量子效率；另一方面可克服钛系光触媒剂需要光照才能发挥作用的局限性，使该类制品在无光的情况下也能发挥良好的抗菌作用。光催化性抗菌陶瓷不仅能杀菌，而且可以分解油污，除去异味，净化环境。

稀土激活银系、光触媒系复合抗菌陶瓷指的是在银系、光触媒抗菌剂中加入稀土元素原料而制成的抗菌保健陶瓷。其激活抗菌机理是当含有紫外线的光照射到光触媒抗菌剂时，由于其外层价电子带的存在，即产生电子和空穴，产生电子的同时，便伴随产生空穴，稀土元素价电子带会俘获光催化电子，故加入稀土的抗菌剂所产生的电子-空穴浓度远远高于未加入稀土的抗菌剂；与此同时，跃迁到稀土元素价电子带的部分电子也极易被银原子所夺而形成

Ag^+。由于稀土元素的激活，抗菌剂的表面活性增大，提高了抗菌、杀菌效果，产生保健、抗菌、净化空气的综合功效。该类产品对各类细菌杀灭率高达 95% 以上。

另外，抗菌陶瓷的研究新发现是利用光催化剂的作用，在瓷砖表面制作一层具有抗菌作用的膜。结合光催化、金属离子的激活作用以及复合盐的抗菌效果，采用稀土离子和分子的激活催化手段，提高多功能保健抗菌效果和空气净化效果。远红外线抗菌陶瓷和以上几种抗菌陶瓷相比，抗菌效果较差。远红外线抗菌陶瓷是通过发射远红外线来达到抗菌效果的，在白色荧光下杀菌效果较好。

新型抗菌陶瓷主要由混合物(由 B_2O_3、MgO、CaO、Fe_2O_3、SiO_2 和 Na_2O 混合而成)、陶瓷黏土、高岭石、钾长石、石英砂、二硼化钛和废陶瓷硬质颗粒混合而成。这种抗菌陶瓷的抗菌因子是硼元素。这种抗菌陶瓷在使用过程中起到持续杀菌的作用，它克服了传统制法的一些缺陷，如材料成本比较高、杀灭细菌的效果不佳、抗菌时间短等。采用硼化工生产的废渣硼泥，利用其所含抗菌因子硼，研制新型抗菌功能材料是目前抗菌陶瓷的新热点。硼泥抗菌陶瓷采用硼化工生产的废渣硼泥，利用其所含硼元素作为抗菌材料，从而实现了硼泥的综合利用。

3. 生态混凝土与生态玻璃

生态混凝土指采用特殊工艺制造出来的具有特殊结构与表面特性的混凝土，既能减少地球环境负荷，又能与自然生态共生，适应动植物生长，对调节生态平衡美好环境起到积极作用。生态玻璃是能消除粉尘污染，减少噪声污染、光污染，以及其他有毒有害物质的玻璃，生态玻璃主要有隔声玻璃、防紫外线辐射玻璃、防光污染玻璃、电磁屏蔽玻璃及自洁净玻璃等。

16.2.2　环境相容性农药及表面活性剂

随着社会进步和发展，常规农药剂型(如乳油、粉剂、可湿粉剂、油剂等)日渐表现出高毒、高残留、环境相容性差等弊端，与人们追求绿色环保的要求不符。这些传统剂型将被新的绿色环保型剂型所淘汰。目前剂型研发向着高毒农药低毒化、无毒化方向发展，主要的新剂型有水乳剂、悬浮剂、微乳剂、水分散粒剂、缓释剂等。农药是农业生产的重要物资，发展环境相容性农药是农药发展的必然趋势，这是环境保护和农业可持续发展以及农药自身发展的要求所决定的。对已存在的农药品种进行制剂和改进施药器械，以及围绕施药器械改进施药技术，减少农药对环境、对施药者的危害，这是发展环境相容性农药的一条有效和简便的途径。更根本的途径在于作为农药的化合物本身。大力发展生物源农药，直接利用生物材料作为农药以及筛选生物中存在的活性物质作为先导化合物开发新型农药，是目前研究开发环境相容性农药的有益途径。

对羟基苯丙酮酸双加氧酶(HPPD)是重要的除草剂靶标。以 HPPD 为靶标的除草剂具有高效、低毒、作物安全性高、不易产生抗性、环境相容性好及对后茬作物安全等一系列优点。草铵膦具有杀草谱广、活性高、毒性低、在土壤中易降解、对作物安全、漂移小、用量少、环境相容性好和杀草迅速等特点，能防除和快速杀死马唐、黑麦草等 100 种以上的一年生和多年生的双子叶阔叶或禾本科杂草。微胶囊悬浮剂是通过一定物理、化学方法将农药(囊芯)包裹在由高分子材料的囊壁形成的微小容器中，形成单核核-壳形微囊结构、多核核-壳形微囊结构或其他微囊结构，并能悬浮在水中的农药剂型。囊芯是农药有效成分及溶剂，囊壁由明胶、阿拉伯胶、淀粉、甲基纤维素、醋酸纤维素、聚己内酯、聚脲树脂、聚苯乙烯等天然高分子材料或合成高分子材料构成，微囊的直径一般在 3～30μm。微胶囊悬浮剂具有低毒、绿色、环保等优点，且有缓释作用，逐渐成为农药剂型研发的一个热点。

细菌杀虫剂是最早的微生物源农药，当前研究领域能够被筛选出的杀虫活性细菌多达上百种，研究比较广泛的是一些芽孢杆菌。现代微生物源农药应用最为广泛的是苏云金芽孢杆菌，占到整个微生物源杀虫剂农药市场的 90%以上，其对象主要为咀嚼式口器害虫，为农业虫害防治提供保障。农用抗生素除草剂最早出现在日本，而在我国研究的是由中国农业科学院植物保护研究所与福建省微生物研究所共同研制的除草剂 M-22，这是从土壤中分离到的一株链霉菌所产生的广谱性苗类抗生素除草剂。

16.2.3 仿生物材料

仿生物材料是指人工制造的具有生物功能、生物活性或者与生物体相容的材料。仿生物材料在生物兼容性的基础上，从材料的制备到应用都与环境、人体有着自然的协调性。仿生物材料是未来材料科学与工程发展的最重要方向之一，已经研究开发的仿生物材料主要有生物陶瓷及其复合材料、组织工程材料和仿生智能材料等。组织工程材料是用于取代某些生物体组织器官或恢复、维持以及改善其功能的一类仿生物材料。常见的组织工程材料包括组织引导材料、组织诱导材料、组织隔离材料、组织修复材料和组织替换材料等。仿生智能材料是指能模仿生命系统，同时具有感知和驱动双重功能的材料。目前的仿生物材料主要包括两类：一类是天然生物材料，即由天然生物过程形成的材料，如结构蛋白、生物软组织、生物复合纤维及生物矿物等；另一类是指人造的生物医用材料，包括一些人造器官、人体植入材料、组织工程材料等。

应用高分子材料制备载药微球是一种新型的药物制剂，由于具有独特的优势，深受广大研究者的青睐，并在抗癌药物的应用方面具有广阔的发展潜力。高分子材料载药微球制备方法简单，可采用绿色无污染的原料作为载体，制备条件易控制，可依据使用要求制备得到不同粒径的靶向载药微球。此外，高分子载药微球的壁材原料易得、价格低廉，是典型的合成可降解高分子，且其吸收和代谢机理明确，并具有可靠的生物安全性，拥有广阔的应用前景。载药高分子材料常常选用生物降解天然高分子材料。生物降解天然生物高分子材料原料易得、可再生性能好、绿色环保，是理想的生物医用高分子材料，如壳聚糖、海藻酸钠、聚乳酸、乙基纤维素等。

壳聚糖的化学名称为聚葡萄糖胺(1-4)-2-氨基-*B-D* 葡萄糖，又名聚氨基葡萄糖或甲壳胺，它的分子式为 $C_{56}H_{103}N_9O_{39}$。它具有很强的吸湿性、良好的成膜性、透气性和生物相容性。吸湿性仅次于甘油，但高于聚乙二醇。制备壳聚糖微粒的方法有许多种，如微乳液聚合法、悬浮聚合法、反向悬浮聚合法、原位聚合法、包埋法等，这些方法中大多存在各种各样的问题，例如，交联剂毒副作用明显、所得到的微球粒径不均一、制剂生物利用度低等。包埋法是一种最简单、迅速的方法，该方法反应条件温和，无需有机溶剂，能得到坚固、稳定性好、粒径均匀的壳聚糖微粒，整个过程不使用任何对人体有害的制剂。因此成为壳聚糖载药微粒的理想制备方法之一。

铌和钽也是极好的生物材料，因为它们具有异乎寻常的生物惰性性能。这两种金属都在其表面上形成非常致密附着的、惰性的氧化物层。铌和钽即使形成细散粒子，也能够保持其生物惰性性能。非晶态合金也是一类新的生物材料。人们把爆炸成型和动力压制当作加工适合于人体植入的非晶态合金块状材料的有效途径，且可采取各种快速冷凝工艺取得非晶态合金。$Ti_{48}Co_{52}$ 非晶态合金具有较低的弹性模量、优异的减振稳定性、很高的抗腐蚀能力和良好的抗磨损性能，是取代植入件上涂层的理想物料。

形状记忆合金由于具有良好的力学性能、耐蚀性和生物相容性而在生物医用材料领域得到广泛应用。多孔 NiTi 合金的优良力学性能、耐蚀性和人体相容性，特别是准弹性和整体记忆效应使其非常适合用作人体骨骼植入材料，并且多孔 NiTi 合金的多孔结构为新生骨组织生长与体液输运一起进行提供了良好条件。制备多孔形状记忆合金的方法主要有元素粉末混合烧结法、合金粉烧结法和自蔓延高温合成法等。这些方法都具有粉末冶金方法的一般特点，克服了传统熔铸方法容易产生严重偏析的现象，使合金成分更加均匀。同时，可制备形状复杂、加工困难的元件，减少加工程序，获得最终产品。NiTi 合金具有独特的形状记忆效应，是目前应用较为广泛的一类金属植入材料。而其中多孔 NiTi 合金由于具有独特的记忆效应和多孔特性，在生物医学领域尤其作为硬组织替换材料具有很好的应用前景。

目前常用的组织工程肌腱材料有天然高分子材料、生物衍生材料、人工合成高分子材料及复合材料等。其中天然高分子材料主要有蚕丝、小肠黏膜下层、胶原、衍生肌腱支架材料等，保留了组织正常的三维网架结构，组织相容性好，但力学性能较差、降解速度快。人工合成高分子材料主要为聚乳酸和聚羟基乙酸、聚乳酸-羟基乙酸共聚物、聚磷酸钙纤维等，它们有良好的力学性能和降解性，但存在亲水性低、细胞黏附性能差的缺点。复合材料作为以上两者的有效结合，在临床应用中具有一定的潜力。生物衍生材料取自于生物体内，是由天然生物组织经过加工之后而形成的一类无生命活力的材料。

组织工程技术迅速发展，新的用于尿道修复的材料方法不断提出并改进，为尿道修复提供了更多途径。长段尿道狭窄一直是泌尿外科领域的重大挑战，自体组织替代修复缺损尿道时需要采集大量组织，受到取材部位、创伤大小等因素限制。口腔黏膜与颊黏膜克服了取材部位大小的限制，应用于长段尿道重建，但其仍存在手术创伤大、神经损伤、口腔出血、血肿等缺点。

骨组织工程是将成骨细胞作为种子细胞，种植到可降解并且具有良好生物相容性的支架材料上，然后将复合物移植进体内或者继续体外培养，成骨细胞经过增殖、分化等过程，形成成熟骨组织；同时，支架材料逐渐降解，从而达到治疗骨缺损的目的。组织工程的核心在于种子细胞、支架材料、生长因子三大因素。骨组织工程的材料主要包含人工合成无机材料、人工合成高分子材料、天然高分子材料，以及复合材料等。目前主要的人工合成无机材料有羟基磷灰石、β-磷酸三钙、磷酸钙骨水泥和生物活性玻璃等；应用最广泛的人工合成高分子材料主要有聚乳酸、聚羟基乙酸和聚乳酸-羟基乙酸共聚物等；用于骨组织工程支架材料的天然高分子材料主要包括胶原、海藻酸盐和壳聚糖等。

16.2.4　绿色包装材料

绿色包装材料是指在生产、使用、报废及回收处理再利用过程中，能节约资源和能源，废弃后能够迅速自然降解或再利用，不会破坏生态平衡，而且来源广泛、耗能低、易回收且再生循环利用率高的材料或材料制品。目前人们常见的绿色包装材料大致有可降解塑料和天然生物分子材料等。绿色包装材料按照环境保护要求及材料使用后的归属大致可分为三大类：一是可回收处理再造的材料。包括纸张、纸板材料、模塑纸浆材料、金属材料、玻璃材料、通常的线型高分子材料(塑料、纤维)、可降解的高分子材料。二是可自然风化回归自然的材料。三是准绿色包装材料,即可回收焚烧、不污染大气且可能量再生的材料。包括部分不能回收处理再造的线型高分子材料、网状高分子材料、部分复合型材料(塑-金属、塑-塑、塑-纸)等。例如,聚丙烯、瓦楞纸、可食用的糯米纸/粟米纸、可食用再生的保鲜纸以及我们日常用的纸制包装品及纸制手挽袋、纸杯、纸饭盒等。可降解的塑料制品包装物即用光敏剂降解聚合、用生物或化学物降解的各种塑料制品和其他包装物品。

绿色包装材料具有以下几方面特征:①具有一定的力学性能。包装材料应能有效地保护产品,因此应具有一定的强度、韧性和弹性等,以避免压力、冲击、振动等静力和动力因素的影响。②具有一定的隔离性能。根据对产品包装的不同要求,包装材料应对水分、水蒸气、气体、光线、芳香气、异味、热量等具有一定的阻挡作用。③具有合适的加工性能。包装材料应易于加工,易于制成各种包装容器并应易于包装作业的机械化、自动化,以适应大规模工业生产;应适于印刷,便于印刷包装标志。④较好的环境性能。包装材料本身的毒性要小,以免污染产品和影响人体健康;包装材料应无腐蚀性,并具有防虫、防蛀、防鼠、抑制微生物等性能,以保护产品安全。⑤经济性能较好。包装材料应来源广泛、取材方便、成本低廉,使用后的包装材料和包装容器应易于处理,不污染环境,以免造成公害。

随着白色污染的加剧,针对发展绿色包装概念,人们对包装材料提出了"3R1D"原则,即 Reduce(减量化),Reuse(重复使用),Recycle(再循环)、Degradable(可降解)。尽管绿色设计减轻了环境负担,但其经济成本过高。材料工作者通过各种方法降低包装用料,节约资源和再资源化;重复使用、再生和再循环利用包装材料;降解净化,减少固态废物。可以使用一些经济实惠的绿色产品如淀粉、蛋白质、糯米、土豆等复合材料产品。绿色包装材料的来源应广泛而价廉,同时避免过度包装,减少材料的使用量。

绿色金属包装材料的加工性能优良,加工工艺成熟,能连续化、自动化生产。金属包装材料具有很好的延展性和强度,可以轧成各种厚度的板材、箔材,板材可以进行冲压、轧制、拉伸、焊接制成形状大小不同的包装容器;箔材可以与塑料、纸等进行复合;金属铝、金、银、铬、钛等还可镀在塑料薄膜或纸张上。

最典型的食品包装材料是壳聚糖。壳聚糖是一种白色无定形、半透明、略有珍珠光泽的固体;从化学特性上讲,壳聚糖分子链的糖残基上既有羟基,又有氨基,因此,酰化反应既可以在羟基上发生,生成酯,也可以在氨基上发生反应,生成酰胺;壳聚糖可与多种有机酸的衍生物(如酸酐、酰卤等)反应,导入不同分子量的脂肪族或芳香族酰基。

常用的塑料包装材料主要包括利用高性能材料减少容器或薄膜的厚度而开发的轻量、薄型、高性能塑料,以及新型泡沫塑料(发泡剂生产的无氟化泡沫塑料);而利用聚对苯二甲酸乙二醇酯生产的可重复使用再生塑料及可降解塑料也是发展的一种趋势。

而对于纸类包装材料而言,由于纸原料主要是天然植物纤维,利用其在自然界很快腐烂的特性而研制的一次性纸制品容器、纸包装薄膜、可食性纸制品也已打入市场,更有别出心裁的蜂窝夹心纸板,造型独特、性能良好。

纸包装行业是中国包装行业中发展最迅速的领域。我国纸包装制品业的产值于 1999 年超过了塑料包装制品业的产值,位列包装行业第一。纸包装制品产值占包装行业总产值的 30%。其中可食性包装纸是由可以食用的原料加工制成的包装材料。原料主要有淀粉、植物纤维蛋白质和其他天然物质。可食性包装纸主要有辊压成型法及压模成型法两种生产工艺。可食性包装纸现已是全球范围内的研究热点,主要应用于美国的军事行动、联合国救灾、方便休闲食品、可食性包装等多领域。过度的森林砍伐将会严重影响我国环境，纸包装应采用甘蔗、麦秸、芦苇、竹子、棉秆等材料，从而避免对森林的危害。

另外，可食性包装材料是目前食品包装领域的新热点。可食性包装材料由于原料丰富齐全又可食用，对人体无害甚至有利，具有一定强度，在近几年得到迅速发展，已广泛用于食品、药品、包装，其生产原料大体可分为淀粉类、蛋白质类、多糖类、脂肪类和复合类。

降解塑料作为一个新兴产业，包括光降解塑料、生物降解塑料、双降解塑料三种，降解塑料称为除金属材料、无机材料和高分子材料之外的“第四种新材料”。主要生产降解塑料的国家有美国、英国、日本、德国等。最为成熟的是光降解塑料，目前研究的主要方向是同时具有光降解和生物降解两种特性的双降解塑料。降解塑料应用于食品包装、工具包装、杂货箱、周转箱等外包装箱，目前主要作为医用卫生器材及高附加值包装材料。

随着环境管理标准制度 ISO14000 的推行，全世界陆续开展绿色包装材料的技术研发。易降解绿色包装材料、回收复用绿色包装材料、可再生绿色包装材料也逐渐形成相对完善合理的发展体系。发达国家(如美国)的纸质包装业发展比较早，对应的体系和设备较完备，以纸质包装材料为主的商品占主要市场。以纸质包装材料代替不易重复利用、不易降解以及造价高的材料，必然是未来包装业的主要发展方向。同时，欧洲、日本、韩国及北美等国家和地区已将包装业研发及生产主要投放在可完全降解塑料技术等方面。可完全降解塑料技术不仅具有纸质包装材料无法超越的绿色特性，材料本身还具有可食性、质轻、可降解性、韧性好、强度高等优点。随着我国经济的突飞猛进，包装行业发展迅猛。同时包装废弃物的环境污染问题已经得到了相关环保部门的重视，从而针对性地开展环保事业，大力支持绿色包装材料技术的研发。然而与发达国家和地区相比较，我国的绿色包装材料还处于初级阶段。随着国家实力的提升以及居民环保意识的增强，绿色包装材料将会得到更多的发展空间，也将会出现在生活的各个方面。

16.2.5　纯天然材料

纯天然材料包括木材、竹材、石材等，此外，稻壳、辣椒、杏仁叶、桉树叶、淀粉等也可以作为天然材料。木材具有优异的环境性能，在树木的生长、木材的加工和使用过程中对环境具有非常友好的特性。加工木材(特别是自然干燥木材)过程中的矿物燃料消耗和 CO_2 排放量都是最小的。木材是有机体，在生长过程中，大量的碳以固体形态储藏在其内部，用 LCA 评价其综合温室效应，结果发现木材向大气中排放的 CO_2 的总量为负值。因此，木材的生长过程对生态环境而言，起着调节温度的作用。从成分上看，木材具有生物降解性，经加工使用后，其废弃物可通过自然生物过程进行降解，对环境无污染。另外，废旧木材还可作为二次资源，进行再循环利用。最后，废弃的木材还可以进行焚烧处理，获取能源，且无固态废弃物遗留。表 16.2 是木材的组织结构和成分。

表 16.2　木材的组织结构及成分

结构		成分	
结构单元	所占比例	成分名称	所占比例
管胞	90%左右	木质素	30%左右
软组织	5%左右	纤维素	50%左右
辐射状组织	3%左右	灰分、萃取成分等	3%左右
树脂道管	2%左右	半纤维素	17%左右

木材的可再生性是矿产资源不可比的。人工林资源正在替代天然林资源。从生物多样性和原材料资源的角度考虑，人工林木材作为环境友好型材料的优势更大。通过对人工林的品种、生长方式等定向培育，缩短木材的成熟期，易于工业化利用，并可以在一定程度上实现永久利用。因此，在某种意义上，木材是一种最早的、最标准的环境材料。

竹材的应用是目前天然材料的新热点，利用竹材制作竹胶合板和竹集成材等板材，还可利用竹材造纸，制备竹炭、竹醋液、鲜竹沥液等。大理石、花岗岩等天然石材用在各种室内装修和建筑材料、混凝土骨料等方面。人们利用稻壳提取木糖醇，利用稻壳灰制活性炭、水玻璃、高纯硅等材料。图 16.5 是稻壳灰制备活性炭与水玻璃的流程示意图。各种农作物秸秆可粉碎后还田作为有机肥、饲料，还可制备建材、活性炭、乙醇和发电。利用树叶可提取香精油、生物医药制剂及食品添加剂。

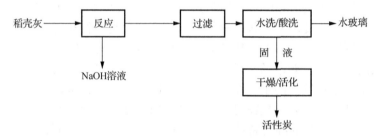

图 16.5　稻壳灰制备活性炭与水玻璃的流程示意图

16.3　生物降解材料

生物降解材料是指在材料中加入某些能促进降解的添加剂制成的材料、合成本身具有降解性能的材料以及由生物制成的或采用可再生原料制成的材料。而生物降解材料是指可被真菌、霉菌和细菌等作用消化吸收的材料，即在适当和可表明期限的自然环境条件下，可被环境自然吸收、消化或分解，从而不产生固体废弃物的一类材料。生物降解材料包括生物破坏型材料和完全生物降解材料两大类。生物破坏型材料是指在生物降解过程中 C—C 键不能酶解与水解，只有光解与氧化环境下才能断键的材料，如聚乙烯，其降解实质是分解为碎片残存于土壤中。

1970 年，国外光降解塑料开始研究开发，主要应用于垃圾袋、饮料罐提环、地膜等领域。塑料在紫外线照射及空气中氧的参与下逐渐光降解，目前研究开发光降解塑料的两个主要方法是在高分子中添加有光敏剂作用的化学助剂和在聚合物分子结构中引入光敏基团加速光降解，光照条件下光敏剂会发生光解等光化学反应从而产生高分子降解的自由基，加速高分子材料的光敏降解。光降解塑料主要分为共聚合成型和添加光敏剂型两种。共聚合成型是直接由可光降解单体合成的塑料，具有破坏快速、无毒等优点，添加光敏剂型是利用可光降解单体与烯烃类单体共聚，通过可光降解单体的含量控制光降解时间，但共聚工艺昂贵。

生物降解材料主要应用在医用生物降解高分子材料、农用生物降解材料、包装用生物降解材料等方面，其中医用生物降解高分子材料是研究热门。生物降解材料主要有淀粉基降解材料、聚乳酸(PLA)类降解材料、聚酸酐降解材料、聚氨酯(PUR)降解材料等。医用生物降解高分子材料有着极其广泛的应用，但也存在价格高昂、应用受限等问题，目前研究比较热门的如淀粉基降解材料和聚乳酸类降解材料。常见的生物降解材料如图 16.6 所示。

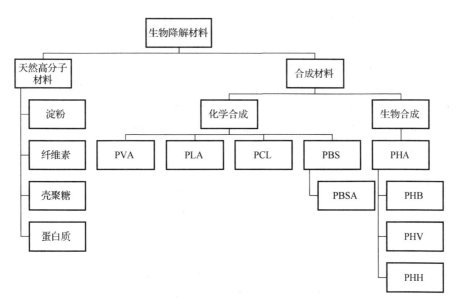

图 16.6　常见的生物降解材料

　　合成生物降解材料是在分子的结构中引入具有酯基结构的脂肪族(共)聚酯,如聚乳酸、聚己内酯、聚丁烯琥珀酸酯等。在自然界中酯基容易被微生物或酶分解。天然高分子生物降解材料是利用生物降解天然高分子(如植物来源的生物物质和动物来源的甲壳质等)为基材制造的材料,植物来源包括细胞壁组成的纤维素、半纤维素、木质素、淀粉、多糖类及碳氢化合物,动物来源主要是虾、螃蟹等甲壳动物。微生物合成生物降解材料是以有机物为碳源,通过生物的发酵而得到的生物降解材料,主要包括微生物聚酯和微生物多糖。当含碳为主的高分子材料进入环境后,微生物可把其作为自己的营养物质而分解、消化、吸收,通过发酵合成高分子酯,并将其以颗粒状存在菌体内。目前常见的合成生物降解材料有生物聚酯和聚羟基丁酯。

　　生物降解材料主要有:①淀粉基降解材料。淀粉基降解材料指的是其组成中含有淀粉或其衍生物作为共混体系的一类材料。淀粉作为可再生资源价廉易得,淀粉填料能促进基体树脂的降解,加工和成型利用现有的填充塑料加工技术与设备,使用性能与基体树脂接近或相当。②PLA 类降解材料。PLA 无毒、无刺激性、强度高、易加工成型,具有优良的生物兼容性,可生物降解吸收,在生物体内经过酶解,最终分解成水和 CO_2。PLA 类降解材料是一种新型功能性医用高分子材料。③聚酸酐降解材料。由于它具有优良的生物兼容性和表面溶蚀性,在医学领域得到广泛的应用。④PUR 降解材料。广泛用于建筑、家具、电器等行业。⑤聚对苯二甲酸乙二醇酯(PET)/聚乙二醇(PEG)降解材料。

　　聚乳酸兼具有良好的生物相容性能、生物可降解性和塑料的热加工性能,因此可作为生物医用材料和生物降解包装材料,已经成为近年来生物材料领域最为活跃的研究热点之一。聚乳酸是目前应用最为广泛的一种生物降解材料,可通过玉米、木薯、马铃薯和甘蔗等可再生资源发酵生产,在微生物环境中可以完全水解为 CO_2 和 H_2O。有研究表明,在自然环境中,聚乳酸的降解可大致分为两个过程:简单水解和酶催化降解。简单水解是水分子攻击聚乳酸分子中的酯键,使其分解为羧酸和醇的反应,主要受水解环境的温度、湿度、酸度以及高分子本身的性质等因素影响;而酶催化降解是指聚乳酸分子先水解为低聚物,然后相关微生物进入其组织物内，在微生物产生的特定酶的作用下，被分解为 CO_2 和水。聚乳酸材料有光降解、氧化降解、土壤降解 3 种降解方式，在一般情况下，光降解不能完全降解聚乳酸材料，氧化降解往往会造成额外污染，因此土壤降解是最为有效的降解方法。

填充型淀粉塑料就是将淀粉与合成树脂共混。由于淀粉具有可降解性，因而该共混物也是可生物降解的。淀粉是可以完全降解的，但合成树脂不能完全降解，因此在制备填充型淀粉塑料时需要添加一定的助剂或者对淀粉进行物理、化学改性，使材料的兼容性更好，并且能够完全降解。淀粉混合生物降解材料是将淀粉与其他可降解高分子材料混合，其中淀粉含量大。目前最成功的是由改性淀粉与生物降解或水溶性塑料共混制成的生物降解薄膜。全淀粉型塑料是只用淀粉而不添加或添加极少量其他助剂制成的塑料，这种材料能够完全降解，对环境没有污染。热塑性淀粉在加工时需加入一定量的水分，同时要避免过高温度将淀粉烧焦。

生物降解材料的应用极为广泛，包括医药、农业、工业包装、家庭娱乐等。近年来发展的生物降解性吸收高分子材料是指材料完成医疗作用后，在一定时间内被水解或酶解成小分子参与正常的代谢循环，从而被人体吸收或排泄，已用在血管外科、矫形外科、体内药物释放基体和吸收性缝合线等医疗领域。农用生物降解材料最终转化成提高土质的材料，主要有农用覆膜、药物的控制释放。在塑料卡中(如信用卡、IP 卡等)加入生物降解材料也能使其在废弃后迅速降解而不污染环境。目前在美国等西方发达国家，包装材料和方便袋等都已使用可降解的纸材料或纸袋。这些材料的使用大大降低了对环境的白色污染，提高了环境质量。

生物降解材料在农业领域有着广泛的应用，如地膜覆盖，高、低大棚，温室，青贮饲料包装袋，昆虫信息素包装材料，肥料、杀虫剂、激素和种子的包覆膜，水果套袋，移栽的育秧盆等。在农业生产中，已经采用棉、麻、秸秆、麦秆、蔗秆、草等废弃物与 PVA、PLA 等可降解塑料共混制成各类地膜产品。近年来出现许多新型可降解地膜，如光降解地膜、生物降解地膜、光和生物双降解地膜、液态地膜、植物纤维素地膜等，在农业生产中得到了广泛应用，其中生物降解地膜、植物纤维素地膜因能完全降解而受到越来越多的关注。生物降解材料在环保地膜方面的应用较广泛，表 16.3 列举了一些新型生物降解地膜。

表 16.3　新型生物降解地膜及应用

序号	商品名或制备材料	应用
1	PBAT	覆盖西红柿种植
2	Mater-B (淀粉构成)	覆盖草莓种植
3	淀粉/PVA/交联剂	—
4	废弃凝胶/甘蔗渣/PVA	—
5	木薯淀粉/PBAT	覆盖草莓种植
6	淀粉/PLA/PHH	—
7	桑橙木纤维/PLA	—
8	淀粉/PCL/石蜡	覆盖玉米种植
9	环保麻地膜(废弃苎麻纤维/PVA 等)	覆盖白菜、红麻种植

16.4　环境工程材料

环境工程材料一般是指在防止、治理环境污染过程中所用到的一些材料。针对积累的污染问题，开发门类齐全的环境工程材料，对环境进行修复、净化或替代等处理，逐渐改善地球的生态环境，使之朝可持续发展方向前进，是生态环境材料应用研究的一个重要方面。

16.4.1　环境净化材料

常见的环境净化材料有大气污染控制材料、水污染控制材料、固体污染控制材料以及其他污染控制材料等。大气污染控制材料一般有吸附、吸收和催化转化材料。水污染控制材料有沉淀、中和、氧化还原材料。其他的环境净化材料有过滤、分离、杀菌、消毒材料等。另外，还有减少噪声污染的防噪吸声材料，以及减少电磁波污染的防护材料等。

目前，治理大气污染通常使用吸附法、吸收法和催化转化法。相应的大气污染控制材料包括吸附剂、吸收剂和催化剂，主要应用于工厂、住宅区锅炉等固定源与机动车等活动源排放的气体污染物的净化。稀土汽车尾气净化催化剂是近年来发展起来的一类重要的环境工程材料，它能够在一定条件下催化大气中的有害气体成分(如 NO_x、CO、碳氢化合物等)转化为 N_2 和 CO_2。汽车尾气净化催化剂通常采用铂、钯、铑等贵金属作为主要的活性组分。近年来，为了节约贵金属资源，开始研究利用过渡金属、稀土元素部分替代或全部替代贵金属进行汽车尾气净化处理，取得了很好的效果。

常见的大气污染净化材料主要包括燃煤烟气脱硫材料、燃煤烟气除尘材料、移动源及固定源脱硝材料、移动源颗粒物过滤材料、汽车尾气净化材料、室内空气净化材料。目前脱硫材料主要分为吸收剂、吸附剂和催化剂三类。吸收剂主要有氨基、钙基、镁基、钠基；吸附剂有活性炭、沸石、活性焦、煤渣；催化剂有 Pt、活性炭、V_2O_5、石墨、Cr_2O_3、Fe_2O_3。钙基吸收剂以石灰石和石灰等改性钙质材料为主；镁基吸收剂以镁的氧化物或氢氧化物为主；氨基吸收剂以氨的水溶液和 $(NH_4)_2SO_3$-NH_4HSO_3 溶液为主；钠基吸收剂以氢氧化钠、碳酸钠或亚硫酸钠的水溶液为主。常用的吸附剂及吸附气体种类如表 16.4 所示。其中活性炭根据其孔径不同又分为普通活性炭(20～50nm)、活性焦炭(10～20nm 以下)、碳分子筛(0.5～10nm 以下)和活性碳纤维(0.5nm 以下)四种。

表 16.4　常用吸附剂及适用范围

吸附剂	适用范围
硅胶	SO_2、H_2S、烃类
活性炭	CCl_4、CH_2Cl_2、Cl_2、SO_2、CO、H_2S、NO_x、苯、甲醛、乙醇、甲苯、煤油、乙醚、汽油、苯乙烯
分子筛	SO_2、NO_x、NH_3、H_2S、烃类、Cl_2、CO、Hg(气)
活性氧化铝	SO_2、H_2S、烃类、HF
褐煤、泥煤	SO_2、SO_3、NO_x、NH_3

燃煤烟气除尘最常用的方法之一为布袋除尘，其滤料包括棉纤维、毛纤维、麻纤维等天然纤维；玻璃纤维、陶瓷纤维、碳纤维、金属纤维和玄武岩纤维等无机纤维；聚丙烯、间位芳纶、聚酯、PPS 纤维、PTFE 纤维、聚酰亚胺纤维等合成纤维。

芳香烃、直链烃和氯代烃等是室内最重要的污染物，全球每年 VOC 排放量可达 1000 万 t

以上。伯醇、醚、醛和酮等会损害人体的神经系统，苯和甲苯能损害人的肝、肾和血液系统等，因此生态材料工作者积极探索室内空气净化材料。目前净化室内空气的技术主要有以下几个方面：①利用光催化技术进行杀菌、分解室内 VOC 和 PM 污染；②利用臭氧技术进行杀菌和分解 VOC；③利用过滤技术和等离子体技术进行杀菌和 PM 污染物的去除；④采用静电技术进行室内除尘。利用纳米 TiO_2 制备的光催化净化涂料就是室内空气光催化技术的典型代表。纳米 TiO_2 具有极强的氧化分解能力，这种涂料用在室内可分解室内恶臭污染物和油污，并能杀病菌和细菌，起到清新室内空气的作用；用在室外可分解去除氮氧化物，对于长期积累的 HNO_3 可由雨水冲洗，不会降低 TiO_2 的光催化活性。

室内环境污染的污染源主要是外界大气、房基或家居中的化工涂料、染料等。近年来利用 TiO_2 光催化剂将空气中的有机物分解为 CO_2、H_2O 和无机酸，日益成为国内外研究的热点。载人航天器座舱内的空气净化主要采用生物空气过滤器。最初，这种过滤器主要采用的基质是土壤，后来用一些质量更轻、孔隙度和比表面积更大的天然有机物质如堆肥、树皮、泥炭等。这种生物空气过滤器比起物理/化学的方法（如化学清洗、吸附和催化转化等）要廉价得多，但是只适用于低浓度污染物的室内空气净化。

沸石和活性碳纤维良好的吸附性能也可以应用于处理废气与净化空气。例如，沸石对于大气中的碳氢化合物、硫氧化物、氮氧化物、CO、硫化氢等具有良好的吸附、净化功能，可用于汽车尾气净化剂。在 SO_2 烟气净化方面，开发出了离子交换树脂吸附型净化材料以及利用稀土氧化物材料作为催化剂的干法脱硫技术。离子交换树脂是以丙烯、苯乙烯为原料，经交联悬浮共聚，制成多孔柱状树脂，再经碳化处理而得到的。CeO_2 是非常有应用前景的新型吸收剂，能够在很宽的范围内与 SO_2 反应，而且在适当的条件下可再生，可以使吸收剂产生的废气转化为硫。CeO_2 可以同时脱去烟气中的 SO_2 和氮氧化物，其脱氮和脱硫效率都大于90%，目前此类研究正处于实验室阶段。

常用的废水处理方法可分为以下三类：①分离处理；②转化处理；③稀释处理。针对不同的废水处理方法，开发了不同用途的环境工程材料。目前，用于废水分离工艺的主要包括用于过滤、吸附的滤料、吸附剂、膜分离材料等；用于废水生化处理的主要有用于固定微生物的金属或陶瓷载体；用于废水转化处理的主要有高效率并且不产生二次污染的各种催化剂，如 TiO_2 光催化剂等。

利用吸附剂的物理吸附、离子交换、络合等特点，能够去除水中的各种金属离子，主要用于处理含重金属元素的废水。此外，物理吸附还能够吸附水中的颗粒物以及部分有机污染物。吸附剂的开发主要考虑其吸附效率、选择性、成本等性能。天然沸石由于具有来源广泛、处理效果好、不产生二次污染等优点，目前已逐渐替代传统的活性炭吸附剂成为主要的水处理吸附剂。李天昕等利用天然沸石作为基体，在分子尺度范围内可控地破坏孔洞结构，进行造孔，制得了一种新型介孔复合吸附材料。

市政生活污水通常采用生化处理工艺。固定化微生物技术是使用化学或物理的方法将游离细胞固定在材料的限定空间中，并使其保持生物活性且可反复利用的生物技术。这种水处理方法具有生物浓度易控制、耐毒害能力强、菌种流失少、产物易分离、运行设备小型化等特点，但是固定化材料性能的不足限制了其应用。

随着经济的快速增长和城市化进程的不断加快，城市垃圾数量不断增加。城市固体废物露天存放或处置不当，其中的有害成分就可通过大气、土壤、地下水体等直接或间接传入人体、传染疾病，给人类造成潜在、突发和长期的危害；同时，固体废物对水体、土壤和大气造成污染，侵占土地，影响环境卫生。

随着交通运输业的快速发展，对高速公路工程项目的建设使用造成了一系列的噪声污染，降低了行业的可持续发展性。针对这一问题，相关人员从实际角度出发，即通过提高声屏障核心部件吸声材料的性能效果，使人们对其作用影响充分重视起来。李琦剑等采用涤纶等非织造材料为吸声降噪功能材料，该材料具有柔软性好、弹性大且气孔率高的特性，因此，能够高效控制高速公路运行过程所产生的噪声影响。

16.4.2　环境替代材料

人们曾经广泛使用的一些材料，由于在生产、使用和废弃的过程中会造成对环境的极大破坏，因而必须逐渐予以废除或取代，代替这些被废除或取代的材料称为环境替代材料。常见的环境替代材料有替代氟利昂的制冷剂材料、工业和民用的无磷化学品材料、工业石棉替代材料，以及其他有害物(如水银等)替代材料和环境负荷较大的建筑替代材料(如铝门窗替代材料等)。另外，用竹、木等天然材料替代那些环境负荷较大的结构材料事实上也属于环境替代材料的一类。

氟氯烃制冷剂，俗称氟利昂，是几种氟氯烃代甲烷和氯代乙烷的总称。氟利昂挥发性高、相对密度大、表面张力小、亲油性适度、沸点低，用于运输制冷装置、空调装置、热泵系统，生产灭火材料、烟雾剂、泡沫塑料等。氟利昂是破坏臭氧层的元凶，臭氧层被大量损耗后，吸收紫外线辐射的能力大大减弱，导致到达地球表面的紫外线明显增加，给人类健康和生态环境带来多方面的危害。例如，会引起皮肤癌和白内障，减少了生物多样性。目前，氟利昂的替代品有三大类：过渡性替代材料、永久性替代材料、天然替代材料。过渡性替代材料主要有氟代烃类化合物、丙烷、异丁烷等；永久性替代材料目前开发出来的有环戊烷、HFC-134a等。它们在世界范围内的工商制冷、汽车空调、中央空调、家用电冰箱、塑料发泡、医药、化妆品气雾剂和医用气雾抛射剂等行业得到了广泛应用。表 16.5 是各种天然制冷替代材料及其理化性质。

表 16.5　常用天然制冷替代材料及其物理性能

名称	化学式	标准沸点/℃	气化潜热/(kJ/kg)	标态密度/(kg/m³)
氨	NH_3	-34	1368	681
水	H_2O	100	958	2163
甲醇	CH_3OH	65	791	872
乙醇	C_2H_5OH	79	789	665
乙胺	C_2H_5N	57	833	621
甲醛	$HCHO$	-19	768	815
二氧化硫	SO_2	-10	605	883
氯	Cl_2	-34	288	1563
三氧化硫	SO_3	45	508	1780
甲胺	CH_3NH_2	-7	836	703
二氧化氮	NO_2	21	415	1447
R-22	$CHClF_2$	14	235	1409
溴	Br_2	59	189	3119

　　三聚磷酸钠(STPP)在洗涤剂用助洗剂市场上一直占据支配地位，其用量约占总助洗剂的95%。大量含磷洗衣粉流入不同水系中，造成水体的富营养化。STPP最新的替代材料有两种：一种是改性沸石产品；另一种是碱性亚胺磺酸盐。经世界各国研究和应用，一致认为最佳的无机助洗剂为4A沸石。它是一种具有网状结构的不溶高分子固体，可与液体中的Ca^{2+}和Mg^{2+}进行离子交换反应，吸附纤维织物中含有的污垢和金属离子，使其分散脱离、凝聚，最后形成难溶的沉淀物以达到去污的目的。

　　另外，微生物功能环境替代材料以优异的特性，吸引越来越多的人关注。例如，生物计算机的光开关、储存器等；利用微生物电子器件材料代替硅半导体；利用生物计算机代替电子计算机；以微生物传感器代替化学或物理传感器；以微生物电池代替燃料电池等。

16.4.3　环境修复材料

　　环境修复指对已破坏的环境进行生态化治理，恢复被破坏的生态环境。常见的环境修复材料有防止土壤沙化的固沙植被材料、控制全球温室效应的固碳材料、臭氧层修复材料、治理海洋赤潮的修复性材料、持久性有机污染物的修复材料、地下浅表层重金属离子污染的修复材料等。

　　大力防治土地沙漠化和荒漠化是实现社会和国民经济可持续发展的一个重要问题。研制、开发新型固沙植被材料，保持水土、减缓沙漠化是生态环境材料的新研究热点。固沙植被材料主要有两大类：一类是高吸水性树脂；另一类是高分子乳液。目前，这些材料主要用于沙漠与荒漠化地区交通干线沿线的护路以及荒坡固定等。

　　全球气候变暖、温室效应加强，是各国政府目前密切关注的环境问题之一。采取积极的措施将CO_2转化为其他有用的材料，是控制CO_2排放、治理气候变暖的一个重要途径。日本研制的用于保护臭氧层的转化氟利昂的新型催化剂，以及用CO_2作原料来生产甲醇的技术是两个典型的例子。前者可大大降低臭氧层的破坏程度，使人们免遭紫外线照射之苦，而后者则可有效地降低CO_2所产生的温室效应。

　　水体重金属污染已成为全球性的环境污染问题，并且严重影响着人类的身体健康乃至生命安全。黄香魁以烧结法赤泥、拜耳法赤泥为主要原料，配以适当的烧成助剂和成孔剂，通过制备工艺的选择和烧成制度的控制，开发气孔率可控、表面性状良好、强度达到应用要求且易于表面改性的赤泥基多孔陶瓷载体。在载体过滤性能研究的基础上，将合适的重金属离子吸附剂涂覆于多孔陶瓷载体上，获得了能够吸附重金属离子的环境修复材料。将环境修复材料成功用于去除电镀废水中铜、砷、铅、镉等重金属离子。

参 考 文 献

艾涛, 王汝敏, 刘建超, 2004. 智能复合材料最新研究进展[C]. 哈尔滨: 全国复合材料学术会议.

曹茂盛, 1995. 气相还原法制备 α-Fe 超细粉末[J]. 材料科学与工艺, 3(3): 67-69.

曹茂盛, 曹传宝, 徐甲强, 2002. 纳米材料学[M]. 哈尔滨: 哈尔滨工程大学出版社.

曹茂盛, 邓启刚, 1995. 化学气相法制备纳米级氮化铁超细粉末[J]. 西安工程大学学报, (4): 372-375.

曹茂盛, 邓启刚, 1996. 气相合成氮化铁纳米粉末及其物性表征[J]. 无机化学学报, 12(1): 88-91.

曹茂盛, 邓启刚, 2000. α-Fe 纳米粉末制备及其表征[J]. 化学通报, 63(2): 42-43.

曹茂盛, 邓启刚, 房晓勇, 1995. 热管炉加热气相还原法制备 Fe/N 超细粉末[J]. 粉体技术, 1(3): 26-29.

曹茂盛, 邓启刚, 房晓勇, 等, 1995. 化学气相法制备纳米级氮化铁超细粉末[J]. 西北纺织工学院学报, 9(4):372-375.

曹茂盛, 邓启刚, 张鹏戈, 1995. 二次氮化法制备 γ′-Fe4N 超细粉末[J]. 硅酸盐通报, (6): 29-32.

曹茂盛, 关长斌, 徐甲强, 2001. 纳米材料导论[M]. 哈尔滨: 哈尔滨工业大学出版社.

曹晓明, 武建军, 温鸣, 2005. 先进结构材料[M]. 北京: 化学工业出版社.

曹亚龙, 徐金霞, 蒋林华, 等, 2018. 自感知镍纳米线/水泥基复合材料的制备及压敏性能[J]. 复合材料学报, 35(4): 957-963.

常永勤, 2014. 电子信息材料[M]. 北京: 冶金工业出版社.

车剑飞, 黄洁雯, 杨娟, 2006. 复合材料及其工程应用[M]. 北京: 机械工业出版社.

陈大明, 2011. 先进陶瓷材料的注凝技术与应用[M]. 北京: 国防工业出版社.

陈光, 2013. 新材料概论[M]. 北京: 国防工业出版社.

陈寒元, 李建奇, 高燕, 等, 2005. 低维纳米材料中五次孪晶结构的透射电镜研究[J]. 电子显微学报, 24(1): 29-38.

陈浩, 2013. 金属氧化物(氢氧化物)纳米结构材料的制备及其在光电探测器和超级电容器中的应用[D]. 上海: 复旦大学.

陈弘达, 2015. 电子信息材料[J]. 新型工业化, 5(11): 34-70.

陈秋平, 2018. 异质结铜基化合物纳米材料制备及制氢性能研究[D]. 上海: 上海师范大学.

陈全明, 1992. 金属材料及强化技术[M]. 上海: 同济大学出版社.

陈祥宝, 张宝艳, 邢丽英, 2009. 先进树脂基复合材料技术发展及应用现状[J]. 中国材料进展, 28(6): 2-12.

陈贻瑞, 王建, 1994. 基础材料与新材料[M]. 天津: 天津大学出版社.

陈照峰, 2016. 无机非金属材料学[M]. 西安: 西北工业大学出版社.

谌林, 余甜雨, 朱晗, 等, 2018. 基于上转换纳米材料的体外检测技术[J]. 武汉大学学报(理学版), (1): 1-16.

程晓敏, 史初例, 2006. 高分子材料导论[M]. 合肥: 安徽大学出版社.

戴金辉, 葛兆明, 2004. 无机非金属材料概论[M]. 哈尔滨: 哈尔滨工业大学出版社.

戴陶珍, 范则阳, 李敬东, 等, 2002. 超导磁储能系统在舰船电力系统中的应用前景及其关键课题[J]. 中国工程科学, 4(6): 16-19.

邓少生, 2012. 功能材料概论——性能、制备与应用[M]. 北京: 化学工业出版社.

杜善义, 冷劲松, 王殿富, 2001. 智能材料系统和结构[M]. 北京: 科学出版社.

樊美公, 2015. 光功能材料科学[M]. 北京: 科学出版社.

方明豹, 徐劲峰, 2000. 超导电子学在计量测试中的应用[J]. 上海计量测试, (3): 31-32.

费良军, 朱秀荣, 童文俊, 等, 2001. 纤维增强铝基复合材料及其应用[J]. 特种铸造及有色合金, s1(57): 150-152.

冯端, 师昌绪, 刘治国, 2002. 材料科学导论[M]. 北京: 化学工业出版社.

冯奇, 2010. 环境材料概论[M]. 北京: 化学工业出版社.

冯小明, 张崇才, 2007. 复合材料[M]. 重庆: 重庆大学出版社.

福建师范大学环境材料开发研究所, 2010. 环境友好材料[M]. 北京: 科学出版社.

付新, 2018. ZnSe 纳米材料的制备及其应用进展[J]. 化学与粘合, 40(2): 124-127.

干福熹, 2000. 信息材料[M]. 天津: 天津大学出版社.

高金良, 袁泽明, 尚宏伟, 等, 2016. 氢储存技术及其储能应用研究进展[J]. 金属功能材料, 23(1): 1-11.

高利芳, 宋忠乾, 孙中辉, 等, 2018. 新型二维纳米材料在电化学领域的应用与发展[J]. 应用化学, 35(3):
　　247-258.

高生平, 张贤泽, 华靖童, 等, 2018. 氧化锌纳米材料的制备与应用[J]. 山东化工, (12).

高学平, 卢志威, 张欢, 等, 2004. 储氢材料与金属氢化物-镍电池[J]. 物理, 33(3): 170-176.

葛昌纯, 2017. 材料延寿与可持续发展——现代陶瓷材料选用与设计[M]. 北京: 科学出版社.

郭彩红, 赵明, 杨怡, 等, 2018. Pt/(Al$_2$O$_3$)$_x$-(TiO$_2$)$_{1-x}$ 纳米材料制备及表征的综合设计实验[J]. 实验科学与技术,
　　16(2): 141-145.

郭芳芳, 耿运贵, 2014. 玻璃钢/复合材料在建筑结构中的应用与发展趋势[J]. 建材技术与应用, (5): 11-14.

何秀兰, 2016. 无机非金属材料工艺学[M]. 北京: 化学工业出版社.

洪广言, 2015. 稀土发光材料的研究进展[J]. 人工晶体学报, 44(10): 2641-2651.

胡保全, 牛晋川, 2006. 先进复合材料[M]. 北京: 国防工业出版社.

胡用时, 游龙, 李震, 等, 2003. 高密度硬盘介质基本磁特性参数高精度测量[J]. 华中科技大学学报(自然科学
　　版), 31(12): 51-53.

黄辉, 2017. 有机太阳能电池的发展、应用及展望[J]. 工程研究, 9(6): 547-557.

黄卿维, 沈秀将, 陈宝春, 等, 2016. 韩国超高性能混凝土桥梁研究与应用[J]. 中外公路, 36(2): 222-225.

黄娆, 刘之景, 2003. 新型低介电常数材料研究进展[J]. 微纳电子技术, 40(9): 11-14.

黄若波, 2009. 玻璃钢材料在国外舰船中的应用[J]. 造船技术, (6): 8-10.

黄益宾, 王高潮, 2003. 形状记忆合金的研究与进展[J]. 失效分析与预防, 24(1): 56-60.

吉付兴, 曹凤江, 谭建波, 2017. 纤维增强铝基合金材料的研究现状[J]. 内燃机与配件, 10(61): 117-120.

贾成厂, 2010. 复合材料教程[M]. 北京: 高等教育出版社.

贾辉, 石璐珊, 梁征, 2017. 紫外光电探测器的发展研究[J]. 江西科学, 35(2): 296-300, 309.

江东亮, 2003. 结构功能一体化的高性能陶瓷材料的研究与开发[J]. 中国工程科学, 5(2): 35-39.

江涛, 2006. 信息存储新领域——全息存储及其材料[J]. 信息记录材料, 7(6): 32-36.

江永清, 黄绍春, 肖灿, 2006. 纳米材料在光电探测器中的应用[J]. 半导体光电, 27(3): 225-230.

蒋凌澜, 陈阳, 2014. 树脂基复合材料在航天飞行器气动热防护上的应用研究[J]. 玻璃钢/复合材料, (7): 78-84.

蒋文波, 2015. 化合物半导体薄膜太阳能电池研究现状及进展[J]. 西华大学学报(自然科学版), 34(3): 60-66.

焦宝祥, 2011. 功能与信息材料[M]. 上海: 华东理工大学出版社.

金格瑞, 鲍恩, 乌尔曼, 2010. 陶瓷导论[M]. 清华大学新型陶瓷与精细工艺国家重点实验室, 译. 北京: 高等
　　教育出版社.

雷永泉, 2000. 新能源材料[M]. 天津: 天津大学出版社.

黎连修, 2004. 磁致伸缩和磁记忆问题研究[J]. 无损检测, 26(3): 109-112.

李海涛, 赵斯琴, 刘建涛, 等, 2018. 棒状 PANI/TiO$_2$ 纳米复合材料的制备及光催化性能研究[J]. 人工晶体学
　　报, (4).

李家瑶, 2015. 脉冲电沉积纳米晶 Co-Ni 合金相变及纳米孪晶形成机制研究[D]. 上海: 上海交通大学.

李建秋, 方川, 徐梁飞, 2014. 燃料电池汽车研究现状及发展[J]. 汽车安全与节能学报, 5(1): 17-29.

李扩社, 徐静, 张深根, 2003. 稀土超磁致伸缩材料进展[J]. 金属功能材料, 10(6): 30-33.

李鹏, 郭裕强, 余峰, 等, 2005. 光纤传感器在智能复合材料中的应用[J]. 玻璃钢/复合材料, (3): 49-52.

李世普, 2000. 生物医用材料导论[M]. 武汉: 武汉工业大学出版社.

李廷希, 2019. 功能材料导论[M]. 长沙: 中南大学出版社.

李彦波, 2010. 超高密度磁记录用介质和磁头材料的研究[D]. 兰州: 兰州大学.

李永峰, 2012. 现代环境工程材料[M]. 北京: 机械工业出版社.

励杭泉, 2013. 材料导论[M]. 北京: 中国轻工业出版社.

梁春华, 2006. 纤维增强陶瓷基复合材料在国外航空发动机上的应用[J]. 航空制造技术, (3): 40-45.

梁耀能, 2011. 机械工程材料[M]. 广州: 华南理工大学出版社.

廖润华, 2017. 环境治理功能材料[M]. 北京: 中国建材工业出版社.

林德华, 1992. 超导物理基础与应用[M]. 重庆: 重庆大学出版社.

林良真, 1998. 超导电性及其应用[M]. 北京: 北京工业大学出版社.

刘超, 2016. 材料促进了人类文明的产生[J]. 新材料产业, (1): 66-71.

刘蕾, 2018. 石墨烯和多孔碳纳米复合材料的制备及电化学性能研究[D]. 北京: 中国地质大学(北京).

刘攀, 2012. 金属纳米材料原位变形装置与其形变行为的原子尺度研究[D]. 北京: 北京工业大学.

刘思麟, 2018. 氧化钒基纳米材料制备及其电化学性能研究[D]. 北京: 中国地质大学(北京).

刘喜斌, 梅孝安, 廖高华, 等, 2018. 新型过渡金属碳化物二维纳米材料的制备方法研究[J]. 湘潭大学自然科学学报, (2): 22-27.

刘洋, 董事尔, 刘倩, 等, 2011. 玻璃钢管的应用现状及展望[J]. 油气田地面工程, 30(4): 98-99.

陆有军, 王燕民, 吴澜尔, 2010. 碳/碳化硅陶瓷基复合材料的研究及应用进展[J]. 材料导报: 综述篇, 24(11): 14-19.

罗斯・英尼斯, 1981. 超导电性导论[M]. 北京: 人民教育出版社.

马俊飞, 刘涛, 韩宝瑞, 等, 2011. C/C 复合材料在高超声速导弹上的应用研究[J]. 教练机, (4): 46-49.

米克秒, 1980. 超导电性及其应用[M]. 北京: 科学出版社.

牟瑞龙, 兰依博, 李晓东, 2018. 稀土掺杂 TiO_2 纳米材料的制备及其光催化性质的研究[J]. 吉林建筑大学学报, 35(2): 43-47.

南洋, 程艾琳, 田丰, 等, 2012. 玻璃钢烟囱在电厂脱硫系统中的应用[J]. 玻璃钢/复合材料, (6): 36, 73-76.

倪礼忠, 周权, 2010. 高性能树脂基复合材料[M]. 上海: 华东理工大学出版社.

聂俊辉, 樊建中, 魏少华, 等, 2017. 航空用粉末冶金颗粒增强铝基复合材料研制及应用[J]. 航空制造技术, (16): 26-36.

聂祚仁, 2004. 生态环境材料[M]. 北京: 机械工业出版社.

潘坚, 王史杰, 2002. 2001 年材料基础研究领域综述[J]. 新材料产业, (2): 22-25.

潘泰松, 廖非易, 姚光, 等, 2018. 氧化物功能薄膜材料在柔性传感器件中的应用[J]. 中国科学: 信息科学, 48(6): 635-649.

潘裕柏, 2017. 先进光功能透明陶瓷[M]. 北京: 科学出版社.

彭小芹, 2010. 土木工程材料[M]. 2 版. 重庆: 重庆大学出版社.

曲良体, 2018. 《新型二维纳米材料》专辑序言——新型二维纳米材料: 掀起未来技术革命[J]. 应用化学, 35(3): 245-246.

曲向荣, 2012. 清洁生产[M]. 北京: 机械工业出版社.

曲远方, 2014. 功能陶瓷及应用[M]. 北京: 化学工业出版社.

权晶晶, 秦冬冬, 陶春兰, 等, 2018. 金纳米棒/石墨相氮化碳复合薄膜的制备及其光电化学性能[J]. 应用化学, 35(5): 574-581.

荣启光, 1996. 陶瓷形状记忆效应的研究进展[J]. 功能材料, (6): 487-489.

单海权, 张跃飞, 毛圣成, 等, 2014. 电沉积纳米孪晶 Ni 中五次孪晶的电子显微分析[J]. 金属学报, 50(3): 305-312.

尚树川, 孔令强, 蔡婷婷, 等, 2015. 金属有机框架材料在化学传感器中的应用[J]. 化学传感器, 35(3): 31-43.

沈典典, 张翔晖, 2018. 有机无机杂化型钙钛矿材料光电探测器研究进展[J]. 电子元件与材料, 37(2): 7-18.

施惠生, 2009. 材料概论[M]. 上海: 同济大学出版社.

史美堂, 1980. 金属材料及热处理[M]. 上海: 上海科学技术出版社.

史衍丽, 2013. 红外探测器料与器件的发展[J]. 科学, 65(6): 22-25.

史衍丽, 郭骞, 李龙, 等, 2015. 可见光拓展 InP/InGaAs 宽光谱红外探测器[J]. 红外与激光工程, 44(11): 3177-3180.

司耀强, 2016. Al+SiC 预制颗粒增强铝基复合材料微观组织和性能的研究[D]. 太原: 太原理工大学.

宋登元, 1992. 有机半导体材料与器件应用[J]. 物理, 21(12): 713-717.

宋希文, 2017. 耐火材料概论[M]. 北京: 化学工业出版社.

苏吉益, 曲铭镭, 马宏图, 2018. 稀土掺杂纳米材料的制备及研究[J]. 吉林化工学院学报, 35(3): 52-57.

孙兰, 2015. 功能材料及应用[M]. 成都: 四川大学出版社.

孙莉, 戴玮, 2017. 超高性能混凝土在桥梁工程中的应用案例分析[J]. 北方交通, (11): 16-19.

孙敏, 冯典英, 2014. 智能材料技术[M]. 北京: 国防工业出版社.

孙秀丽, 2007. 新材料与新能源[M]. 呼和浩特: 远方出版社.

谭向君, 王维, 刘玉硕, 等, 2018. 纳米-无机复合涂料的制备及其性能研究[J]. 山东化工, (9): 21-24.

谭小地, 2016. 大数据时代的光存储技术[J]. 红外与激光工程, 45(9): 22-25.

唐璐, 解旭东, 王瑾, 2011. 先进传感器材料及其应用研究[J]. 中国西部科技, 10(7): 50-51.

田超凯, 2011. 玻璃钢产品在电力行业的应用[J]. 纤维复合材料, 40(2): 40-43.

万小梅, 2017. 建筑功能材料[M]. 北京: 化学工业出版社.

汪济奎, 2014. 新型功能材料导论[M]. 上海: 华东理工大学出版社.

王超, 张蕊, 杜欣, 等, 2017. 新型热电材料综述[J]. 电子科技大学学报, 46(1): 133-150.

王传岭, 于敏, 2016. 固体氧化物燃料电池材料研究进展[J]. 山东化工, 45(14): 40-41, 44.

王聪, 代蓓蓓, 于佳玉, 等, 2017. 太阳能光电、光热转换材料的研究现状与进展[J]. 硅酸盐学报, 45(11): 1555-1568.

王德平, 2015. 无机材料结构与性能[M]. 上海: 同济大学出版社.

王冬华, 2018. 磁性 Fe_3O_4 纳米材料的制备及应用研究[J]. 化工科技, 26(1): 67-70.

王飞, 石佩洛, 2017. 树脂基复合材料在雷达天线罩领域的应用及发展[J]. 宇航材料工艺, (2): 10-13.

王高潮, 2006. 材料科学与工程导论[M]. 北京: 机械工业出版社.

王欢, 2018. 三氧化二铁/碳纳米管复合材料的制备及其在超级电容器负极中的应用研究[D]. 兰州: 兰州大学.

王辉, 陈再良, 2002. 形状记忆合金材料的应用[J]. 机械工程材料, 26(3): 5-8.

王慧敏, 2010. 高分子材料概论[M]. 北京: 中国石化出版社.

王洁, 包丞玉, 2015. 综述生态环境材料的利用[J]. 科技创新与应用, 5: 23-26.

王良莹, 2009. 数字时代背景下的信息存储技术变迁[J]. 光盘技术, (11): 4-7.

王萌, 李保山, 吴建华, 等, 2018. 双电层纳米材料的制备及在防腐涂料中的应用[J]. 石油化工高等学校学报, 31(2): 14-19.

王梦青, 2017. FeS_2 基电极材料制备及其在染料敏化太阳能电池中的应用[D]. 北京: 北京化工大学.

王培铭, 1999. 无机非金属材料学[M]. 上海: 同济大学出版社.

王琦, 2005. 无机非金属材料工艺学[M]. 北京: 中国建材工业出版社.

王维大, 李浩然, 冯雅丽, 等, 2014. 微生物燃料电池的研究应用进展[J]. 化工进展, 33(5): 1067-1076.

王玮韬, 陈春梅, 2018. SiC 纳米材料的制备及器件应用研究现状[J]. 科技风, (15): 3-4.

王璇, 鲁静, 2017. 生物燃料电池的研究进展[J]. 山东化工, 46(21): 64-66.

王有庆, 2016. TiO$_2$ 多级纳米阵列结构的制备及其在光电化学紫外探测器中的应用[D]. 兰州: 兰州大学.

王芝国, 武卫莉, 谷万里, 2004. 复合材料概论[M]. 哈尔滨: 哈尔滨工业大学出版社.

温华明, 肖立业, 林良真, 2000. 高温超导变压器研究概况及其开发前景[J]. 高技术通讯, 10(9): 105-108.

吴大方, 任浩源, 王峰, 等, 2018. 航天飞行器轻质纳米材料高温隔热性能[J]. 航空学报, 39(4): 22-26.

吴其胜, 2017. 新能源材料[M]. 上海: 华东理工大学出版社.

吴人洁, 2000. 复合材料[M]. 天津: 天津大学出版社.

吴玉胜, 2013. 功能陶瓷材料及制备工艺[M]. 北京: 化学工业出版社.

伍辉, 2018. PEM 燃料电池技术发展及应用[J]. 广东化工, 45(6): 131-132, 156.

伍勇, 韩汝珊, 1997. 超导物理基础[M]. 北京: 北京大学出版社.

武卫明, 张长松, 侯绍刚, 等, 2018. MXenes 及 MXenes 复合材料的制备及其在能量存储与转换中的应用[J]. 应用化学, 35(3): 317-327.

肖汉宁, 高朋召, 2006. 高性能结构陶瓷及其应用[M]. 北京: 化学工业出版社.

解丹萍, 2014. 半导体纳米材料的合成及其在光电生物传感器中的应用[D]. 西安: 陕西师范大学.

解思深, 2000. 碳纳米管和其他纳米材料[J]. 中国基础科学, (5): 6-9.

解思深, 2001. 碳纳米管研究进展[C]. 杭州: 全国纳米材料和技术应用会议.

解思深, 2008. 专题: 纳米材料与纳米结构[J]. 中国科学, (11): 1433.

谢欣荣, 李京振, 李嘉兆, 2017. 化合物半导体薄膜太阳能电池研究进展[J]. 广东化工, 45(22): 103-105.

许并社, 2003. 材料科学概论[M]. 北京: 北京工业大学出版社.

薛忠民, 2015. 国玻璃钢/复合材料发展回顾与展望[J]. 玻璃钢/复合材料, (1): 5-12.

雅菁, 2006. 材料概论[M]. 重庆: 重庆大学出版社.

闫金定, 2014. 锂离子电池发展现状及其前景分析[J]. 航空学报, 35(10): 2767-2775.

杨爱勇, 王心亮, 2003. 磁流体发电技术的回顾与展望[J]. 煤气与热力, 23(1): 58-60.

杨光华, 2004. 建筑工程材料[M]. 重庆: 重庆大学出版社.

杨江伟, 梁新义, 张博, 2014. 纳米材料在无酶葡萄糖传感器中的应用[J]. 材料导报, 28(专辑 24): 93-97.

杨明, 王圣平, 张运丰, 等, 2011. 储氢材料的研究现状与发展趋势[J]. 硅酸盐学报, 39(7): 1053-1060.

杨楠, 李晓鹏, 蒲继东, 2004. 超导技术在电力能源上的应用[J]. 四川水力发电, 23(b06): 109-110.

杨瑞成, 2012. 材料科学与工程导论[M]. 北京: 科学出版社.

杨姗也, 王祥学, 陈中山, 等, 2018. 四氧化三铁基纳米材料制备及对放射性元素和重金属离子的去除[J]. 化学进展, 20(2/3): 225-242.

杨素心, 2018. C/C 复合材料在光伏行业的应用[J]. 中国有色金属, (7): 62-63.

杨武, 邓哲鹏, 孙豫, 2012. 改变世界的信息材料[M]. 兰州: 甘肃科学技术出版社.

杨晓波, 刘凯, 2018. 钙钛矿太阳能电池的研究进展[J]. 材料科学与工程学报, 36(1): 142-150.

杨燕京, 赵凤起, 仪建华, 等, 2015. 储氢材料在高能固体火箭推进剂中的应用[J]. 火炸药学报, 38(2): 8-14.

杨屹, 程旺, 尹波, 等, 2018. 氧化石墨烯/二氧化硅纳米复合材料的等离子体法制备及其结构研究[J]. 化学研究与应用, 30(4): 583-587.

杨永杰, 2011. 环境保护与清洁生产[M]. 2 版. 北京: 化学工业出版社.

叶瑞克, 高壮飞, 刘康丽, 等, 2017. 俄罗斯可再生能源开发利用现状与展望[J]. 南京工业大学学报(社会科学版), 45(22): 87-96.

殷景华, 2009. 功能材料概论[M]. 哈尔滨: 哈尔滨工业大学出版社.

尹洪峰, 魏剑, 2010. 复合材料[M]. 北京: 冶金工业出版社.

于洪全, 2014. 功能材料[M]. 北京: 北京交通大学出版社.

于柳, 王宇超, 徐荣, 等, 2018. $SiW_{(12)}/g\text{-}C_3N_4$ 纳米复合材料的制备及光催化活性[J]. 分子科学学报, (3): 51-53.

于秀娟, 余有龙, 张敏, 等, 2006. 光纤光栅传感器在航空航天复合材料/结构健康监测中的应用[J]. 激光杂志, 27(1): 1-3.

岳永海, 2012. 低维单体纳米材料原位变形方法及其力学行为的研究[D]. 北京: 北京工业大学.

翟光荣, 汪永华, 2002. 高温超导及在电力工业中的应用[J]. 东北电力技术, 23(2): 49-52.

张光磊, 2014. 新型建筑材料[M]. 北京: 中国电力出版社.

张海容, 高登辉, 李志英, 等, 2018. 气相沉积法制备均苯四甲酸二酰亚胺纳米材料及传感应用[J]. 发光学报, 39(2): 134-139.

张骥华, 2017. 功能材料及其应用[M]. 2 版. 北京: 机械工业出版社.

张剑波, 2008. 环境材料导论[M]. 北京: 北京大学出版社.

张金升, 2007. 先进陶瓷导论[M]. 北京: 化学工业出版社.

张立, 2006. 信息存储技术的现状及发展[J]. 信息记录材料, 7(5): 47–54.

张立德, 2001. 纳米材料和纳米结构[J]. 中国科学院院刊, 16(6): 444-445.

张立德, 解思深, 2005. 纳米材料和纳米结构: 国家重大基础研究项目新进展[M]. 北京: 化学工业出版社.

张敏, 李晓丹, 毛永强, 等, 2018. Ce 掺杂 NiO 纳米材料的制备及其气敏性能研究[J]. 化工新型材料, (1): 233-236.

张明焕, 2015. 低维半导体纳米材料的制备、微观结构及其形成机理的研究[D]. 青岛: 青岛大学.

张清东, 2013. 环境可持续发展概论[M]. 北京: 化学工业出版社.

张蓉, 付婧, 罗田, 等, 2018. 氧化石墨烯纳米材料的制备及其对 Eu(III)吸附性能[J]. 环境化学, (4): 21-22.

张锐, 2008. 玻璃工艺学[M]. 北京: 化学工业出版社.

张胜兰, 沈新元, 杨庆, 等, 2000. 智能材料的现状及发展趋势[J]. 东华大学学报(自然科学版), 26(3): 106-111.

张世远, 2004. 新型纳米晶软磁合金及其应用(一)[J]. 磁性材料及器件, 35(3): 1-4.

张胤, 2015. 稀土功能材料[M]. 北京: 化学工业出版社.

张云峰, 刘涛, 薛慧玲, 等, 2014. 染料敏化太阳能电池的研究进展[J]. 四川师范大学学报(自然科学版), 37(6): 929-941.

张云升, 张文华, 陈振宇, 2017. 综论超高性能混凝土: 设计制备·微观结构·力学与耐久性·工程应用[J]. 材料导报: 综述篇, 31(12): 1-16.

章立源, 张金龙, 崔广霁, 等, 1995. 超导物理学[M]. 北京: 电子工业出版社.

赵东育, 2018. 不同形貌 ZnO 纳米材料的制备和光催化性质研究[J]. 中国高新区, (5): 10-13.

郑科, 段盛文, 成莉凤, 等, 2017. 麻纤维增强热塑性复合材料的研究与应用[J]. 中国麻业科学, 39(6): 312-320.

钟文斌, 高月, 2018. 功能化多孔碳纳米球的制备及电化学性能[J]. 湖南大学学报(自然科学版), 45(6): 56-61.

周达飞, 2015. 材料概论[M]. 北京: 化学工业出版社.

周廉, 1998. 超导材料发展[J]. 世界科技研究与发展, (5): 46-50.

周强, 梁蓓, 邹四凤, 等, 2015. 热电材料的研究进展[J]. 电子科技, 28(5): 172-178.

周勋, 梁冰青, 唐云俊, 等, 2003. 非磁性材料磁电阻效应的研究进展[J]. 物理实验, 23(3): 16-19.

周毅, 周艳霞, 赵地, 2018. 染料敏化太阳能电池研究进展[J]. 能源研究与信息, 34(1): 1-4.

周张健, 2018. 特种陶瓷工艺学[M]. 北京: 科学出版社.

周振君, 关长斌, 杨雪梅, 等, 1997. ZrO$_2$-Al$_2$O$_3$ 质陶瓷轧辊材料性能的研究[J]. 机械工程材料, (3): 37-39.

朱恩泽, 方伟, 焦守峰, 2018. 功能化石墨烯纳米复合材料的制备研究进展[J]. 广州化工, (3): 5-7.

朱光明, 2002. 形状记忆聚合物的发展及应用[J]. 工程塑料应用, 30(8): 61-63.

朱国银, 2018. 新型碳基纳米电极材料的设计、制备及电化学储能性质研究[D]. 南京: 南京大学.

朱良杰, 廖东娟, 1993. C/C 复合材料在美国导弹上的应用[J]. 宇航材料工艺, (4): 12-14.

朱裕生, 孙维平, 2005. 光存储材料的发展[J]. 信息记录材料, 6(1): 55-61.

祝方, 2008. 环境友好材料及其应用[M]. 北京: 化学工业出版社.

OHRING M, 1995. Engineering materials science[M]. New York: Academic Press.

SCHAFFER J, ASGOK S, 1999. The science and design of engineering materials[M]. New York: Mc GrawHill.

SHLIOMIS M I, 1972. Effective viscosity of magnetic suspensions[J]. Soviet physics JETP, 34(34): 1291-1294.

WINSLOW W M, 1949. Induced fibrillation of suspensions[J]. Journal of Applied Physics, (20): 1137-1140.